基礎からの
線形代数学入門

西原賢・濱田英隆・本田竜広・山盛厚伺 共著

学術図書出版社

目 次

第1章　基本的事項

この章の内容は，大学で数学を学ぶ上で基礎となる数学的準備である．すでに十分に習熟していれば，この章は読み飛ばしてもよい．

1.1　集合って？

ある性質を満たすものの集まりを**集合**という．集合に属しているものをその集合の元(げん)または**要素**という．数学では習慣上，集合をアルファベットやギリシャ文字の大文字で表し，元を小文字で表すことが多い．元 x が集合 A に属することを，

$$x \in A \text{ または } A \ni x$$

と表す．また，x が A に属しないことを，記号で

$$x \notin A \text{ または } A \not\ni x$$

と表す．集合の表し方には，たとえば，1, 2, 3, 4, 5 を要素とする集合は

$$\{1, 2, 3, 4, 5\}$$

と表すこともできるし，

$$\{x \,|\, 1 \leqq x \leqq 5,\ x \text{ は整数}\}$$

と表すこともできる．このように具体的に要素（元）を並べる表し方と

$$A = \{x \,|\, x \text{ が満たす条件}\}$$

のように集合の要素（元）が満たす条件を明示する表し方の2通りがある．

例 1.1 $A = \{x \,|\, a \leqq x \leqq b\}$ とおくとき，$a \leqq x \leqq b$ を満たす実数 x に対しては，$x \in A$ であり，$x < a$ または $x > b$ を満たす x に対しては $x \notin A$ である．

例 1.2 $B = \{(x, y) \,|\, x^2 + y^2 < 4,\ x, y \text{ は実数}\}$ とおくとき，B は平面において，原点 $(0, 0)$ が中心で半径が 2 の円の内部である．このとき，$(1, \sqrt{2}) \in B$，$(3, -1) \notin B$ が成立する．

数には

自然数：$1, 2, 3, \ldots$（物の集まりの個数や物の順位を表すのに用いられる）

整　数：$0, \pm 1, \pm 2, \pm 3, \ldots$（自然数は正の整数である）

有理数：分数 $\dfrac{a}{b}$（a, b は整数で $b \neq 0$）で表される

無理数：$\sqrt{2} = 1.41421\cdots$, $\pi = 3.14159265\cdots$ など循環しない無限小数

などがあり，有理数と無理数を合わせた数が実数である．実数（Real number）全体の集合を $\mathbb{R}$ で表し，自然数（Natural number）全体の集合，整数（ドイツ語で ganze Zahl）全体の集合，有理数全体の集合をそれぞれ，$\mathbb{N}$, $\mathbb{Z}$, $\mathbb{Q}$（商は英語で Quotient ）で表す．実数や有理数においては，四則演算，すなわち，足し算（加法），引き算（減法），掛け算（乗法），割り算（除法）（0 で割ることは除く）を自由に行うことができる[1]．四則演算を自由に行うことができる数の集合は，実数全体，有理数全体，その他に複素数全体などがある．複素数については後の節で述べる．

1.2　式を展開や因数分解すると？

実数 a の n 個の積 $\underbrace{a \times a \times \cdots \times a}_{n\text{個}}$ を a^n によって表す．$2a^2b^3c$ や $\dfrac{2}{3}ab^3c^2d^4$ などのように何個かの文字と数の積で表された文字式を**単項式**という．また，$2a^2b^3c + \frac{2}{3}ab^3c^2d^4 + 4a + b - 2c$ などのように何個かの項（単項式）の和で表された文字式を**多項式**という．与えられた何個かの多項式の積で表された文字式を単項式の和で表すことをその与えられた文字式の**展開**という．

性質 1 (展開公式) 次の展開公式が成立する：

(1) $(a+b)^2 = a^2 + 2ab + b^2$

(2) $(a-b)^2 = a^2 - 2ab + b^2$

(3) $(a+b)(c+d) = ac + ad + bc + bd$

(4) $(ax+b)(cx+d) = acx^2 + (ad+bc)x + bd$

(5) $(a+b)(a-b) = a^2 - b^2$

(6) $(a+b)^3 = a^3 + 3a^2b + 3ab^2 + b^3$

(7) $(a-b)^3 = a^3 - 3a^2b + 3ab^2 - b^3$

(8) $(a+b)(a^2 - ab + b^2) = a^3 + b^3$

(9) $(a-b)(a^2 + ab + b^2) = a^3 - b^3$

---

[1] たとえば，$2 \div 3$ は整数ではないので整数の範囲では割り算を自由に行うことができない

(10) $(a+b+c)(a^2+b^2+c^2-ab-bc-ca)=a^3+b^3+c^3-3abc$

問 1.1. 性質 1 が成立することを示せ．

問 1.2. 次の式を展開せよ．

(1) $(3x+2y)(3x-2y)(9x^2+6xy+4y^2)(9x^2-6xy+4y^2)$

(2) $(a+b+c)^2-(a+c-b)^2+(a+b-c)^2-(a-b-c)^2$

解 (1) $729x^6-64y^6$ (2) $8ab$

n を自然数とするとき，

$$n! = n\times(n-1)\times\cdots\times 2\times 1,$$
$$0! = 1$$

と定義し，これを **階乗**と呼ぶ．このとき，n 個のものから r 個取り出す組み合わせ ${}_n\mathrm{C}_r$ は

$${}_n\mathrm{C}_r = \frac{{}_n\mathrm{P}_r}{r!} = \frac{n!}{(n-r)!\,r!} \tag{1.1}$$

である．

《定理 1》 〜組み合わせの性質〜 組み合わせ ${}_n\mathrm{C}_r$ について，次が成立する．

(1) ${}_n\mathrm{C}_0 = {}_n\mathrm{C}_n = 1$ (2) ${}_n\mathrm{C}_1 = {}_n\mathrm{C}_{n-1} = n$

(3) ${}_n\mathrm{C}_r = {}_n\mathrm{C}_{n-r}$ (4) ${}_n\mathrm{C}_r + {}_n\mathrm{C}_{r-1} = {}_{n+1}\mathrm{C}_r$

証明 (1), (2), (3) は定義式 (1.1) からわかる．(4) は，次のように示される．

$$\begin{aligned}
{}_n\mathrm{C}_r + {}_n\mathrm{C}_{r-1} &= \frac{n!}{(n-r)!\,r!} + \frac{n!}{(n-r+1)!\,(r-1)!}\\
&= \frac{(n-r+1)\times n!}{(n-r+1)\times(n-r)!\,r!} + \frac{n!\times r}{(n-r+1)!\,(r-1)!\times r}\\
&= \frac{(n+1)\times n! - r\times n!}{(n-r+1)!\,r!} + \frac{n!\times r}{(n-r+1)!\,r!}\\
&= \frac{(n+1)!}{(n+1-r)!\,r!} = {}_{n+1}\mathrm{C}_r
\end{aligned}$$

□

《**定理 2**》 n を自然数とするとき，次が成立する．

$$
\begin{aligned}
(1)\ (x+y)^n &= {}_n\mathrm{C}_0x^n + {}_n\mathrm{C}_1x^{n-1}y + \cdots + {}_n\mathrm{C}_{n-1}xy^{n-1} + {}_n\mathrm{C}_ny^n \\
&= \sum_{r=0}^{n} {}_n\mathrm{C}_r x^{n-r}y^r \quad (\text{ただし } x^0=1, y^0=1) \\
(2)\ x^n - y^n &= (x-y)(x^{n-1} + x^{n-2}y + \cdots + xy^{n-2} + y^{n-1})
\end{aligned}
$$

※ (1) は**二項定理**と呼ばれ，${}_n\mathrm{C}_r$ は **二項係数**と呼ばれている．

実際に展開してみると，

$$
\begin{aligned}
(x+y)^1 &= x+y \\
(x+y)^2 &= x^2+2xy+y^2 \\
(x+y)^3 &= x^3+3x^2y+3xy^2+y^3 \\
(x+y)^4 &= x^4+4x^3y+6x^2y^2+4xy^3+y^4 \\
(x+y)^5 &= x^5+5x^4y+10x^3y^2+10x^2y^3+5xy^4+y^5 \\
\cdots \quad & \cdots\cdots\cdots\cdots\cdots\cdots\cdots\cdots
\end{aligned}
$$

である．

上の式の係数だけから作られる三角形は，**Pascal（パスカル）の三角形**と呼ばれている．

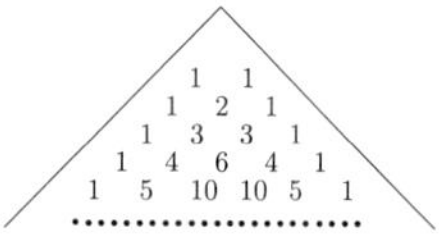

Pascal（パスカル）の三角形

問 1.3.　$(2x+y)^{10}$ を展開したとき，x^3y^7 の係数を求めよ．

解　960

与えられた文字式を何個かの文字式の積で表すことをその文字式の**因数分解**という．

性質 2 (因数分解の公式) 性質 1 より，次の公式が成立する：

(1) $a^2+2ab+b^2=(a+b)^2$

(2) $a^2-2ab+b^2=(a-b)^2$

(3) $ac+ad=a(c+d)$

(4) $acx^2+(ad+bc)x+bd=(ax+b)(cx+d)$

(5) $a^2-b^2=(a+b)(a-b)$

(6) $a^3+3a^2b+3ab^2+b^3=(a+b)^3$

(7) $a^3-3a^2b+3ab^2-b^3=(a-b)^3$

(8) $a^3+b^3=(a+b)(a^2-ab+b^2)$

(9) $a^3-b^3=(a-b)(a^2+ab+b^2)$

(10) $a^3+b^3+c^3-3abc=(a+b+c)(a^2+b^2+c^2-ab-bc-ca)$

$x^2-1=2(y+1)(z-2)$ や $PV=nRT$ のように等号を含む文字式を**等式**という．$x^3=(x-2)(x^2+2x+4)+8$ のようにすべての x に対して成立する等式を**恒等式**という．$x-1<y$ や $x^2-2y+1\leqq 0$ のように不等号を含む文字式を**不等式**という．

問 1.4. 次の式を因数分解せよ．

(1) $2xy^2-x^2y$ (2) $4a^2-9b^2$ (3) $3x^2-4x-4$ (4) $5m^2-7\ell m-6\ell^2$
(5) $a^2-2b^2-ab-2a+7b-3$ (6) $(x-y)^3+(y-z)^3+(z-x)^3$

解 (1) $xy(2y-x)$ (2) $(2a-3b)(2a+3b)$ (3) $(x-2)(3x+2)$ (4) $(5m+3\ell)(m-2\ell)$
(5) $(a-2b+1)(a+b-3)$ (6) $3(x-y)(y-z)(z-x)$

問 1.5. 次の式を計算せよ．

(1) $\dfrac{x+3}{x^2-4x+3}-\dfrac{x+1}{x^2-3x+2}$ (2) $1-\cfrac{1}{1-\cfrac{1}{1-\cfrac{1}{x}}}$

(3) $\dfrac{x^3}{(x-y)(x-z)}+\dfrac{y^3}{(y-z)(y-x)}+\dfrac{z^3}{(z-x)(z-y)}$

(4) $\dfrac{x+3}{x+1}-\dfrac{x+4}{x+2}-\dfrac{x-4}{x-2}+\dfrac{x-5}{x-3}$

解 (1) $\frac{3}{(x-3)(x-2)}$ (2) x (3) $x+y+z$ (4) $\frac{-8(2x-1)}{(x-3)(x-2)(x+1)(x+2)}$

1.3 代数方程式って何だ？

$a_0,a_1,\ldots,a_n$ を定数 $(a_n\neq 0)$ とするとき，$f(x)=a_nx^n$ を 1 変数 x の**単項式**といい，また

$$f(x)=a_0+a_1x+a_2x^2+\cdots+a_{n-1}x^{n-1}+a_nx^n$$

の形の式を 1 変数 x の**多項式**という．単項式と多項式を合わせて**整式**と呼ぶ．このとき，n を整式 $f(x)$ の**次数**（**degree**）といい，$deg(f(x))$ または $deg(f)$ で表す．ただし，$f(x)=a_0$ のとき，$a_0\neq 0$ であれば 0 次式であるが，$a_0=0$ の場合は次数を定義しない．次数 n の多項式 $f(x)=a_0+a_1x+a_2x^2+\cdots+a_nx^n$ に対して，方程式

$$f(x)=a_0+a_1x+a_2x^2+\cdots+a_nx^n=0$$

を n **次（代数）方程式**という．実数または複素数 α に対して，$f(\alpha)=0$ が成立するとき，α を n 次方程式 $f(x)=0$ の **解** または **根**（こん）という．n 次方程式 $f(x)=0$ の **解** を求めることを n 次方程式 $f(x)=0$ を**解く**という．

1次方程式 $ax+b=0 \quad (a \neq 0)$ の解は，$x=-\dfrac{b}{a}$ であることが次のようにしてわかる．

$$\begin{aligned} ax+b &= 0 \\ (ax+b)-b &= -b \\ ax &= -b \\ \frac{1}{a}(ax) &= \frac{1}{a}(-b) \\ x &= -\frac{b}{a} \end{aligned}$$

注 1 $a=0$ の場合，$ax+b$ は1次式ではないので，方程式 $ax+b=0$ は厳密には1次方程式とはいえないが，解は次のようになる．

(1) $a=b=0$ のとき，$ax+b=0$ の解はすべての実数

(2) $a=0, b\neq 0$ のとき，$ax+b=0$ の解はない．

2次方程式 $ax^2+bx+c=0 \quad (a\neq 0)$ の解は

$$x=\frac{-b\pm\sqrt{b^2-4ac}}{2a} \quad \textbf{(2 次方程式の解の公式)} \tag{1.2}$$

であることが，次のようにしてわかる．

$$\begin{aligned} ax^2+bx+c &= a\left(x^2+\frac{b}{a}x\right)+c \\ &= a\left\{\left(x+\frac{b}{2a}\right)^2-\frac{b^2}{4a^2}\right\}+c \\ &= a\left(x+\frac{b}{2a}\right)^2+c-\frac{b^2}{4a} \\ &= a\left(x+\frac{b}{2a}\right)^2+\frac{4ac-b^2}{4a} \end{aligned} \tag{1.3}$$

であるから，$ax^2+bx+c=0$ より

$$\left(x+\frac{b}{2a}\right)^2=\frac{b^2-4ac}{4a^2}$$

よって，

$$x=\frac{-b\pm\sqrt{b^2-4ac}}{2a}$$

2次方程式の解の公式 (1.2) のルートの中を $D=b^2-4ac$ とおく．D を2次方程式 $ax^2+bx+c=0$ の**判別式**（**Discriminant**）という．そのとき，2次方程式

$$ax^2+bx+c=0 \quad (a\neq 0)$$

の解は

(1) $D > 0$ のとき，2 つの異なる実数解 $x = \dfrac{-b \pm \sqrt{b^2 - 4ac}}{2a}$ をもつ．

(2) $D = 0$ のとき，ただ 1 つの実数解 $x = \dfrac{-b}{2a}$ をもつ．この解を（二）**重解**という．

(3) $D < 0$ のとき，虚数解 $x = \dfrac{-b \pm \sqrt{b^2 - 4ac}}{2a} = \dfrac{-b \pm i\sqrt{4ac - b^2}}{2a}$ をもつ．

※ $2x^2 - x - 1 = (2x+1)(x-1)$ のように，1 次式の積への因数分解が容易にわかる場合は，$2x^2 - x - 1 = 0$ の解は $(2x+1)(x-1) = 0$ より，$x = -\dfrac{1}{2}$，1 である．

問 1.6.　次の 2 次方程式を解け．

(1) $2x^2 - 3x + 1 = 0$　(2) $3x^2 - 14x - 5 = 0$　(3) $2x^2 - 3x - 2 = 0$
(4) $4x^2 - 12x + 9 = 0$　(5) $x^2 - 2x - 1 = 0$　(6) $x^2 + x + 2 = 0$
(7) $x^2 - 2\sqrt{2}x + 2 = 0$　(8) $2x^2 - 2x + 5 = 0$

解　(1) $\frac{1}{2}, 1$ (2) $5, -\frac{1}{3}$ (3) $2, -\frac{1}{2}$ (4) $\frac{3}{2}$ (5) $1 \pm \sqrt{2}$ (6) $\frac{-1\pm\sqrt{7}i}{2}$ (7) $\sqrt{2}$ (8) $\frac{1\pm 3i}{2}$

2 つの多項式 $f(x)$，$g(x)$ に対して，

$$f(x) = g(x)Q(x) + R(x), \quad deg(R(x)) < deg(g(x)) \text{ または } R(x) = 0$$

を満たす多項式 $Q(x)$，$R(x)$ がただ一組存在する．このとき $Q(x)$，$R(x)$ を それぞれ $f(x)$ を $g(x)$ で割ったときの **商**，**余り**という．特に $R(x) = 0$ のとき，$f(x)$ は $g(x)$ で**割り切れる**という．

問 1.7.

多項式 f を多項式 g で割ったときの商と余りを求めよ．

(1) $f = x^2 - x - 1$，$g = x - 2$　(2) $f = x^3 - 3x^2 - 4x + 1$，$g = x^2 - 2x - 3$
(3) $f = 4x^4 - 3x^3 - 2x^2 - x + 5$，$g = x^2 - x - 1$
(4) $f = 2x^3 - 4x^2 - x - 2$，$g = 2x^2 - x + 1$

解　(1) 商 $x + 1$ 余り 1 (2) 商 $x - 1$ 余り $-3x - 2$ (3) 商 $4x^2 + x + 3$ 余り $3x + 8$ (4) 商 $x - \frac{3}{2}$ 余り $-\frac{7}{2}x - \frac{1}{2}$

《**定理 3**》 **〜剰余の定理〜**　多項式 $f(x)$ を $x - a$ で割った余りは $f(a)$ である．

証明　多項式 $f(x)$ を $x - a$ で割ったときの商を $Q(x)$，余りを r（r は定数）とすると，

$$f(x) = (x - a)Q(x) + r$$

$x = a$ を代入すると，$r = f(a)$ を得る．□

剰余の定理より，次の因数定理を得ることができる．

> 《定理 4》 〜因数定理〜
> 多項式 $f(x)$ が $x-a$ で割り切れるための必要十分条件は $f(a)=0$ である．

問 1.8.

次の多項式を因数分解せよ．

(1) x^3-4x^2+4x-3　　(2) $2x^3-3x^2-3x+2$

(3) x^3+x^2+2x+2　　(4) x^3+2x^2-x-2

解　(1) $(x-3)(x^2-x+1)$　　(2) $(2x-1)(x-2)(x+1)$

(3) $(x+1)(x^2+2)$　　(4) $(x+2)(x-1)(x+1)$

1.4 関数と写像って対応規則？

1.4.1 関数の一般的定義

2つの集合 X, Y が与えられていて，X の各元にある対応規則 f のもとで Y の元がただ1つ対応しているときこの対応規則 f を X を定義域とする**関数**（**function**）または**写像**という．2つの集合 X, Y を明示するために，関数 f を $f: X \to Y$ と表すこともある．$x\,(\in X)$ に対応規則 f により $y\,(\in Y)$ が対応しているとき，$y=f(x)$ と表す．関数 $f: X \to Y$ を $y=f(x)$ や $f(x)$ と表すこともある．このとき，x を**独立変数**といい，y を**従属変数**という．たとえば，$y=2x-1$ のように独立変数と従属変数だけで表すこともある．また，定義域 X を明示する必要がある場合には，$y=f(x) \quad (x \in X)$ または上記の表し方 $f: X \to Y$ を使用する．

集合 $f(X)=\mathrm{Im} f=\{f(x)\,|\,x \in X\}$ を f の**値域**または f による X の**像**（**Image**）という．$f(X) \subset \mathbb{R}$ のとき f を**実数値関数**という．

例 1.3

$$y=2x-1,\ y=2x^2+3x-1,\ y=\sqrt{2x-1},\ y=\frac{x}{2x-1}$$

はいずれも独立変数 x 従属変数 y の関数である．

例 1.4 $y=f(x)=[x]$ ([2] x を越えない最大の整数) の定義域は $\mathbb{R}$ であり，値域は整数全体の集合である．

例 1.5 $y=f(x)=\dfrac{1}{2x-1}$ の定義域は $\mathbb{R}\setminus\{\frac{1}{2}\}$ であり，値域は $\mathbb{R}\setminus\{0\}$ である．

関数 $f: X \to Y$ に対して，$x_1, x_2 \in X, x_1 \neq x_2$ ならばつねに $f(x_1) \neq f(x_2)$ のとき f は**単射**または **1 対 1** であるという．$f(X)=Y$ のとき f は**全射**であるという．$f: X \to Y$ が全射かつ単射のとき f は**全単射**であるという．

[2] Gauss（ガウス）記号と呼ばれている．

例 1.6 $f(x) = x^2$ $(x \in \mathbb{R})$ について，は全射でも単射でもない．しかし，定義域を変えて $f(x) = x^2$ $(x \geqq 0)$ とすると，$f : \{x \geqq 0\} \to \{y \geqq 0\}$ は全単射である．

例 1.7 集合 X に対して，$I_X(x) = x \quad (x \in X)$ によって，定義される写像 $I_X : X \to X$ を X の**恒等写像**（**Identity map**）という．恒等写像 I_X は全単射である．

1.4.2　合成関数と逆関数

関数 $f : X \to Y$ が全単射のとき，任意の $y \in Y$ に対して，$f(x) = y$ を満たす $x \in X$ がただ1つ存在する．$y \in Y$ に対して，$f(x) = y$ を満たす $x \in X$ を対応させる対応規則を f^{-1} と書き，$f^{-1} : Y \to X$ を f の**逆関数**または**逆写像**という．このとき，f の値域が f^{-1} の定義域となる．

例 1.8 $y = f(x) = 2x + 3$ $(x \in \mathbb{R})$ のとき，$f : \mathbb{R} \to \mathbb{R}$ は全単射であり，
$x = f^{-1}(y) = \dfrac{1}{2}(y - 3)$ である．

関数 $f : X \to Y$ と関数 $g : Y \to Z$ に対して，

$$g \circ f(x) = g\left(f(x)\right) \quad (x \in X)$$

によって定義された関数 $g \circ f : X \to Z$ を f と g の**合成関数**という．

例 1.9 2つの関数 $f(x) = x^2 + 1, g(x) = x^3$ において，f と g の合成関数は $g \circ f(x) = (x^2 + 1)^3$ で，g と f の合成関数は $f \circ g(x) = x^6 + 1$ である．

問 1.9.　2つの関数 $f(x) = x^2 - 4x + 1, g(x) = 2x - 1$ について，次の問に答えよ．

(1) f と g の合成関数 $g \circ f$ および g と f の合成関数 $f \circ g$ を求めよ．

(2) 関数 $f(x) = x^2 - 4x + 1 \quad (x \geqq 2)$ の逆関数 $f^{-1}(x)$ とその定義域を求めよ．

解　(1) $g \circ f(x) = 2x^2 - 8x + 1, f \circ g(x) = 4x^2 - 12x + 6$
(2) $f^{-1}(x) = 2 + \sqrt{x + 3}$, 定義域 $\{x \,|\, x \geqq -3\}$

1.5　三角関数って覚えてる？

1.5.1　三角比

右図のように，平面内に △ABC がある．点 C から直線 AB に下した垂線の足を H とする．$\theta = \angle \mathrm{A}$ とすると $0^\circ < \theta < 180^\circ$ である．

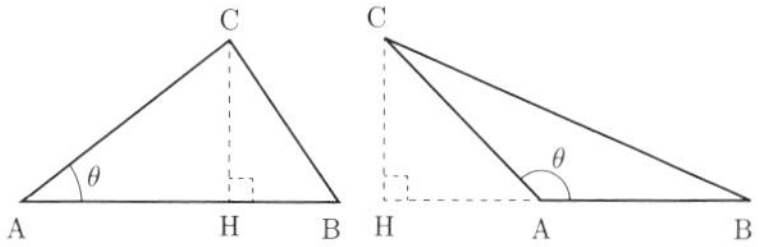

このとき，AC や AH の長さに関わらず $\dfrac{\mathrm{AH}}{\mathrm{AC}}, \dfrac{\mathrm{CH}}{\mathrm{AC}}$ の値は θ の値のみによって決定される．

$0^\circ < \theta < 90^\circ$ ならばHは A の右側にあり，$90^\circ < \theta < 180^\circ$ ならばHは A の左側にあり，$\theta = 90^\circ$ ならばHは A と一致する．そこで

$$\cos\theta = \begin{cases} \dfrac{\mathrm{AH}}{\mathrm{AC}} & 0^\circ < \theta < 90^\circ \\ 0 & \theta = 90^\circ \\ -\dfrac{\mathrm{AH}}{\mathrm{AC}} & 90^\circ < \theta < 180^\circ \end{cases}$$

$$\sin\theta = \frac{\mathrm{CH}}{\mathrm{AC}} \qquad (0^\circ < \theta < 180^\circ)$$

と定義する．このとき，$\cos\theta, \sin\theta$ の値は △ABC の形状に関わらず $\theta = \angle\mathrm{A}$ の大きさのみによって，ただ1通りに定まる．

△ABC が ∠B$= 90^\circ$ の直角三角形であるとき，

$$\cos A = \frac{\mathrm{AB}}{\mathrm{AC}} = \sin C,\ \ \sin A = \frac{\mathrm{CB}}{\mathrm{AC}} = \cos C$$

が成立する．以上より，次がわかる．

《定理 5》 $0^\circ < \theta < 90^\circ$ のとき，

$$\sin(90^\circ - \theta) = \cos\theta,\ \ \cos(90^\circ - \theta) = \sin\theta$$

△ABC において，$a = \mathrm{BC}, b = \mathrm{AC}, c = \mathrm{AB}$ とすると

$$c = b\cos A + a\cos B, \quad b = c\cos A + a\cos C, \quad a = c\cos B + b\cos C$$

が成立する．よって，

$$\begin{aligned} & a^2 - b^2 - c^2 \\ = \ & a(c\cos B + b\cos C) - b(c\cos A + a\cos C) - c(b\cos A + a\cos B) \\ = \ & -2bc\cos A \end{aligned}$$

ゆえに，

$$a^2 = b^2 + c^2 - 2bc\cos A$$

が成立する．同様にして，

$$b^2 = a^2 + c^2 - 2ac\cos B$$

$$c^2 = a^2 + b^2 - 2ab\cos C$$

が成立する．以上より，次がわかる．

《定理 6》 〜余弦定理〜　△ABC において，$a=\mathrm{BC}$, $b=\mathrm{AC}$, $c=\mathrm{AB}$ とすると，

$$a^2=b^2+c^2-2bc\cos A$$

$$b^2=a^2+c^2-2ac\cos B$$

$$c^2=a^2+b^2-2ab\cos C$$

が成立する．

注 2 $A=90^\circ$ のときは $\cos A=0$ であるから，余弦定理より $a^2=b^2+c^2$ が成立する．よって，余弦定理は三平方の定理の一般化でもある．

問 1.10.　△ABC において，BC $=\sqrt{2}$,　CA$=1+\sqrt{3}$,　AB$=2$ であるとき，∠A の大きさを求めよ．

解　30°

△ ABC において，$a=\mathrm{BC}$, $b=\mathrm{AC}$, $c=\mathrm{AB}$, 外接円の半径を R とすると，$b\sin A=a\sin B$, $c\sin B=b\sin C$ が成立する．よって，

$$\frac{a}{\sin A}=\frac{b}{\sin B}=\frac{c}{\sin C}$$

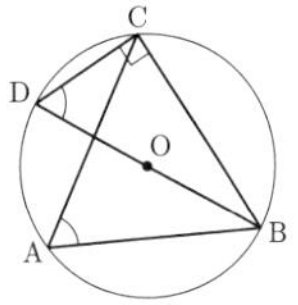

が成立する．△ABC の外接円の中心を O とする．∠A, ∠B, ∠C のうち少なくとも 2 つは鋭角である．たとえば，∠A が鋭角とする．直線 BO と外接円の交点のうち B と異なる点を D とすると，円周角の定理により，∠A= ∠BDC である．△BCD において，∠ BCD= 90° であるから，BD sin ∠BDC= BC が成立する．よって，$2R\sin \mathrm{A}=a$. よって，

$$2R=\frac{a}{\sin \mathrm{A}}=\frac{b}{\sin \mathrm{B}}=\frac{c}{\sin \mathrm{C}}$$

が成立する．∠B または ∠C が鋭角の場合も同様に

$$\frac{a}{\sin \mathrm{A}}=\frac{b}{\sin \mathrm{B}}=\frac{c}{\sin \mathrm{C}}=2R$$

が成立する．よって，次が成立する．

《定理 7》 〜正弦定理〜　△ABC において，$a=\mathrm{BC}$, $b=\mathrm{AC}$, $c=\mathrm{AB}$, 外接円の半径を R とすると，

$$\frac{a}{\sin \mathrm{A}}=\frac{b}{\sin \mathrm{B}}=\frac{c}{\sin \mathrm{C}}=2R$$

が成立する．

問 1.11.　△ABC において，∠A$=60^\circ$, ∠B$=45^\circ$, AC $=2$ であるとき，BC の長さと外接円の半径を求めよ．

解　BC$=\sqrt{6}$，半径 $\sqrt{2}$

1.5.2　角の単位（弧度法）

角の大きさを表すのに度を単位とする方法（60 分法または度数法）のほかにラジアンを単位とする**弧度法（radian）**が多くの場合使われる．

(1) 半径 r の円で，長さ r の円弧に対する中心角の大きさを **1 弧度**（**1 rad** または **1 ラジアン**）という．

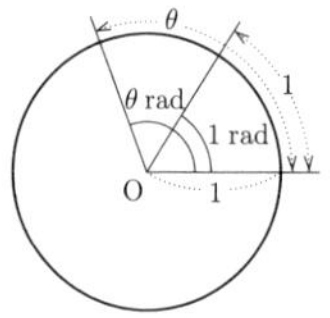

ラジアンの定義

$$180^\circ = \pi\,\mathrm{rad}$$

（※ 弧度法では単位 rad を省略することが多い.）

$$1^\circ = \frac{\pi}{180}\ (\mathrm{rad}), \quad 1\ (\mathrm{rad}) = \left(\frac{180}{\pi}\right)^\circ$$

(2) 扇形の弧の長さと面積

半径 r，中心角 θ (rad) の扇形において

$$\text{弧の長さ}\ \ell = r\theta \quad \text{面積}\ S = \frac{1}{2}r^2\theta = \frac{1}{2}r\ell \tag{1.4}$$

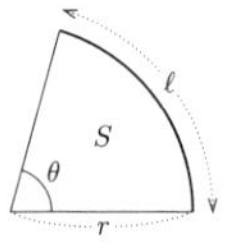

が成立する．

問 1.12.　次の角を弧度法で表せ．

(1) 30°　(2) 90°　(3) 135°　(4) 240°

解　(1) $\frac{\pi}{6}$　(2) $\frac{\pi}{2}$　(3) $\frac{3\pi}{4}$　(4) $\frac{4\pi}{3}$

問 1.13.　次の角を度数法で表せ．

(1) $\dfrac{\pi}{4}$　(2) $\dfrac{\pi}{3}$　(3) $\dfrac{5}{6}\pi$　(4) $\dfrac{3}{2}\pi$　(5) 2π

解　(1) 45°　(2) 60°　(3) 150°　(4) 270°　(5) 360°

1.5.3　一般角

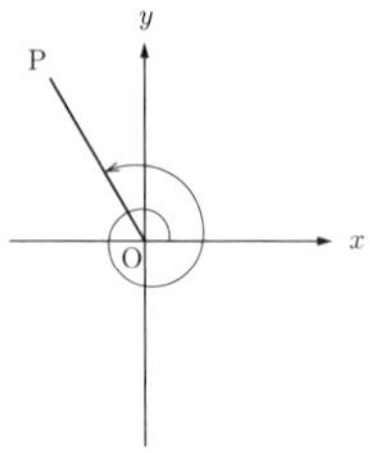

動経 OP が始線 Ox の位置から O のまわりを回転して現在の OP の位置にいたるまでの回転の量で ∠xOP の大きさは表される．この量は時計と反対にまわるとき正の値をとり，時計と同じ向きにまわるとき負の値をとるとすると，動経 OP の回転数に応じて，いくらでも絶対値の大きい値をとることが

できる．このように考えた角を**一般角**という．動経 OP が始線 Ox となす角の 1 つを α (rad) とすると，一般角 θ (rad) は

$$\theta = \alpha + 2n\pi \quad (n = 0, \pm 1, \pm 2, \cdots)$$

と表せる．

xy 平面で，$\{x > 0,\ y > 0\}$, $\{x < 0,\ y > 0\}$, $\{x < 0,\ y < 0\}$, $\{x > 0,\ y < 0\}$ の範囲をそれぞれ**第 1 象限，第 2 象限，第 3 象限，第 4 象限** と呼ぶ．

1.5.4 三角関数の定義と基本的性質

実数 θ に対して xy 平面上の原点 O を中心とする半径 1 の円周上の点 P(x, y) を $\angle x\mathrm{OP} = \theta$ となるようにとる．このとき θ の正弦（sine），余弦（cosine），正接（tangent），正割（secant），余割（cosecant），余接（cotangent）をそれぞれ

$$\cos\theta = x, \quad \sin\theta = y, \quad \tan\theta = \frac{y}{x},$$

$$\sec\theta = \frac{1}{x}, \quad \mathrm{cosec}\theta = \frac{1}{y}, \quad \cot\theta = \frac{x}{y}$$

と定義する．このとき，半径 r の円周を考えても，比は変わらないので，

$$\cos\theta = \frac{x}{r}, \quad \sin\theta = \frac{y}{r}, \quad \tan\theta = \frac{y}{x},$$

$$\sec\theta = \frac{r}{x}, \quad \mathrm{cosec}\theta = \frac{r}{y}, \quad \cot\theta = \frac{x}{y}$$

であることがわかる．

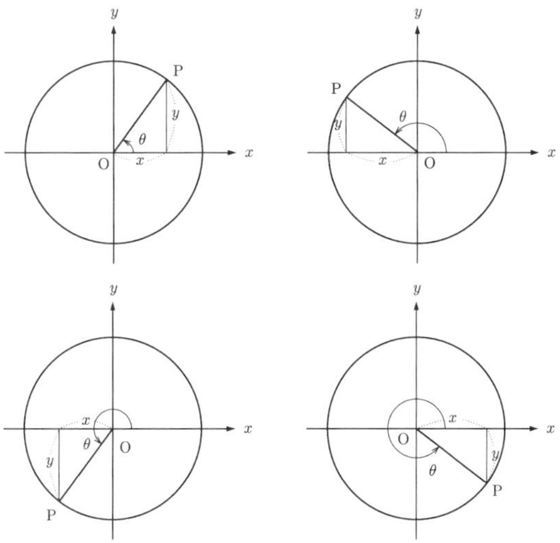

三角関数の定義と定理 5 より，次が成立する．

> **《定理 8》 〜三角関数の性質〜**
>
> (1) $\tan\theta = \dfrac{\sin\theta}{\cos\theta}$, $\sin^2\theta + \cos^2\theta = 1$, $1 + \tan^2\theta = \dfrac{1}{\cos^2\theta}$
>
> (2) $\sin(-\theta) = -\sin\theta$, $\cos(-\theta) = \cos\theta$
>
> (3) $\sin(\theta + m\pi) = (-1)^m \sin\theta$, $\cos(\theta + m\pi) = (-1)^m \cos\theta \quad (m \in \mathbb{Z})$
>
> (4) $\sin\left(\dfrac{\pi}{2} - \theta\right) = \cos\theta$, $\cos\left(\dfrac{\pi}{2} - \theta\right) = \sin\theta$
>
> (5) $\cot\theta = \dfrac{\cos\theta}{\sin\theta}$, $\sec\theta = \dfrac{1}{\cos\theta}$, $\mathrm{cosec}\theta = \dfrac{1}{\sin\theta}$

問 1.14.　三角関数の定義と定理 5 より，次を証明せよ．

$$\sin\left(\frac{\pi}{2} - \theta\right) = \cos\theta, \ \cos\left(\frac{\pi}{2} - \theta\right) = \sin\theta$$

ヒント：$0 \leqq \theta \leqq \pi$ の場合を証明する．次に，一般の θ に対しては，$0 \leqq \theta + m\pi \leqq \pi$ となる整数 m をとり，$\sin(\theta + m\pi) = (-1)^m \sin\theta$, $\cos(\theta + m\pi) = (-1)^m \cos\theta$ を使う．

1.5.5　三角関数のグラフ

$y = \sin x$,　$y = \cos x$,　$y = \tan x$ のグラフは次のようになる．

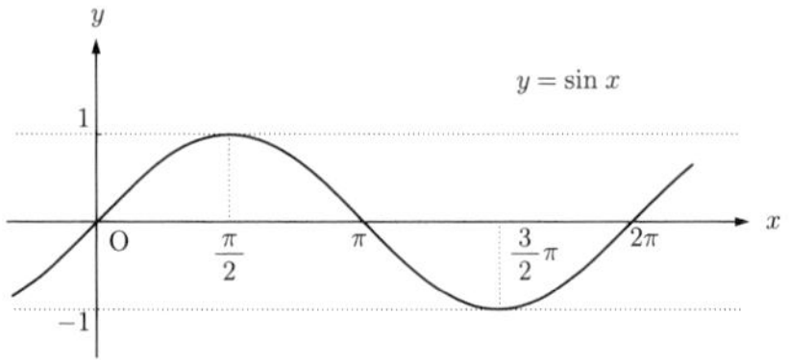

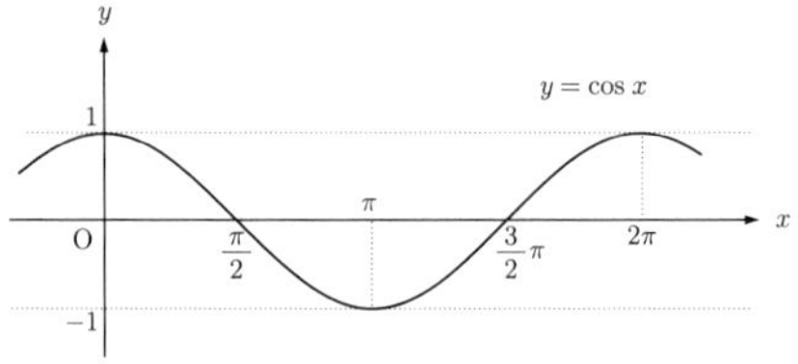

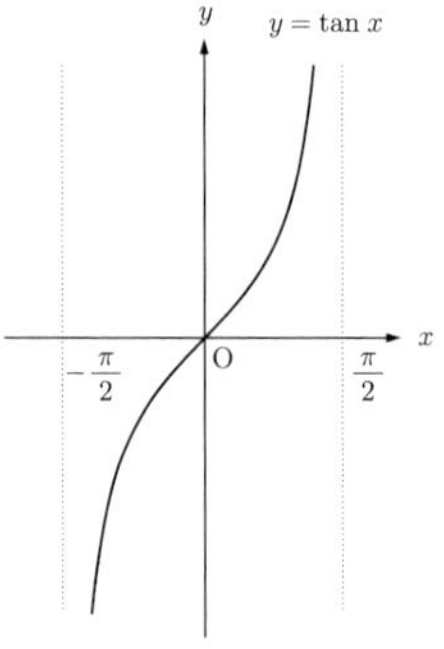

1.5.6　加法定理

次の加法定理は三角関数において，重要な基本公式である．

《定理 9》 〜加法定理〜

$$\sin(\alpha \pm \beta) = \sin\alpha\cos\beta \pm \cos\alpha\sin\beta \quad (複号同順)$$
$$\cos(\alpha \pm \beta) = \cos\alpha\cos\beta \mp \sin\alpha\sin\beta \quad (複号同順)$$
$$\tan(\alpha \pm \beta) = \frac{\tan\alpha \pm \tan\beta}{1 \mp \tan\alpha\tan\beta} \quad (複号同順)$$

証明 まず，$0 \leqq \beta \leqq \alpha \leqq \pi$ の場合に，

$$\cos(\alpha - \beta) = \cos\alpha\cos\beta + \sin\alpha\sin\beta$$

を示す．

$$f(\alpha, \beta) = \cos(\alpha - \beta) - (\cos\alpha\cos\beta + \sin\alpha\sin\beta)$$

とおくと，

$$f(\alpha, \alpha) = \cos 0 - (\cos^2\alpha + \sin^2\alpha) = 1 - 1 = 0$$
$$f(\pi, \beta) = \cos(\pi - \beta) - (\cos\pi\cos\beta + \sin\pi\sin\beta) = 0$$
$$f(\alpha, 0) = \cos\alpha - (\cos\alpha\cos 0 + \sin\alpha\sin 0) = 0$$

であるから，$0 < \beta < \alpha < \pi$ の場合を考えればよい．

座標平面上に 2 点 $\mathrm{A}(\cos\alpha, \sin\alpha)$, $\mathrm{B}(\cos\beta, \sin\beta)$ をとり，$\triangle\mathrm{OAB}$ を考える．余弦定理により

$$\mathrm{AB}^2 = \mathrm{OA}^2 + \mathrm{OB}^2 - 2\mathrm{OA} \times \mathrm{OB}\cos(\alpha - \beta)$$

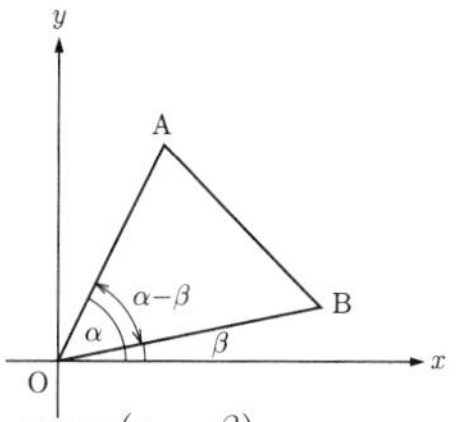

よって，

$$(\cos\alpha - \cos\beta)^2 + (\sin\alpha - \sin\beta)^2 = 1 + 1 - 2 \times 1 \times \cos(\alpha - \beta)$$

ゆえに，

$$\cos(\alpha - \beta) = \cos\alpha\cos\beta + \sin\alpha\sin\beta$$

が成立する．

$0 \leqq \alpha \leqq \beta \leqq \pi$ の場合には，

$$\cos(\alpha - \beta) = \cos(\beta - \alpha) = \cos\beta\cos\alpha + \sin\beta\sin\alpha = \cos\alpha\cos\beta + \sin\alpha\sin\beta$$

が成立する．以上より，$\alpha, \beta \in [0, \pi]$ の場合に，次の式が成立することがわかる．

$$\cos(\alpha - \beta) = \cos\alpha\cos\beta + \sin\alpha\sin\beta$$

一般の $\alpha, \beta \in \mathbb{R}$ に対して，$\alpha + m\pi, \beta + n\pi \in [0, \pi]$ が成立するように，整数 m，n を選ぶと，上の結果より

$$\cos\left((\alpha + m\pi) - (\beta + n\pi)\right) = \cos(\alpha + m\pi)\cos(\beta + n\pi) + \sin(\alpha + m\pi)\sin(\beta + n\pi)$$

$$
\begin{aligned}
\therefore\ \cos(\alpha-\beta+(m-n)\pi) &= (-1)^{m+n}(\cos\alpha\cos\beta+\sin\alpha\sin\beta)\\
\therefore\ (-1)^{m-n}\cos(\alpha-\beta) &= (-1)^{m+n}(\cos\alpha\cos\beta+\sin\alpha\sin\beta)\\
\therefore\ \cos(\alpha-\beta) &= \cos\alpha\cos\beta+\sin\alpha\sin\beta
\end{aligned}
$$

これを使うと，任意の $\alpha,\beta\in\mathbb{R}$ に対して，

$$
\begin{aligned}
\cos(\alpha+\beta) &= \cos(\alpha-(-\beta))\\
&= \cos\alpha\cos(-\beta)+\sin\alpha\sin(-\beta)\\
&= \cos\alpha\cos\beta-\sin\alpha\sin\beta
\end{aligned}
$$

$$
\begin{aligned}
\sin(\alpha+\beta) &= \cos\left(\frac{\pi}{2}-(\alpha+\beta)\right)=\cos\left((\frac{\pi}{2}-\alpha)-\beta\right)\\
&= \cos\left(\frac{\pi}{2}-\alpha\right)\cos\beta+\sin\left(\frac{\pi}{2}-\alpha\right)\sin\beta\\
&= \sin\alpha\cos\beta+\cos\alpha\sin\beta
\end{aligned}
$$

が成立する．さらに，

$$
\sin(\alpha-\beta)=\sin(\alpha+(-\beta))=\sin\alpha\cos\beta+\cos\alpha\sin(-\beta)=\sin\alpha\cos\beta-\cos\alpha\sin\beta
$$

が成立する．また，$\tan(\alpha\pm\beta)=\dfrac{\sin(\alpha\pm\beta)}{\cos(\alpha\pm\beta)}$（複号同順）より，最後の式が導ける．こうして，加法定理（定理 9）が証明された． □

加法定理（定理 9）より，

$$
\begin{aligned}
&\sin 2\alpha=\sin(\alpha+\alpha)=\sin\alpha\cos\alpha+\cos\alpha\sin\alpha=2\sin\alpha\cos\alpha\\
&\cos 2\alpha=\cos(\alpha+\alpha)=\cos\alpha\cos\alpha-\sin\alpha\sin\alpha=\cos^2\alpha-\sin^2\alpha \qquad (1.5)
\end{aligned}
$$

が得られる．さらに，式 (1.5) において，$\alpha=\dfrac{\theta}{2}$ とすると，三角関数の性質（定理 8）を適用して

$$
\cos\theta=\cos^2\frac{\theta}{2}-\sin^2\frac{\theta}{2}=1-2\sin^2\frac{\theta}{2}=2\cos^2\frac{\theta}{2}-1 \qquad (1.6)
$$

が得られる．このように，三角関数の性質（定理 8）や加法定理（定理 9）より，次の三角関数の基本公式が導かれる．

《定理 10》 〜三角関数の基本公式〜

(1) **2 倍角の公式**

$$\begin{aligned}\sin 2\alpha &= 2\sin\alpha\cos\alpha \\ \cos 2\alpha &= \cos^2\alpha - \sin^2\alpha = 2\cos^2\alpha - 1 = 1 - 2\sin^2\alpha\end{aligned}$$

(2) **半角の公式**

$$\cos^2\frac{\theta}{2} = \frac{1+\cos\theta}{2}, \quad \cos^2\alpha = \frac{1+\cos 2\alpha}{2}$$
$$\sin^2\frac{\theta}{2} = \frac{1-\cos\theta}{2}, \quad \sin^2\alpha = \frac{1-\cos 2\alpha}{2}$$
$$\tan^2\frac{\theta}{2} = \frac{1-\cos\theta}{1+\cos\theta}, \quad \tan^2\alpha = \frac{1-\cos 2\alpha}{1+\cos 2\alpha}$$

(3) **3 倍角の公式**

$$\begin{aligned}\sin 3\alpha &= 3\sin\alpha - 4\sin^3\alpha \\ \cos 3\alpha &= 4\cos^3\alpha - 3\cos\alpha\end{aligned}$$

(4) **積を和または差の形で表す公式**

$$\begin{aligned}\sin\alpha\cos\beta &= \frac{1}{2}\{\sin(\alpha+\beta)+\sin(\alpha-\beta)\} \\ \cos\alpha\sin\beta &= \frac{1}{2}\{\sin(\alpha+\beta)-\sin(\alpha-\beta)\} \\ \cos\alpha\cos\beta &= \frac{1}{2}\{\cos(\alpha+\beta)+\cos(\alpha-\beta)\} \\ \sin\alpha\sin\beta &= -\frac{1}{2}\{\cos(\alpha+\beta)-\cos(\alpha-\beta)\}\end{aligned}$$

(5) **和・差を積の形で表す公式**

$$\begin{aligned}\sin\alpha+\sin\beta &= 2\sin\frac{\alpha+\beta}{2}\cos\frac{\alpha-\beta}{2} \\ \sin\alpha-\sin\beta &= 2\sin\frac{\alpha-\beta}{2}\cos\frac{\alpha+\beta}{2} \\ \cos\alpha+\cos\beta &= 2\cos\frac{\alpha+\beta}{2}\cos\frac{\alpha-\beta}{2} \\ \cos\alpha-\cos\beta &= -2\sin\frac{\alpha+\beta}{2}\sin\frac{\alpha-\beta}{2}\end{aligned}$$

問 1.15. 加法定理を利用して，定理 10 を証明せよ．

《定理 11》 ～三角関数の合成～　a, b のうち少なくとも1つは0でないとする．そのとき，$\cos\alpha = \dfrac{a}{\sqrt{a^2+b^2}}, \sin\alpha = \dfrac{b}{\sqrt{a^2+b^2}}$ を満たす α をとると，

$$a\sin\theta + b\cos\theta = \sqrt{a^2+b^2}\sin(\theta+\alpha)$$

が成立する．

問 1.16. θ が次の値をとるとき，$\sin\theta, \cos\theta, \tan\theta$ の値を求めよ．

$\dfrac{\pi}{6},\quad \dfrac{3}{4}\pi,\quad \dfrac{4}{3}\pi,\quad -\dfrac{5}{4}\pi$

解　$\sin\theta : \frac{1}{2}, \frac{\sqrt{2}}{2}, -\frac{\sqrt{3}}{2}, \frac{\sqrt{2}}{2}$, $\cos\theta : \frac{\sqrt{3}}{2}, -\frac{\sqrt{2}}{2}, -\frac{1}{2}, -\frac{\sqrt{2}}{2}$, $\tan\theta : \frac{1}{\sqrt{3}}, -1, \sqrt{3}, -1$

問 1.17. 第2象限の角 θ に対して $\sin\theta = \dfrac{2}{3}$ のとき，$\cos\theta, \tan\theta$ の値を求めよ．

解　$\cos\theta = -\frac{\sqrt{5}}{3}, \tan\theta = -\frac{2}{\sqrt{5}}$

問 1.18. $\theta = n\pi$（n は整数）を除く任意の θ に対し，次の等式

$$\frac{\sin\theta}{1-\cos\theta} + \frac{1-\cos\theta}{\sin\theta} = \frac{2}{\sin\theta}$$

が成立することを示せ．

問 1.18. $0 \leqq \theta < 2\pi$ において $\cos\theta > \dfrac{1}{2}$ を満たす θ の値の範囲を求めよ．

解　$0 \leqq \theta < \frac{\pi}{3}, \frac{5}{3}\pi < \theta < 2\pi$

問 1.19. 第4象限の角 θ に対して $\cos\theta = \dfrac{3}{5}$ のとき，$\sin\theta, \tan\theta$ の値を求めよ．

解　$\sin\theta = -\frac{4}{5}, \tan\theta = -\frac{4}{3}$

問 1.20. $\dfrac{\cos\theta}{1+\sin\theta} + \dfrac{1+\sin\theta}{\cos\theta}$ を簡単にせよ．

解　$\frac{2}{\cos\theta}$

問 1.21. $0 \leqq \theta < 2\pi$ において次の式を満たす θ の値を求めよ．

(1) $\sqrt{2}\cos\theta = -1$　　(2) $2\sin\theta + 1 = 0$　　(3) $\sqrt{3}\tan\theta = 1$

解　(1) $\theta = \frac{3}{4}\pi, \frac{5}{4}\pi$　(2) $\theta = \frac{7}{6}\pi, \frac{11}{6}\pi$　(3) $\theta = \frac{1}{6}\pi, \frac{7}{6}\pi$

問 1.22. $0 \leqq \theta < 2\pi$ において，次の不等式を満たす θ の値の範囲を求めよ．

(1) $\sin\theta > -\dfrac{1}{2}$　　(2) $\tan\theta < 1$

解　(1) $0 \leqq \theta < \frac{7}{6}\pi, \frac{11}{6}\pi < \theta < 2\pi$　(2) $0 \leqq \theta < \frac{1}{4}\pi, \frac{1}{2}\pi < \theta < \frac{5}{4}\pi, \frac{3}{2}\pi < \theta < 2\pi$

問 1.23. $15^\circ = 45^\circ - 30^\circ$ を用いて $\sin 15^\circ, \cos 15^\circ$ を求めよ．

解　$\sin 15^\circ = \frac{\sqrt{6}-\sqrt{2}}{4}, \cos 15^\circ = \frac{\sqrt{6}+\sqrt{2}}{4}$

問 1.24. $\theta = \dfrac{\pi}{5}$ のとき，$\sin 2\theta = \sin 3\theta$ であることを示せ．また，このことを使って，$\cos\dfrac{\pi}{5}$ の値を求めよ．

解　$\cos\dfrac{\pi}{5} = \frac{1+\sqrt{5}}{4}$

問 1.25. $0 \leqq \theta < 2\pi$ において次の式を満たす θ の値や範囲を求めよ．

(1) $\sin\theta - \cos\theta = 1$　　(2) $\sin\theta + \sqrt{3}\cos\theta < \sqrt{2}$

解　(1) $\theta = \frac{1}{2}\pi, \pi$　(2) $\frac{5}{12}\pi < \theta < \frac{23}{12}\pi$

問 1.26. α が鋭角，β が鈍角で $\sin\alpha = \dfrac{3}{5}, \sin\beta = \dfrac{12}{13}$ のとき，$\sin(\alpha+\beta), \sin(\alpha-\beta)$, $\cos(\alpha+\beta)$，$\cos(\alpha-\beta)$ の値を求めよ．

解　$\sin(\alpha+\beta) = \frac{33}{65}, \sin(\alpha-\beta) = -\frac{63}{65}, \cos(\alpha+\beta) = -\frac{56}{65}, \cos(\alpha-\beta) = \frac{16}{65}$

問 1.27. 次の三角関数を和または差の形で表せ．

(1) $\sin 2\alpha \cos\alpha$　(2) $\cos 3x \cos 5x$　(3) $\sin x \sin 7x$

解　(1) $\frac{1}{2}\{\sin 3\alpha + \sin\alpha\}$　(2) $\frac{1}{2}\{\cos 8x + \cos 2x\}$　(3) $-\frac{1}{2}\{\cos 8x - \cos 6x\}$

第2章　ベクトルと図形

2.1　ベクトル (vector) とスカラー (scalar) って？

風の向きとその強さは,「南東の風，風力3」などと表される．これを矢印を用いると，南東から北西の向きで，風力を矢印の長さ3として，うまく表すことができる．すなわち矢印は，向きを矢尻，大きさを長さで表すものと考えることができる．このように，向きと大きさを表すものを**ベクトル**（vector）と呼ぶ．ベクトルに対し，例えば面積や体積などただ1つの量を表すものを**スカラー**（scalar）と呼ぶ．スカラーは，実数と考える（複素数と考えてもよいが，ここでは実数を扱う）．

まず，平面上で考えよう．任意の2点 A，B に対して，A を始点とし B を終点とする向きのついた線分を**ベクトル** AB といい，$\overrightarrow{\mathrm{AB}}$ で表す．ベクトルは，始点・終点を指定しない場合，$\boldsymbol{a}$，$\boldsymbol{b}$，$\boldsymbol{c}$ などのようにアルファベットの小文字の太字で表す．

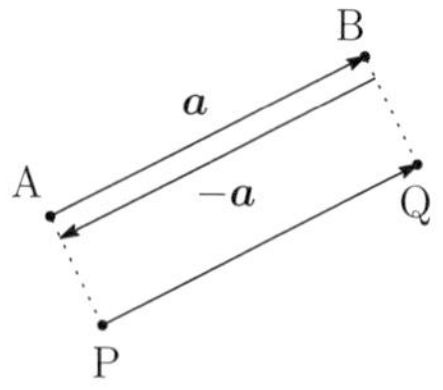

ベクトルの始点と終点が一致するときは $\mathbf{0}$ と表し，

零ベクトル

という．$\mathbf{0}$ の大きさは 0 で向きは考えない．

2点 P, Q に対して，$\overrightarrow{\mathrm{AB}} = \overrightarrow{\mathrm{PQ}}$ とは $\overrightarrow{\mathrm{AB}}$ と $\overrightarrow{\mathrm{PQ}}$ の向きと大きさが共に等しいこと，すなわち，平行移動によって，$\overrightarrow{\mathrm{AB}}$ を $\overrightarrow{\mathrm{PQ}}$ に向きを込めて重ね合わせることができることである．

ベクトル $\boldsymbol{a}$ と大きさは同じだが，向きが逆のベクトルを $-\boldsymbol{a}$ と表す．そうすると，

$$\overrightarrow{\mathrm{BA}} = -\overrightarrow{\mathrm{AB}}$$

である．

ベクトル $\boldsymbol{a} = \overrightarrow{\mathrm{AB}}$ の大きさを $|\boldsymbol{a}|$ または $\left|\overrightarrow{\mathrm{AB}}\right|$ で表す．とくに，大きさが1のベクトルを**単位ベクトル**と呼ぶ．右の図のように，単位ベクトルはすべての向きに存在する．

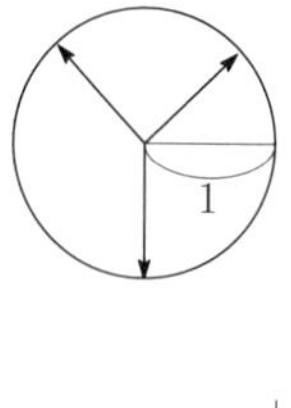

$\boldsymbol{a} \neq \mathbf{0}$ と同じ向きの単位ベクトル $\boldsymbol{u}$ は，

$$\boxed{\boldsymbol{u} = \frac{1}{|\boldsymbol{a}|}\boldsymbol{a}} \qquad (2.1)$$

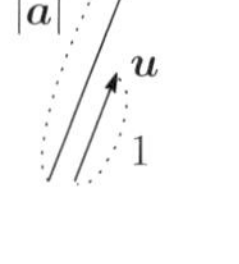

2.2 ベクトルの和・差・スカラー倍の計算は？

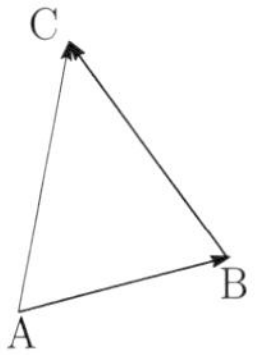

終点と始点が一致している 2 つのベクトル $\overrightarrow{\mathrm{AB}}$ と $\overrightarrow{\mathrm{BC}}$ に対して，2 つのベクトルの**和** $\overrightarrow{\mathrm{AB}} + \overrightarrow{\mathrm{BC}}$ を

$$\overrightarrow{\mathrm{AB}} + \overrightarrow{\mathrm{BC}} = \overrightarrow{\mathrm{AC}}$$

によって定義する．

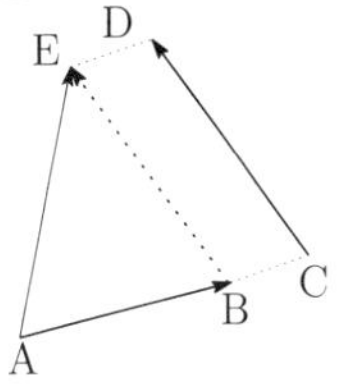

一般に，2 つのベクトル $\overrightarrow{\mathrm{AB}}$ と $\overrightarrow{\mathrm{CD}}$ の**和** $\overrightarrow{\mathrm{AB}} + \overrightarrow{\mathrm{CD}}$ については，平行移動によって $\overrightarrow{\mathrm{CD}} = \overrightarrow{\mathrm{BE}}$ となる点 E が唯一つ存在するので，

$$\overrightarrow{\mathrm{AB}} + \overrightarrow{\mathrm{CD}} = \overrightarrow{\mathrm{AB}} + \overrightarrow{\mathrm{BE}} = \overrightarrow{\mathrm{AE}}$$

と定義する．

この定義より $\overrightarrow{\mathrm{AB}} = \overrightarrow{\mathrm{A'B'}}$, $\overrightarrow{\mathrm{CD}} = \overrightarrow{\mathrm{C'D'}}$ とすると，

$$\overrightarrow{\mathrm{AB}} + \overrightarrow{\mathrm{CD}} = \overrightarrow{\mathrm{A'B'}} + \overrightarrow{\mathrm{C'D'}}$$

が成立する．

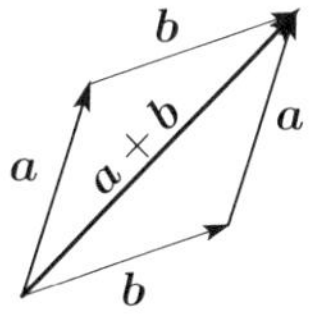

これより，2 つ以上のベクトルの和を考える場合には，ベクトルの始点の位置は自由に選ぶことができることがわかる．したがって，$\boldsymbol{a}, \boldsymbol{b}, \boldsymbol{c}$ を 3 つのベクトルとするとき，

$$\boldsymbol{a} + \boldsymbol{b} = \boldsymbol{b} + \boldsymbol{a} \quad \text{（交換法則）}$$

$$(\boldsymbol{a} + \boldsymbol{b}) + \boldsymbol{c} = \boldsymbol{a} + (\boldsymbol{b} + \boldsymbol{c}) \quad \text{（結合法則）}$$

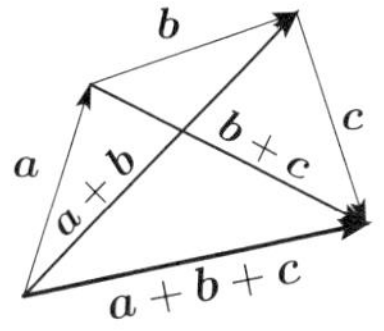

も成立することがわかる．

ベクトル $\boldsymbol{a} = \overrightarrow{\mathrm{AB}}$ に対し，$-\boldsymbol{a} = -\overrightarrow{\mathrm{AB}} = \overrightarrow{\mathrm{BA}}$ であるから，

$$\boldsymbol{a} + (-\boldsymbol{a}) = \overrightarrow{\mathrm{AB}} + \overrightarrow{\mathrm{BA}} = \overrightarrow{\mathrm{AA}} = \boldsymbol{0}$$

が成立する．また，零ベクトル $\boldsymbol{0}$ について，

$$\boldsymbol{a} + \boldsymbol{0} = \boldsymbol{a}$$

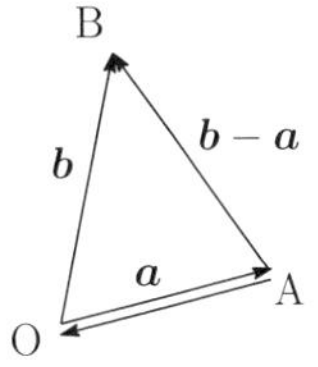

が成立する．

2 つのベクトルを $\boldsymbol{a} = \overrightarrow{\mathrm{OA}}$, $\boldsymbol{b} = \overrightarrow{\mathrm{OB}}$ とすると，
$-\boldsymbol{a} = -\overrightarrow{\mathrm{OA}} = \overrightarrow{\mathrm{AO}}$ であるから，

$$\overrightarrow{\mathrm{AB}} = \overrightarrow{\mathrm{AO}} + \overrightarrow{\mathrm{OB}} = (-\boldsymbol{a}) + \boldsymbol{b} = \boldsymbol{b} + (-\boldsymbol{a}) = \overrightarrow{\mathrm{OB}} + (-\overrightarrow{\mathrm{OA}})$$

が成立する．これより，ベクトル $\overrightarrow{\mathrm{AB}}$ は $\overrightarrow{\mathrm{OB}}$ と $-\overrightarrow{\mathrm{OA}}$ の和で表されるので，これを $\overrightarrow{\mathrm{OB}}$ と $\overrightarrow{\mathrm{OA}}$ の**差**と考える．すなわち，

$$\overrightarrow{\mathrm{AB}} = \overrightarrow{\mathrm{OB}} - \overrightarrow{\mathrm{OA}}$$

と表す．

もう少し丁寧に**ベクトルの差**について述べよう．一般に，2つのベクトル $\overrightarrow{\mathrm{AB}}$，$\overrightarrow{\mathrm{CD}}$ に対して，$\boldsymbol{x} = \overrightarrow{\mathrm{CD}} + \overrightarrow{\mathrm{BA}}$ とすると，

$$\overrightarrow{\mathrm{AB}} + \boldsymbol{x} = \overrightarrow{\mathrm{AB}} + (\overrightarrow{\mathrm{CD}} + \overrightarrow{\mathrm{BA}}) = (\overrightarrow{\mathrm{AB}} + \overrightarrow{\mathrm{BA}}) + \overrightarrow{\mathrm{CD}} = \overrightarrow{\mathrm{CD}}$$

であるから，

$$\overrightarrow{\mathrm{AB}} + \boldsymbol{x} = \boldsymbol{x} + \overrightarrow{\mathrm{AB}} = \overrightarrow{\mathrm{CD}}$$

が成立する．また，2つのベクトル $\boldsymbol{x}, \boldsymbol{y}$ に対して，$\overrightarrow{\mathrm{AB}} + \boldsymbol{x} = \overrightarrow{\mathrm{AB}} + \boldsymbol{y}$ が成立するならば，$\boldsymbol{x}$ と $\boldsymbol{y}$ の始点が B の位置に来るように $\boldsymbol{x}$ と $\boldsymbol{y}$ を平行移動すると，それにつれて $\boldsymbol{x}$ と $\boldsymbol{y}$ の終点は同じ点に移動しなければならない．よって，$\boldsymbol{x} = \boldsymbol{y}$ である．ゆえに，

$$\overrightarrow{\mathrm{AB}} + \boldsymbol{x} = \boldsymbol{x} + \overrightarrow{\mathrm{AB}} = \overrightarrow{\mathrm{CD}}$$

を満たすベクトル $\boldsymbol{x}$ が唯一つ存在する． このベクトル $\boldsymbol{x}$ を $\overrightarrow{\mathrm{CD}}$ と $\overrightarrow{\mathrm{AB}}$ の**差**といい，$\overrightarrow{\mathrm{CD}} - \overrightarrow{\mathrm{AB}}$ で表す．

ベクトルの**スカラー倍**は，次のように定義する．k を実数とする．

(i) $k > 0$ ならば，半直線 AB 上に AE=kAB となる点 E をとり，$k\,\overrightarrow{\mathrm{AB}} = \overrightarrow{\mathrm{AE}}$ と定義する．

(ii) $k < 0$ ならば，半直線 BA 上に AE=$-k$AB となる点 E を線分 BA の外にとり，$k\,\overrightarrow{\mathrm{AB}} = \overrightarrow{\mathrm{AE}}$ と定義する．

(iii) $k = 0$ ならば $k\,\overrightarrow{\mathrm{AB}} = \mathbf{0}$ と定義する．

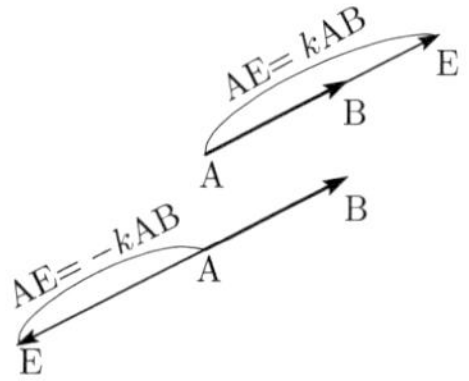

k, ℓ を2つの実数とするとき，スカラー倍については，次が成立する．

$$(k+\ell)\,\overrightarrow{\mathrm{AB}} = k\,\overrightarrow{\mathrm{AB}} + \ell\,\overrightarrow{\mathrm{AB}} \quad \text{（分配法則）}$$
$$k(\overrightarrow{\mathrm{AB}} + \overrightarrow{\mathrm{CD}}) = k\,\overrightarrow{\mathrm{AB}} + k\,\overrightarrow{\mathrm{CD}} \quad \text{（分配法則）}$$

以上，まとめると次が成立する．

《定理 12》 A, B, C, D, E, F を任意の6点とするとき，2つのベクトルの和 $\overrightarrow{\mathrm{AB}} + \overrightarrow{\mathrm{CD}}$，差 $\overrightarrow{\mathrm{CD}} - \overrightarrow{\mathrm{AB}}$，スカラー倍 $k\,\overrightarrow{\mathrm{AB}}$ $(k \in \mathbb{R})$ が定義でき，次が成立する：

(1) $\overrightarrow{\mathrm{AB}} + \overrightarrow{\mathrm{BC}} = \overrightarrow{\mathrm{AC}}$

(2) $\overrightarrow{\mathrm{AB}} = \overrightarrow{\mathrm{CB}} - \overrightarrow{\mathrm{CA}}$

(3) $\overrightarrow{\mathrm{CD}} - \overrightarrow{\mathrm{AB}} = \overrightarrow{\mathrm{CD}} + (-1)\,\overrightarrow{\mathrm{AB}}$

(4) $\overrightarrow{\mathrm{AB}} + \overrightarrow{\mathrm{CD}} = \overrightarrow{\mathrm{CD}} + \overrightarrow{\mathrm{AB}}$（交換法則）

(5) $\left(\overrightarrow{\mathrm{AB}} + \overrightarrow{\mathrm{CD}}\right) + \overrightarrow{\mathrm{EF}} = \overrightarrow{\mathrm{AB}} + \left(\overrightarrow{\mathrm{CD}} + \overrightarrow{\mathrm{EF}}\right)$（結合法則）

(6) $(k+\ell)\overrightarrow{\mathrm{AB}} = k\overrightarrow{\mathrm{AB}} + \ell\overrightarrow{\mathrm{AB}} \quad (k,\ell \in \mathbb{R})$（分配法則）

(7) $k(\overrightarrow{\mathrm{AB}} + \overrightarrow{\mathrm{CD}}) = k\overrightarrow{\mathrm{AB}} + k\overrightarrow{\mathrm{CD}} \quad (k \in \mathbb{R})$（分配法則）

例題 2.1

図のように，四角形 ABCD において，

$$\boldsymbol{a} = \overrightarrow{\mathrm{AB}}, \boldsymbol{b} = \overrightarrow{\mathrm{AC}}, \boldsymbol{c} = \overrightarrow{\mathrm{CD}}$$

とするとき，次のベクトルを $\boldsymbol{a}, \boldsymbol{b}, \boldsymbol{c}$ で表しなさい．

(1) $\overrightarrow{\mathrm{BA}}$　(2) $\overrightarrow{\mathrm{AD}}$　(3) $\overrightarrow{\mathrm{DB}}$

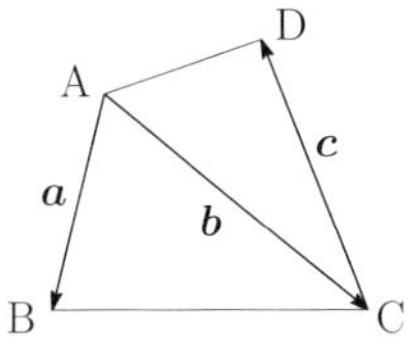

（解）

(1) $\overrightarrow{\mathrm{BA}} = -\overrightarrow{\mathrm{AB}} = -\boldsymbol{a}$

(2) $\overrightarrow{\mathrm{AD}} = \overrightarrow{\mathrm{AC}} + \overrightarrow{\mathrm{CD}} = \boldsymbol{b} + \boldsymbol{c}$

(3) $\overrightarrow{\mathrm{DB}} = \overrightarrow{\mathrm{DC}} + \overrightarrow{\mathrm{CA}} + \overrightarrow{\mathrm{AB}} = -\overrightarrow{\mathrm{CD}} - \overrightarrow{\mathrm{AC}} + \overrightarrow{\mathrm{AB}} = -\boldsymbol{c} - \boldsymbol{b} + \boldsymbol{a} = \boldsymbol{a} - \boldsymbol{b} - \boldsymbol{c}$

（終）

問 2.28.　図の四角形 ABCD において，

$$\overrightarrow{\mathrm{AB}} = \boldsymbol{a}, \overrightarrow{\mathrm{BD}} = \boldsymbol{b}, \overrightarrow{\mathrm{CA}} = \boldsymbol{c}$$

とするとき，次のベクトルを $\boldsymbol{a}, \boldsymbol{b}, \boldsymbol{c}$ で表しなさい．

(1) $\overrightarrow{\mathrm{AC}}$　(2) $\overrightarrow{\mathrm{AD}}$　(3) $\overrightarrow{\mathrm{BC}}$　(4) $\overrightarrow{\mathrm{DC}}$

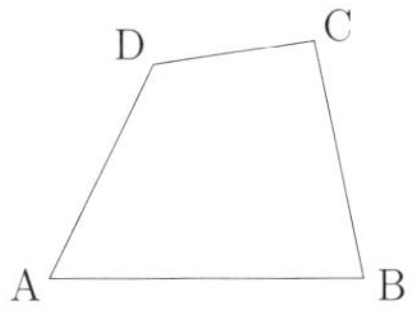

解　(1) $-\boldsymbol{c}$　(2) $\boldsymbol{a} + \boldsymbol{b}$　(3) $-\boldsymbol{a} - \boldsymbol{c}$　(4) $-\boldsymbol{a} - \boldsymbol{b} - \boldsymbol{c}$

2.3　ベクトルを成分表示すると？

ベクトルを数値化することを考えると，基準が必要である．ここでは，直交座標を用いて，ベクトルを数値で表してみよう．

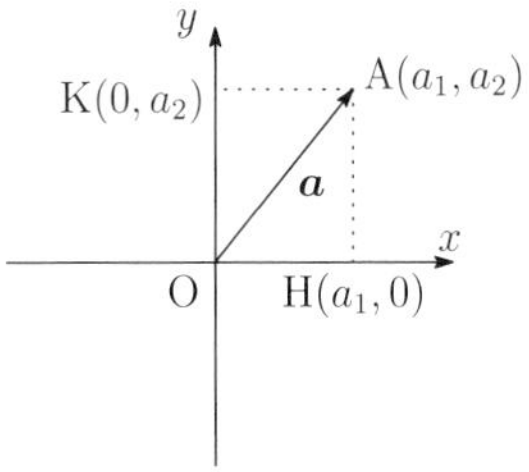

座標平面内 $\mathbb{R}^2$ のベクトル $\boldsymbol{a}$ に対して，原点を始点とすると，$\boldsymbol{a} = \overrightarrow{\mathrm{OA}}$ となる点 A が唯一つ存在する．A の座標を $\mathrm{A}(a_1, a_2)$ とすると，

$$\text{対応：} \boldsymbol{a} \to (a_1, a_2)$$

はベクトル全体の集合から座標平面 $\mathbb{R}^2$ の上への 1 対 1 写像である．こうして，ベクトル $\boldsymbol{a}$ と座標平面の点 (a_1, a_2) を同一視することができ，

$$\boldsymbol{a} = \begin{pmatrix} a_1 \\ a_2 \end{pmatrix} \in \mathbb{R}^2$$

と表すことができる． このとき，a_1 を **$\boldsymbol{x}$ 成分**または**第 1 成分**と呼び，a_2 を **$\boldsymbol{y}$ 成分**または**第 2 成分**と呼ぶ．このようにベクトルを数値で表すことを，ベクトルの**成分表示**という．座標平面 $\mathbb{R}^2$ を 2 次元数ベクトル空間ともいう（“次元”については、第 6 章を参照）．

以上のことから，2 次元数ベクトル空間内のベクトルは，2 つの数値の組で表されることがわかる．このベクトルを 2 次の**数ベクトル**と呼ぶことにしよう．

これに対し，ただ 1 つの数値で表されるのがスカラーである．

この場合，零ベクトル $\mathbf{0}$ は，

$$\mathbf{0} = \begin{pmatrix} 0 \\ 0 \end{pmatrix}$$

である．また，$\mathrm{E}_1(1, 0)$, $\mathrm{E}_2(0, 1)$ に対し，$\boldsymbol{e}_1 = \overrightarrow{\mathrm{OE}_1}$, $\boldsymbol{e}_2 = \overrightarrow{\mathrm{OE}_2}$ とすると，

$$\boldsymbol{e}_1 = \begin{pmatrix} 1 \\ 0 \end{pmatrix}, \qquad \boldsymbol{e}_2 = \begin{pmatrix} 0 \\ 1 \end{pmatrix}$$

は，それぞれ x,y 軸の向きの単位ベクトルである．$\boldsymbol{e}_1$ は **$\boldsymbol{x}$ 軸方向の基本ベクトル**，$\boldsymbol{e}_2$ は **$\boldsymbol{y}$ 軸方向の基本ベクトル**と呼ばれる．$\boldsymbol{a} = \begin{pmatrix} a_1 \\ a_2 \end{pmatrix}$ に対して， 座標平面内の点 $\mathrm{A}(a_1, a_2)$, $\mathrm{H}(a_1, 0)$, $\mathrm{K}(0, a_2)$ をとると，

$$\begin{aligned} \overrightarrow{\mathrm{OH}} &= a_1 \overrightarrow{\mathrm{OE}_1} = a_1 \boldsymbol{e}_1 \\ \overrightarrow{\mathrm{OK}} &= a_2 \overrightarrow{\mathrm{OE}_2} = a_2 \boldsymbol{e}_2 \\ \overrightarrow{\mathrm{OA}} &= \overrightarrow{\mathrm{OH}} + \overrightarrow{\mathrm{OK}} \end{aligned}$$

が成立するので，

$$\boldsymbol{a} = a_1 \boldsymbol{e}_1 + a_2 \boldsymbol{e}_2 \tag{2.2}$$

であることがわかる．

よって，$\boldsymbol{a}=\begin{pmatrix} a_1 \\ a_2 \end{pmatrix}, \boldsymbol{b}=\begin{pmatrix} b_1 \\ b_2 \end{pmatrix}, k\in\mathbb{R}$ とすると，(2.2) より，ベクトルの和・スカラー倍は，

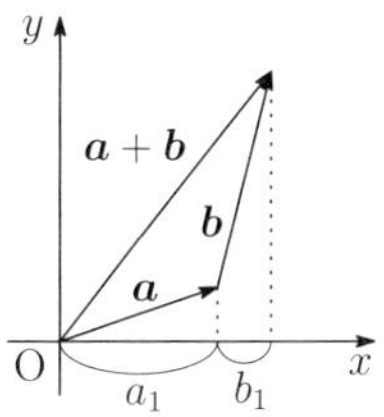

$$\begin{aligned}\boldsymbol{a}+\boldsymbol{b} &= (a_1\boldsymbol{e}_1+a_2\boldsymbol{e}_2)+(b_1\boldsymbol{e}_1+b_2\boldsymbol{e}_2)\\ &= (a_1+b_1)\,\boldsymbol{e}_1+(a_2+b_2)\,\boldsymbol{e}_2=\begin{pmatrix} a_1+b_1 \\ a_2+b_2 \end{pmatrix},\end{aligned}$$

$$\begin{aligned}k\boldsymbol{a} &= k\,(a_1\boldsymbol{e}_1+a_2\boldsymbol{e}_2)\\ &= ka_1\boldsymbol{e}_1+ka_2\boldsymbol{e}_2=\begin{pmatrix} ka_1 \\ ka_2 \end{pmatrix}\end{aligned}$$

が成立する．すなわち，

$$\boldsymbol{a}+\boldsymbol{b}=\begin{pmatrix} a_1+b_1 \\ a_2+b_2 \end{pmatrix},\quad k\boldsymbol{a}=\begin{pmatrix} ka_1 \\ ka_2 \end{pmatrix}$$

が成立する．

$\boldsymbol{a}=\overrightarrow{\mathrm{OA}}=\begin{pmatrix} a_1 \\ a_2 \end{pmatrix}, \boldsymbol{b}=\overrightarrow{\mathrm{OB}}=\begin{pmatrix} b_1 \\ b_2 \end{pmatrix}$ とするとき，$\boldsymbol{a}=\boldsymbol{b}$ が成立するのは，点 A と点 B が一致する場合に限るので，各成分が等しいことである．すなわち，

$$\boldsymbol{a}=\boldsymbol{b} \quad\Leftrightarrow\quad a_1=b_1,\ a_2=b_2$$

ベクトル $\boldsymbol{a}=\overrightarrow{\mathrm{OA}}=\begin{pmatrix} a_1 \\ a_2 \end{pmatrix}$ の大きさについては，線分 OA の長さとして表すので，

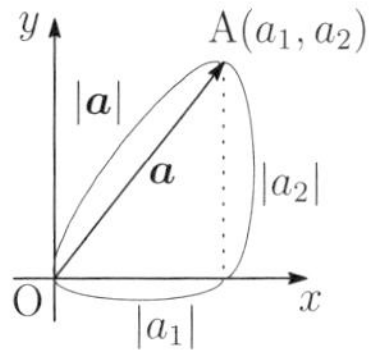

$$|\boldsymbol{a}|=\left|\overrightarrow{\mathrm{OA}}\right|=\mathrm{OA}=\sqrt{a_1^2+a_2^2}$$

である．

また，2 点 $\mathrm{A}(a_1,a_2)$, $\mathrm{B}(b_1,b_2)$ に対して，

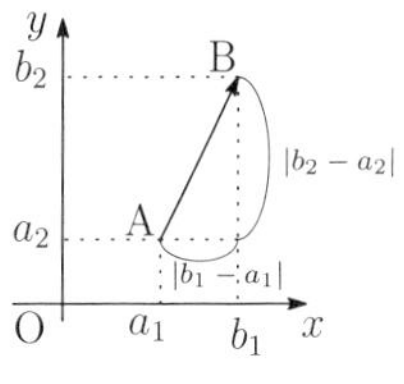

$$\begin{aligned}\overrightarrow{\mathrm{AB}} &= \overrightarrow{\mathrm{OB}}-\overrightarrow{\mathrm{OA}}=\begin{pmatrix} b_1-a_1 \\ b_2-a_2 \end{pmatrix},\\ \left|\overrightarrow{\mathrm{AB}}\right| &= \sqrt{(b_1-a_1)^2+(b_2-a_2)^2}\end{aligned}$$

である．

以上より，次が成立する．

《**定理 13**》 2点 $\mathrm{A}(a_1, a_2)$, $\mathrm{B}(b_1, b_2)$ に対して，

$\boldsymbol{a} = \overrightarrow{\mathrm{OA}} = \begin{pmatrix} a_1 \\ a_2 \end{pmatrix}$, $\boldsymbol{b} = \overrightarrow{\mathrm{OB}} = \begin{pmatrix} b_1 \\ b_2 \end{pmatrix}$ とするとき，次が成立する：

(1) $\boldsymbol{a} = \boldsymbol{b} \quad \Leftrightarrow \quad a_1 = b_1,\ a_2 = b_2$

(2) $\boldsymbol{a} + \boldsymbol{b} = \begin{pmatrix} a_1 + b_1 \\ a_2 + b_2 \end{pmatrix}, \quad k\boldsymbol{a} = \begin{pmatrix} ka_1 \\ ka_2 \end{pmatrix}\ (k \in \mathbb{R})$

(3) $\overrightarrow{\mathrm{AB}} = \overrightarrow{\mathrm{OB}} - \overrightarrow{\mathrm{OA}} = \begin{pmatrix} b_1 - a_1 \\ b_2 - a_2 \end{pmatrix}$

(4) $|\boldsymbol{a}| = \left|\overrightarrow{\mathrm{OA}}\right| = \sqrt{a_1^2 + a_2^2}$

(5) $\left|\overrightarrow{\mathrm{AB}}\right| = \sqrt{(b_1 - a_1)^2 + (b_2 - a_2)^2}$

例題 2.2

$\boldsymbol{a} = \begin{pmatrix} 3 \\ -1 \end{pmatrix}$, $\boldsymbol{b} = \begin{pmatrix} -2 \\ 4 \end{pmatrix}$ のとき，次の問いに答えなさい．

(1) $\boldsymbol{a}$ の大きさ $|\boldsymbol{a}|$ を求めなさい．

(2) $3\boldsymbol{a} + \boldsymbol{b}$ の成分表示を求めなさい．

(3) $|3\boldsymbol{a} + \boldsymbol{b}|$ を求めなさい．

(4) $\boldsymbol{a}$ と同じ向きの単位ベクトル $\boldsymbol{u}$ を求めなさい．

（解）

(1) $|\boldsymbol{a}| = \sqrt{3^2 + (-1)^2} = \sqrt{10}$

(2) $3\boldsymbol{a} + \boldsymbol{b} = 3\begin{pmatrix} 3 \\ -1 \end{pmatrix} + \begin{pmatrix} -2 \\ 4 \end{pmatrix} = \begin{pmatrix} 9 - 2 \\ -3 + 4 \end{pmatrix} = \begin{pmatrix} 7 \\ 1 \end{pmatrix}$

(3) $|3\boldsymbol{a} + \boldsymbol{b}| = \sqrt{7^2 + 1^2} = 5\sqrt{2}$

(4) (2.1) より，$\boldsymbol{u} = \dfrac{1}{|\boldsymbol{a}|}\boldsymbol{a} = \dfrac{1}{\sqrt{10}}\begin{pmatrix} 3 \\ -1 \end{pmatrix} = \begin{pmatrix} \dfrac{3}{\sqrt{10}} \\ -\dfrac{1}{\sqrt{10}} \end{pmatrix}$

（終）

問 2.29.　$\boldsymbol{a} = \begin{pmatrix} -1 \\ 4 \end{pmatrix}$, $\boldsymbol{b} = \begin{pmatrix} 3 \\ -2 \end{pmatrix}$ のとき，次を求めなさい．

(1) $|\boldsymbol{a}|$　　(2) $2\boldsymbol{a} + 3\boldsymbol{b}$ の成分表示　　(3) $|2\boldsymbol{a} + 3\boldsymbol{b}|$

(4) $\boldsymbol{a}$ と同じ向きの単位ベクトル $\boldsymbol{u}$

解 (1) $\sqrt{17}$ (2) $\begin{pmatrix} 7 \\ 2 \end{pmatrix}$ (3) $\sqrt{53}$ (4) $\begin{pmatrix} -\dfrac{1}{\sqrt{17}} \\ \dfrac{4}{\sqrt{17}} \end{pmatrix}$

例題 2.3

A(3, −1), B(4, 2) のとき，次の問いに答えなさい．

(1) $\overrightarrow{\mathrm{AB}}$ の成分表示を求めなさい．

(2) $\left|\overrightarrow{\mathrm{AB}}\right|$ を求めなさい．

(3) $k\overrightarrow{\mathrm{AB}}$ が単位ベクトルであるとき，スカラー k の値を求めなさい．

（解）

(1) $\overrightarrow{\mathrm{AB}} = \begin{pmatrix} 4-3 \\ 2-(-1) \end{pmatrix} = \begin{pmatrix} 1 \\ 3 \end{pmatrix}$

(2) $\left|\overrightarrow{\mathrm{AB}}\right| = \sqrt{1^2+3^2} = \sqrt{10}$

(3) $k\overrightarrow{\mathrm{AB}} = \begin{pmatrix} k \\ 3k \end{pmatrix}$ が単位ベクトルだから，$\left|k\overrightarrow{\mathrm{AB}}\right| = 1$．よって，$\sqrt{k^2+(3k)^2} = 1$

$$10k^2 = 1^2, \qquad k = \pm\frac{1}{\sqrt{10}}$$

（終）

※上記の例題 2.3 の (3) において，$k = \dfrac{1}{\sqrt{10}}$ のとき，$k\overrightarrow{\mathrm{AB}}$ は $\overrightarrow{\mathrm{AB}}$ と同じ向きの単位ベクトルであり，$k = -\dfrac{1}{\sqrt{10}}$ のとき，$k\overrightarrow{\mathrm{AB}}$ は $\overrightarrow{\mathrm{AB}}$ と逆向きの単位ベクトルである．

問 2.30. A(−1, 4), B(3, −2) のとき，次を求めなさい．

(1) $\overrightarrow{\mathrm{AB}}$ の成分表示 (2) $\left|\overrightarrow{\mathrm{AB}}\right|$ (3) $k\overrightarrow{\mathrm{AB}}$ が単位ベクトルになるような k の値

解 (1) $\begin{pmatrix} 4 \\ -6 \end{pmatrix}$ (2) $2\sqrt{13}$ (3) $\pm\dfrac{1}{2\sqrt{13}}$

2.4 ベクトルの線形結合（1次結合）って？

ベクトル $\boldsymbol{a}, \boldsymbol{b}$ に対し，スカラー倍の和 $m\boldsymbol{a}+n\boldsymbol{b}$ $(m, n \in \mathbb{R})$ の形のベクトルを $\boldsymbol{a}, \boldsymbol{b}$ の線形結合（または1次結合）という．一般には，n 個のベクトル $\boldsymbol{a}_1, \ldots, \boldsymbol{a}_n$ に対し，スカラー倍の和

$$k_1\boldsymbol{a}_1 + \cdots + k_n\boldsymbol{a}_n \qquad (k_1, \ldots, k_n \in \mathbb{R})$$

の形のベクトルを $\boldsymbol{a}_1, \ldots, \boldsymbol{a}_n$ の**線形結合（または1次結合）**という．

例題 2.4

$\boldsymbol{a} = \begin{pmatrix} 3 \\ -1 \end{pmatrix}, \boldsymbol{b} = \begin{pmatrix} -2 \\ 4 \end{pmatrix}, \boldsymbol{c} = \begin{pmatrix} 0 \\ 10 \end{pmatrix}$ のとき，$\boldsymbol{c}$ を $\boldsymbol{a}, \boldsymbol{b}$ の線形結合で表しなさい．

（解）　$\boldsymbol{c} = m\boldsymbol{a} + n\boldsymbol{b}$ （$m, n \in \mathbb{R}$） $\cdots$ ① とおくと，

$$\begin{pmatrix} 0 \\ 10 \end{pmatrix} = m\begin{pmatrix} 3 \\ -1 \end{pmatrix} + n\begin{pmatrix} -2 \\ 4 \end{pmatrix} = \begin{pmatrix} 3m - 2n \\ -m + 4n \end{pmatrix}$$

よって，

$$\begin{cases} 0 &= 3m - 2n \\ 10 &= -m + 4n \end{cases} \quad \text{これを解いて，} \begin{cases} m = 2 \\ n = 3 \end{cases}$$

これらを①に代入して，$\boldsymbol{c} = 2\boldsymbol{a} + 3\boldsymbol{b}$ と表せる．（終）

問 2.31.　$\boldsymbol{a} = \begin{pmatrix} -1 \\ 4 \end{pmatrix}, \boldsymbol{b} = \begin{pmatrix} 3 \\ -2 \end{pmatrix}, \boldsymbol{c} = \begin{pmatrix} -9 \\ 16 \end{pmatrix}$ のとき，$\boldsymbol{c}$ を $\boldsymbol{a}, \boldsymbol{b}$ の線形結合で表しなさい．

解　$\boldsymbol{c} = 3\boldsymbol{a} - 2\boldsymbol{b}$

2.5　ベクトルの内積とは？

零ベクトルでない2つのベクトル $\boldsymbol{a}, \boldsymbol{b}$ について，$\boldsymbol{a} = \overrightarrow{\mathrm{OA}}$，$\boldsymbol{b} = \overrightarrow{\mathrm{OB}}$ を満たす点 A, B が存在する．つまり，$\boldsymbol{a}, \boldsymbol{b}$ の始点が原点であるように平行移動する．このとき，$\angle\mathrm{AOB}$ の大きさを $\boldsymbol{a}$ と $\boldsymbol{b}$ のなす角という．ただし，$\theta = \angle\mathrm{AOB}$ とするとき，θ は次の範囲で考えるものとする．

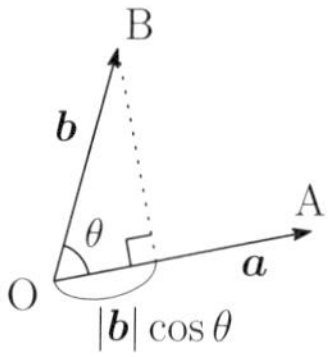

$0^\circ \leqq \theta \leqq 180^\circ$　$(0 \leqq \theta \leqq \pi)$，　ベクトルのなす角の範囲

実際 $\boldsymbol{a}$ と $\boldsymbol{b}$ のなす角 θ は，始点が一致するように平行移動したときにできる角である．

このとき，$|\boldsymbol{a}||\boldsymbol{b}|\cos\theta$ を $\boldsymbol{a}$ と $\boldsymbol{b}$ の**内積**といい，$\boldsymbol{a}\cdot\boldsymbol{b}$ で表す．

$\boldsymbol{a} = \boldsymbol{0}$ または $\boldsymbol{b} = \boldsymbol{0}$ のときは，$\boldsymbol{a}\cdot\boldsymbol{b} = 0$ と定義する．すなわち，すべてのベクトル $\boldsymbol{a}, \boldsymbol{b}$ に対し，内積は次のように表される．

$$\text{（内積）}\quad \boldsymbol{a}\cdot\boldsymbol{b} = \begin{cases} |\boldsymbol{a}||\boldsymbol{b}|\cos\theta, & \boldsymbol{a} \neq \boldsymbol{0}, \boldsymbol{b} \neq \boldsymbol{0} \\ 0, & \boldsymbol{a} = \boldsymbol{0} \text{ または } \boldsymbol{b} = \boldsymbol{0} \end{cases} \tag{2.3}$$

$\boldsymbol{a} = \begin{pmatrix} a_1 \\ a_2 \end{pmatrix}, \boldsymbol{b} = \begin{pmatrix} b_1 \\ b_2 \end{pmatrix}$ とベクトルを成分表示すると，内積は，

$$\boldsymbol{a}\cdot\boldsymbol{b} = a_1b_1 + a_2b_2 \quad \text{（内積の成分表示）} \tag{2.4}$$

である．

実際，$\mathrm{A}(a_1, a_2)$, $\mathrm{B}(b_1, b_2)$ とすると，$\boldsymbol{a} = \overrightarrow{\mathrm{OA}}$, $\boldsymbol{b} = \overrightarrow{\mathrm{OB}}$ であるから，$\triangle\mathrm{OAB}$ が作れるときは，余弦定理より，

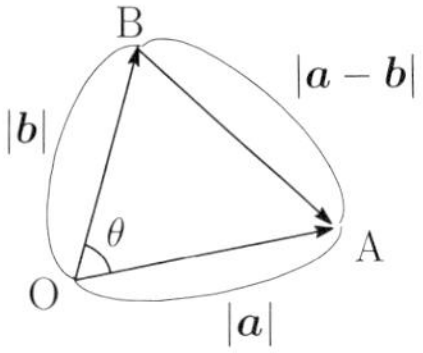

$$|\boldsymbol{a}-\boldsymbol{b}|^2 = |\boldsymbol{a}|^2 + |\boldsymbol{b}|^2 - 2|\boldsymbol{a}|\,|\boldsymbol{b}|\cos\theta \tag{2.5}$$

が成立する．この式は，$\theta = 0, \pi$ のときも成立する．

(2.5) より，

$$\begin{aligned}
|\boldsymbol{a}|\,|\boldsymbol{b}|\cos\theta &= \frac{1}{2}\left\{|\boldsymbol{a}|^2 + |\boldsymbol{b}|^2 - |\boldsymbol{a}-\boldsymbol{b}|^2\right\} \\
&= \frac{1}{2}\left\{\sqrt{a_1^2 + a_2^2}^{\,2} + \sqrt{b_1^2 + b_2^2}^{\,2} - \sqrt{(a_1-b_1)^2 + (a_2-b_2)^2}^{\,2}\right\} \\
&= \frac{1}{2}\left\{a_1^2 + a_2^2 + b_1^2 + b_2^2 - (a_1^2 - 2a_1b_1 + b_1^2 + a_2^2 - 2a_2b_2 + b_2^2)\right\} \\
&= a_1b_1 + a_2b_2
\end{aligned}$$

が得られる．

(2.3), (2.4) より，ベクトルのなす角 θ について，

$$\cos\theta = \frac{\boldsymbol{a}\cdot\boldsymbol{b}}{|\boldsymbol{a}|\,|\boldsymbol{b}|} = \frac{a_1b_1 + a_2b_2}{\sqrt{a_1^2 + a_2^2}\sqrt{b_1^2 + b_2^2}} \quad (0 \leqq \theta \leqq \pi) \tag{2.6}$$

が得られる．

また，右図のような $\boldsymbol{a}$ と $\boldsymbol{b}$ で作られる平行四辺形の面積 S は，

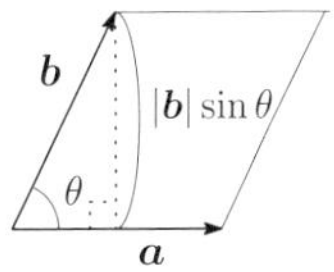

$$S = |\boldsymbol{a}|\,|\boldsymbol{b}|\sin\theta \quad \text{（平行四辺形の面積）} \tag{2.7}$$

である．このとき，

$$\begin{aligned}
S &= \sqrt{|\boldsymbol{a}|^2|\boldsymbol{b}|^2\sin^2\theta} = \sqrt{|\boldsymbol{a}|^2|\boldsymbol{b}|^2(1-\cos^2\theta)} = \sqrt{|\boldsymbol{a}|^2|\boldsymbol{b}|^2 - |\boldsymbol{a}|^2|\boldsymbol{b}|^2\cos^2\theta} \\
&= \sqrt{|\boldsymbol{a}|^2|\boldsymbol{b}|^2 - (\boldsymbol{a}\cdot\boldsymbol{b})^2}
\end{aligned}$$

すなわち，

$$S = \sqrt{|\boldsymbol{a}|^2|\boldsymbol{b}|^2 - (\boldsymbol{a}\cdot\boldsymbol{b})^2} \quad \text{（内積と平行四辺形の面積の関係式）} \tag{2.8}$$

がわかる．

さらに，$\boldsymbol{a} = \begin{pmatrix} a_1 \\ a_2 \end{pmatrix}$, $\boldsymbol{b} = \begin{pmatrix} b_1 \\ b_2 \end{pmatrix}$ と成分表示すると，(2.8) より面積 S は，

$$\begin{aligned} S &= \sqrt{\sqrt{a_1^2 + a_2^2}^2 \sqrt{b_1^2 + b_2^2}^2 - (a_1 b_1 + a_2 b_2)^2} \\ &= \sqrt{a_1^2 b_1^2 + a_1^2 b_2^2 + a_2^2 b_1^2 + a_2^2 b_2^2 - (a_1^2 b_1^2 + 2a_1 b_1 a_2 b_2 + a_2^2 b_2^2)} \\ &= \sqrt{(a_1 b_2 - a_2 b_1)^2} = |a_1 b_2 - a_2 b_1| \end{aligned}$$

が成立する．したがって，

$$S = |a_1 b_2 - a_2 b_1| \quad (2\text{次元の } \boldsymbol{a}, \boldsymbol{b} \text{ が作る平行四辺形の面積}) \tag{2.9}$$

が得られる．

例題 2.5

$\boldsymbol{a} = \begin{pmatrix} \sqrt{6} \\ \sqrt{2} \end{pmatrix}$, $\boldsymbol{b} = \begin{pmatrix} \sqrt{3} \\ -1 \end{pmatrix}$ のとき，次の値を求めなさい．

(1) $|\boldsymbol{a}|$　(2) $|\boldsymbol{b}|$　(3) $\boldsymbol{a} \cdot \boldsymbol{b}$　(4) $\boldsymbol{b} \cdot \boldsymbol{a}$

(5) $\boldsymbol{a}$ と $\boldsymbol{b}$ で作られる平行四辺形の面積 S　(6) $\boldsymbol{a}$ と $\boldsymbol{b}$ のなす角 θ

（解）

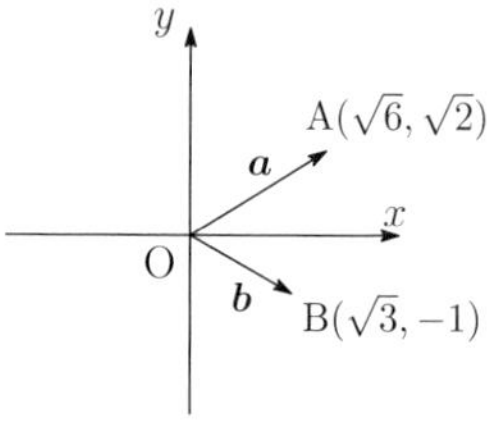

(1) $|\boldsymbol{a}| = \sqrt{\sqrt{6}^2 + \sqrt{2}^2} = \sqrt{8} = 2\sqrt{2}$

(2) $|\boldsymbol{b}| = \sqrt{\sqrt{3}^2 + (-1)^2} = \sqrt{4} = 2$

(3) $\boldsymbol{a} \cdot \boldsymbol{b} = \sqrt{6} \times \sqrt{3} + \sqrt{2} \times (-1) = 2\sqrt{2}$

(4) $\boldsymbol{b} \cdot \boldsymbol{a} = \sqrt{3} \times \sqrt{6} + (-1) \times \sqrt{2} = 2\sqrt{2}$

(5) (2.9) より，$S = \left|\sqrt{6} \times (-1) - \sqrt{2} \times \sqrt{3}\right| = \left|-2\sqrt{6}\right| = 2\sqrt{6}$

(6) (2.6) より，(1), (2), (3) を用いて，$\cos\theta = \dfrac{\boldsymbol{a} \cdot \boldsymbol{b}}{|\boldsymbol{a}|\ |\boldsymbol{b}|} = \dfrac{2\sqrt{2}}{2\sqrt{2} \times 2} = \dfrac{1}{2}$

よって，$\cos\theta = \dfrac{1}{2}$ を満たす $0^\circ \leqq \theta \leqq 180^\circ$ $(0 \leqq \theta \leqq \pi)$ は，$\theta = 60^\circ \left(= \dfrac{\pi}{3}\right)$

（終）

問 2.32.　次のベクトル $\boldsymbol{a}, \boldsymbol{b}$ について，内積 $(\boldsymbol{a}, \boldsymbol{b})$ と $\boldsymbol{a}, \boldsymbol{b}$ のなす角を求めよ．

(1) $\boldsymbol{a} = \begin{pmatrix} 1 \\ 2 \end{pmatrix}$, $\boldsymbol{b} = \begin{pmatrix} -1 \\ 3 \end{pmatrix}$　(2) $\boldsymbol{a} = \begin{pmatrix} 1 \\ 1 \end{pmatrix}$, $\boldsymbol{b} = \begin{pmatrix} 1-\sqrt{3} \\ 1+\sqrt{3} \end{pmatrix}$

解　(1) $5, \dfrac{\pi}{4}$　　(2) $2, \dfrac{\pi}{3}$

例題 2.5 の (3), (4) より $\boldsymbol{a}\cdot\boldsymbol{b}=\boldsymbol{b}\cdot\boldsymbol{a}$ が成立することが窺える．このような内積についての性質をまとめると，次の定理が得られる．

《定理 14》 内積について，次が成立する．

(1) $\boldsymbol{a}\cdot\boldsymbol{a}=|\boldsymbol{a}|^2$

(2) $\boldsymbol{a}\cdot\boldsymbol{b}=\boldsymbol{b}\cdot\boldsymbol{a}$　　(可換性)

(3) $\boldsymbol{a}\cdot(\boldsymbol{b}+\boldsymbol{c})=\boldsymbol{a}\cdot\boldsymbol{b}+\boldsymbol{a}\cdot\boldsymbol{c}$　　(分配性)

(4) $(k\boldsymbol{a})\cdot\boldsymbol{b}=k(\boldsymbol{a}\cdot\boldsymbol{b})=\boldsymbol{a}\cdot(k\boldsymbol{b})$　　($k\in\mathbb{R}$：スカラー)

(5) $|m\boldsymbol{a}+n\boldsymbol{b}|^2=m^2|\boldsymbol{a}|^2+2mn\boldsymbol{a}\cdot\boldsymbol{b}+n^2|\boldsymbol{b}|^2$　　($m,n\in\mathbb{R}$：スカラー)

証明.

(1) 同じベクトルのなす角 θ は $\theta=0^\circ$ である．したがって，

$$\boldsymbol{a}\cdot\boldsymbol{a}=|\boldsymbol{a}|\,|\boldsymbol{a}|\cos 0^\circ=|\boldsymbol{a}|^2\times 1=|\boldsymbol{a}|^2$$

(2) $\boldsymbol{a}\cdot\boldsymbol{b}=|\boldsymbol{a}|\times|\boldsymbol{b}|\times\cos\theta=|\boldsymbol{b}|\times|\boldsymbol{a}|\times\cos\theta=\boldsymbol{b}\cdot\boldsymbol{a}$

(3) $\boldsymbol{a}=\begin{pmatrix}a_1\\a_2\end{pmatrix}, \boldsymbol{b}=\begin{pmatrix}b_1\\b_2\end{pmatrix}, \boldsymbol{c}=\begin{pmatrix}c_1\\c_2\end{pmatrix}$ とおくと，$\boldsymbol{b}+\boldsymbol{c}=\begin{pmatrix}b_1+c_1\\b_2+c_2\end{pmatrix}$ だから

$$\begin{aligned}\boldsymbol{a}\cdot(\boldsymbol{b}+\boldsymbol{c})&=a_1\times(b_1+c_1)+a_2\times(b_2+c_2)=a_1b_1+a_1c_1+a_2b_2+a_2c_2\\&=(a_1b_1+a_2b_2)+(a_1c_1+a_2c_2)=\boldsymbol{a}\cdot\boldsymbol{b}+\ \boldsymbol{a}\cdot\boldsymbol{c}\end{aligned}$$

(4) $k\boldsymbol{a}=\begin{pmatrix}ka_1\\ka_2\end{pmatrix}, k\boldsymbol{b}=\begin{pmatrix}kb_1\\kb_2\end{pmatrix}$ だから

$$\begin{aligned}(k\boldsymbol{a})\cdot\boldsymbol{b}&=ka_1\times b_1+ka_2\times b_2=k(a_1b_1+a_2b_2)=k(\boldsymbol{a}\cdot\boldsymbol{b})\\&=a_1\times(kb_1)+a_2\times(kb_2)=\boldsymbol{a}\cdot(k\boldsymbol{b})\end{aligned}$$

(5) (1), (3), (4) より

$$\begin{aligned}|m\boldsymbol{a}+n\boldsymbol{b}|^2&=(m\boldsymbol{a}+n\boldsymbol{b})\cdot(m\boldsymbol{a}+n\boldsymbol{b})\\&=m\boldsymbol{a}\cdot m\boldsymbol{a}+m\boldsymbol{a}\cdot n\boldsymbol{b}+n\boldsymbol{b}\cdot m\boldsymbol{a}+n\boldsymbol{b}\cdot n\boldsymbol{b}\\&=m^2|\boldsymbol{a}|^2+2mn\boldsymbol{a}\cdot\boldsymbol{b}+n^2|\boldsymbol{b}|^2\end{aligned}$$

□

例題 2.6

$|\boldsymbol{a}| = \sqrt{3}$, $|\boldsymbol{b}| = 2$, $\boldsymbol{a} \cdot \boldsymbol{b} = -3$ のとき，$|2\boldsymbol{a} - 3\boldsymbol{b}|$ の値を求めなさい．

（解）

$|2\boldsymbol{a} - 3\boldsymbol{b}|^2 = 4|\boldsymbol{a}|^2 - 12\boldsymbol{a} \cdot \boldsymbol{b} + 9|\boldsymbol{b}|^2 = 4 \times \sqrt{3}^2 - 12 \times (-3) + 9 \times 2^2 = 84.$

$|2\boldsymbol{a} - 3\boldsymbol{b}| \geqq 0$ だから、$|2\boldsymbol{a} - 3\boldsymbol{b}| = 2\sqrt{21}.$ （終）

問 2.33. $|\boldsymbol{a}| = 3$, $|\boldsymbol{b}| = \sqrt{2}$, $\boldsymbol{a} \cdot \boldsymbol{b} = 2$ のとき，$|3\boldsymbol{a} - \boldsymbol{b}|$ の値を求めなさい．

解　$\sqrt{71}$

2.6　ベクトルの垂直と平行って？

【定義 15】 2つのベクトル $\boldsymbol{a}$, $\boldsymbol{b}$ が**垂直**である（または**直交**する）とは，内積がゼロであると定義する．すなわち，

$$\text{垂直：} \boldsymbol{a} \perp \boldsymbol{b} \iff \boldsymbol{a} \cdot \boldsymbol{b} = 0 \text{：内積がゼロ}$$

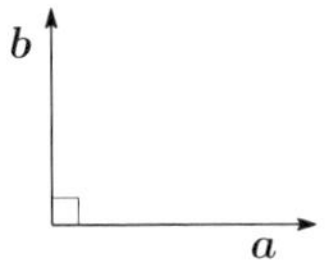

実際，零ベクトルでない 2 つのベクトル $\boldsymbol{a}$, $\boldsymbol{b}$ のなす角が $90^\circ \left(= \dfrac{\pi}{2}\right)$ であるとき，$\cos 90^\circ = 0$ だから，$\boldsymbol{a} \cdot \boldsymbol{b} = |\boldsymbol{a}||\boldsymbol{b}| \cos 90^\circ = 0$ がわかる．この定義 15 では，$\boldsymbol{a} = \boldsymbol{0}$ または $\boldsymbol{b} = \boldsymbol{0}$ のときも含めて，2 つベクトルが垂直であることを定義している．

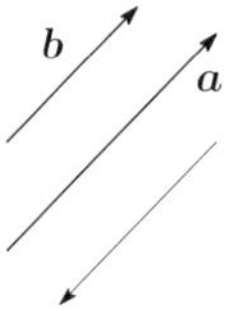

零ベクトルでない 2 つのベクトル $\boldsymbol{a}$, $\boldsymbol{b}$ の向きが同じか，逆であるとき，$\boldsymbol{a}$ と $\boldsymbol{b}$ は**平行**であるといい，

$$\boldsymbol{a} \parallel \boldsymbol{b}$$

と表す．平行であれば大きさだけが違うので，次がわかる．

《定理 16》 $\boldsymbol{a} \neq \boldsymbol{0}$, $\boldsymbol{b} \neq \boldsymbol{0}$ のとき，

$$\text{平行：} \boldsymbol{a} \parallel \boldsymbol{b} \iff \boldsymbol{a} = k\boldsymbol{b} \quad (k \in \mathbb{R}) \text{：スカラー倍}$$

例題 2.7

実数 t に対し，$\boldsymbol{a}=\begin{pmatrix} 2 \\ -3 \end{pmatrix}$, $\boldsymbol{b}=\begin{pmatrix} 4t-1 \\ 6t \end{pmatrix}$ のとき，次の問いに答えなさい．

(1) $\boldsymbol{a}\perp\boldsymbol{b}$ であるとき，t の値を求めなさい．

(2) $\boldsymbol{a}\,/\!/\,\boldsymbol{b}$ であるとき，t の値を求めなさい．

（解）

(1) $\boldsymbol{a}\perp\boldsymbol{b}$ より，$\boldsymbol{a}\cdot\boldsymbol{b}=0$ である．
これより，$2\times(4t-1)+(-3)\times 6t=0$ であるので，$t=-\dfrac{1}{5}$

(2) 実数 t に対し $\boldsymbol{b}\neq\boldsymbol{0}$ だから，$\boldsymbol{a}\,/\!/\,\boldsymbol{b}$ より $\boldsymbol{b}=k\boldsymbol{a}$ を満たす $k\in\mathbb{R}$ が存在する．
これより，$\begin{pmatrix} 4t-1 \\ 6t \end{pmatrix}=k\begin{pmatrix} 2 \\ -3 \end{pmatrix}=\begin{pmatrix} 2k \\ -3k \end{pmatrix}$ であるので，

$$\begin{cases} 4t-1 &= 2k \\ 6t &= -3k \end{cases}\quad \text{よって，}\quad t=\frac{1}{8}\quad \left(k=-\frac{1}{4}\right)$$

（終）

問 2.34. 実数 t に対し，$\boldsymbol{a}=\begin{pmatrix} -4 \\ 2 \end{pmatrix}$, $\boldsymbol{b}=\begin{pmatrix} 5t \\ 3t+2 \end{pmatrix}$ のとき，次の値を求めなさい．

(1) $\boldsymbol{a}\perp\boldsymbol{b}$ となるような t の値　　(2) $\boldsymbol{a}\,/\!/\,\boldsymbol{b}$ となるような t の値

解　(1) $\dfrac{2}{7}$　(2) $-\dfrac{4}{11}$

2.7 内分と外分とは？

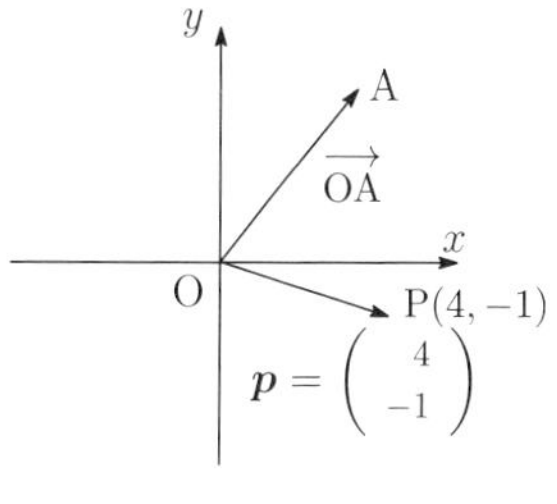

点 A に対し，始点が原点 O であるベクトル $\overrightarrow{\mathrm{OA}}$ を点 A の**位置ベクトル**と呼ぶ．

例. 点 P$(4,-1)$ の位置ベクトル $\boldsymbol{p}=\overrightarrow{\mathrm{OP}}$ の成分表示は，$\boldsymbol{p}=\begin{pmatrix} 4 \\ -1 \end{pmatrix}$ である．このように，**位置ベクトルの成分とその点の座標は一致する**．したがって，**点の座標を求めるには，その位置ベクトルの成分を求めればよいことがわかる**．

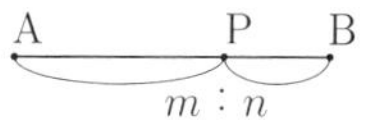

さて，m,n を正の数とする．このとき，線分 AB に対し，比 AP : PB $=m:n$ を満たす線分 AB 上の点 P を線分 AB を $m:n$ に**内分する点（内分点）**という．

また，線分 AB に対し，比 AP : PB $= m : n$ を満たす線分 AB の延長線上の点 P を線分 AB を $m : n$ に**外分する点（外分点）**という．

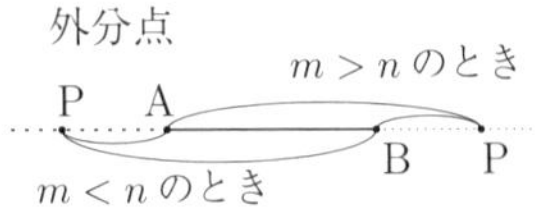

線分 AB を 1 : 1 に内分する点は，線分 AB の**中点**と呼ばれている．線分 AB を 1 : 1 に外分する点は，存在しない．

例題 2.8

線分 AB を 2 : 3 に内分する点を P とするとき，次の □ に当てはまる数値を答えなさい．

(1) $\overrightarrow{AP} = \boxed{}\,\overrightarrow{AB}$　　(2) $\overrightarrow{OP} = \boxed{}\,\overrightarrow{OA} + \boxed{}\,\overrightarrow{OB}$

（解）

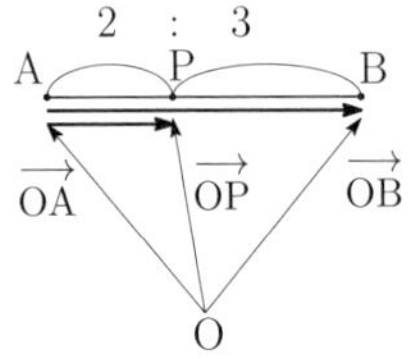

(1) $\overrightarrow{AP} = \boxed{\dfrac{2}{2+3}}\,\overrightarrow{AB} = \boxed{\dfrac{2}{5}}\,\overrightarrow{AB}$

(2) $\overrightarrow{OP} = \overrightarrow{OA} + \overrightarrow{AP} = \overrightarrow{OA} + \dfrac{2}{5}\overrightarrow{AB}$

$= \overrightarrow{OA} + \dfrac{2}{5}\left(\overrightarrow{OB} - \overrightarrow{OA}\right) = \boxed{\dfrac{3}{5}}\,\overrightarrow{OA} + \boxed{\dfrac{2}{5}}\,\overrightarrow{OB}$

（終）

問 2.35.　線分 AB を 4 : 3 に内分する点を P とするとき，次の □ に当てはまる数値を答えなさい．

(1) $\overrightarrow{AP} = \boxed{}\,\overrightarrow{AB}$　　(2) $\overrightarrow{OP} = \boxed{}\,\overrightarrow{OA} + \boxed{}\,\overrightarrow{OB}$

解　(1) $\dfrac{4}{7}$　(2) $\dfrac{3}{7}, \dfrac{4}{7}$

一般に，線分 AB を $m : n$ に内分する点を P とすると，$\overrightarrow{AP} = \dfrac{m}{m+n}\overrightarrow{AB}$ である．よって，

$$\begin{aligned}
\overrightarrow{OP} &= \overrightarrow{OA} + \overrightarrow{AP} \\
&= \overrightarrow{OA} + \frac{m}{m+n}\overrightarrow{AB} \\
&= \overrightarrow{OA} + \frac{m}{m+n}\left(\overrightarrow{OB} - \overrightarrow{OA}\right) \\
\overrightarrow{OP} &= \frac{n}{m+n}\overrightarrow{OA} + \frac{m}{m+n}\overrightarrow{OB} \qquad (2.10)
\end{aligned}$$

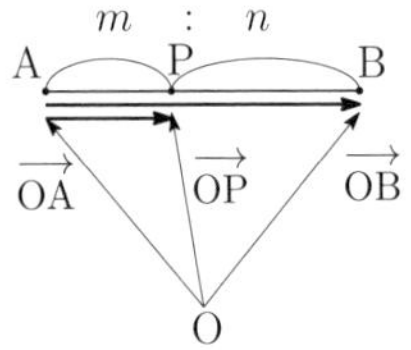

が成立する．

では，外分点の場合はどうであろう．線分 AB を $m:n$ に外分する点を P とする．

(i) $m<n$ のとき

点 A が線分 PB を $m:(n-m)$ に内分するので，

(2.10) を適用すると，

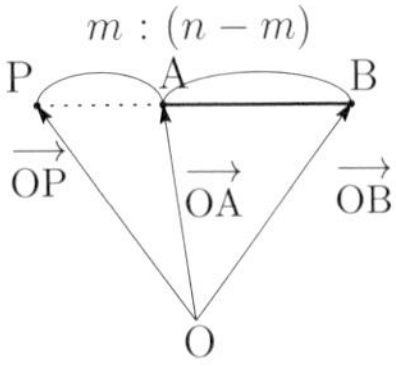

$$\overrightarrow{\mathrm{OA}} = \frac{n-m}{m+(n-m)}\overrightarrow{\mathrm{OP}} + \frac{m}{m+(n-m)}\overrightarrow{\mathrm{OB}}$$

$$\overrightarrow{\mathrm{OA}} = \frac{(-m)+n}{n}\overrightarrow{\mathrm{OP}} + \frac{m}{n}\overrightarrow{\mathrm{OB}}$$

これより　$-\dfrac{(-m)+n}{n}\overrightarrow{\mathrm{OP}} = -\overrightarrow{\mathrm{OA}} + \dfrac{m}{n}\overrightarrow{\mathrm{OB}}$

したがって，

$$\overrightarrow{\mathrm{OP}} = \frac{n}{(-m)+n}\overrightarrow{\mathrm{OA}} + \frac{(-m)}{(-m)+n}\overrightarrow{\mathrm{OB}} = \frac{(-n)}{m+(-n)}\overrightarrow{\mathrm{OA}} + \frac{m}{m+(-n)}\overrightarrow{\mathrm{OB}}$$

(ii) $m>n$ のとき

点 B が線分 AP を $(m-n):n$ に内分するので，

(2.10) を適用すると，

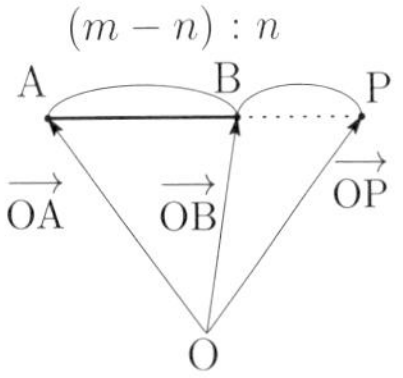

$$\overrightarrow{\mathrm{OB}} = \frac{n}{(m-n)+n}\overrightarrow{\mathrm{OA}} + \frac{m-n}{(m-n)+n}\overrightarrow{\mathrm{OP}}$$

$$\overrightarrow{\mathrm{OB}} = \frac{n}{m}\overrightarrow{\mathrm{OA}} + \frac{m+(-n)}{m}\overrightarrow{\mathrm{OP}}$$

これより　$-\dfrac{m+(-n)}{m}\overrightarrow{\mathrm{OP}} = \dfrac{n}{m}\overrightarrow{\mathrm{OA}} - \overrightarrow{\mathrm{OB}}$

したがって，

$$\overrightarrow{\mathrm{OP}} = \frac{(-n)}{m+(-n)}\overrightarrow{\mathrm{OA}} + \frac{m}{m+(-n)}\overrightarrow{\mathrm{OB}} = \frac{n}{(-m)+n}\overrightarrow{\mathrm{OA}} + \frac{(-m)}{(-m)+n}\overrightarrow{\mathrm{OB}}$$

以上より，次の定理が得られる．

《定理 17》 [内分点・外分点の位置ベクトル]

線分 AB を $m:n$ に内分する点を P とすると，

$$\overrightarrow{\mathrm{OP}} = \frac{n}{m+n}\overrightarrow{\mathrm{OA}} + \frac{m}{m+n}\overrightarrow{\mathrm{OB}} = \frac{n\overrightarrow{\mathrm{OA}} + m\overrightarrow{\mathrm{OB}}}{m+n},$$

線分 AB を $m:n$ に外分する点を P とすると，

$$\overrightarrow{\mathrm{OP}} = \frac{(-n)\overrightarrow{\mathrm{OA}} + m\overrightarrow{\mathrm{OB}}}{m+(-n)} = \frac{n\overrightarrow{\mathrm{OA}} + (-m)\overrightarrow{\mathrm{OB}}}{(-m)+n}$$

が成立する．

例題 2.9

平面内の点 $A(2,-1)$, $B(3,-3)$ について，次の点の座標を求めなさい.
(1) 線分 AB を 4：3 に内分する点 P　　(2) 線分 AB を 3：4 に外分する点 Q

（解） (1) 点 P の位置ベクトル $\overrightarrow{OP}$ は,

$$\overrightarrow{OP}=\frac{3\overrightarrow{OA}+4\overrightarrow{OB}}{4+3}=\frac{1}{7}\left\{3\begin{pmatrix}2\\-1\end{pmatrix}+4\begin{pmatrix}3\\-3\end{pmatrix}\right\}=\begin{pmatrix}\frac{18}{7}\\-\frac{15}{7}\end{pmatrix}$$

より，P の座標は位置ベクトルの成分と一致するので，$P\left(\frac{18}{7},-\frac{15}{7}\right)$ である.

(2) 点 Q の位置ベクトル $\overrightarrow{OQ}$ は,

$$\overrightarrow{OQ}=\frac{4\overrightarrow{OA}+(-3)\overrightarrow{OB}}{(-3)+4}=\frac{1}{1}\left\{4\begin{pmatrix}2\\-1\end{pmatrix}-3\begin{pmatrix}3\\-3\end{pmatrix}\right\}=\begin{pmatrix}-1\\5\end{pmatrix}$$

より，Q の座標は位置ベクトルの成分と一致するので，$Q(-1,5)$ である.　（終）

問 2.36.　平面内の点 $A(2,-1)$, $B(-1,5)$ について，次の点の座標を求めなさい.
(1) 線分 AB を 2：3 に内分する点 P　　(2) 線分 AB を 3：2 に外分する点 Q

解　(1) $P\left(\frac{4}{5},\frac{7}{5}\right)$　(2) $Q(-7,17)$

2.8　重心はどうやって求める？

△ABC において，辺 BC の中点を M とするとき，線分 AM を 2：1 に内分する点（三角形の性質：3本の中線の交点）を△ABC の重心という.

例題 2.10

△ABC の重心を G とするとき，$\overrightarrow{OG}$ を $\overrightarrow{OA}$, $\overrightarrow{OB}$, $\overrightarrow{OC}$ で表しなさい.

（解）　辺 BC の中点を M とすると，定理 17 より

$$\overrightarrow{OM}=\frac{\overrightarrow{OB}+\overrightarrow{OC}}{2}$$

が成立する．このとき，重心 G は線分 AM を 2：1 に内分するので，定理 17 より

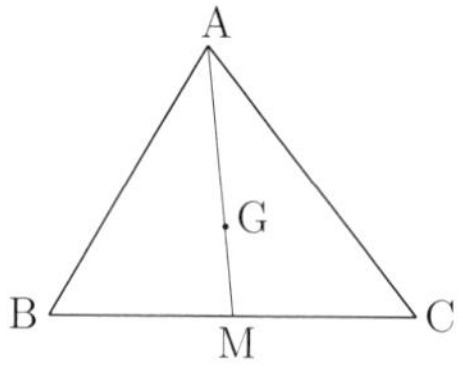

$$\overrightarrow{OG}=\frac{\overrightarrow{OA}+2\overrightarrow{OM}}{2+1}=\frac{\overrightarrow{OA}+2\frac{\overrightarrow{OB}+\overrightarrow{OC}}{2}}{3}=\frac{\overrightarrow{OA}+\overrightarrow{OB}+\overrightarrow{OC}}{3}$$

である．　（終）

上記の 例題 2.10 から，次が得られる．

《定理 18》 [三角形の重心の位置ベクトル]

△ ABC の重心を G とすると，次が成立する．

$$\overrightarrow{OG} = \frac{\overrightarrow{OA} + \overrightarrow{OB} + \overrightarrow{OC}}{3}$$

例題 2.11

平面内の点 A$(-1,3)$, B$(3,1)$, C$(-2,5)$ について，△ ABC の重心 G の座標を求めなさい．

重心 G の位置ベクトル $\overrightarrow{OG}$ は，

$$\overrightarrow{OG} = \frac{\overrightarrow{OA} + \overrightarrow{OB} + \overrightarrow{OC}}{3} = \frac{1}{3}\left\{\begin{pmatrix} -1 \\ 3 \end{pmatrix} + \begin{pmatrix} 3 \\ 1 \end{pmatrix} + \begin{pmatrix} -2 \\ 5 \end{pmatrix}\right\} = \begin{pmatrix} 0 \\ 3 \end{pmatrix}$$

より，G の座標は位置ベクトルの成分と一致するので，G$(0,3)$ である．　（終）

問 2.37.　座標平面上の 3 点 A$(1,2)$, B$(3,4)$, C$(8,9)$ に対し，△ABC の重心 G の座標を求めなさい．

解　G$(4,5)$

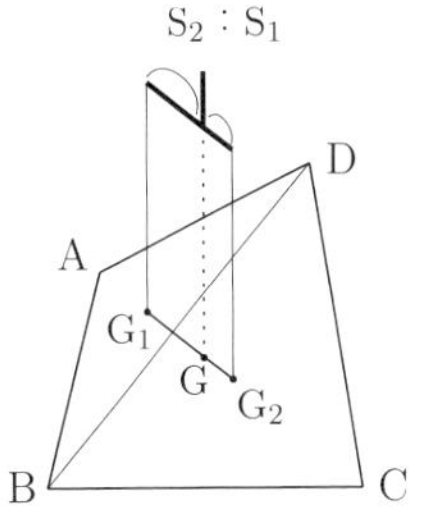

さて，四角形 ABCD の重心 G について，考えてみよう．四角形の面積を求めるときは，2 つの三角形に分けて求めることができるので，重心についても△ ABD と△ BCD に分けて考えればよい．

△ ABD の重心を G_1, 面積を S_1 とし，△ BCD の重心を G_2, 面積を S_2 とする．この 2 つの三角形の重さがつり合う点が，四角形 ABCD の重心であるから，四角形の重心は，三角形の重心を結ぶ線分 G_1G_2 を三角形の重さの比に内分する点である．このとき，重さの比は面積比と一致するので，四角形の重心 G は**線分 $\mathbf{G_1G_2}$ を $\mathbf{S_2 : S_1}$ に内分**する点であることがわかる．

例題 2.12

次の図形に関する問いに答えなさい．

(1) △ABD の重心 G_1 の座標と面積 S_1 を求めなさい．

(2) △BCD の重心 G_2 の座標と面積 S_2 を求めなさい．

(3) 四角形 ABCD の重心 G の座標を求めなさい．

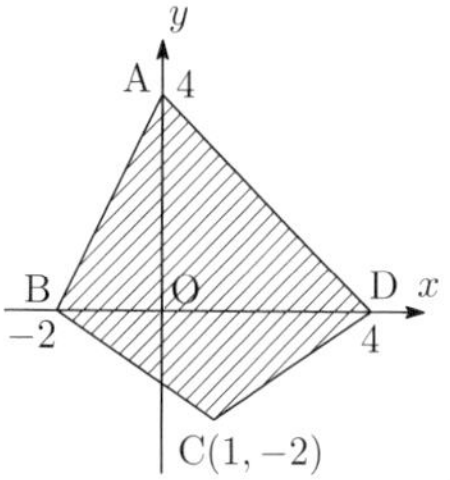

（解）　図より，A(0, 4), B(−2, 0), C(1, −2), D(4, 0) である．

(1) $\overrightarrow{OG_1} = \dfrac{1}{3}(\overrightarrow{OA} + \overrightarrow{OB} + \overrightarrow{OD}) = \begin{pmatrix} \frac{2}{3} \\ \frac{4}{3} \end{pmatrix}$ だから，$G_1\left(\dfrac{2}{3}, \dfrac{4}{3}\right)$．

$S_1 = \dfrac{1}{2} \times \mathrm{BD} \times \mathrm{OA} = \dfrac{1}{2} \times 6 \times 4 = 12.$

(2) $\overrightarrow{OG_2} = \dfrac{1}{3}(\overrightarrow{OB} + \overrightarrow{OC} + \overrightarrow{OD}) = \begin{pmatrix} 1 \\ -\frac{2}{3} \end{pmatrix}$ だから，$G_2\left(1, -\dfrac{2}{3}\right)$．

$S_2 = \dfrac{1}{2} \times \mathrm{BD} \times (\text{高さ}) = \dfrac{1}{2} \times 6 \times 2 = 6.$

(3) 四角形 ABCD の重心 G は，線分 G_1G_2 を $S_2 : S_1 = 6 : 12 = 1 : 2$ に内分する点だから，重心 G の位置ベクトルは，

$$\overrightarrow{OG} = \frac{2\overrightarrow{OG_1} + \overrightarrow{OG_2}}{1+2} = \frac{1}{3}\left\{2\begin{pmatrix} \frac{2}{3} \\ \frac{4}{3} \end{pmatrix} + \begin{pmatrix} 1 \\ -\frac{2}{3} \end{pmatrix}\right\} = \begin{pmatrix} \frac{7}{9} \\ \frac{2}{3} \end{pmatrix}$$

よって，$G\left(\dfrac{7}{9}, \dfrac{2}{3}\right)$．　（終）

問 2.38.　A(0, 8), B(−2, 0), C(2, −3), D(8, 0) のとき，次の問いに答えなさい．

(1) △ABD の重心 G_1 の座標と面積 S_1 を求めなさい．

(2) △BCD の重心 G_2 の座標と面積 S_2 を求めなさい．

(3) 四角形 ABCD の重心 G の座標を求めなさい．

解 (1) $G_1\left(2, \dfrac{8}{3}\right)$, $S_1 = 40$　(2) $G_2\left(\dfrac{8}{3}, -1\right)$, $S_2 = 15$　(3) $G\left(\dfrac{24}{11}, \dfrac{5}{3}\right)$

では，次の 例題 2.13 のように，**穴が開いた図形の重心** G は，どうなるだろう？△ABC の重心を G_1，面積を S_1 とし，△DEF の重心を G_2，面積を S_2 とする．重さがつ

り合う点が，図形の重心 G であるから，穴が開いた分だけ図形の重さは軽くなることを考慮すると，G は 2 つの三角形の重心を結ぶ線分 G_1G_2 上にあるのではなく，線分 G_1G_2 の延長線上にあることがわかる．すなわち，G は三角形の重さの比に外分する点である．重さの比は面積比と一致するので，重心 G は**線分 $\mathbf{G_1G_2}$ を $\mathbf{S_2 : S_1}$ に外分する点であることがわかる．**

例題 2.13

A(9, 0), B(0, 8), C(0, −2), D(8, 0), E(4, 3), F(3, 0) のとき，次の問いに答えなさい．

(1) △ABC の重心 G_1 の座標と面積 S_1 を求めなさい．

(2) △DEF の重心 G_2 の座標と面積 S_2 を求めなさい．

(3) 斜線部分の図形の重心 G の座標を求めなさい．

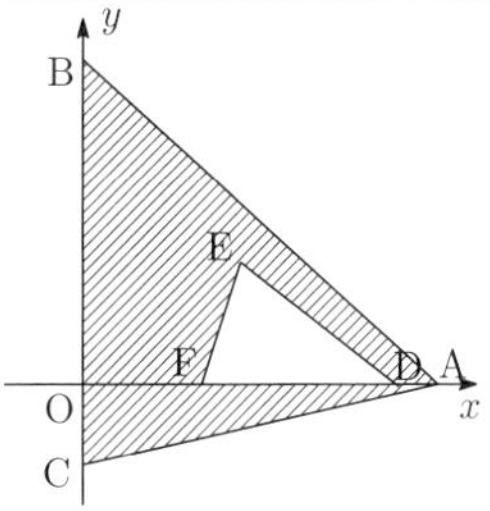

（解）

(1) A(9, 0), B(0, 8), C(0, −2) を用いて，
$\overrightarrow{OG_1} = \frac{1}{3}(\overrightarrow{OA} + \overrightarrow{OB} + \overrightarrow{OC}) = \begin{pmatrix} 3 \\ 2 \end{pmatrix}$ だから，$G_1(3, 2)$.
$S_1 = \frac{1}{2} \times BC \times OA = \frac{1}{2} \times 10 \times 9 = 45$.

(2) D(8, 0), E(4, 3), F(3, 0) を用いて，
$\overrightarrow{OG_2} = \frac{1}{3}(\overrightarrow{OD} + \overrightarrow{OE} + \overrightarrow{OF}) = \begin{pmatrix} 5 \\ 1 \end{pmatrix}$ だから，$G_2(5, 1)$.
$S_2 = \frac{1}{2} \times FD \times h = \frac{1}{2} \times 5 \times 3 = \frac{15}{2}$.

(3) 斜線部分の図形の重心 G は，線分 G_1G_2 を $S_2 : S_1 = \frac{15}{2} : 45 = 1 : 6$ に外分する点だから，重心 G の位置ベクトルは，

$$\overrightarrow{OG} = \frac{6\,\overrightarrow{OG_1} + (-1)\,\overrightarrow{OG_2}}{(-1) + 6} = \frac{1}{5}\left\{6\begin{pmatrix} 3 \\ 2 \end{pmatrix} - \begin{pmatrix} 5 \\ 1 \end{pmatrix}\right\} = \begin{pmatrix} \frac{13}{5} \\ \frac{11}{5} \end{pmatrix}$$

よって，$G\left(\frac{13}{5}, \frac{11}{5}\right)$. （終）

問 2.39. A(8, 0), B(0, 7), C(0, −3), D(6, 0), E(3, 2), F(2, 0) とする．

(1) △ABC の重心 G_1 の座標と面積 S_1 を求めなさい．

(2) △DEF の重心 G_2 の座標と面積 S_2 を求めなさい．

(3) $\triangle$ABC から $\triangle$DEF を取り除いた図形の重心 G の座標を求めなさい.

解 (1) $\mathrm{G}_1\left(\frac{8}{3}, \frac{4}{3}\right)$, $S_1 = 40$　(2) $\mathrm{G}_2\left(\frac{11}{3}, \frac{2}{3}\right)$, $S_2 = 4$　(3) $\mathrm{G}\left(\frac{23}{9}, \frac{38}{27}\right)$

2.9 直線をベクトルを用いて表すと？

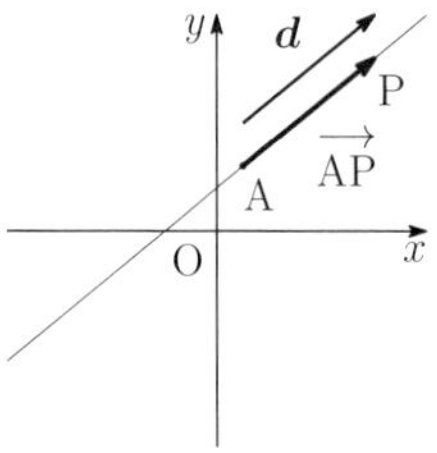

平面上の点 $\mathrm{A}(a_1, a_2)$ を通り，ベクトル $\boldsymbol{d} = \begin{pmatrix} d_1 \\ d_2 \end{pmatrix}$ に平行な直線上の任意の点を $\mathrm{P}(x, y)$ とすると，

$$\overrightarrow{\mathrm{AP}} = t\boldsymbol{d}$$

を満たす $t \in \mathbb{R}$ が存在する．これを位置ベクトル $\overrightarrow{\mathrm{OA}} = \boldsymbol{a}$, $\overrightarrow{\mathrm{OP}} = \boldsymbol{p}$ で表すと，$\overrightarrow{\mathrm{AP}} = \boldsymbol{p} - \boldsymbol{a}$ だから，

$$\begin{aligned} \boldsymbol{p} - \boldsymbol{a} &= t\boldsymbol{d} \\ \boldsymbol{p} &= \boldsymbol{a} + t\boldsymbol{d} \end{aligned} \tag{2.11}$$

が得られる．この方程式 (2.11) を**直線のベクトル方程式**という．このとき，t は媒介変数（パラメータ）と呼ばれる．また，直線に平行なベクトルをその直線の**方向ベクトル**という．

ここで，$\boldsymbol{a} = \begin{pmatrix} a_1 \\ a_2 \end{pmatrix}, \boldsymbol{p} = \begin{pmatrix} x \\ y \end{pmatrix}$ だから (2.11) より

$$\begin{pmatrix} x \\ y \end{pmatrix} = \begin{pmatrix} a_1 \\ a_2 \end{pmatrix} + t\begin{pmatrix} d_1 \\ d_2 \end{pmatrix} = \begin{pmatrix} a_1 + d_1 t \\ a_2 + d_2 t \end{pmatrix}$$

となるので，

$$\begin{cases} x = a_1 + d_1 t & \cdots ① \\ y = a_2 + d_2 t & \cdots ② \end{cases} \tag{2.12}$$

が得られる．この方程式 (2.12) は，を**直線の媒介変数（パラメータ）表示**という．$\boldsymbol{t}$ **の係数が方向ベクトルの成分と一致**していることに注目しよう．

$d_1 \neq 0, d_2 \neq 0$ のときは，

$$① \text{ より } t = \frac{x - a_1}{d_1}, \quad ② \text{ より } t = \frac{y - a_2}{d_2}$$

だから

$$\frac{x - a_1}{d_1} = \frac{y - a_2}{d_2} \tag{2.13}$$

が得られる．この方程式 (2.13) を**直線の陰関数表示**と呼ぶ．

例題 2.14

点 A(4, 1) を通り，方向ベクトルが $\boldsymbol{d} = \begin{pmatrix} 2 \\ 3 \end{pmatrix}$ である直線について，

(1) パラメータ表示を求めなさい．

(2) 陰関数表示を求めなさい．

（解）

(1) $\begin{cases} x = 4 + 2t \\ y = 1 + 3t \end{cases}$ (2) $\dfrac{x-4}{2} = \dfrac{y-1}{3}$ （終）

問 2.40. 点 A(5, 2) を通り，方向ベクトルが $\boldsymbol{d} = \begin{pmatrix} 3 \\ 4 \end{pmatrix}$ である直線について，

(1) パラメータ表示を求めなさい． (2) 陰関数表示を求めなさい．

解 (1) $x = 5 + 3t,\ y = 2 + 4t$ (2) $\dfrac{x-5}{3} = \dfrac{y-2}{4}$

《定理 19》 点 P が直線 AB 上の点であるための必要十分条件は $\overrightarrow{\mathrm{OP}} = (1-t)\overrightarrow{\mathrm{OA}} + t\,\overrightarrow{\mathrm{OB}}$ を満たす実数 t が存在することである．

証明 点 P が直線 AB 上の点であるとすると，$\overrightarrow{\mathrm{AP}} = t\,\overrightarrow{\mathrm{AB}}$ を満たす実数 t が存在する．このとき，

$$\begin{aligned} \overrightarrow{\mathrm{OP}} &= \overrightarrow{\mathrm{OA}} + \overrightarrow{\mathrm{AP}} \\ &= \overrightarrow{\mathrm{OA}} + t\,\overrightarrow{\mathrm{AB}} \\ &= \overrightarrow{\mathrm{OA}} + t\left(\overrightarrow{\mathrm{OB}} - \overrightarrow{\mathrm{OA}}\right) \\ &= (1-t)\overrightarrow{\mathrm{OA}} + t\,\overrightarrow{\mathrm{OB}} \end{aligned}$$

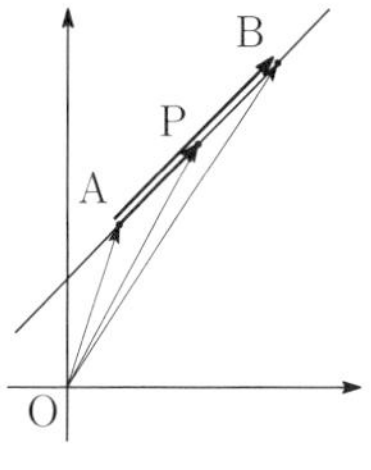

逆に，ある実数 t に対して，$\overrightarrow{\mathrm{OP}} = (1-t)\overrightarrow{\mathrm{OA}} + t\,\overrightarrow{\mathrm{OB}}$ が成立するならば $\overrightarrow{\mathrm{AP}} = t\,\overrightarrow{\mathrm{AB}}$ が成立し，点 P は直線 AB 上の点であることがわかる． □

定理 19 より，直線 AB 上の点を P とすると，

$$\overrightarrow{\mathrm{OP}} = s\,\overrightarrow{\mathrm{OA}} + t\,\overrightarrow{\mathrm{OB}}, \quad s + t = 1 \tag{2.14}$$

を満たす実数 s, t が存在することがわかる．

さて，式 (2.12) において，① $\times d_2 -$ ② $\times d_1$ より

$$d_2x - d_1y = d_2a_1 - d_1a_2,\ \text{よって}\quad d_2x - d_1y - d_2a_1 + d_1a_2 = 0$$

が得られる．ここで，$a = d_2, b = -d_1, c = -d_2a_1 + d_1a_2$ とおくと，直線の方程式は，

$$ax + by + c = 0 \tag{2.15}$$

つまり，**（1次式）＝0** の形で表されることがわかる．このとき，x, y の係数より $\boldsymbol{n} = \begin{pmatrix} a \\ b \end{pmatrix} = \begin{pmatrix} d_2 \\ -d_1 \end{pmatrix}$ とし，方向ベクトル $\boldsymbol{d} = \begin{pmatrix} d_1 \\ d_2 \end{pmatrix}$ との内積を計算すると，

$$\boldsymbol{n} \cdot \boldsymbol{d} = \begin{pmatrix} d_2 \\ -d_1 \end{pmatrix} \cdot \begin{pmatrix} d_1 \\ d_2 \end{pmatrix} = d_2 \times d_1 + (-d_1) \times d_2 = 0$$

したがって，$\boldsymbol{n} \perp \boldsymbol{d}$ がわかる．つまり，ベクトル $\boldsymbol{n} = (a, b)$ は，直線 (2.15) に垂直なベクトルである．直線に垂直なベクトルをその直線の**法線ベクトル**という．法線ベクトルは，その直線に垂直なベクトルのことなので，無数に存在する．その中の1つの法線ベクトルの成分は，**$\boldsymbol{x}, \boldsymbol{y}$ の係数と一致**していることに注目しよう．

《定理 20》 点 $\mathrm{A}(x_0, y_0)$ から直線 $ax + by + c = 0 \cdots$ ① に下ろした垂線の足をHとし，$\ell = \mathrm{AH}$ とすると，

$$\ell = \frac{|ax_0 + by_0 + c|}{\sqrt{a^2 + b^2}}$$

が成立する．この長さ ℓ を**点と直線の距離**という．

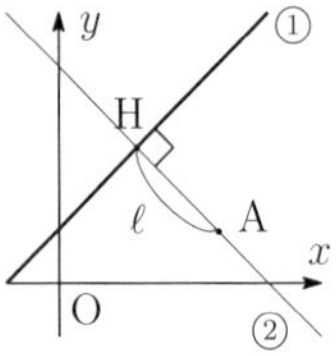

証明　$\boldsymbol{n} = \begin{pmatrix} a \\ b \end{pmatrix}$ とすると，$\boldsymbol{n}$ は直線 ① の法線ベクトルである．

よって，点Aを通り，直線 ① に垂直な直線 ② のパラメータ表示は，

$$\begin{cases} x = x_0 + at \\ y = y_0 + bt \end{cases} \quad \cdots ②$$

このとき，点Hは直線② 上にあるので，$\mathrm{H}(x_0 + at, y_0 + bt)$ と表せる．さらに，点 $\mathrm{H}(x_0 + at, y_0 + bt)$ は直線 ① 上にあるので，① に代入して

$$a(x_0 + at) + b(y_0 + bt) + c = 0$$

$$(a^2 + b^2)t = -(ax_0 + by_0 + c)$$

$$t = -\frac{ax_0 + by_0 + c}{a^2 + b^2} \cdots ③$$

一方，$\overrightarrow{\mathrm{AH}} = \begin{pmatrix} (x_0 + at) - x_0 \\ (y_0 + bt) - y_0 \end{pmatrix} = \begin{pmatrix} at \\ bt \end{pmatrix}$ だから，

$$\begin{aligned} \ell &= \left|\overrightarrow{\mathrm{AH}}\right| = \sqrt{(at)^2 + (bt)^2} = \sqrt{(a^2 + b^2)\,t^2} \\ &= \sqrt{(a^2 + b^2)\left(-\frac{ax_0 + by_0 + c}{a^2 + b^2}\right)^2} = \sqrt{\frac{(ax_0 + by_0 + c)^2}{a^2 + b^2}} = \frac{|ax_0 + by_0 + c|}{\sqrt{a^2 + b^2}} \end{aligned}$$

が得られる． □

例題 2.15

平面内の点 A $(4,-2)$ と直線 $3x-y-24=0$ の距離 ℓ を求めなさい．

（解） 定理 20 より

$$\ell = \frac{|3\cdot 4+(-1)\cdot(-2)-24|}{\sqrt{3^2+(-1)^2}} = \frac{|-10|}{\sqrt{10}} = \sqrt{10}$$

（終）

問 2.41. 平面内の点 A $(2,4)$ と直線 $x-2y+1=0$ の距離 ℓ を求めなさい．

解 $\ell=\sqrt{5}$

2.10 円の方程式は？

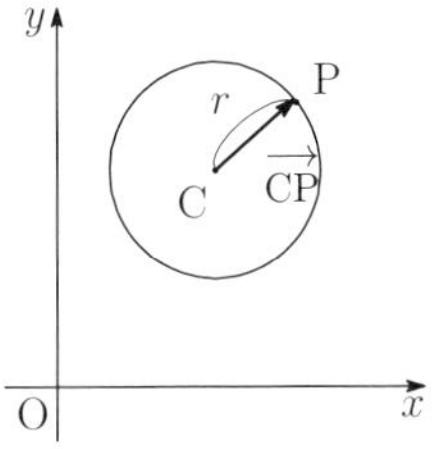

点 $\mathrm{C}(c_1,c_2)$ を中心とし，半径が r の円上の任意の点を $\mathrm{P}(x,y)$ とすると，

$$\left|\overrightarrow{\mathrm{CP}}\right| = r$$

が成立する．位置ベクトル $\overrightarrow{\mathrm{OC}}=\boldsymbol{c}$, $\overrightarrow{\mathrm{OP}}=\boldsymbol{p}$ で表すと，$\overrightarrow{\mathrm{CP}}=\boldsymbol{p}-\boldsymbol{c}$ だから，

$$|\boldsymbol{p}-\boldsymbol{c}| = r \tag{2.16}$$

が得られる．この方程式 (2.16) を**円のベクトル方程式**という．ここで，$|\boldsymbol{p}-\boldsymbol{c}| = \left|\begin{pmatrix} x-c_1 \\ y-c_2 \end{pmatrix}\right| = \sqrt{(x-c_1)^2+(y-c_2)^2}$ だから (2.16) より

$$\sqrt{(x-c_1)^2+(y-c_2)^2} = r$$

$$(x-c_1)^2+(y-c_2)^2 = r^2 \tag{2.17}$$

が得られる．この方程式 (2.17) が点 $\mathrm{C}(c_1,c_2)$ を中心とし，半径 r の円の方程式である．

とくに，中心が原点 $\mathrm{O}(0,0)$ の場合は，

$$x^2+y^2=r^2 \tag{2.18}$$

と表される．

また，(2.17) より，

$$x^2+y^2-2c_1x-2c_2y+c_1^2+c_2^2-r^2=0$$

が得られるので，円の方程式は

$$x^2+y^2+ax+by+c=0,\quad a,b,c \text{ は定数}$$

の形で表されることがわかる．

例題 2.16

円 $x^2+y^2+4x-6y-3=0 \cdots$ ① の中心Cの座標と半径 r を求めなさい．

（解）① より，

$$x^2+4x+4-4+y^2-6y+9-9-3=0$$
$$(x+2)^2+(y-3)^2=16$$

だから，$\mathrm{C}(-2,3)$, $r=\sqrt{16}=4$. （終）

問 2.42. 円 $x^2+y^2-6x+8y-11=0 \cdots$ ① の中心Cの座標と半径 r を求めなさい．

解　$\mathrm{C}(3,-4)$, $r=6$

2.11　3次元数ベクトル空間ではどうなる？

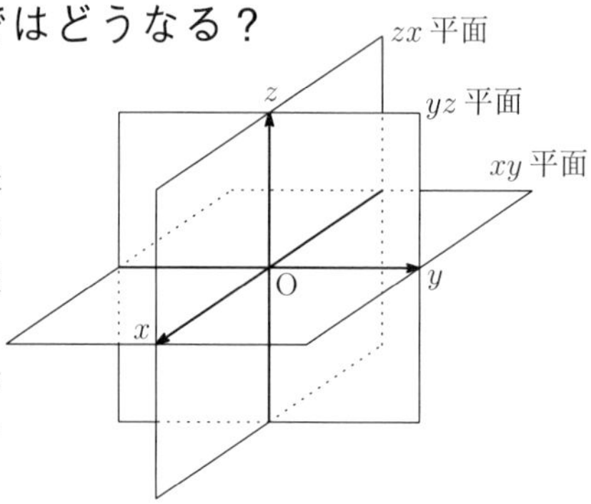

3次元数ベクトル空間の点は，右図のような3つの座標軸，x 軸，y 軸，z 軸を用いて表される．一般には，x 軸，y 軸，z 軸が，この順に右手系になるように直交させる．この座標が，直交座標である．

x 軸と y 軸で作られる平面，y 軸と z 軸で作られる平面，z 軸と x 軸で作られる平面をそれぞれ ***xy* 平面**，***yz* 平面**，***zx* 平面**という．

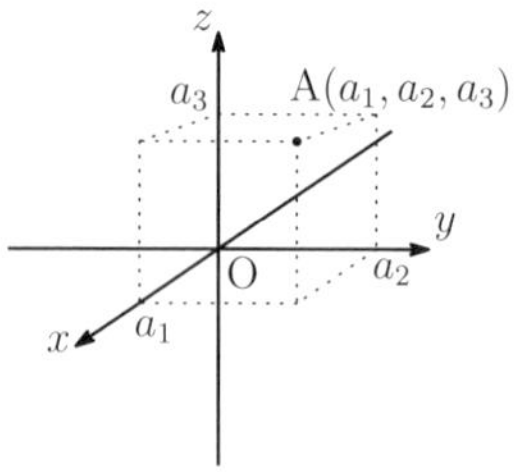

3次元数ベクトル空間に点Aがあるとき，右図のように，点Aを通り各座標軸に垂直な平面と各座標軸との交点における値をそれぞれ a_1,a_2,a_3 とする．このとき，点Aの座標が (a_1,a_2,a_3) であり，それぞれ ***x* 座標**，***y* 座標**，***z* 座標**という．

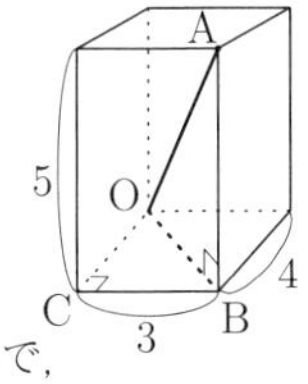

では，原点と点Aの間の距離OAを求めよう．

そのために，例えば，図のような各辺の長さが3,4,5である直方体において，線分OAの長さを求めてみよう．

まず，△OBCは直角三角形だから三平方の定理より，$OB^2 = 3^2 + 4^2$ が得られる．さらに，△OABも直角三角形だから再び三平方の定理より，$OA^2 = OB^2 + 5^2$ が得られるので，

$$OA^2 = 3^2 + 4^2 + 5^2, \quad OA > 0 \text{ だから}, OA = \sqrt{3^2 + 4^2 + 5^2} \ \left(= \sqrt{50}\right)$$

一般に，原点O(0,0,0)と点$A(a_1, a_2, a_3)$の間の距離OAについて，

$$OA = \sqrt{a_1^2 + a_2^2 + a_3^2} \tag{2.19}$$

が得られる．同様に，2点$A(a_1, a_2, a_3)$, $B(b_1, b_2, b_3)$の間の距離ABについて，

$$AB = \sqrt{(b_1 - a_1)^2 + (b_2 - a_2)^2 + (b_3 - a_3)^2} \tag{2.20}$$

も得られる．

例題 2.17

2点A(2, −1, 6), B(3, 1, 4)の間の距離ABを求めなさい．

（解）

$$AB = \sqrt{(3-2)^2 + \{1 - (-1)\}^2 + (4-6)^2} = 3$$

（終）

問 2.43. 2点A(−1, 2, 3), B(1, 5, 7)間の距離ABを求めなさい．

解　$\sqrt{29}$

例題 2.18

点A(1, 2, 3)について，次の問いに答えなさい．

(1) xy平面に関して対称な点Bの座標を求めなさい．

(2) z軸に関して対称な点Cの座標を求めなさい．

(3) 原点に関して対称な点Dの座標を求めなさい．

（解）　(1) B(1, 2, −3)　(2) C(−1, −2, 3)　(3) D(−1, −2, −3)　（終）

問 2.44. 点 $\mathrm{A}(2,3,4)$ について，次の点の座標を求めなさい．

(1) yz 平面に関して対称な点 B　　(2) x 軸に関して対称な点 C

(3) 原点に関して対称な点 D

解　(1) $\mathrm{B}(-2,3,4)$　(2) $\mathrm{C}(2,-3,-4)$　(3) $\mathrm{D}(-2,-3,-4)$

2.12　3次元数ベクトル空間のベクトルの成分表示は？

2次の数ベクトルと同様に，直交座標を用いて，3次元数ベクトル空間のベクトルも成分表示できる．

3次元数ベクトル空間内のベクトル $\boldsymbol{a}$ に対して，$\boldsymbol{a} = \overrightarrow{\mathrm{OA}}$ となる点 A が唯一つ存在する．A の座標を $\mathrm{A}(a_1, a_2, a_3)$ とすると，

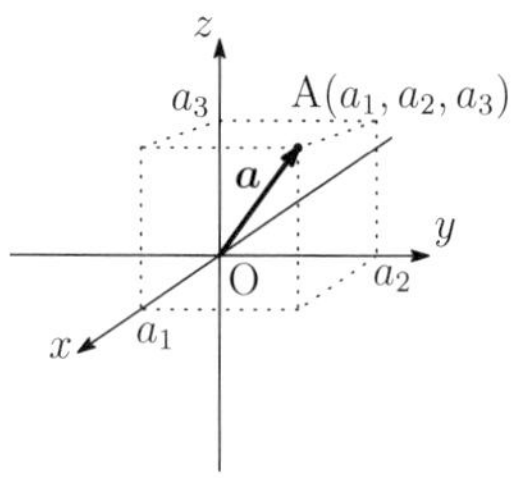

$$\boldsymbol{a} = \begin{pmatrix} a_1 \\ a_2 \\ a_3 \end{pmatrix}$$

と表すことができる．この3次元空間内の成分表示されたベクトル $\boldsymbol{a} = \begin{pmatrix} a_1 \\ a_2 \\ a_3 \end{pmatrix}$ を **3次の数ベクトル**という．このとき，a_1 を $\boldsymbol{x}$ **成分**または**第1成分**，a_2 を $\boldsymbol{y}$ **成分**または**第2成分**，a_3 を $\boldsymbol{z}$ **成分**または**第3成分**と呼ぶ．このようにベクトルを数値で表すことを，ベクトルの**成分表示**という．

この場合，零ベクトル $\mathbf{0}$ は，

$$\mathbf{0} = \begin{pmatrix} 0 \\ 0 \\ 0 \end{pmatrix}$$

である．また，$\mathrm{E}_1(1,0,0)$, $\mathrm{E}_2(0,1,0)$, $\mathrm{E}_3(0,0,1)$ に対し，$\boldsymbol{e}_1 = \overrightarrow{\mathrm{OE}_1}$, $\boldsymbol{e}_2 = \overrightarrow{\mathrm{OE}_2}$, $\boldsymbol{e}_3 = \overrightarrow{\mathrm{OE}_3}$ とすると，

$$\boldsymbol{e}_1 = \begin{pmatrix} 1 \\ 0 \\ 0 \end{pmatrix}, \quad \boldsymbol{e}_2 = \begin{pmatrix} 0 \\ 1 \\ 0 \end{pmatrix}, \quad \boldsymbol{e}_3 = \begin{pmatrix} 0 \\ 0 \\ 1 \end{pmatrix}$$

は，それぞれ x, y, z 軸の向きの単位ベクトルである．$\boldsymbol{e}_1$ は $\boldsymbol{x}$ **軸方向の基本ベクトル**，$\boldsymbol{e}_2$ は $\boldsymbol{y}$ **軸方向の基本ベクトル**，$\boldsymbol{e}_3$ は $\boldsymbol{z}$ **軸方向の基本ベクトル**と呼ばれる．

$\boldsymbol{a} = \begin{pmatrix} a_1 \\ a_2 \\ a_3 \end{pmatrix}$ に対して，

$$\boldsymbol{a} = a_1\boldsymbol{e}_1 + a_2\boldsymbol{e}_2 + a_3\boldsymbol{e}_3$$

であり，$\boldsymbol{e}_1, \boldsymbol{e}_2, \boldsymbol{e}_3$ の係数が $\boldsymbol{a}$ の成分であることがわかる．

$\boldsymbol{a} = \overrightarrow{\mathrm{OA}} = \begin{pmatrix} a_1 \\ a_2 \\ a_3 \end{pmatrix}$, $\boldsymbol{b} = \overrightarrow{\mathrm{OB}} = \begin{pmatrix} b_1 \\ b_2 \\ b_3 \end{pmatrix}$ とするとき，$\boldsymbol{a} = \boldsymbol{b}$ が成立するのは，点 A と点 B が一致する場合に限るので，各成分が等しいことである．すなわち，

$$\boldsymbol{a} = \boldsymbol{b} \quad \Leftrightarrow \quad a_1 = b_1,\ a_2 = b_2,\ a_3 = b_3$$

ベクトル $\boldsymbol{a} = \overrightarrow{\mathrm{OA}} = \begin{pmatrix} a_1 \\ a_2 \\ a_3 \end{pmatrix}$ の大きさについては，線分 OA の長さとして表されるから，(2.19) より

$$|\boldsymbol{a}| = \left|\overrightarrow{\mathrm{OA}}\right| = \mathrm{OA} = \sqrt{a_1^2 + a_2^2 + a_3^2}$$

である．同様に，2 点 $\mathrm{A}(a_1, a_2, a_3)$, $\mathrm{B}(b_1, b_2, b_3)$ に対して，(2.20) より

$$\overrightarrow{\mathrm{AB}} = \overrightarrow{\mathrm{OB}} - \overrightarrow{\mathrm{OA}} = \begin{pmatrix} b_1 - a_1 \\ b_2 - a_2 \\ b_3 - a_3 \end{pmatrix}$$

$$\left|\overrightarrow{\mathrm{AB}}\right| = \sqrt{(b_1 - a_1)^2 + (b_2 - a_2)^2 + (b_3 - a_3)^2}$$

である．2 次の数ベクトルと同様に，次が成立する．

《定理 21》 2 点 $\mathrm{A}(a_1, a_2, a_3)$, $\mathrm{B}(b_1, b_2, b_3)$ に対して，$\boldsymbol{a} = \overrightarrow{\mathrm{OA}} = \begin{pmatrix} a_1 \\ a_2 \\ a_3 \end{pmatrix}$, $\boldsymbol{b} = \overrightarrow{\mathrm{OB}} = \begin{pmatrix} b_1 \\ b_2 \\ b_3 \end{pmatrix}$ とするとき，次が成立する：

(1) $\boldsymbol{a} = \boldsymbol{b} \quad \Leftrightarrow \quad a_1 = b_1,\ a_2 = b_2,\ a_3 = b_3$

(2) $\boldsymbol{a} + \boldsymbol{b} = \begin{pmatrix} a_1 + b_1 \\ a_2 + b_2 \\ a_3 + b_3 \end{pmatrix}, \quad k\boldsymbol{a} = \begin{pmatrix} ka_1 \\ ka_2 \\ ka_3 \end{pmatrix} \ (k \in \mathbb{R})$

(3) $\overrightarrow{\mathrm{AB}} = \overrightarrow{\mathrm{OB}} - \overrightarrow{\mathrm{OA}} = \begin{pmatrix} b_1 - a_1 \\ b_2 - a_2 \\ b_3 - a_3 \end{pmatrix}$

(4) $|\boldsymbol{a}| = \left|\overrightarrow{\mathrm{OA}}\right| = \sqrt{a_1^2 + a_2^2 + a_3^2}$

(5) $\left|\overrightarrow{\mathrm{AB}}\right| = \sqrt{(b_1 - a_1)^2 + (b_2 - a_2)^2 + (b_3 - a_3)^2}$

また，内分，外分についても 2 次元と同様で，次が成立する．

《定理 22》 [内分点・外分点の位置ベクトル]

2点 $\mathrm{A}(a_1, a_2, a_3)$, $\mathrm{B}(b_1, b_2, b_3)$ に対して，線分 AB を $m:n$ に内分する点を P とすると，

$$\overrightarrow{\mathrm{OP}} = \frac{n\,\overrightarrow{\mathrm{OA}} + m\,\overrightarrow{\mathrm{OB}}}{m+n}$$

線分 AB を $m:n$ に外分する点を P とすると，

$$\overrightarrow{\mathrm{OP}} = \frac{(-n)\,\overrightarrow{\mathrm{OA}} + m\,\overrightarrow{\mathrm{OB}}}{m+(-n)} = \frac{n\,\overrightarrow{\mathrm{OA}} + (-m)\,\overrightarrow{\mathrm{OB}}}{(-m)+n}$$

が成立する．

例題 2.19

点 A(4, 2, −1), B(2, 3, −3) について，次の点の座標を求めなさい．

(1) 線分 AB を 4：3 に内分する点 P　　(2) 線分 AB を 3：4 に外分する点 Q

（解） (1) 点 P の位置ベクトル $\overrightarrow{\mathrm{OP}}$ は，

$$\overrightarrow{\mathrm{OP}} = \frac{3\,\overrightarrow{\mathrm{OA}} + 4\,\overrightarrow{\mathrm{OB}}}{4+3} = \frac{1}{7}\left\{3\begin{pmatrix}4\\2\\-1\end{pmatrix} + 4\begin{pmatrix}2\\3\\-3\end{pmatrix}\right\} = \begin{pmatrix}\frac{20}{7}\\\frac{18}{7}\\-\frac{15}{7}\end{pmatrix}$$

点 P の座標は位置ベクトルの成分と一致するので，$\mathrm{P}\left(\frac{20}{7}, \frac{18}{7}, -\frac{15}{7}\right)$ である．

(2) 点 Q の位置ベクトル $\overrightarrow{\mathrm{OQ}}$ は，

$$\overrightarrow{\mathrm{OQ}} = \frac{4\,\overrightarrow{\mathrm{OA}} + (-3)\,\overrightarrow{\mathrm{OB}}}{(-3)+4} = \frac{1}{1}\left\{4\begin{pmatrix}4\\2\\-1\end{pmatrix} - 3\begin{pmatrix}2\\3\\-3\end{pmatrix}\right\} = \begin{pmatrix}10\\-1\\5\end{pmatrix}$$

点 Q の座標は位置ベクトルの成分と一致するので，Q(10, −1, 5) である．（終）

2.13　3次の数ベクトルの内積は？

2次の数ベクトルと同様に，3次の数ベクトルの場合も $\boldsymbol{a}$ と $\boldsymbol{b}$ の**内積**を $\boldsymbol{a}\cdot\boldsymbol{b}$ で表す．零ベクトルでない2つのベクトル $\boldsymbol{a}, \boldsymbol{b}$ について，$\boldsymbol{a}$ と $\boldsymbol{b}$ のなす角を θ $(0 \leqq \theta \leqq \pi)$ とするとき，3次の数ベクトルの内積は次のように定義される．

$$\text{（内積）}\quad \boldsymbol{a}\cdot\boldsymbol{b} = \begin{cases} |\boldsymbol{a}||\boldsymbol{b}|\cos\theta, & \boldsymbol{a}\neq\boldsymbol{0}, \boldsymbol{b}\neq\boldsymbol{0} \\ 0, & \boldsymbol{a}=\boldsymbol{0} \text{ または } \boldsymbol{b}=\boldsymbol{0} \end{cases} \tag{2.21}$$

$\boldsymbol{a} = \begin{pmatrix} a_1 \\ a_2 \\ a_3 \end{pmatrix}$, $\boldsymbol{b} = \begin{pmatrix} b_1 \\ b_2 \\ b_3 \end{pmatrix}$ とベクトルを成分表示すると，2次の数ベクトルのときと同様に，内積は

$$\boldsymbol{a}\cdot\boldsymbol{b} = a_1b_1 + a_2b_2 + a_3b_3 \quad \text{（内積の成分表示）} \tag{2.22}$$

であり，ベクトルのなす角 θ について，

$$\cos\theta = \frac{\boldsymbol{a}\cdot\boldsymbol{b}}{|\boldsymbol{a}|\ |\boldsymbol{b}|} = \frac{a_1b_1 + a_2b_2 + a_3b_3}{\sqrt{a_1^2+a_2^2+a_3^2}\sqrt{b_1^2+b_2^2+b_3^2}} \quad (0 \leqq \theta \leqq \pi) \tag{2.23}$$

が得られる．

また3次の数ベクトルの場合でも，右図のような $\boldsymbol{a}$ と $\boldsymbol{b}$ で作られる平行四辺形の面積 S は，

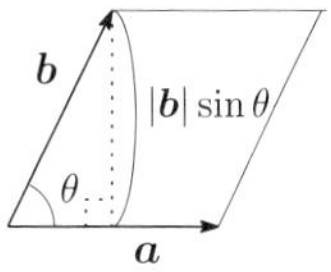

$$S = |\boldsymbol{a}|\ |\boldsymbol{b}|\sin\theta \quad \text{（平行四辺形の面積）} \tag{2.24}$$

である．このとき，

$$\begin{aligned} S &= \sqrt{|\boldsymbol{a}|^2|\boldsymbol{b}|^2\sin^2\theta} = \sqrt{|\boldsymbol{a}|^2|\boldsymbol{b}|^2(1-\cos^2\theta)} = \sqrt{|\boldsymbol{a}|^2|\boldsymbol{b}|^2 - |\boldsymbol{a}|^2|\boldsymbol{b}|^2\cos^2\theta} \\ &= \sqrt{|\boldsymbol{a}|^2|\boldsymbol{b}|^2 - (\boldsymbol{a}\cdot\boldsymbol{b})^2} \end{aligned}$$

すなわち，

$$S = \sqrt{|\boldsymbol{a}|^2|\boldsymbol{b}|^2 - (\boldsymbol{a}\cdot\boldsymbol{b})^2} \quad \text{（内積と平行四辺形の面積の関係式）} \tag{2.25}$$

例題 2.20

$\boldsymbol{a} = \begin{pmatrix} 1 \\ 2 \\ 1 \end{pmatrix}, \boldsymbol{b} = \begin{pmatrix} -1 \\ 1 \\ -1 \end{pmatrix}$ のとき，次を求めなさい．

(1) 内積 $(\boldsymbol{a}, \boldsymbol{b})$　(2) $\boldsymbol{a}, \boldsymbol{b}$ のなす角 θ　(3) $\boldsymbol{a}$ と $\boldsymbol{b}$ で作られる平行四辺形の面積

（解）　(1) $(\boldsymbol{a}, \boldsymbol{b}) = 0$　(2) $\theta = \dfrac{\pi}{2}$　(3) $3\sqrt{2}$　（終）

問 2.45. $\boldsymbol{a} = \begin{pmatrix} 1 \\ 0 \\ -1 \end{pmatrix}, \boldsymbol{b} = \begin{pmatrix} 0 \\ 1 \\ 1 \end{pmatrix}$ のとき，次を求めなさい．

(1) 内積 $(\boldsymbol{a}, \boldsymbol{b})$　(2) $\boldsymbol{a}, \boldsymbol{b}$ のなす角　(3) $\boldsymbol{a}$ と $\boldsymbol{b}$ で作られる平行四辺形の面積

解　(1) -1　(2) $\dfrac{2}{3}\pi$　(3) $\sqrt{3}$

2.14　3次の数ベクトルの外積って何？

2次の数ベクトルには無かった，2つのベクトル $\boldsymbol{a}, \boldsymbol{b}$ の外積を紹介しよう．そのために，次の2次の行列式を導入するが，第5章で詳しく学ぶ．

4つの数 a, b, c, d に対して，2次の行列式を

$$\begin{vmatrix} a & b \\ c & d \end{vmatrix} = ad - bc$$

と定義する．

例題 2.21

2次の行列式 $\begin{vmatrix} 1 & 2 \\ 3 & 4 \end{vmatrix}$ の値を求めなさい．

（解）　$\begin{vmatrix} 1 & 2 \\ 3 & 4 \end{vmatrix} = 1 \times 4 - 2 \times 3 = 4 - 6 = -2$　（終）

問 2.46. 2次の行列式 $\begin{vmatrix} 4 & -3 \\ 6 & -7 \end{vmatrix}$ の値を求めなさい．

解　-10

2次の行列式を用いて，3次の数ベクトル $\boldsymbol{a} = \begin{pmatrix} a_1 \\ a_2 \\ a_3 \end{pmatrix}, \boldsymbol{b} = \begin{pmatrix} b_1 \\ b_2 \\ b_3 \end{pmatrix}$ に対して $\boldsymbol{a}$ と $\boldsymbol{b}$ の外積 $\boldsymbol{a} \times \boldsymbol{b}$ を

$$\boldsymbol{a} \times \boldsymbol{b} = \begin{pmatrix} \begin{vmatrix} a_2 & b_2 \\ a_3 & b_3 \end{vmatrix} \\ \begin{vmatrix} a_3 & b_3 \\ a_1 & b_1 \end{vmatrix} \\ \begin{vmatrix} a_1 & b_1 \\ a_2 & b_2 \end{vmatrix} \end{pmatrix} = \begin{pmatrix} a_2b_3 - a_3b_2 \\ a_3b_1 - a_1b_3 \\ a_1b_2 - a_2b_1 \end{pmatrix} \quad \text{(外積)} \qquad (2.26)$$

で定義する．上記の定義からわかるように，外積はベクトルである．

例題 2.22

2つのベクトル $\boldsymbol{a} = \begin{pmatrix} 1 \\ 2 \\ 3 \end{pmatrix}$, $\boldsymbol{b} = \begin{pmatrix} 2 \\ 0 \\ -1 \end{pmatrix}$ に対し，次の値およびベクトルを求めなさい．

(1) $|\boldsymbol{a}|, |\boldsymbol{b}|$ (2) $\boldsymbol{a} \cdot \boldsymbol{b}$ (3) $\boldsymbol{b} \cdot \boldsymbol{a}$ (4) $\boldsymbol{a} \times \boldsymbol{b}$ (5) $\boldsymbol{b} \times \boldsymbol{a}$ (6) $\boldsymbol{a} \cdot \boldsymbol{a}$
(7) $\boldsymbol{a} \times \boldsymbol{a}$ (8) $(\boldsymbol{a} \times \boldsymbol{b}) \cdot \boldsymbol{a}$ (9) $(\boldsymbol{a} \times \boldsymbol{b}) \cdot \boldsymbol{b}$ (10) $|\boldsymbol{a} \times \boldsymbol{b}|$
(11) $\boldsymbol{a}, \boldsymbol{b}$ が作る平行四辺形の面積 S

（解）

(1) $|\boldsymbol{a}| = \sqrt{1^2 + 2^2 + 3^2} = \sqrt{14}$, $|\boldsymbol{b}| = \sqrt{2^2 + 0^2 + (-1)^2} = \sqrt{5}$

(2) $\boldsymbol{a} \cdot \boldsymbol{b} = 1 \cdot 2 + 2 \cdot 0 + 3 \cdot (-1) = -1$

(3) $\boldsymbol{b} \cdot \boldsymbol{a} = 2 \cdot 1 + 0 \cdot 2 + (-1) \cdot 3 = -1$

(4) $\boldsymbol{a} \times \boldsymbol{b} = \begin{pmatrix} \begin{vmatrix} 2 & 0 \\ 3 & -1 \end{vmatrix} \\ \begin{vmatrix} 3 & -1 \\ 1 & 2 \end{vmatrix} \\ \begin{vmatrix} 1 & 2 \\ 2 & 0 \end{vmatrix} \end{pmatrix} = \begin{pmatrix} -2 \\ 7 \\ -4 \end{pmatrix}$

(5) $\boldsymbol{b} \times \boldsymbol{a} = \begin{pmatrix} \begin{vmatrix} 0 & 2 \\ -1 & 3 \end{vmatrix} \\ \begin{vmatrix} -1 & 3 \\ 2 & 1 \end{vmatrix} \\ \begin{vmatrix} 2 & 1 \\ 0 & 2 \end{vmatrix} \end{pmatrix} = \begin{pmatrix} 2 \\ -7 \\ 4 \end{pmatrix}$

(6) $\boldsymbol{a}\cdot\boldsymbol{a} = 1\cdot 1 + 2\cdot 2 + 3\cdot 3 = 14$

(7) $$\boldsymbol{a}\times\boldsymbol{a} = \begin{pmatrix} \begin{vmatrix} 2 & 2 \\ 3 & 3 \end{vmatrix} \\ \begin{vmatrix} 3 & 3 \\ 1 & 1 \end{vmatrix} \\ \begin{vmatrix} 1 & 1 \\ 2 & 2 \end{vmatrix} \end{pmatrix} = \begin{pmatrix} 0 \\ 0 \\ 0 \end{pmatrix}$$

(8) $(\boldsymbol{a}\times\boldsymbol{b})\cdot\boldsymbol{a} = (-2)\cdot 1 + 7\cdot 2 + (-4)\cdot 3 = 0$

(9) $(\boldsymbol{a}\times\boldsymbol{b})\cdot\boldsymbol{b} = (-2)\cdot 2 + 7\cdot 0 + (-4)\cdot(-1) = 0$

(10) $|\boldsymbol{a}\times\boldsymbol{b}| = \sqrt{(-2)^2 + 7^2 + (-4)^2} = \sqrt{69}$

(11) $S = \sqrt{|\boldsymbol{a}|^2|\boldsymbol{b}|^2 - (\boldsymbol{a}\cdot\boldsymbol{b})^2} = \sqrt{14\cdot 5 - (-1)^2} = \sqrt{69}$

（終）

問 2.47. 2つのベクトル $\boldsymbol{a} = \begin{pmatrix} 2 \\ 3 \\ 4 \end{pmatrix}, \boldsymbol{b} = \begin{pmatrix} -2 \\ 0 \\ 3 \end{pmatrix}$ に対し，次の値およびベクトルを求めなさい．

(1) $|\boldsymbol{a}|, |\boldsymbol{b}|$　(2) $\boldsymbol{a}\cdot\boldsymbol{b}$　(3) $\boldsymbol{b}\cdot\boldsymbol{a}$　(4) $\boldsymbol{a}\times\boldsymbol{b}$　(5) $\boldsymbol{b}\times\boldsymbol{a}$　(6) $\boldsymbol{a}\cdot\boldsymbol{a}$
(7) $\boldsymbol{a}\times\boldsymbol{a}$　(8) $(\boldsymbol{a}\times\boldsymbol{b})\cdot\boldsymbol{a}$　(9) $(\boldsymbol{a}\times\boldsymbol{b})\cdot\boldsymbol{b}$　(10) $|\boldsymbol{a}\times\boldsymbol{b}|$
(11) $\boldsymbol{a}, \boldsymbol{b}$ が作る平行四辺形の面積 S

解　(1) $|\boldsymbol{a}| = \sqrt{29}, |\boldsymbol{b}| = \sqrt{13}$　(2) 8　(3) 8　(4) $\begin{pmatrix} 9 \\ -14 \\ 6 \end{pmatrix}$　(5) $\begin{pmatrix} -9 \\ 14 \\ -6 \end{pmatrix}$　(6) 29
(7) $\boldsymbol{0}$　(8) 0　(9) 0　(10) $\sqrt{313}$　(11) $\sqrt{313}$

上記の例題 (8), (9) は，内積が 0 であることを示しているので，外積 $\boldsymbol{a}\times\boldsymbol{b}$ は，$\boldsymbol{a}$ と $\boldsymbol{b}$ の両方に垂直なベクトルであることがわかる．

実際，任意のベクトル $\boldsymbol{a}\neq\boldsymbol{0}, \boldsymbol{b}\neq\boldsymbol{0}$ に対して，次のことが成立する．

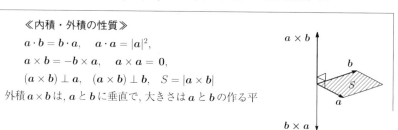

≪内積・外積の性質≫

$\boldsymbol{a}\cdot\boldsymbol{b} = \boldsymbol{b}\cdot\boldsymbol{a}, \quad \boldsymbol{a}\cdot\boldsymbol{a} = |\boldsymbol{a}|^2,$

$\boldsymbol{a}\times\boldsymbol{b} = -\boldsymbol{b}\times\boldsymbol{a}, \quad \boldsymbol{a}\times\boldsymbol{a} = \boldsymbol{0},$

$(\boldsymbol{a}\times\boldsymbol{b})\perp\boldsymbol{a}, \quad (\boldsymbol{a}\times\boldsymbol{b})\perp\boldsymbol{b}, \quad S = |\boldsymbol{a}\times\boldsymbol{b}|$

外積 $\boldsymbol{a}\times\boldsymbol{b}$ は，$\boldsymbol{a}$ と $\boldsymbol{b}$ に垂直で，大きさは $\boldsymbol{a}$ と $\boldsymbol{b}$ の作る平

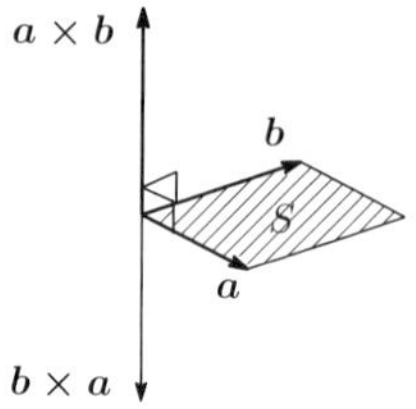

行四辺形の面積 S に等しく，3つのベクトル $\boldsymbol{a}, \boldsymbol{b}, \boldsymbol{a}\times\boldsymbol{b}$ がこの順に右手系をなすようなただ1つのベクトルである．

2.15 3次元数ベクトル空間内の直線は？

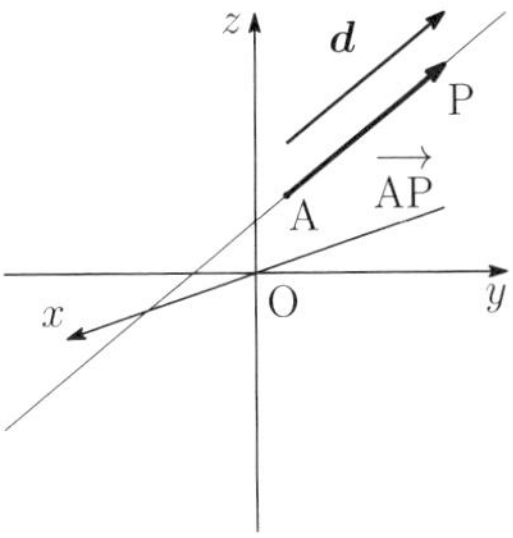

3次元空間内の点 $\mathrm{A}(a_1, a_2, a_3)$ を通り，ベクトル $\boldsymbol{d} = \begin{pmatrix} d_1 \\ d_2 \\ d_3 \end{pmatrix}$ に平行な直線上の任意の点を $\mathrm{P}(x, y, z)$ とすると，

$$\overrightarrow{\mathrm{AP}} = t\boldsymbol{d}$$

を満たす $t \in \mathbb{R}$ が存在する．これを位置ベクトル $\overrightarrow{\mathrm{OA}} = \boldsymbol{a}$, $\overrightarrow{\mathrm{OP}} = \boldsymbol{p}$ で表すと，$\overrightarrow{\mathrm{AP}} = \boldsymbol{p} - \boldsymbol{a}$ だから，

$$\boldsymbol{p} - \boldsymbol{a} = t\boldsymbol{d}$$
$$\boldsymbol{p} = \boldsymbol{a} + t\boldsymbol{d} \tag{2.27}$$

が得られる．この方程式(2.27)を**直線のベクトル方程式**という．このとき，t は媒介変数（パラメータ）と呼ばれる．また，直線に平行なベクトルをその直線の**方向ベクトル**という．

(2.11) と (2.27) を比較すると，同じ式であることがわかる．つまり，直線は，2次元でも，3次元でも，同じベクトル方程式で表せる．このことから，4次元以上の空間でも，点Aを通り，方向ベクトルが $\boldsymbol{d}$ である直線のベクトル方程式は，

$$\boldsymbol{p} = \boldsymbol{a} + t\boldsymbol{d} \quad \text{（直線のベクトル方程式）} \tag{2.28}$$

である．

ここでは，$\boldsymbol{a} = \begin{pmatrix} a_1 \\ a_2 \\ a_3 \end{pmatrix}, \boldsymbol{p} = \begin{pmatrix} x \\ y \\ z \end{pmatrix}$ だから (2.27) より

$$\begin{pmatrix} x \\ y \\ z \end{pmatrix} = \begin{pmatrix} a_1 \\ a_2 \\ a_3 \end{pmatrix} + t\begin{pmatrix} d_1 \\ d_2 \\ d_3 \end{pmatrix} = \begin{pmatrix} a_1 + d_1 t \\ a_2 + d_2 t \\ a_3 + d_3 t \end{pmatrix}$$

であるので，

$$\begin{cases} x = a_1 + d_1 t & \cdots ① \\ y = a_2 + d_2 t & \cdots ② \\ z = a_3 + d_3 t & \cdots ③ \end{cases} \quad \text{（直線の媒介変数（パラメータ）表示）} \qquad (2.29)$$

が得られる．**t の係数が方向ベクトルの成分と一致**していることに注目しよう．

$d_1 \neq 0, d_2 \neq 0, d_3 \neq 0$ のときは，

$$① より \ t = \frac{x - a_1}{d_1}, \quad ② より \ t = \frac{y - a_2}{d_2}, \quad ③ より \ t = \frac{z - a_3}{d_3}$$

だから

$$\frac{x - a_1}{d_1} = \frac{y - a_2}{d_2} = \frac{z - a_3}{d_3} \quad \text{（直線の陰関数表示）} \qquad (2.30)$$

が得られる．

(2.29) も (2.30) も，3 次元空間の直線の方程式なのであるが，これらの式を見ると，(2.29) は 3 つの方程式，(2.30) は 2 つの方程式で 3 次元空間の直線を表している．このことから，**3 次元空間の直線は，ただ 1 つだけの方程式では表すことができない**ことがわかる．少なくとも，2 つの式が必要なのである．

例題 2.23

点 A$(5, -3, 4)$ を通り，方向ベクトルが $\boldsymbol{d} = \begin{pmatrix} 2 \\ -2 \\ 1 \end{pmatrix}$ である直線について，

(1) パラメータ表示を求めなさい．

(2) 陰関数表示を求めなさい．

（解）

(1) $\begin{cases} x = 5 + 2t \\ y = -3 - 2t \\ z = 4 + t \end{cases}$ (2) $\dfrac{x - 5}{2} = \dfrac{y + 3}{-2} = z - 4$ （終）

問 2.48. 点 A$(6, -4, 5)$ を通り，方向ベクトルが $\boldsymbol{d} = \begin{pmatrix} 3 \\ -3 \\ 2 \end{pmatrix}$ である直線について，

(1) パラメータ表示を求めなさい． (2) 陰関数表示を求めなさい．

解 (1) $x = 6 + 3t, y = -4 - 3t, z = 5 + 2t$ (2) $\dfrac{x - 6}{3} = \dfrac{y + 4}{-3} = \dfrac{z - 5}{2}$

例題 2.24

2点 A(3, 5, 1), B(2, −3, 4) を通る直線 AB のパラメータ表示を求めなさい.

（解）直線 AB の方向ベクトル $\boldsymbol{d}$ は, $\boldsymbol{d} = \overrightarrow{\mathrm{AB}} = \begin{pmatrix} -1 \\ -8 \\ 3 \end{pmatrix}$ であるから, (2.29) より

$$\begin{cases} x = 3 - t \\ y = 5 - 8t \\ z = 1 + 3t \end{cases}$$

（終）

問 2.49. 2点 A(4, 6, 2), B(−2, 3, 5) を通る直線 AB のパラメータ表示を求めなさい.
解　$x = 4 - 6t,\ y = 6 - 3t,\ z = 2 + 3t$

さて, 2つの直線 ℓ_1, ℓ_2 に対し, 2直線 ℓ_1, ℓ_2 のなす角 α を考えよう. 2直線 ℓ_1, ℓ_2 を共有点が存在するように平行移動したときにできる小さいほうの角 α を **2直線 ℓ_1, ℓ_2 のなす角**という. このとき, 2直線のなす角 α の範囲は

$$0 \leqq \alpha \leqq \frac{\pi}{2}$$

である. 2直線 ℓ_1, ℓ_2 が平行のときは, $\alpha = 0$ である.

2直線のなす角 α の大きさを求めるには, 2直線 ℓ_1, ℓ_2 の方向ベクトル $\boldsymbol{d}_1$, $\boldsymbol{d}_2$ のなす角 θ を利用すれば良い. ベクトルのなす角 θ の範囲は $0 \leqq \theta \leqq \pi$ であることに注意すると, 次が得られる.

$$\text{2直線のなす角 } \alpha \text{ の大きさ} \begin{cases} 0 \leqq \theta \leqq \dfrac{\pi}{2} \text{ のとき} & \alpha = \theta \\ \dfrac{\pi}{2} \leqq \theta \leqq \pi \text{ のとき} & \alpha = \pi - \theta \end{cases} \tag{2.31}$$

※ これより, $\cos\alpha = |\cos\theta|$ が成立することがわかる.

例題 2.25

2直線 $\ell_1 : x - 6 = 4 - y = \dfrac{z+5}{\sqrt{2}}$, $\ell_2 : x + 2 = y - 3 = \dfrac{7-z}{\sqrt{2}}$ のなす角 α を求めなさい.

（解）ℓ_1, ℓ_2 の方向ベクトルは, それぞれ $\boldsymbol{d}_1 = \begin{pmatrix} 1 \\ -1 \\ \sqrt{2} \end{pmatrix}, \boldsymbol{d}_2 = \begin{pmatrix} 1 \\ 1 \\ -\sqrt{2} \end{pmatrix}$ だから, $\boldsymbol{d}_1, \boldsymbol{d}_2$ のなす角を θ とすると,

$$\cos\alpha = |\cos\theta| = \left| \frac{\boldsymbol{d}_1 \cdot \boldsymbol{d}_2}{|\boldsymbol{d}_1|\,|\boldsymbol{d}_2|} \right| = \left| \frac{-2}{2 \times 2} \right| = \frac{1}{2}$$

が成立する．よって，$0 \leqq \alpha \leqq \dfrac{\pi}{2}$ より $\alpha = \dfrac{\pi}{3}$ が得られる．（終）

問 2.50. 2直線 $\ell_1 : \dfrac{x-1}{3} = \dfrac{y-3}{5} = \dfrac{z-2}{4}$, $\ell_2 : x-1 = \dfrac{y+1}{-10} = -\dfrac{z}{7}$ のなす角 α を求めなさい．

解　$\alpha = \dfrac{\pi}{6}$

2.16　3次元数ベクトル空間内の平面は？

3次元空間内の点 $\mathrm{A}(a_1, a_2, a_3)$ を通り，ベクトル $\boldsymbol{n} = \begin{pmatrix} n_1 \\ n_2 \\ n_3 \end{pmatrix} \neq \boldsymbol{0}$ に垂直な平面上の任意の点を $\mathrm{P}(x, y, z)$ とすると，

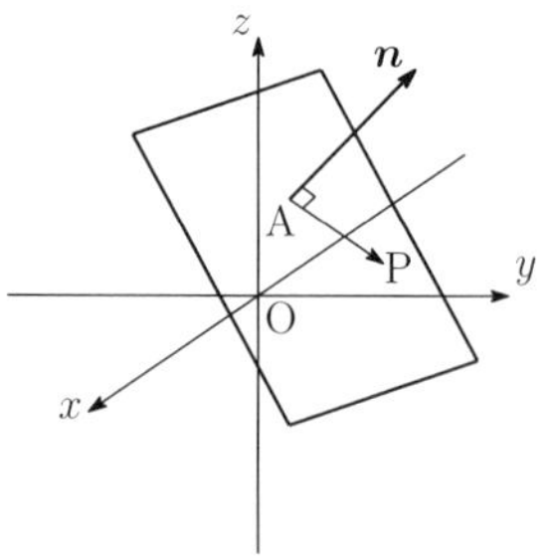

$$\boldsymbol{n} \cdot \overrightarrow{\mathrm{AP}} = 0$$

が成立する．これを位置ベクトル $\overrightarrow{\mathrm{OA}} = \boldsymbol{a}$, $\overrightarrow{\mathrm{OP}} = \boldsymbol{p}$ で表すと，$\overrightarrow{\mathrm{AP}} = \boldsymbol{p} - \boldsymbol{a}$ だから，

$$\boldsymbol{n} \cdot (\boldsymbol{p} - \boldsymbol{a}) = 0 \tag{2.32}$$

が得られる．この方程式 (2.32) を**平面のベクトル方程式**という．このとき，平面に垂直なベクトルをその平面の**法線ベクトル**という．

ここでは，$\boldsymbol{a} = \begin{pmatrix} a_1 \\ a_2 \\ a_3 \end{pmatrix}, \boldsymbol{p} = \begin{pmatrix} x \\ y \\ z \end{pmatrix}$ だから (2.32) より

$$\begin{pmatrix} n_1 \\ n_2 \\ n_3 \end{pmatrix} \cdot \begin{pmatrix} x - a_1 \\ y - a_2 \\ z - a_3 \end{pmatrix} = 0$$
$$n_1(x - a_1) + n_2(y - a_2) + n_3(z - a_3) = 0$$

である．

> 点 $\mathrm{A}(a_1, a_2, a_3)$ を通り，法線ベクトルが $\boldsymbol{n} = \begin{pmatrix} n_1 \\ n_2 \\ n_3 \end{pmatrix}$ の平面の方程式は
>
> $$n_1(x - a_1) + n_2(y - a_2) + n_3(z - a_3) = 0 \tag{2.33}$$

例題 2.26

点 A $(2, -3, -4)$ を通り、ベクトル $\boldsymbol{a} = \begin{pmatrix} 5 \\ 2 \\ -7 \end{pmatrix}$ が法線ベクトルである平面の方程式を求めなさい.

（解）

式 (2.33) より

$$
\begin{aligned}
&5(x-2) + 2\{y-(-3)\} + (-7)\{z-(-4)\} = 0 \\
&5x - 10 + 2y + 6 - 7z - 28 = 0 \\
&5x + 2y - 7z - 32 = 0
\end{aligned}
$$

（終）

上記の例題からもわかるように，式 (2.33) より

$$
\begin{aligned}
&n_1x - a_1n_1 + n_2y - a_2n_2 + n_3z - a_3n_3 = 0 \\
&n_1x + n_2y + n_3z - a_1n_1 - a_2n_2 - a_3n_3 = 0
\end{aligned}
$$

ここで，定数項を $d = -a_1n_1 - a_2n_2 - a_3n_3$ とおくと，次が得られる.

$$
n_1x + n_2y + n_3z + d = 0 \quad \text{（平面の方程式）} \tag{2.34}
$$

これより，3次元空間内の平面は **（$\boldsymbol{x}$, $\boldsymbol{y}$, $\boldsymbol{z}$ の1次式）$= \mathbf{0}$** の形で表されることがわかる．このとき，**$\boldsymbol{x}$, $\boldsymbol{y}$, $\boldsymbol{z}$ の係数が法線ベクトルの成分と一致**していることに注目しよう.

例題 2.27

3次元空間に直線 ℓ ： $\dfrac{x+5}{4} = \dfrac{3-y}{2} = z - 4$ がある.

(1) 直線 ℓ の方向ベクトル $\boldsymbol{d}$ を求めなさい.

(2) 点 $(1, 2, -3)$ を通り，直線 ℓ に垂直な平面の方程式を求めなさい.

（解）

(1) 直線 ℓ より $\dfrac{x+5}{4} = \dfrac{y-3}{-2} = \dfrac{z-4}{1}$ だから，$\boldsymbol{d} = \begin{pmatrix} 4 \\ -2 \\ 1 \end{pmatrix}$.

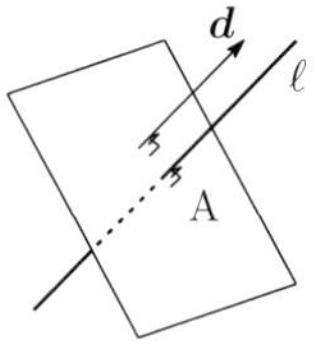

(2) 求める平面の法線ベクトル $\boldsymbol{n}$ は，直線 ℓ の方向ベクトルと一致するので，$\boldsymbol{n} = \boldsymbol{d} = \begin{pmatrix} 4 \\ -2 \\ 1 \end{pmatrix}$.

よって，求める平面の方程式は，

$$4(x-1) - 2(y-2) + 1(z+3) = 0$$
$$4x - 2y + z + 3 = 0$$

（終）

問 2.51. 3次元空間に直線 ℓ ： $x+4 = \dfrac{2-y}{3} = \dfrac{z-1}{5}$ がある.

(1) 直線 ℓ の方向ベクトル $\boldsymbol{d}$ を求めなさい.

(2) 点 $(-2, 3, 1)$ を通り，直線 ℓ に垂直な平面の方程式を求めなさい.

解　(1) $\boldsymbol{d} = (1, -3, 5)$　(2) $x - 3y + 5z + 6 = 0$

例題 2.28

3点 A(5, 0, 0), B(0, 2, 0), C(0, 0, 7) を通る平面の方程式を求めなさい.

（解）求める平面を

$$n_1x + n_2y + n_3z + d = 0 \qquad (2.35)$$

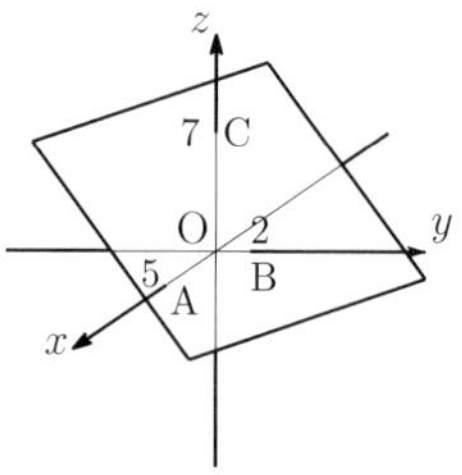

とおくと，点Aを通るので $5n_1 + d = 0,\ n_1 = -\dfrac{1}{5}d$

点Bを通るので $2n_2 + d = 0,\ n_2 = -\dfrac{1}{2}d$

点Cを通るので $7n_3 + d = 0,\ n_3 = -\dfrac{1}{7}d$

これらを (2.35) に代入すると，$-\dfrac{1}{5}dx - \dfrac{1}{2}dy - \dfrac{1}{7}dz + d = 0$

$$-d\left(\frac{1}{5}x + \frac{1}{2}y + \frac{1}{7}z - 1\right) = 0$$

ここで，$d = 0$ ならば，$n_1 = n_2 = n_3 = 0$ となり (2.35) は平面を表さないので，不適.
よって，求める平面の方程式は，$\dfrac{1}{5}x + \dfrac{1}{2}y + \dfrac{1}{7}z - 1 = 0$　（終）

この 例題 2.28 と同様にして，次の定理が得られる.

《定理 23》 $\alpha \neq 0, \beta \neq 0, \gamma \neq 0$ のとき，3点 $\mathrm{A}(\alpha, 0, 0)$, $\mathrm{B}(0, \beta, 0)$, $\mathrm{C}(0, 0, \gamma)$ を通る平面の方程式は

$$\frac{1}{\alpha}x + \frac{1}{\beta}y + \frac{1}{\gamma}z - 1 = 0$$

問 2.52. 3点 $\mathrm{A}(3, 0, 0)$, $\mathrm{B}(0, 4, 0)$, $\mathrm{C}(0, 0, 5)$ を通る平面の方程式を求めなさい．

解　$\frac{1}{3}x + \frac{1}{4}y + \frac{1}{5}z = 1$

また，O, A, B を同一直線上にない異なる3点とすると，O, A, B を含む平面がただ一つ存在することがわかる．

《定理 24》 O, A, B を同一直線上にない異なる3点とする．このとき，O, A, B を含む平面内の任意の点を P とすると，

$$\overrightarrow{\mathrm{OP}} = s\,\overrightarrow{\mathrm{OA}} + t\,\overrightarrow{\mathrm{OB}} \quad \cdots ①$$

を満たす実数 s, t が存在する． 逆に，点 P に対して① を満たす実数 s, t が存在すれば，点 P は O, A, B を含む平面上にある．

証明 ① を満たす実数 s, t が存在するとする．O, A, B を含む平面の法線ベクトルを $\boldsymbol{n}$ とすると，$\boldsymbol{n}\cdot\overrightarrow{\mathrm{OA}} = 0$, $\boldsymbol{n}\cdot\overrightarrow{\mathrm{OB}} = 0$ が成立する．このとき，

$$\boldsymbol{n}\cdot\overrightarrow{\mathrm{OP}} = \boldsymbol{n}\cdot(s\,\overrightarrow{\mathrm{OA}} + t\,\overrightarrow{\mathrm{OB}}) = s(\boldsymbol{n}\cdot\overrightarrow{\mathrm{OA}}) + t(\boldsymbol{n}\cdot\overrightarrow{\mathrm{OB}}) = 0.$$

よって，点 P は O, A, B を含む平面上にあることがわかる．

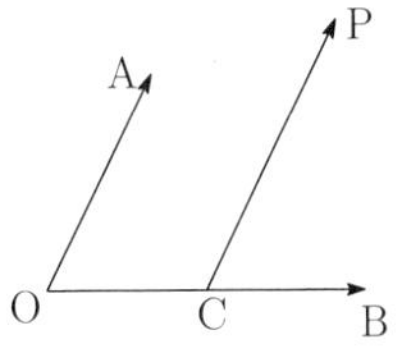

逆に，点 P は O, A, B を含む平面上にあるとすると，

$$\overrightarrow{\mathrm{CP}} = s\,\overrightarrow{\mathrm{OA}} \quad ②$$

を満たす実数 s が存在する．ここで，点 C は直線 OB 上の点だから，$\overrightarrow{\mathrm{OC}} = t\,\overrightarrow{\mathrm{OB}}$ を満たす実数 t が存在するので，

$$\overrightarrow{\mathrm{CP}} = \overrightarrow{\mathrm{OP}} - \overrightarrow{\mathrm{OC}} = \overrightarrow{\mathrm{OP}} - t\,\overrightarrow{\mathrm{OB}}$$

が得られる．これを ② に代入して，① を満たす実数 s, t が存在することがわかる．

□

さて，異なる2つの平面 H_1, H_2 に対し，平面 H_1, H_2 のなす角 β を考えよう．2平面 H_1, H_2 が共有点をもつとき，その共有点全体（の集合）は直線（交線）になる．2平面 H_1, H_2 内に，この交線に垂直な直線をそれぞれ考えるとき，その2直線のなす角 β を **2平面** H_1, H_2 の

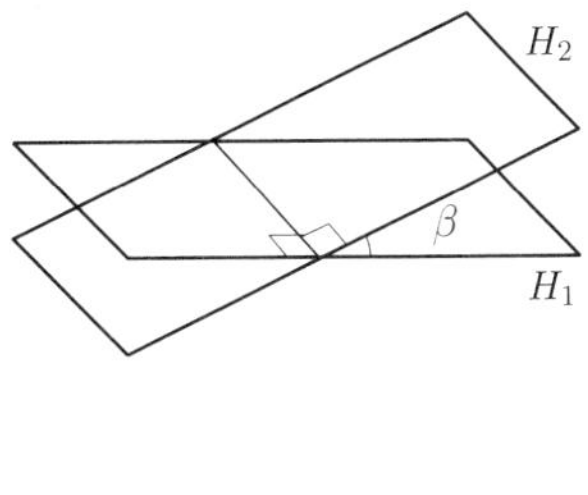

なす角という．2平面 H_1, H_2 が平行のとき，$\beta = 0$ とする．このとき，2平面 H_1, H_2 のなす角 β の範囲は

$$0 \leqq \beta \leqq \frac{\pi}{2}$$

である．

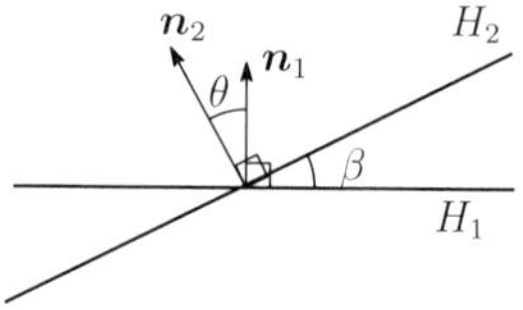

2平面 H_1, H_2 のなす角 β の大きさを求めるには，2平面 H_1, H_2 の法線ベクトル $\boldsymbol{n}_1$，$\boldsymbol{n}_2$ のなす角 θ を利用すれば良い．ベクトルのなす角 θ の範囲は $0 \leqq \theta \leqq \pi$ であることに注意すると，次が得られる．

2平面のなす角 β の大きさ $\begin{cases} 0 \leqq \theta \leqq \dfrac{\pi}{2} \text{ のとき} & \beta = \theta \\ \dfrac{\pi}{2} \leqq \theta \leqq \pi \text{ のとき} & \beta = \pi - \theta \end{cases}$ (2.36)

※ これより，$\cos\beta = |\cos\theta|$ が成立することがわかる．

例題 2.29

2平面 $H_1 : x - z + 5 = 0$, $H_2 : x - \sqrt{6}y - 3z + 2 = 0$ のなす角 β を求めなさい．

（解）H_1, H_2 の法線ベクトルは，それぞれ $\boldsymbol{n}_1 = \begin{pmatrix} 1 \\ 0 \\ -1 \end{pmatrix}$, $\boldsymbol{n}_2 = \begin{pmatrix} 1 \\ -\sqrt{6} \\ -3 \end{pmatrix}$ だから，$\boldsymbol{n}_1, \boldsymbol{n}_2$ のなす角を θ とすると，

$$\cos\beta = |\cos\theta| = \left| \frac{\boldsymbol{n}_1 \cdot \boldsymbol{n}_2}{|\boldsymbol{n}_1|\,|\boldsymbol{n}_2|} \right| = \left| \frac{4}{\sqrt{2} \times 4} \right| = \frac{1}{\sqrt{2}}$$

が成立する．よって，$0 \leqq \beta \leqq \dfrac{\pi}{2}$ より $\beta = \dfrac{\pi}{4}$ が得られる．（終）

問 2.53. 2平面 $H_1 : x - 2y + z - 1 = 0$, $H_2 : x + y - 2z - 3 = 0$ のなす角 β を求めなさい．

解　$\beta = \dfrac{\pi}{3}$

《定理 25》 点 $\mathrm{A}(x_0, y_0, z_0)$ から平面

$ax + by + cz + d = 0 \cdots$ ①

に下ろした垂線の足をHとし，$\ell = \mathrm{AH}$ とすると，

$$\ell = \frac{|ax_0 + by_0 + cz_0 + d|}{\sqrt{a^2 + b^2 + c^2}}$$

が成立する．この長さ ℓ を**点と平面の距離**という．

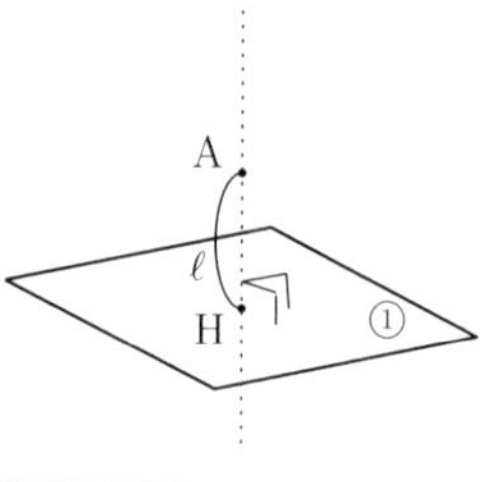

証明 平面 ① の法線ベクトル $\boldsymbol{n}$ は,

$$\boldsymbol{n} = \begin{pmatrix} a \\ b \\ c \end{pmatrix}$$

よって, 点 A を通り, 平面 ① に垂直な直線 ② のパラメータ表示は,

$$\begin{cases} x = x_0 + at \\ y = y_0 + bt \\ z = z_0 + ct \end{cases} \quad \cdots ②$$

このとき, 点 H は直線② 上にあるので, $\mathrm{H}(x_0 + at, y_0 + bt, z_0 + ct)$ と表せる. さらに, 点 $\mathrm{H}(x_0 + at, y_0 + bt, z_0 + ct)$ は平面 ① 上にあるので, ① に代入して

$$a(x_0 + at) + b(y_0 + bt) + c(z_0 + ct) + d = 0$$
$$(a^2 + b^2 + c^2)t = -(ax_0 + by_0 + cz_0 + d)$$
$$t = -\frac{ax_0 + by_0 + cz_0 + d}{a^2 + b^2 + c^2} \cdots ③$$

一方,

$$\overrightarrow{\mathrm{AH}} = \begin{pmatrix} (x_0 + at) - x_0 \\ (y_0 + bt) - y_0 \\ (z_0 + ct) - z_0 \end{pmatrix} = \begin{pmatrix} at \\ bt \\ ct \end{pmatrix}$$

だから,

$$\begin{aligned} \ell &= \left|\overrightarrow{\mathrm{AH}}\right| = \sqrt{(at)^2 + (bt)^2 + (ct)^2} = \sqrt{(a^2 + b^2 + c^2)\,t^2} \\ &= \sqrt{(a^2 + b^2 + c^2)\left(-\frac{ax_0 + by_0 + cz_0 + d}{a^2 + b^2 + c^2}\right)^2} = \sqrt{\frac{(ax_0 + by_0 + cz_0 + d)^2}{a^2 + b^2 + c^2}} \\ &= \frac{|ax_0 + by_0 + cz_0 + d|}{\sqrt{a^2 + b^2 + c^2}} \end{aligned}$$

が得られる. □

2.17 球の方程式は？

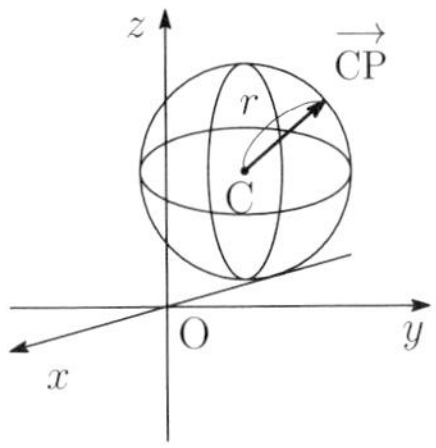

点 $\mathrm{C}(c_1, c_2, c_3)$ を中心とし, 半径が r の球上の任意の点を $\mathrm{P}(x, y, x)$ とすると,

$$\left|\overrightarrow{\mathrm{CP}}\right| = r$$

が成立する. 位置ベクトル $\overrightarrow{\mathrm{OC}} = \boldsymbol{c}$, $\overrightarrow{\mathrm{OP}} = \boldsymbol{p}$ で表すと, $\overrightarrow{\mathrm{CP}} = \boldsymbol{p} - \boldsymbol{c}$ だから,

$$|\boldsymbol{p} - \boldsymbol{c}| = r \tag{2.37}$$

が得られる．この方程式 (2.37) を**球のベクトル方程式**という．

ここで，$|\boldsymbol{p}-\boldsymbol{c}| = \sqrt{(x-c_1)^2+(y-c_2)^2+(z-c_3)^2}$ だから (2.37) より

$$\text{（球の方程式）}\qquad (x-c_1)^2+(y-c_2)^2+(z-c_3)^2 = r^2 \tag{2.38}$$

が得られる．この方程式 (2.38) が点 $\mathrm{C}(c_1, c_2, c_3)$ を中心とし，半径 r の球の方程式である．

とくに，中心が原点 $\mathrm{O}(0,0,0)$ の場合は，

$$x^2+y^2+z^2 = r^2 \tag{2.39}$$

と表される．

また，(2.38) より，

$$x^2+y^2+z^2-2c_1x-2c_2y-2c_3z+c_1^2+c_2^2+c_3^2-r^2 = 0$$

が得られるので，球の方程式は

$$x^2+y^2+z^2+ax+by+cz+d = 0, \quad a, b, c, d \text{ は定数}$$

の形で表されることがわかる．

例題 2.30

球 $x^2+y^2+z^2-4x+6y-1=0 \cdots$ ① について，次の問いに答えなさい．

(1) ① の中心 C の座標と半径 r を求めなさい．

(2) 点 $\mathrm{A}(1,2,3)$ は，球 ① の内部にあるか，外部にあるか，球上にあるか，理由を付して答えなさい．

(3) ① 上の点 $\mathrm{P}(1,-1,3)$ における接平面の方程式を求めなさい．

（解）

(1) ① より，

$$\begin{aligned} &x^2-4x+4-4+y^2+6y+9-9+z^2-1=0 \\ &(x-2)^2+(y+3)^2+z^2=14 \end{aligned}$$

だから，$\mathrm{C}(2,-3,0)$, $r=\sqrt{14}$.

(2) $\overrightarrow{\mathrm{CA}} = \begin{pmatrix} 1-2 \\ 2+3 \\ 3-0 \end{pmatrix} = \begin{pmatrix} -1 \\ 5 \\ 3 \end{pmatrix}$ だから，

$$|\overrightarrow{\mathrm{CA}}| = \sqrt{(-1)^2+5^2+3^2} = \sqrt{35} > \sqrt{14} = r.$$

すなわち，$|\overrightarrow{\mathrm{CA}}|$ が半径より大きいので，点 A は球 ① の外部にある．

(3) 求める接平面の接点が P で，法線ベクトル $\boldsymbol{n}$ は $\boldsymbol{n} = \overrightarrow{\mathrm{CP}} = \begin{pmatrix} -1 \\ 2 \\ 3 \end{pmatrix}$ である．よって，接平面の方程式は，(2.33) より，

$$-1(x-1)+2(y+1)+3(z-3)=0$$
$$-x+2y+3z-6=0$$

（終）

問 2.54. 球 $x^2+y^2+z^2+6x-8z-1=0\cdots$ ① について，次の問いに答えなさい．

(1) ① の中心 C の座標と半径 r を求めなさい．

(2) 点 A$(3,2,1)$ は，球 ① の内部にあるか，外部にあるか，球上にあるか，理由を付して答えなさい．

(3) ① 上の点 P$(1,1,1)$ における接平面の方程式を求めなさい．

解　(1) C$(-3,0,4)$, $r=\sqrt{26}$　(2) AC$=7>\sqrt{26}$ より，外部にある　(3) $4x+y-3z-2=0$

第3章　行列

3.1　行列ってなに？

行列は，次のように定義される．

> 【**定義 26**】 数を長方形の形に並べて括弧で閉じたものを**行列**という．

例 $\begin{pmatrix} 1 & 3 & -2 & 5 \\ -3 & 1 & 4 & 9 \\ 7 & 2 & 3 & -1 \end{pmatrix}, \begin{pmatrix} 1 & 0 \\ 0 & 1 \end{pmatrix}, \begin{pmatrix} 5 & -1 & 7 \end{pmatrix}, \begin{pmatrix} 1 \\ -4 \\ 13 \\ -2 \end{pmatrix}$ など

行列についての用語を少し紹介しておこう．

(1) 行列において，数の横の並びを**行**といい，上から順に，第1行，第2行，… という．また，数の縦の並びを**列**といい，左から順に，第1列，第2列，… という．

(2) 行の数が m で，列の数が n である行列を $\boldsymbol{m \times n}$ **型行列**，または，$\boldsymbol{(m, n)}$ **型行列**という．とくに，(n, n) 型（$n \times n$ 型：行の数と列の数が同じ）行列を $\boldsymbol{n}$ **次正方行列**という．$m \times 1$ 型行列を（$\boldsymbol{m}$ **次元**）**列ベクトル**，$1 \times n$ 型行列を（$\boldsymbol{n}$ **次元**）**行ベクトル**ということもある．

上の例では，それぞれ 3×4 型行列，2 次正方行列（2×2 型），3 次元行ベクトル（1×3 型），4 次元列ベクトル（4×1 型）である．

(3) 行列の中の数をそれぞれを**成分**といい，とくに，第 j 行で第 k 列の成分を $\boldsymbol{(j, k)}$ **成分**という．そこで一般に，第 (j, k) 成分を a_{jk} で表し，行列を (a_{jk}) と表すこともある（a に付けた2つの添数で左側が上から何行目かを，右側が左から何列目かを表している）．

一般に，$m \times n$ 型行列 A は，下記のように表される．

$$A = (a_{jk}) = \begin{pmatrix} a_{11} & a_{12} & \cdots & a_{1n} \\ a_{21} & a_{22} & \cdots & a_{2n} \\ \vdots & \vdots & & \vdots \\ a_{m1} & a_{m2} & \cdots & a_{mn} \end{pmatrix}$$

また，n 次正方行列 A は，

$$A = (a_{jk}) = \begin{pmatrix} a_{11} & a_{12} & \cdots & a_{1n} \\ a_{21} & a_{22} & \cdots & a_{2n} \\ \vdots & \vdots & \ddots & \vdots \\ a_{n1} & a_{n2} & \cdots & a_{nn} \end{pmatrix}$$

と表されるが，左上から右下にかけての斜めの成分 $a_{11}, a_{22}, \ldots, a_{nn}$ を**対角成分**という．特に，その和を**対角和**または**トレース (trace)** といい，$\mathrm{tr}(A)$ で表す．すなわち，

$$\mathrm{tr}(A) = a_{11} + a_{22} + \cdots + a_{nn} = \sum_{k=1}^{n} a_{kk}$$

例　$A = (a_{jk}) = \begin{pmatrix} 1 & -6 & -2 \\ -3 & 1 & 4 \\ 7 & 2 & 3 \end{pmatrix}$ のとき，

$$a_{23} = 4, \quad a_{32} = 2, \quad \mathrm{tr}(A) = 1 + 1 + 3 = 5$$

(4) すべての成分が 0 である行列を零行列といい，総じて O で表す．

例　$\begin{pmatrix} 0 & 0 \\ 0 & 0 \end{pmatrix}, \begin{pmatrix} 0 & 0 & 0 & 0 \\ 0 & 0 & 0 & 0 \\ 0 & 0 & 0 & 0 \end{pmatrix}, \begin{pmatrix} 0 & 0 & 0 \\ 0 & 0 & 0 \\ 0 & 0 & 0 \end{pmatrix}$　など

(5) 正方行列に対し，対角成分以外のすべての成分が 0 である行列を**対角行列**という．

例　$\begin{pmatrix} 5 & 0 \\ 0 & -1 \end{pmatrix}, \begin{pmatrix} 2 & 0 & 0 \\ 0 & -2 & 0 \\ 0 & 0 & -3 \end{pmatrix}$　など

(6) 対角成分が全て 1 である対角行列を**単位行列**といい，総じて E で表し，n 次の単位行列は E_n で表す．138 ページの (5.24) より $E = \left(\delta_{jk}\right)$ と表せる．

例　$\begin{pmatrix} 1 & 0 \\ 0 & 1 \end{pmatrix}, \begin{pmatrix} 1 & 0 & 0 \\ 0 & 1 & 0 \\ 0 & 0 & 1 \end{pmatrix}$　など

(7) 正方行列 $A = (a_{jk})$ に対し，$j > k$ のとき $a_{jk} = 0$ である行列を**上三角行列**，$j < k$ のとき $a_{jk} = 0$ である行列を**下三角行列** といい，両方の総称を**三角行列**という．

例　上三角行列 $\begin{pmatrix} 3 & 8 & 7 \\ 0 & 2 & 9 \\ 0 & 0 & 6 \end{pmatrix}$，下三角行列 $\begin{pmatrix} 3 & 0 & 0 \\ 1 & 2 & 0 \\ 5 & 4 & 6 \end{pmatrix}$　など

(8) $m \times n$ 型行列 A の行と列の成分を入れ替えて得られる $n \times m$ 型行列を A の**転置行列**といい，${}^tA$ で表す.

例 $A = \begin{pmatrix} 1 & 2 & 3 \\ 4 & 5 & 6 \end{pmatrix}$ のとき，${}^tA = {}^t\begin{pmatrix} 1 & 2 & 3 \\ 4 & 5 & 6 \end{pmatrix} = \begin{pmatrix} 1 & 4 \\ 2 & 5 \\ 3 & 6 \end{pmatrix}$

(9) 正方行列 A が ${}^tA = A$ を満たすとき，A を**対称行列** という.

例 $\begin{pmatrix} 2 & -3 \\ -3 & 1 \end{pmatrix}, \begin{pmatrix} 1 & 2 & 3 \\ 2 & 4 & 5 \\ 3 & 5 & 6 \end{pmatrix}$ など

(10) 正方行列 A が ${}^tA = -A$ を満たすとき，A を**交代行列** という.

例 $\begin{pmatrix} 0 & 3 \\ -3 & 0 \end{pmatrix}, \begin{pmatrix} 0 & 2 & 3 \\ -2 & 0 & 5 \\ -3 & -5 & 0 \end{pmatrix}$ など

例題 3.1

$$A = \begin{pmatrix} 1 & -2 & 1 & 0 \\ 2 & -1 & -1 & -3 \\ 1 & 0 & -3 & -8 \end{pmatrix}$$

について，次の問いに答えなさい.

(1) 行列 A の型を答えよ.

(2) 行列 A の $(2,1)$ 成分と $(3,4)$ 成分を答えよ.

(3) 行列 A の転置行列 ${}^tA$ を求めよ.

(解)

(1) 3×4 型 (2) $(2,1)$ 成分は 2，$(3,4)$ 成分は -8

(3) ${}^tA = \begin{pmatrix} 1 & 2 & 1 \\ -2 & -1 & 0 \\ 1 & -1 & -3 \\ 0 & -3 & -8 \end{pmatrix}$ (終)

問 3.1. 行列 $A = \begin{pmatrix} 1 & 5 \\ 2 & 6 \\ 3 & 7 \\ 4 & 8 \end{pmatrix}$ について次の問いに答えなさい.

(1) 行列 A の型を答えよ.

(2) 行列 A の $(1,2)$ 成分と $(4,1)$ 成分を答えよ.

(3) 行列 A の転置行列 ${}^tA$ を求めよ．

解 (1) 4×2 型 (2) $(1,2)$ 成分は 5，$(4,1)$ 成分は 4 (3) ${}^tA = \begin{pmatrix} 1 & 2 & 3 & 4 \\ 5 & 6 & 7 & 8 \end{pmatrix}$

3.2 行列が等しいのは？

【定義 27】 （行列の相等）
2 つの行列 A と B に対して，$A = B$ とは，A と B の型が等しく，対応する成分がすべて等しいことである．

例題 3.2

$$\begin{pmatrix} a-1 & -2+b & 5-3c \\ -3 & c+1 & a+4 \end{pmatrix} = \begin{pmatrix} x+2 & 3y-1 & 2 \\ 2z-1 & 2x & 5y+3 \end{pmatrix}$$

が成り立つように実数 a, b, c, x, y, z を定めなさい．

(解) 条件より，各成分が等しくなれば良いので，

$$\begin{cases} a-1 = x+2 \\ -2+b = 3y-1 \\ 5-3c = 2 \\ -3 = 2z-1 \\ c+1 = 2x \\ a+4 = 5y+3 \end{cases} \quad \text{これより} \quad \begin{cases} a = 4 \\ b = 4 \\ c = 1 \\ x = 1 \\ y = 1 \\ z = -1 \end{cases}$$
(終)

問 3.2. 次の等式が成り立つように実数 a, b, x, y を定めなさい．

(1) $\begin{pmatrix} 1 & -2+b \\ 3 & 3a-4 \end{pmatrix} = \begin{pmatrix} x+2 & 3 \\ 2y-1 & 5 \end{pmatrix}$

(2) $\begin{pmatrix} x+b & y+a \\ x-b & y-a \end{pmatrix} = \begin{pmatrix} a+1 & x+1 \\ y-1 & b-1 \end{pmatrix}$

解 (1) $a = 3, b = 5, x = -1, y = 2$ (2) $a = 1, b = 1, x = 1, y = 1$

3.3 行列の計算方法は？

同じ型の行列 A, B について，それらの和 $A + B$ 及び差 $A - B$ を成分どうしの和，差で定義する．行列と実数 α との積は，すべての成分の α 倍で定義する．

例題 3.3

行列 $A = \begin{pmatrix} 3 & -2 & 5 \\ -3 & 1 & -1 \end{pmatrix}, B = \begin{pmatrix} 2 & 5 & -1 \\ 1 & -3 & 1 \end{pmatrix}$ について，次の式を計算しなさい．

(1) $3A$　　(2) $3A - B$

（解）

(1)
$$3A = 3\begin{pmatrix} 3 & -2 & 5 \\ -3 & 1 & -1 \end{pmatrix} = \begin{pmatrix} 9 & -6 & 15 \\ -9 & 3 & -3 \end{pmatrix}$$

(2)
$$\begin{aligned} 3A - B &= 3\begin{pmatrix} 3 & -2 & 5 \\ -3 & 1 & -1 \end{pmatrix} - \begin{pmatrix} 2 & 5 & -1 \\ 1 & -3 & 1 \end{pmatrix} \\ &= \begin{pmatrix} 7 & -11 & 16 \\ -10 & 6 & -4 \end{pmatrix} \end{aligned}$$

（終）

問 3.3. 行列 $A = \begin{pmatrix} 1 & -1 & -2 \\ 2 & 5 & -3 \end{pmatrix}, B = \begin{pmatrix} -1 & 2 & -3 \\ 6 & -1 & 2 \end{pmatrix}$ について，次の式を計算しなさい．

(1) $-2A$　　(2) $A + B$　　(3) $2A - 3B$

解 (1) $\begin{pmatrix} -2 & 2 & 4 \\ -4 & -10 & 6 \end{pmatrix}$ (2) $\begin{pmatrix} 0 & 1 & -5 \\ 8 & 4 & -1 \end{pmatrix}$ (3) $\begin{pmatrix} 5 & -8 & 5 \\ -14 & 13 & -12 \end{pmatrix}$

上で定義された行列の和と実数倍の計算においては，次の性質が成立する．

任意の $m \times n$ 型の行列 A, B, C と実数 α, β に対して，次の等式が成り立つ．

(1) $m \times n$ 型行列の和も同じ $m \times n$ 型行列である．

(a) ［交換律］　$A + B = B + A$

(b) ［結合律］　$(A + B) + C = A + (B + C)$

(c) ［零行列］　$A + O = O + A = A$

(2) $m \times n$ 型行列と実数の積も同じ $m \times n$ 型行列である．

(a) ［結合律］　$\alpha(\beta A) = \beta(\alpha A) = (\alpha\beta)A$

(b) ［分配律］　$\alpha(A + B) = \alpha A + \alpha B$

(c) ［分配律］ $(\alpha+\beta)A=\alpha A+\beta A$

(d) ［その他］ $1A=A, 0A=O, \alpha O=O$

3.4 行列どうしの積は？

行列 A と B に対して，A の列の数と B の行の数が等しいとき**積** AB が定義される．例えば，2×3 型の行列と 3×2 型の行列の積は，次のように定義する．

$$
\begin{pmatrix} a_{11} & a_{12} & a_{13} \\ a_{21} & a_{22} & a_{23} \end{pmatrix}
\begin{pmatrix} b_{11} & b_{12} \\ b_{21} & b_{22} \\ b_{31} & b_{32} \end{pmatrix}
$$
$$
= \begin{pmatrix} a_{11}\times b_{11}+a_{12}\times b_{21}+a_{13}\times b_{31} & a_{11}\times b_{12}+a_{12}\times b_{22}+a_{13}\times b_{32} \\ a_{21}\times b_{11}+a_{22}\times b_{21}+a_{23}\times b_{31} & a_{21}\times b_{12}+a_{22}\times b_{22}+a_{23}\times b_{32} \end{pmatrix}
$$

A の列の数と B の行の数が等しくないときは，積 AB は，計算できないのである．

例題 3.4

行列 $A=\begin{pmatrix} 1 & 2 & 3 \\ 4 & 5 & 6 \end{pmatrix}, B=\begin{pmatrix} 3 & -1 \\ -2 & -3 \\ 1 & 2 \end{pmatrix}$ について，次の式を計算しなさい．

(1) AB　　(2) BA　　(3) ${}^tA\,{}^tB$

（解）

(1)
$$
AB = \begin{pmatrix} 1 & 2 & 3 \\ 4 & 5 & 6 \end{pmatrix}\begin{pmatrix} 3 & -1 \\ -2 & -3 \\ 1 & 2 \end{pmatrix}
$$
$$
= \begin{pmatrix} 1\cdot 3+2\cdot(-2)+3\cdot 1 & 1\cdot(-1)+2\cdot(-3)+3\cdot 2 \\ 4\cdot 3+5\cdot(-2)+6\cdot 1 & 4\cdot(-1)+5\cdot(-3)+6\cdot 2 \end{pmatrix} = \begin{pmatrix} 2 & -1 \\ 8 & -7 \end{pmatrix}
$$

(2)
$$
BA = \begin{pmatrix} 3 & -1 \\ -2 & -3 \\ 1 & 2 \end{pmatrix}\begin{pmatrix} 1 & 2 & 3 \\ 4 & 5 & 6 \end{pmatrix}
$$
$$
= \begin{pmatrix} 3\cdot 1+(-1)\cdot 4 & 3\cdot 2+(-1)\cdot 5 & 3\cdot 3+(-1)\cdot 6 \\ (-2)\cdot 1+(-3)\cdot 4 & (-2)\cdot 2+(-3)\cdot 5 & (-2)\cdot 3+(-3)\cdot 6 \\ 1\cdot 1+2\cdot 4 & 1\cdot 2+2\cdot 5 & 1\cdot 3+2\cdot 6 \end{pmatrix}
$$
$$
= \begin{pmatrix} -1 & 1 & 3 \\ -14 & -19 & -24 \\ 9 & 12 & 15 \end{pmatrix}
$$

$$
\begin{aligned}
(3)\ {}^tA\,{}^tB &= \begin{pmatrix} 1 & 4 \\ 2 & 5 \\ 3 & 6 \end{pmatrix} \begin{pmatrix} 3 & -2 & 1 \\ -1 & -3 & 2 \end{pmatrix} \\
&= \begin{pmatrix} 1\cdot 3 + 4\cdot(-1) & 1\cdot(-2) + 4\cdot(-3) & 1\cdot 1 + 4\cdot 2 \\ 2\cdot 3 + 5\cdot(-1) & 2\cdot(-2) + 5\cdot(-3) & 2\cdot 1 + 5\cdot 2 \\ 3\cdot 3 + 6\cdot(-1) & 3\cdot(-2) + 6\cdot(-3) & 3\cdot 1 + 6\cdot 2 \end{pmatrix} \\
&= \begin{pmatrix} -1 & -14 & 9 \\ 1 & -19 & 12 \\ 3 & -24 & 15 \end{pmatrix}
\end{aligned}
$$

（終）

この 例題 3.4 (1), (2) より，積 AB と BA が等しくないことが分かる．このように，**一般に，行列の積の左右を入れ替えたら，その積は等しいとは限らない．**もちろん，その積の型が異なることもあることが分かる．一般に，$m \times n$ 型行列 A と $n \times l$ 型行列 B の積 AB は，次の式で定義される．

$$
AB = \begin{pmatrix} a_{11} & \ldots & a_{1n} \\ \vdots & \ddots & \vdots \\ a_{j1} & \ldots & a_{jn} \\ \vdots & \ddots & \vdots \\ a_{m1} & \ldots & a_{mn} \end{pmatrix} \begin{pmatrix} b_{11} & \ldots & b_{1k} & \ldots & b_{1l} \\ \vdots & \ddots & \vdots & \ddots & \vdots \\ b_{n1} & \ldots & b_{nk} & \ldots & b_{nl} \end{pmatrix} = \begin{pmatrix} c_{11} & \ldots & c_{1k} & \ldots & c_{1l} \\ \vdots & \ddots & \vdots & \ddots & \vdots \\ c_{j1} & \ldots & c_{jk} & \ldots & c_{jl} \\ \vdots & \ddots & \vdots & \ddots & \vdots \\ c_{m1} & \ldots & c_{mk} & \ldots & c_{ml} \end{pmatrix},
$$

$$
c_{jk} = a_{j1}b_{1k} + \cdots + a_{jn}b_{nk},\ \ (1 \leqq j \leqq m, 1 \leqq k \leqq l)
$$

上記より、$m \times n$ 型行列 A と $n \times l$ 型行列 B の積 AB は，$m \times l$ 型行列であり，その成分 c_{jk} の計算式は，行列 A の第 j 行のベクトルと行列 B の第 k 列のベクトルの内積の形である（内積については，$n = 2, 3$ の時は，第1章で学んだ．$n \geqq 4$ の時まで含む場合は，第4章で学ぶ）．

また，転置行列について，例題 3.4 (1), (3) より，${}^tA\,{}^tB \neq {}^t(AB)$ がわかり，例題 3.4 (2), (3) より，${}^tA\,{}^tB = {}^t(BA)$ がわかる．66 ページの転置行列の定義 (8) と合わせて得られる転置行列の性質について，まとめておこう．

《定理 28》　- 転置行列の性質 -　行列 A, B に対し，次が成立する．

(1) ${}^t({}^tA) = A$

(2) ${}^t(kA) = k\,{}^tA\ (k \in \mathbb{R})$

(3) 行列 A, B の型が等しいとき，${}^t(A + B) = {}^tA + {}^tB$

(4) 積 AB が計算可能のとき，${}^t(AB) = {}^tB\,{}^tA$

問 3.4.　行列 $A = \begin{pmatrix} 1 & 2 \\ -2 & 4 \end{pmatrix}, B = \begin{pmatrix} 3 & -1 \\ -1 & -2 \end{pmatrix}$ について，次の式を計算しなさい．

(1) AB　(2) BA　(3) ${}^tA\,{}^tB$

解　(1) $\begin{pmatrix} 1 & -5 \\ -10 & -6 \end{pmatrix}$　(2) $\begin{pmatrix} 5 & 2 \\ 3 & -10 \end{pmatrix}$　(3) $\begin{pmatrix} 5 & 3 \\ 2 & -10 \end{pmatrix}$

例題 3.5

A が正方行列のとき，$A + {}^tA$ は対称行列であることを示しなさい．

（解）　$P = A + {}^tA$ とおくと，定理 28 より

$$ {}^tP = {}^t(A + {}^tA) = {}^tA + {}^t({}^tA) = {}^tA + A = A + {}^tA = P. $$

よって，${}^tP = P$ が成立するので，66 ページの対称行列の定義 (9) より P は対称行列である．すなわち，$A + {}^tA$ は対称行列であることがわかる．　（終）

問 3.5.　A が正方行列のとき，次のことを示しなさい．

(1) A が正方行列のとき，$A - {}^tA$ は交代行列である．

(2) A, B が同じ型の対称行列のとき，${}^tA + {}^tB$ も対称行列である．

解　省略

例題 3.6

行列 $A = \begin{pmatrix} 1 & 2 & 3 \\ 4 & 5 & 6 \end{pmatrix}, E_2 = \begin{pmatrix} 1 & 0 \\ 0 & 1 \end{pmatrix}, E_3 = \begin{pmatrix} 1 & 0 & 0 \\ 0 & 1 & 0 \\ 0 & 0 & 1 \end{pmatrix}$ について，次の式を計算しなさい．

(1) AE_3　(2) E_2A

（解）

(1)
$$ \begin{aligned} AE_3 &= \begin{pmatrix} 1 & 2 & 3 \\ 4 & 5 & 6 \end{pmatrix} \begin{pmatrix} 1 & 0 & 0 \\ 0 & 1 & 0 \\ 0 & 0 & 1 \end{pmatrix} \\ &= \begin{pmatrix} 1\cdot1+2\cdot0+3\cdot0 & 1\cdot0+2\cdot1+3\cdot0 & 1\cdot0+2\cdot0+3\cdot1 \\ 4\cdot1+5\cdot0+6\cdot0 & 4\cdot0+5\cdot1+6\cdot0 & 4\cdot0+5\cdot0+6\cdot1 \end{pmatrix} \\ &= \begin{pmatrix} 1 & 2 & 3 \\ 4 & 5 & 6 \end{pmatrix} \end{aligned} $$

$$(2)\ E_2A = \begin{pmatrix} 1 & 0 \\ 0 & 1 \end{pmatrix}\begin{pmatrix} 1 & 2 & 3 \\ 4 & 5 & 6 \end{pmatrix} = \begin{pmatrix} 1\cdot 1+0\cdot 4 & 1\cdot 2+0\cdot 5 & 1\cdot 3+0\cdot 6 \\ 0\cdot 1+1\cdot 4 & 0\cdot 2+1\cdot 5 & 0\cdot 3+1\cdot 6 \end{pmatrix}$$
$$= \begin{pmatrix} 1 & 2 & 3 \\ 4 & 5 & 6 \end{pmatrix}$$

（終）

例題 3.6 において，E_2, E_3 はそれぞれ2次，3次の単位行列であり，行列にかけてもその行列は変わらないことがわかる．

《**定理 29**》 A を $m \times n$ 行列とし，E_m, E_n をそれぞれ m, n 次の単位行列とすると

$$E_mA = A = AE_n$$

が成立する．すなわち，**単位行列 E は，数値の "1" の役割**をしているのである．

問 3.6. 行列 $A = \begin{pmatrix} 1 & 2 \\ -2 & 3 \end{pmatrix}, B = \begin{pmatrix} 3 & -1 \\ -1 & -2 \end{pmatrix}$ について，次の式を計算しなさい．

(1) AB　(2) BA　(3) AE　(4) EA　(5) AO　(6) OA

解 (1) $\begin{pmatrix} 1 & -5 \\ -9 & -4 \end{pmatrix}$ (2) $\begin{pmatrix} 5 & 3 \\ 3 & -8 \end{pmatrix}$ (3) $\begin{pmatrix} 1 & 2 \\ -2 & 3 \end{pmatrix}$ (4) $\begin{pmatrix} 1 & 2 \\ -2 & 3 \end{pmatrix}$ (5) $\begin{pmatrix} 0 & 0 \\ 0 & 0 \end{pmatrix}$ (6) $\begin{pmatrix} 0 & 0 \\ 0 & 0 \end{pmatrix}$

対角行列との積について，調べてみよう．

例題 3.7

行列 $A = \begin{pmatrix} a & a & a \\ b & b & b \\ c & c & c \end{pmatrix}, T = \begin{pmatrix} 2 & 0 & 0 \\ 0 & 3 & 0 \\ 0 & 0 & 5 \end{pmatrix}$ について，次の式を計算しなさい．

(1) AT　(2) TA

（解）

$$(1)\ AT = \begin{pmatrix} a & a & a \\ b & b & b \\ c & c & c \end{pmatrix}\begin{pmatrix} 2 & 0 & 0 \\ 0 & 3 & 0 \\ 0 & 0 & 5 \end{pmatrix} = \begin{pmatrix} 2a & 3a & 5a \\ 2b & 3b & 5b \\ 2c & 3c & 5c \end{pmatrix}$$

$$(2)\ TA = \begin{pmatrix} 2 & 0 & 0 \\ 0 & 3 & 0 \\ 0 & 0 & 5 \end{pmatrix}\begin{pmatrix} a & a & a \\ b & b & b \\ c & c & c \end{pmatrix} = \begin{pmatrix} 2a & 2a & 2a \\ 3b & 3b & 3b \\ 5c & 5c & 5c \end{pmatrix}$$

（終）

例題 3.7 より, 対角行列を右から掛けると各列に, 左から掛けると各行に対応する対角成分が掛けられることがわかる.

問 3.7. 次の行列の積を計算しなさい.

(1) $\begin{pmatrix} 1 & 2 & 3 \\ 4 & 5 & 6 \end{pmatrix}\begin{pmatrix} 2 & 0 & 0 \\ 0 & 3 & 0 \\ 0 & 0 & 5 \end{pmatrix}$ (2) $\begin{pmatrix} 2 & 0 & 0 \\ 0 & 3 & 0 \\ 0 & 0 & 5 \end{pmatrix}\begin{pmatrix} 1 & 2 \\ 3 & 4 \\ 5 & 6 \end{pmatrix}$

解 (1) $\begin{pmatrix} 2 & 6 & 15 \\ 8 & 15 & 30 \end{pmatrix}$ (2) $\begin{pmatrix} 2 & 4 \\ 9 & 12 \\ 25 & 30 \end{pmatrix}$

例題 3.8

行列 $A = \begin{pmatrix} 1 & 2 \\ 4 & 5 \end{pmatrix}, B = \begin{pmatrix} 1 & 3 \\ 2 & 3 \end{pmatrix}, C = \begin{pmatrix} 3 & 1 \\ 1 & 2 \end{pmatrix}$ について, 次の式を計算しなさい.

(1) AB (2) $(AB)C$ (3) BC (4) $A(BC)$

（解）

(1) $AB = \begin{pmatrix} 1 & 2 \\ 4 & 5 \end{pmatrix}\begin{pmatrix} 1 & 3 \\ 2 & 3 \end{pmatrix} = \begin{pmatrix} 1+4 & 3+6 \\ 4+10 & 12+15 \end{pmatrix} = \begin{pmatrix} 5 & 9 \\ 14 & 27 \end{pmatrix}$

(2) $(AB)C = \begin{pmatrix} 5 & 9 \\ 14 & 27 \end{pmatrix}\begin{pmatrix} 3 & 1 \\ 1 & 2 \end{pmatrix} = \begin{pmatrix} 15+9 & 5+18 \\ 42+27 & 14+54 \end{pmatrix} = \begin{pmatrix} 24 & 23 \\ 69 & 68 \end{pmatrix}$

(3) $BC = \begin{pmatrix} 1 & 3 \\ 2 & 3 \end{pmatrix}\begin{pmatrix} 3 & 1 \\ 1 & 2 \end{pmatrix} = \begin{pmatrix} 3+3 & 1+6 \\ 6+3 & 2+6 \end{pmatrix} = \begin{pmatrix} 6 & 7 \\ 9 & 8 \end{pmatrix}$

(4) $A(BC) = \begin{pmatrix} 1 & 2 \\ 4 & 5 \end{pmatrix}\begin{pmatrix} 6 & 7 \\ 9 & 8 \end{pmatrix} = \begin{pmatrix} 6+18 & 7+16 \\ 24+45 & 28+40 \end{pmatrix} = \begin{pmatrix} 24 & 23 \\ 69 & 68 \end{pmatrix}$ （終）

例題 3.8 において, 3 つの行列の積の計算では, どの 2 つの隣り合う行列の積から計算しても, その結果は一致することがわかる. したがって, $(AB)C = A(BC)$ が成立する. そこでかっこを省略して ABC と書くことができる.

問 3.8. 行列 $A = \begin{pmatrix} 1 & -1 \\ 1 & 1 \end{pmatrix}, B = \begin{pmatrix} 4 & 2 \\ 2 & 4 \end{pmatrix}, C = \begin{pmatrix} 1 & 1 \\ -1 & 1 \end{pmatrix}$ について, ABC を計算しなさい.

解　$\begin{pmatrix} 4 & 0 \\ 0 & 12 \end{pmatrix}$

次に，A のべき乗を考えてみよう．A の 2 乗は，$A^2 = A\,A$ である．

例題 3.9

行列 $A = \begin{pmatrix} 1 & 2 \\ 3 & 4 \end{pmatrix}$ について，次を計算しなさい．

(1) A^2　　(2) $A^2\,A$　　(3) $A\,A^2$

(解)

(1) $A^2 = A\,A = \begin{pmatrix} 1 & 2 \\ 3 & 4 \end{pmatrix}\begin{pmatrix} 1 & 2 \\ 3 & 4 \end{pmatrix} = \begin{pmatrix} 1+6 & 2+8 \\ 3+12 & 6+16 \end{pmatrix} = \begin{pmatrix} 7 & 10 \\ 15 & 22 \end{pmatrix}$

(2) $A^2\,A = \begin{pmatrix} 7 & 10 \\ 15 & 22 \end{pmatrix}\begin{pmatrix} 1 & 2 \\ 3 & 4 \end{pmatrix} = \begin{pmatrix} 7+30 & 14+40 \\ 15+66 & 30+88 \end{pmatrix} = \begin{pmatrix} 37 & 54 \\ 81 & 118 \end{pmatrix}$

(3) $A\,A^2 = \begin{pmatrix} 1 & 2 \\ 3 & 4 \end{pmatrix}\begin{pmatrix} 7 & 10 \\ 15 & 22 \end{pmatrix} = \begin{pmatrix} 7+30 & 10+44 \\ 21+60 & 30+88 \end{pmatrix} = \begin{pmatrix} 37 & 54 \\ 81 & 118 \end{pmatrix}$　(終)

この 例題 3.9 より，積 $A^2\,A$ と $A\,A^2$ が等しいことが分かる．そこで，

$$A^3 = A^2\,A = A\,A^2$$

である．一般に，行列の積については，次の性質が成立する．

《定理 30》 行列 A, B, C に対して，次の各積が計算できるとき，次の等式が成立する．

(1)　[結合律]　$(AB)C = A(BC)$

(2)　[分配律]　$A(B+C) = AB + AC$

(3)　[分配律]　$(B+C)A = BA + CA$

(4)　[零行列]　$AO = O, OB = O$

(5)　[単位行列]　$AE = A, EB = B$

(6)　[累乗]　$A^k = A^p A^q \quad (p+q=k), \quad (A^k)^m = A^{km}$

問 3.9.　行列 $A = \begin{pmatrix} 1 & 2 \\ -2 & 3 \end{pmatrix}, B = \begin{pmatrix} 3 & -1 \\ -1 & -2 \end{pmatrix}$ について，次の式を計算しなさい．

(1) A^2 (2) A^3 (3) $A^2+2AB+B^2$ (4) $(A+B)^2$

解 (1) $\begin{pmatrix} -3 & 8 \\ -8 & 5 \end{pmatrix}$ (2) $\begin{pmatrix} -19 & 18 \\ -18 & -1 \end{pmatrix}$ (3) $\begin{pmatrix} 9 & -3 \\ -27 & 2 \end{pmatrix}$ (4) $\begin{pmatrix} 13 & 5 \\ -15 & -2 \end{pmatrix}$

行列の積に関して，次を考えてみよう．

例題 3.10

行列 $A=\begin{pmatrix} 2 & -1 \\ 4 & -2 \end{pmatrix}, B=\begin{pmatrix} 1 & -1 \\ 2 & -2 \end{pmatrix}$ について，積 AB を計算しなさい．

（解）

$$AB=\begin{pmatrix} 2 & -1 \\ 4 & -2 \end{pmatrix}\begin{pmatrix} 1 & -1 \\ 2 & -2 \end{pmatrix}=\begin{pmatrix} 0 & 0 \\ 0 & 0 \end{pmatrix}=O$$

（終）

この例題 3.10 は，A も B も零行列 O ではないが，積 AB は零行列であることを示している．この場合，行列 A を B の（左）**零因子**，B を A の（右）**零因子**という．

問 3.10. 行列 $A=\begin{pmatrix} 1 & -1 \\ 3 & -3 \end{pmatrix}, B=\begin{pmatrix} 3 & -1 \\ 6 & -2 \end{pmatrix}$ について，積 AB，BA を計算し，A，B がそれぞれ零因子であるかどうか答えなさい．

解 $AB=\begin{pmatrix} -3 & 1 \\ -9 & 3 \end{pmatrix}$，$BA=\begin{pmatrix} 0 & 0 \\ 0 & 0 \end{pmatrix}$，$A$ は B の右零因子，B は A の左零因子

3.5 行列のブロック分割って？

行列 A に対し，A の成分をいくつかの行列にまとめてブロックに区切ることを A の**ブロック分割**という．例えば，次のようにブロック分割される．

例

$$A=\begin{pmatrix} 1 & 2 & 1 & 0 \\ 2 & 3 & 0 & 1 \\ 0 & 0 & 4 & 5 \\ 0 & 0 & 6 & 7 \end{pmatrix}=\left(\begin{array}{cc|cc} 1 & 2 & 1 & 0 \\ 2 & 3 & 0 & 1 \\ \hline 0 & 0 & 4 & 5 \\ 0 & 0 & 6 & 7 \end{array}\right)=\left(\begin{array}{c|c} A_1 & E \\ \hline O & A_2 \end{array}\right)$$

行列のブロック分割は、行だけでの分割、列だけでの分割も考えることができる．

一般に，行列のブロック分割について，次の性質が成立する．

《定理 31》 行列のブロック分割 $A = \begin{pmatrix} A_1 & A_2 \\ A_3 & A_4 \end{pmatrix}, B = \begin{pmatrix} B_1 & B_2 \\ B_3 & B_4 \end{pmatrix}$ に対して，計算ができるとき，次の等式が成立する．ただし，α, β は実数．

(1) ${}^t\!A = \begin{pmatrix} {}^t\!A_1 & {}^t\!A_3 \\ {}^t\!A_2 & {}^t\!A_4 \end{pmatrix}$

(2) $\alpha A + \beta B = \begin{pmatrix} \alpha A_1 + \beta B_1 & \alpha A_2 + \beta B_2 \\ \alpha A_3 + \beta B_3 & \alpha A_4 + \beta B_4 \end{pmatrix}$

(3) $AB = \begin{pmatrix} A_1 & A_2 \\ A_3 & A_4 \end{pmatrix} \begin{pmatrix} B_1 & B_2 \\ B_3 & B_4 \end{pmatrix} = \begin{pmatrix} A_1B_1 + A_2B_3 & A_1B_2 + A_2B_4 \\ A_3B_1 + A_4B_3 & A_3B_2 + A_4B_4 \end{pmatrix}$

例題 3.11

行列 $A = \begin{pmatrix} 1 & 0 & 2 & 3 \\ 0 & 1 & 4 & 5 \\ 0 & 0 & 1 & 0 \\ 0 & 0 & 0 & 1 \end{pmatrix}$ に対し，$A^n \ (n \in \mathbb{N})$ を類推しなさい．

（解） 行列 A を次のようにブロック分割する．

$$A = \left(\begin{array}{cc|cc} 1 & 0 & 2 & 3 \\ 0 & 1 & 4 & 5 \\ \hline 0 & 0 & 1 & 0 \\ 0 & 0 & 0 & 1 \end{array}\right) = \left(\begin{array}{c|c} E & B \\ \hline O & E \end{array}\right)$$

このとき，

$$A^2 = \begin{pmatrix} E & B \\ O & E \end{pmatrix}\begin{pmatrix} E & B \\ O & E \end{pmatrix} = \begin{pmatrix} E & 2B \\ O & E \end{pmatrix}$$

$$A^3 = A^2 A = \begin{pmatrix} E & 2B \\ O & E \end{pmatrix}\begin{pmatrix} E & B \\ O & E \end{pmatrix} = \begin{pmatrix} E & 3B \\ O & E \end{pmatrix}$$

したがって，次のように類推される．

$$A^n = \begin{pmatrix} E & nB \\ O & E \end{pmatrix} = \begin{pmatrix} 1 & 0 & 2n & 3n \\ 0 & 1 & 4n & 5n \\ 0 & 0 & 1 & 0 \\ 0 & 0 & 0 & 1 \end{pmatrix}$$

（終）

問 3.11.　行列 $A = \begin{pmatrix} 1 & 0 & 0 & 0 \\ 0 & 1 & 0 & 0 \\ 3 & 4 & 1 & 0 \\ 5 & 6 & 0 & 1 \end{pmatrix}$ に対し，A^n $(n = 1, 2, 3, \ldots)$ を類推しなさい．

解　$\begin{pmatrix} 1 & 0 & 0 & 0 \\ 0 & 1 & 0 & 0 \\ 3n & 4n & 1 & 0 \\ 5n & 6n & 0 & 1 \end{pmatrix}$

3.6　逆行列ってどんな行列？

実数 a に対し $ax = 1$ を満たす x を a の逆数といい，逆数が存在しない数も存在する．それは 0 である．これを行列の世界でも考えてみよう．

例題 3.12

正方行列 A に対し，

$$AX = E, \qquad YA = E \tag{3.1}$$

を満たす行列 X, Y が存在するならば，$X = Y$ が成立することを示しなさい．

（証）(3.1) より

$$X = EX = (YA)X = Y(AX) = YE = Y$$

（終）

例題 3.12 は，正方行列 A に右からかけて単位行列 E になる行列と左からかけて単位行列 E になる行列がともに存在すれば，その行列は同じ行列であることを示している．実際には、これらの存在性は、一方が存在すれば、もう一方の存在も示すことができる（後述、121 ページの例題 5.10 および 128 ページの定理 50 参照）．

【定義 32】 正方行列 A, 単位行列 E に対し，

$$AX = E, \quad XA = E \tag{3.2}$$

を満たす行列 X を A の**逆行列**といい，A^{-1} で表す．もちろん，逆行列が存在しない行列もある．例えば，零行列などである．行列 A の逆行列が存在するとき，A は**正則**であるという．また，このとき A を**正則行列** という．

例題 3.12 より，$AX = E$ であれば，$XA = E$ が成立する．すなわち，逆行列 A^{-1} が存在すれば，それはただ 1 つであり，A に右からかけても左からかけても単位行列 E になるのである．

逆行列について，次が成立する．

> 《**定理 33**》 正方行列 A, B が正則行列であるとき，次の等式が成立する．
>
> (1) $A\,A^{-1} = A^{-1}\,A = E$
>
> (2) $(A^{-1})^{-1} = A$
>
> (3) $({}^t\!A)^{-1} = {}^t(A^{-1})$
>
> (4) $(AB)^{-1} = B^{-1}A^{-1}$

証明

(1) 例題 3.12 よりわかる．

(2) (1) の $A^{-1}\,A = E$ より，A は，A^{-1} にかけて E になるので A^{-1} の逆行列である．つまり，$(A^{-1})^{-1} = A$ である．

(3) (1) の $A^{-1}\,A = E$ の両辺の転置行列を考えると，70 ページの定理 28 (4) より，

$$
{}^t(A^{-1}\,A) = {}^t\!E \quad \text{だから} \quad {}^t\!A\,{}^t(A^{-1}) = E
$$

が成立する．これより，${}^t\!A$ に ${}^t(A^{-1})$ をかけて E になるので，${}^t(A^{-1})$ は ${}^t\!A$ の逆行列である．つまり，$({}^t\!A)^{-1} = {}^t(A^{-1})$ である．

(4) $(AB)(B^{-1}A^{-1}) = A(B\,B^{-1})A^{-1} = A(E)A^{-1} = A\,A^{-1} = E$ が成立する．これより，AB に $B^{-1}A^{-1}$ をかけて E になるので，$B^{-1}A^{-1}$ は AB の逆行列である．つまり，$(AB)^{-1} = B^{-1}A^{-1}$ である．

□

> 《**定理 34**》零行列でない正方行列に対し，零因子が存在するならば，正則でない．

証明 零行列でない正方行列 A, B に対し，

$$
AB = O \quad \cdots ①
$$

が成立するとする．

もし A が正則ならば，A^{-1} を ① の両辺に左からかけて，

$$
A^{-1}AB = A^{-1}O, \quad B = O
$$

となり，B が零行列でないことに矛盾する．したがって，A は正則でない．

もし B が正則ならば, B^{-1} を ① の両辺に右からかけて,

$$ABB^{-1} = OB^{-1}, \quad A = O$$

となり, A が零行列でないことに矛盾する．したがって，B は正則でない． □

さて，2 次正方行列 $A = \begin{pmatrix} a & b \\ c & d \end{pmatrix}$ の逆行列を求めてみよう．$X = \begin{pmatrix} x & y \\ z & w \end{pmatrix}$ とすると，(3.2) $AX = E$ より

$$\begin{pmatrix} a & b \\ c & d \end{pmatrix}\begin{pmatrix} x & y \\ z & w \end{pmatrix} = \begin{pmatrix} 1 & 0 \\ 0 & 1 \end{pmatrix}$$
$$\begin{pmatrix} ax+bz & ay+bw \\ cx+dz & cy+dw \end{pmatrix} = \begin{pmatrix} 1 & 0 \\ 0 & 1 \end{pmatrix}$$

だから，4 元連立 1 次方程式

$$\begin{cases} ax+bz=1 & \cdots ① \\ cx+dz=0 & \cdots ② \\ ay+bw=0 & \cdots ③ \\ cy+dw=1 & \cdots ④ \end{cases}$$

が得られる．実は，①, ② と ③, ④ の 2 組の 2 元連立 1 次方程式に分けられる．

①$\times d -$ ②$\times b$ より

$$(ad-bc)x = d \quad \cdots ⑤$$

が得られるので，場合分けすると，

(i) $ad-bc \neq 0$ のとき，⑤ より，$x = \dfrac{d}{ad-bc}$

(ii) $ad-bc = 0$ のとき，⑤ より，$0 = d$

①$\times (-c) +$ ②$\times a$ より

$$(ad-bc)z = -c \quad \cdots ⑥$$

が得られるので，場合分けすると，

(i) $ad-bc \neq 0$ のとき，⑥ より，$z = \dfrac{-c}{ad-bc}$

(ii) $ad-bc = 0$ のとき，⑥ より，$0 = c$

③, ④ より同様にすると，

(i) $ad-bc \neq 0$ のとき，$y = \dfrac{-b}{ad-bc}, w = \dfrac{a}{ad-bc}$

(ii) $ad-bc=0$ のとき，$a=0, b=0$

が得られる．

以上より，次が成立することがわかる．

《**定理 35**》 2次正方行列 $A=\begin{pmatrix} a & b \\ c & d \end{pmatrix}$ において，

(i) $ad-bc \neq 0$ のとき，A は正則で，逆行列 A^{-1} は，

$$A^{-1}=\begin{pmatrix} a & b \\ c & d \end{pmatrix}^{-1}=\frac{1}{ad-bc}\begin{pmatrix} d & -b \\ -c & a \end{pmatrix} \tag{3.3}$$

(ii) $ad-bc=0$ のとき，A は正則でない．

例題 3.13

行列 $A=\begin{pmatrix} 1 & -2 \\ 3 & -1 \end{pmatrix}$, $B=\begin{pmatrix} 3 & -4 \end{pmatrix}$, $C=\begin{pmatrix} -2 \\ 1 \end{pmatrix}$ について，次の問いに答えなさい．

(1) A は正則かどうか調べ，正則なら逆行列 A^{-1} を求めなさい．

(2) $XA=B \cdots$ ① を満たす行列 X を求めなさい．

(3) $AY=C \cdots$ ② を満たす行列 Y を求めなさい．

（解）

(1) 定理35より $ad-bc=1\times(-1)-(-2)\times 3=5\neq 0$ だから A は正則であり，

$$A^{-1}=\frac{1}{5}\begin{pmatrix} -1 & 2 \\ -3 & 1 \end{pmatrix}=\begin{pmatrix} -\frac{1}{5} & \frac{2}{5} \\ -\frac{3}{5} & \frac{1}{5} \end{pmatrix}$$

(2) ① の両辺に A^{-1} を右から掛けると，$XAA^{-1}=BA^{-1}$ であり，$AA^{-1}=E$ だから (1) より

$$X=\begin{pmatrix} 3 & -4 \end{pmatrix}\left\{\frac{1}{5}\begin{pmatrix} -1 & 2 \\ -3 & 1 \end{pmatrix}\right\}=\frac{1}{5}\begin{pmatrix} 3 & -4 \end{pmatrix}\begin{pmatrix} -1 & 2 \\ -3 & 1 \end{pmatrix}=\begin{pmatrix} \frac{9}{5} & \frac{2}{5} \end{pmatrix}$$

(3) ② の両辺に A^{-1} を左から掛けると，$A^{-1}AY=A^{-1}C$ であり，$A^{-1}A=E$ だか

ら (1) より

$$Y = \left\{ \frac{1}{5} \begin{pmatrix} -1 & 2 \\ -3 & 1 \end{pmatrix} \right\} \begin{pmatrix} -2 \\ 1 \end{pmatrix} = \frac{1}{5} \begin{pmatrix} -1 & 2 \\ -3 & 1 \end{pmatrix} \begin{pmatrix} -2 \\ 1 \end{pmatrix} = \begin{pmatrix} \frac{4}{5} \\ \frac{7}{5} \end{pmatrix}$$

（終）

問 3.12.　行列 $A = \begin{pmatrix} 4 & -2 \\ 3 & -1 \end{pmatrix}$, $B = \begin{pmatrix} 3 & -5 \end{pmatrix}$, $C = \begin{pmatrix} 2 \\ -3 \end{pmatrix}$ について，次の問いに答えなさい．

(1) A は正則かどうか調べ，正則なら逆行列 A^{-1} を求めなさい．

(2) $XA = B \cdots$ ① を満たす行列 X を求めなさい．

(3) $AY = C \cdots$ ② を満たす行列 Y を求めなさい．

解　(1) A は正則で，$A^{-1} = \begin{pmatrix} -\frac{1}{2} & 1 \\ -\frac{3}{2} & 2 \end{pmatrix}$　(2) $X = \begin{pmatrix} 6 & -7 \end{pmatrix}$　(3) $Y = \begin{pmatrix} -4 \\ -9 \end{pmatrix}$

問 3.13.　$A = \begin{pmatrix} 4 & 2 \\ 2 & 4 \end{pmatrix}$, $P = \frac{1}{\sqrt{2}} \begin{pmatrix} 1 & 1 \\ -1 & 1 \end{pmatrix}$ のとき，次の問いに答えなさい．

(1) P^{-1} を求めなさい．

(2) $P^{-1}AP$ を求めなさい．

解　(1) $P^{-1} = \frac{1}{\sqrt{2}} \begin{pmatrix} 1 & -1 \\ 1 & 1 \end{pmatrix}$ (2) $\begin{pmatrix} 2 & 0 \\ 0 & 6 \end{pmatrix}$

3.7　1 次変換ってなんだ？

座標平面 $\mathbb{R}^2$ の点 $\mathrm{P}(x, y)$ を座標平面 $\mathbb{R}^2$ の点 $\mathrm{P}'(x', y')$ に対応させる写像 $f : \mathbb{R}^2 \to \mathbb{R}^2$ について考える．このとき $\mathrm{P}'(x', y')$ を f による $\mathrm{P}(x, y)$ の**像**といい，$\mathrm{P}(x, y)$ を f による $\mathrm{P}'(x', y')$ の**原像**という．$f : \mathbb{R}^2 \to \mathbb{R}^2$ のように，像が定義域と同じ集合に含まれる写像は，**変換**と呼ばれる．ここでは，座標平面 $\mathbb{R}^2$ の変換について考えよう．

《 **座標平面 $\mathbb{R}^2$ の変換の例**》

(1) $\begin{cases} x' = 2x^2 - y^3 \\ y' = 3x^3 - 5y + 1 \end{cases}$　(2) $\begin{cases} x' = 2x + 3y - 1 \\ y' = 4x + 5y + 3 \end{cases}$　(3) $\begin{cases} x' = 2x + 3y \\ y' = 4x + 5y \end{cases}$

上記の例のように，座標平面 $\mathbb{R}^2$ の変換は，(x', y') が (x, y) の式で表される．特に，例 (3) は，(x', y') が (x, y) の 1 次同次式で表されている．このように，1 次同次式で表さ

れる変換を**1次変換**という．また，上記の例 (3) は行列を用いると

$$\begin{pmatrix} x' \\ y' \end{pmatrix} = \begin{pmatrix} 2 & 3 \\ 4 & 5 \end{pmatrix} \begin{pmatrix} x \\ y \end{pmatrix}$$

と表される．実際，座標平面 $\mathbb{R}^2$ の1次変換 f は2次正方行列 A を用いて

$$f : \begin{pmatrix} x' \\ y' \end{pmatrix} = A \begin{pmatrix} x \\ y \end{pmatrix}$$

と表せる変換である．（実は，後述の 6.6 節で述べる**線形変換**と同じ概念である）この行列 A は，f **を表す行列**，一方，変換 f は，A **で定まる1次変換**と呼ばれる．

例題 3.14

次の座標平面 $\mathbb{R}^2$ の変換は1次変換か調べ，1次変換ならば，その1次変換を表す行列を求めなさい．

(1) x 軸に関する対称移動

(2) x 軸方向へ2，y 軸方向へ3だけ平行移動

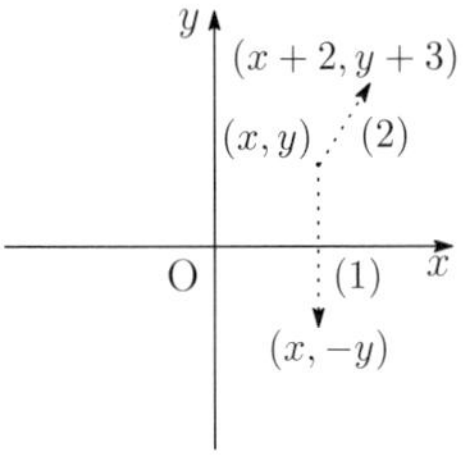

（解）(x, y) の変換による像を (x', y') とする．

(1) 条件より $\begin{cases} x' = x \\ y' = -y \end{cases}$ が成立するので，(x', y') が (x, y) の1次同次式で表されることがわかる．

よって，この変換は1次変換である．

このとき，この変換を表す行列は $\begin{pmatrix} 1 & 0 \\ 0 & -1 \end{pmatrix}$ である．

(2) 条件より $\begin{cases} x' = x + 2 \\ y' = y + 3 \end{cases}$ が成立するので，(x', y') が (x, y) の1次同次式で表されない．よって，この変換は1次変換でない．

（終）

問 3.14. 次の座標平面 $\mathbb{R}^2$ の変換は1次変換か調べ，1次変換ならば，その1次変換を表す行列を求めなさい．

(1) y 軸に関する対称移動　　(2) 原点 O に関する対称移動

解　(1) 1次変換で，表す行列は $\begin{pmatrix} -1 & 0 \\ 0 & 1 \end{pmatrix}$　(2) 1次変換で，表す行列は $\begin{pmatrix} -1 & 0 \\ 0 & -1 \end{pmatrix}$

1次変換 f の逆写像（逆変換と呼ぶ）について考えよう．1次変換 f は2次正方行列 A を用いて

$$f:\begin{pmatrix} x' \\ y' \end{pmatrix} = A\begin{pmatrix} x \\ y \end{pmatrix}$$

と表せる．このとき，行列 A が正則ならば，逆変換 f^{-1} が存在する．この場合，**逆変換 f^{-1} を表す行列は，逆行列 A^{-1}** である．すなわち，

$$f^{-1}:\begin{pmatrix} x \\ y \end{pmatrix} = A^{-1}\begin{pmatrix} x' \\ y' \end{pmatrix}$$

となる．

1次変換の合成について考えよう．$f:\mathbb{R}^2 \to \mathbb{R}^2$, $g:\mathbb{R}^2 \to \mathbb{R}^2$ を1次変換とすると，2次正方行列 F，G が存在し，

$$\boldsymbol{x} = \begin{pmatrix} x \\ y \end{pmatrix} \text{ に対し} \qquad f(\boldsymbol{x}) = F\boldsymbol{x}, \quad g(\boldsymbol{x}) = G\boldsymbol{x}$$

と表せる．このとき，f と g の合成写像 $g \circ f$ は，

$$g \circ f(\boldsymbol{x}) = g(f(\boldsymbol{x})) = G(F\boldsymbol{x}) = GF\boldsymbol{x}$$

となるので，$g \circ f:\mathbb{R}^2 \to \mathbb{R}^2$ **は，2つの行列の積 GF で定まる1次変換** であることがわかる．

例題 3.15

$\mathbb{R}^2$ から $\mathbb{R}^2$ への2つの1次変換 $f:\begin{cases} x' = 2x - y \\ y' = 3x - 5y \end{cases}$, $g:\begin{cases} x' = 4x \\ y' = 3x + y \end{cases}$ について，次の問いに答えなさい．

(1) 合成変換 $g \circ f$ を求めなさい．
(2) 合成変換 $f \circ g$ を求めなさい．
(3) f の逆変換 f^{-1} が存在すれば，f^{-1} を求めなさい．

（解）行列を用いて表すと，

$$f:\begin{pmatrix} x' \\ y' \end{pmatrix} = \begin{pmatrix} 2 & -1 \\ 3 & -5 \end{pmatrix}\begin{pmatrix} x \\ y \end{pmatrix}, \quad g:\begin{pmatrix} x' \\ y' \end{pmatrix} = \begin{pmatrix} 4 & 0 \\ 3 & 1 \end{pmatrix}\begin{pmatrix} x \\ y \end{pmatrix}$$

である．

(1) 合成変換 $g \circ f$ は，

$$g \circ f:\begin{pmatrix} x' \\ y' \end{pmatrix} = \begin{pmatrix} 4 & 0 \\ 3 & 1 \end{pmatrix}\begin{pmatrix} 2 & -1 \\ 3 & -5 \end{pmatrix}\begin{pmatrix} x \\ y \end{pmatrix}$$

よって，
$$g \circ f:\begin{pmatrix} x' \\ y' \end{pmatrix} = \begin{pmatrix} 8 & -4 \\ 9 & -8 \end{pmatrix}\begin{pmatrix} x \\ y \end{pmatrix}$$

(2) 合成変換 $f \circ g$ は,

$$f \circ g : \begin{pmatrix} x' \\ y' \end{pmatrix} = \begin{pmatrix} 2 & -1 \\ 3 & -5 \end{pmatrix} \begin{pmatrix} 4 & 0 \\ 3 & 1 \end{pmatrix} \begin{pmatrix} x \\ y \end{pmatrix}$$

よって, $\quad f \circ g : \begin{pmatrix} x' \\ y' \end{pmatrix} = \begin{pmatrix} 5 & -1 \\ -3 & -5 \end{pmatrix} \begin{pmatrix} x \\ y \end{pmatrix}$

(3) f を表す行列 F は, $F = \begin{pmatrix} 2 & -1 \\ 3 & -5 \end{pmatrix}$ だから

$$ad - bc = 2 \times (-5) - (-1) \times 3 = -7 \neq 0.$$

したがって定理35より, F は正則であり, 逆行列 F^{-1} は

$$F^{-1} = \frac{1}{-7} \begin{pmatrix} -5 & 1 \\ -3 & 2 \end{pmatrix} = \begin{pmatrix} \frac{5}{7} & -\frac{1}{7} \\ \frac{3}{7} & -\frac{2}{7} \end{pmatrix}$$

よって, 逆変換 f^{-1} が存在し,

$$f^{-1} : \begin{pmatrix} x \\ y \end{pmatrix} = \begin{pmatrix} \frac{5}{7} & -\frac{1}{7} \\ \frac{3}{7} & -\frac{2}{7} \end{pmatrix} \begin{pmatrix} x' \\ y' \end{pmatrix}$$

(終)

問 3.15. $\mathbb{R}^2$ から $\mathbb{R}^2$ への2つの1次変換 $f : \begin{pmatrix} x' \\ y' \end{pmatrix} = \begin{pmatrix} x + 2y \\ 3x + 4y \end{pmatrix}$ $g : \begin{pmatrix} x' \\ y' \end{pmatrix} = \begin{pmatrix} 5x + 6y \\ 7x + 8y \end{pmatrix}$ について, 合成変換 $f \circ g$ と $g \circ f$, および逆変換 f^{-1} を求めなさい

解 $\quad f \circ g : \begin{pmatrix} x' \\ y' \end{pmatrix} = \begin{pmatrix} 19x + 22y \\ 43x + 50y \end{pmatrix}$, $\ g \circ f : \begin{pmatrix} x' \\ y' \end{pmatrix} = \begin{pmatrix} 23x + 34y \\ 31x + 46y \end{pmatrix}$

$f^{-1} : \begin{pmatrix} x \\ y \end{pmatrix} = \begin{pmatrix} -2x' + y' \\ \frac{3}{2}x' - \frac{1}{2}y' \end{pmatrix}$

例題 3.16

点 P(1, 2) を点 P′(4, 5) に写し, 点 Q(−3, 1) を点 Q′(−5, 6) に写す座標平面 $\mathbb{R}^2$ の1次変換 f を求めなさい。

(解) 求める1次変換 f を表す行列を A とすると,

$$\begin{pmatrix} x' \\ y' \end{pmatrix} = A \begin{pmatrix} x \\ y \end{pmatrix} \quad \cdots ①$$

と表せる．条件より

$$\begin{pmatrix} 4 \\ 5 \end{pmatrix} = A\begin{pmatrix} 1 \\ 2 \end{pmatrix}, \qquad \begin{pmatrix} -5 \\ 6 \end{pmatrix} = A\begin{pmatrix} -3 \\ 1 \end{pmatrix}$$

が成立する．これらをまとめて，

$$\begin{pmatrix} 4 & -5 \\ 5 & 6 \end{pmatrix} = A\begin{pmatrix} 1 & -3 \\ 2 & 1 \end{pmatrix} \cdots ②$$

と表せる．ここで $\begin{pmatrix} 1 & -3 \\ 2 & 1 \end{pmatrix}^{-1}$ を求めると，定理35より，

$$\begin{pmatrix} 1 & -3 \\ 2 & 1 \end{pmatrix}^{-1} = \frac{1}{7}\begin{pmatrix} 1 & 3 \\ -2 & 1 \end{pmatrix}$$

これを ② の両辺に右からかけて，

$$\begin{aligned} A &= \begin{pmatrix} 4 & -5 \\ 5 & 6 \end{pmatrix}\begin{pmatrix} 1 & -3 \\ 2 & 1 \end{pmatrix}^{-1} \\ &= \frac{1}{7}\begin{pmatrix} 4 & -5 \\ 5 & 6 \end{pmatrix}\begin{pmatrix} 1 & 3 \\ -2 & 1 \end{pmatrix} = \begin{pmatrix} 2 & 1 \\ -1 & 3 \end{pmatrix} \end{aligned}$$

よって，① より

$$f : \begin{pmatrix} x' \\ y' \end{pmatrix} = \begin{pmatrix} 2 & 1 \\ -1 & 3 \end{pmatrix}\begin{pmatrix} x \\ y \end{pmatrix}$$

（終）

第4章　連立1次方程式

4.1　連立1次方程式を行列で表すと？

ここでは，連立1次方程式について考えてみよう．$x_1, x_2, \ldots, x_n$ を未知数とする連立1次方程式

$$\begin{cases} a_{11}x_1 + a_{12}x_2 + \cdots + a_{1n}x_n = b_1 \\ a_{21}x_1 + a_{22}x_2 + \cdots + a_{2n}x_n = b_2 \\ \cdots\cdots\cdots\cdots\cdots\cdots\cdots \\ a_{m1}x_1 + a_{m2}x_2 + \cdots + a_{mn}x_n = b_m \end{cases}$$

を列ベクトルで表すと，

$$\begin{pmatrix} a_{11}x_1 + a_{12}x_2 + \cdots + a_{1n}x_n \\ a_{21}x_1 + a_{22}x_2 + \cdots + a_{2n}x_n \\ \cdots\cdots\cdots\cdots\cdots\cdots\cdots \\ a_{m1}x_1 + a_{m2}x_2 + \cdots + a_{mn}x_n \end{pmatrix} = \begin{pmatrix} b_1 \\ b_2 \\ \vdots \\ b_m \end{pmatrix}$$

だから，左辺が2つの行列の積になることに気付けば，行列を用いて次のように表すことができる．

$$\begin{pmatrix} a_{11} & a_{12} & \cdots & a_{1n} \\ a_{21} & a_{22} & \cdots & a_{2n} \\ \vdots & \vdots & & \vdots \\ a_{m1} & a_{m2} & \cdots & a_{mn} \end{pmatrix} \begin{pmatrix} x_1 \\ x_2 \\ \vdots \\ x_n \end{pmatrix} = \begin{pmatrix} b_1 \\ b_2 \\ \vdots \\ b_m \end{pmatrix}$$

このとき，

$$A = \begin{pmatrix} a_{11} & a_{12} & \cdots & a_{1n} \\ a_{21} & a_{22} & \cdots & a_{2n} \\ \vdots & \vdots & & \vdots \\ a_{m1} & a_{m2} & \cdots & a_{mn} \end{pmatrix}, \quad \boldsymbol{x} = \begin{pmatrix} x_1 \\ x_2 \\ \vdots \\ x_n \end{pmatrix}, \quad \boldsymbol{b} = \begin{pmatrix} b_1 \\ b_2 \\ \vdots \\ b_m \end{pmatrix}$$

とおくと，連立1次方程式は，単に

$$A\boldsymbol{x} = \boldsymbol{b}$$

と表すことができる．この連立1次方程式の係数で作られた行列

$$A = \begin{pmatrix} a_{11} & a_{12} & \cdots & a_{1n} \\ a_{21} & a_{22} & \cdots & a_{2n} \\ \vdots & \vdots & & \vdots \\ a_{m1} & a_{m2} & \cdots & a_{mn} \end{pmatrix}$$

を**係数行列**といい，さらに，右辺の定数項を加えた行列

$$B = \left(\begin{array}{cccc|c} a_{11} & a_{12} & \cdots & a_{1n} & b_1 \\ a_{21} & a_{22} & \cdots & a_{2n} & b_2 \\ \vdots & \vdots & & \vdots & \vdots \\ a_{m1} & a_{m2} & \cdots & a_{mn} & b_m \end{array}\right)$$

を，**拡大係数行列**という．この拡大係数行列の中の縦線は，見やすくするように便宜上描いているので，省略しても良い．

例題 4.1

連立 1 次方程式 $\begin{cases} x - 2y + z = 0 \\ 2x - y - z = -3 \\ x \quad\quad - 3z = -8 \end{cases}$ について，次の問いに答えなさい．

(1) 行列を用いて表しなさい．

(2) 係数行列と拡大係数行列を求めなさい．

（解）

(1) 連立 1 次方程式を行列で表すと，

$$\begin{pmatrix} 1 & -2 & 1 \\ 2 & -1 & -1 \\ 1 & 0 & -3 \end{pmatrix} \begin{pmatrix} x \\ y \\ z \end{pmatrix} = \begin{pmatrix} 0 \\ -3 \\ -8 \end{pmatrix}$$

(2) 係数行列は，$\begin{pmatrix} 1 & -2 & 1 \\ 2 & -1 & -1 \\ 1 & 0 & -3 \end{pmatrix}$ 拡大係数行列は，$\left(\begin{array}{ccc|c} 1 & -2 & 1 & 0 \\ 2 & -1 & -1 & -3 \\ 1 & 0 & -3 & -8 \end{array}\right)$ （終）

問 4.1. 連立 1 次方程式 $\begin{cases} x + 2y - 3z = 4 \\ x + 4y - z = 10 \\ 3x + 8y - 6z = 19 \end{cases}$ について，次の問いに答えなさい．

(1) 行列を用いて表しなさい．

(2) 係数行列と拡大係数行列を求めなさい．

解 (1) $\begin{pmatrix} 1 & 2 & -3 \\ 1 & 4 & -1 \\ 3 & 8 & -6 \end{pmatrix} \begin{pmatrix} x \\ y \\ z \end{pmatrix} = \begin{pmatrix} 4 \\ 10 \\ 19 \end{pmatrix}$

(2) 係数行列は $\begin{pmatrix} 1 & 2 & -3 \\ 1 & 4 & -1 \\ 3 & 8 & -6 \end{pmatrix}$，拡大係数行列は $\left(\begin{array}{ccc|c} 1 & 2 & -3 & 4 \\ 1 & 4 & -1 & 10 \\ 3 & 8 & -6 & 19 \end{array}\right)$

4.2　連立1次方程式を解く手段の掃き出し法って？

ここでは，連立1次方程式を解く手段を考えてみよう．まず，連立1次方程式

$$\begin{cases} 3x - 2y = -7 & \cdots ① \\ x + y = 1 & \cdots ② \end{cases}$$

を，解いてみよう．御存じの通り，次のようにして解くことができる．

(1) ① と ② を入れ替える　$\begin{cases} x + y = 1 & \cdots ③ \\ 3x - 2y = -7 & \cdots ④ \end{cases}$

(2) ④+③ $\times (-3) =$ ⑥　$\begin{cases} x + y = 1 & \cdots ⑤ \\ -5y = -10 & \cdots ⑥ \end{cases}$

(3) ⑥$\times(-1/5) =$ ⑧　$\begin{cases} x + y = 1 & \cdots ⑦ \\ y = 2 & \cdots ⑧ \end{cases}$

(4) ⑦+⑧ $\times (-1) =$ ⑨　$\begin{cases} x = -1 & \cdots ⑨ \\ y = 2 & \cdots ⑩ \end{cases}$

今行った連立1次方程式の解法は，次の3つの変形を使っている．

> **連立1次方程式の基本変形**
>
> Ⅰ. 2つの式を入れ替える　$\cdots$ (1) で適用
> Ⅱ. 1つの式に0でない数をかける　$\cdots$ (3) で適用
> Ⅲ. 1つの式に他の式の何倍かを加える　$\cdots$ (2), (4) で適用

この基本変形だけを用いた解法では，変形した (1)〜(4) の連立1次方程式はすべて同等である．そのためこの変形を逆にたどっていける（可逆的という）ので，$x = -1, y = 2$ が解であり，それ以外に解がないことが分かる．このように，基本変形で連立1次方程式を解く方法を**掃き出し法**（または **Gauss**（ガウス）**の消去法**）という． ここでもう1度，先ほどの例の連立1次方程式を解く過程を拡大係数行列と対応させて見てみよう．

$$\begin{cases} 3x - 2y = -7 & \cdots ① \\ x + y = 1 & \cdots ② \end{cases} \qquad \left(\begin{array}{cc|c} 3 & -2 & -7 \\ 1 & 1 & 1 \end{array}\right)$$

(1) ① と ② を入れ替える

$$\begin{cases} x + y = 1 & \cdots ③ = ② \\ 3x - 2y = -7 & \cdots ④ = ① \end{cases} \qquad \left(\begin{array}{cc|c} 1 & 1 & 1 \\ 3 & -2 & -7 \end{array}\right)$$

(2) ④+③ $\times (-3) =$ ⑥

$$\begin{cases} x + y = 1 & \cdots ⑤ = ③ \\ -5y = -10 & \cdots ⑥ = ④ + ③ \times (-3) \end{cases} \qquad \left(\begin{array}{cc|c} 1 & 1 & 1 \\ 0 & -5 & -10 \end{array}\right)$$

(3) ⑥×(−1/5) = ⑧

$$\begin{cases} x + y = 1 & \cdots ⑦ = ⑤ \\ \quad\ \ y = 2 & \cdots ⑧ = ⑥ \times (-1/5) \end{cases} \qquad \left(\begin{array}{cc|c} 1 & 1 & 1 \\ 0 & 1 & 2 \end{array}\right)$$

(4) ⑦+⑧ × (−1) = ⑨

$$\begin{cases} x \qquad = -1 & \cdots ⑨ = ⑦ + ⑧ \times (-1) \\ \quad\ \ y = 2 & \cdots ⑩ = ⑧ \end{cases} \qquad \left(\begin{array}{cc|c} 1 & 0 & -1 \\ 0 & 1 & 2 \end{array}\right)$$

右側にある行列としての変形は，連立1次方程式の基本変形と対応している．このように，**掃き出し法は，拡大係数行列を次の行基本変形を用いて変形させて，連立1次方程式の解を求める**ことができる．

行列の行基本変形

Ⅰ. 2つの行を入れ替える．
Ⅱ. 1つの行に0でない数をかける．
Ⅲ. 1つの行に他の行の何倍かを加える．

例題 4.2

連立1次方程式 $\begin{cases} 2x - y - z = -3 \\ x - 2y + z = 0 \\ x \qquad - 3z = -8 \end{cases}$ を，掃き出し法を用いて解きなさい．

（解）拡大係数行列を行基本変形を用いて変形する．

$$\left(\begin{array}{ccc|c} 2 & -1 & -1 & -3 \\ 1 & -2 & 1 & 0 \\ 1 & 0 & -3 & -8 \end{array}\right) \longrightarrow \begin{array}{c} ③ \\ \\ ① \end{array} \left(\begin{array}{ccc|c} 1 & 0 & -3 & -8 \\ 1 & -2 & 1 & 0 \\ 2 & -1 & -1 & -3 \end{array}\right)$$

$$\longrightarrow \begin{array}{c} \\ ② + ① \times (-1) \\ ③ + ① \times (-2) \end{array} \left(\begin{array}{ccc|c} 1 & 0 & -3 & -8 \\ 0 & -2 & 4 & 8 \\ 0 & -1 & 5 & 13 \end{array}\right) \longrightarrow ② \times (-1/2) \left(\begin{array}{ccc|c} 1 & 0 & -3 & -8 \\ 0 & 1 & -2 & -4 \\ 0 & -1 & 5 & 13 \end{array}\right)$$

$$\longrightarrow \begin{array}{c} \\ \\ ③ + ② \end{array} \left(\begin{array}{ccc|c} 1 & 0 & -3 & -8 \\ 0 & 1 & -2 & -4 \\ 0 & 0 & 3 & 9 \end{array}\right) \longrightarrow \begin{array}{c} \\ \\ ③ \times 1/3 \end{array} \left(\begin{array}{ccc|c} 1 & 0 & -3 & -8 \\ 0 & 1 & -2 & -4 \\ 0 & 0 & 1 & 3 \end{array}\right)$$

$$\longrightarrow \begin{array}{c} ① + ③ \times 3 \\ ② + ③ \times 2 \\ \\ \end{array} \left(\begin{array}{ccc|c} 1 & 0 & 0 & 1 \\ 0 & 1 & 0 & 2 \\ 0 & 0 & 1 & 3 \end{array}\right)$$

したがって，連立1次方程式の解 $\begin{cases} x = 1 \\ y = 2 \\ z = 3 \end{cases}$ を得る．

（終）

問 4.2． 次の連立 1 次方程式を掃き出し法で解きなさい．

(1) $\begin{cases} 2x - y = -7 \\ x - 2y = -5 \end{cases}$　　(2) $\begin{cases} 2x - y = 3 \\ 3x - 2y = 4 \end{cases}$

(3) $\begin{cases} x + 2y - 3z = 4 \\ x + 4y - z = 10 \\ 3x + 8y - 6z = 19 \end{cases}$　　(4) $\begin{cases} 2x + y + z = 3 \\ x + 2y + 4z = -1 \\ x - 3z = 7 \end{cases}$

解　(1) $x = -3, y = 1$　(2) $x = 2, y = 1$ (3) $x = 3, y = 2, z = 1$　(4) $x = 1, y = 3, z = -2$

4.3　簡約な行列ってどんな行列？

4.2 節で述べたように，掃き出し法は，連立 1 次方程式の拡大係数行列を変形することで解を求めることであるということができる．このとき，最後の変形で係数行列は単位行列になっていることに気付くだろう．では，単位行列に変形できないときはどのような行列に変形すればよいのだろうか？ここでは，単位行列に似た行列，簡約な行列について学び，それを掃き出し法で活用する．

行列を行ベクトルだけでブロック分割したとき, 零ベクトルでない行の 0 でない一番左の成分をその**行の主成分**と呼ぶことにする．

簡約な行列

次の性質をみたす行列を，**簡約な行列** と呼ぶ．

Ⅰ. 行ベクトルのうちに零ベクトル（0 だけの行）があれば，それは零ベクトルでないものよりも下にある．

Ⅱ. 零ベクトルでない行ベクトルの主成分は 1 である．

Ⅲ. 各行の主成分は，下の行ほど右にある．

Ⅳ. 各行の主成分を含む列の他の成分は全て 0 である．

簡約な行列の例

$$\begin{pmatrix} 1 & 0 & 0 \\ 0 & 1 & 0 \\ 0 & 0 & 1 \end{pmatrix}, \begin{pmatrix} 0 & 1 & 3 & 0 & -2 \\ 0 & 0 & 0 & 1 & 5 \\ 0 & 0 & 0 & 0 & 0 \end{pmatrix}, \begin{pmatrix} 1 & -6 & 4 & 0 & 0 & -3 \\ 0 & 0 & 0 & 1 & 0 & 2 \\ 0 & 0 & 0 & 0 & 1 & -5 \end{pmatrix}, \begin{pmatrix} 1 & 0 & 1 & 0 & 0 \\ 0 & 1 & 1 & 0 & 0 \\ 0 & 0 & 0 & 0 & 1 \\ 0 & 0 & 0 & 0 & 0 \end{pmatrix}, \ldots$$

行列 A に基本変形をくり返すと，簡約な行列 B を得ることができるとき，行列 B を行列 A の簡約化と呼ぶ．簡約化については次の定理が成立する．

> **《定理 36》** 任意の行列は，基本変形をくり返すことにより簡約化でき，その簡約化はただ1通りである．

行列 A の簡約化行列の零ベクトルではない行の数を行列 A の**階数 (rank)** といい，$\mathrm{rank}(A)$ で表す．簡約な行列の定義の Ⅲ より，簡約化された行列においては，主成分を含む行に対して，その行の主成分を含む列がただ1つ対応する．よって，A の簡約化を B とするとき，次が成立する．

$$
\begin{aligned}
\mathrm{rank}(A) &= (\ B\text{ の零ベクトルでない行ベクトルの数 }) \\
&= (\ B\text{ の行の主成分を含む行の数 }) \\
&= (\ B\text{ の行の主成分を含む列の数 })
\end{aligned}
$$

例題 4.3

次の行列は，簡約かどうか調べなさい．また，簡約でなければ，簡約化しなさい．さらに，階数を求めなさい．

(1) $\begin{pmatrix} 7 & -1 & 3 & 0 & -2 \\ 0 & 0 & 0 & 1 & 5 \\ 0 & 0 & 0 & 0 & 0 \end{pmatrix}$　　(2) $\begin{pmatrix} 0 & 1 & 5 & 0 & -3 \\ 0 & 0 & 0 & 0 & 0 \\ 0 & 0 & 0 & 1 & 0 \end{pmatrix}$

(3) $\begin{pmatrix} 1 & 0 & 2 & 0 & 0 & 0 \\ 0 & 1 & 1 & 0 & 0 & 0 \\ 0 & 0 & 0 & 1 & 0 & 5 \\ 0 & 0 & 0 & 0 & 1 & 3 \end{pmatrix}$　　(4) $\begin{pmatrix} 0 & 1 & 2 & 0 \\ 0 & 0 & 1 & 1 \\ 0 & 0 & 1 & -1 \\ 1 & 0 & 0 & 0 \end{pmatrix}$

（解）

(1) 条件 Ⅱ を満たさないので，簡約ではない．

$$\begin{pmatrix} 7 & -1 & 3 & 0 & -2 \\ 0 & 0 & 0 & 1 & 5 \\ 0 & 0 & 0 & 0 & 0 \end{pmatrix} \longrightarrow \text{①} \times (1/7) \quad \begin{pmatrix} 1 & -1/7 & 3/7 & 0 & -2/7 \\ 0 & 0 & 0 & 1 & 5 \\ 0 & 0 & 0 & 0 & 0 \end{pmatrix}$$

これは簡約．階数は 2.

(2) 条件 Ⅰ を満たさないので，簡約ではない．

$$\begin{pmatrix} 0 & 1 & 5 & 0 & -3 \\ 0 & 0 & 0 & 0 & 0 \\ 0 & 0 & 0 & 1 & 0 \end{pmatrix} \longrightarrow \begin{matrix} \\ \text{③} \\ \text{②} \end{matrix} \begin{pmatrix} 0 & 1 & 5 & 0 & -3 \\ 0 & 0 & 0 & 1 & 0 \\ 0 & 0 & 0 & 0 & 0 \end{pmatrix}$$

これは簡約．階数は 2.

(3) 条件 Ⅰ ～ Ⅳ を全て満たしているので，簡約である．階数は 4.

(4) 条件 Ⅲ，Ⅳ を満たさないので，簡約ではない．

$$
\begin{pmatrix} 0 & 1 & 2 & 0 \\ 0 & 0 & 1 & 1 \\ 0 & 0 & 1 & -1 \\ 1 & 0 & 0 & 0 \end{pmatrix}
\rightarrow
\begin{array}{c} \textcircled{4} \\ \textcircled{1} \\ \textcircled{2} \\ \textcircled{3} \end{array}
\begin{pmatrix} 1 & 0 & 0 & 0 \\ 0 & 1 & 2 & 0 \\ 0 & 0 & 1 & 1 \\ 0 & 0 & 1 & -1 \end{pmatrix}
\rightarrow
\begin{array}{c} \\ \textcircled{2} + \textcircled{3} \times (-2) \\ \\ \textcircled{4} + \textcircled{3} \times (-1) \end{array}
\begin{pmatrix} 1 & 0 & 0 & 0 \\ 0 & 1 & 0 & -2 \\ 0 & 0 & 1 & 1 \\ 0 & 0 & 0 & -2 \end{pmatrix}
$$

$$
\rightarrow
\begin{array}{c} \\ \\ \\ \textcircled{4} \times (-1/2) \end{array}
\begin{pmatrix} 1 & 0 & 0 & 0 \\ 0 & 1 & 0 & -2 \\ 0 & 0 & 1 & 1 \\ 0 & 0 & 0 & 1 \end{pmatrix}
\rightarrow
\begin{array}{c} \\ \textcircled{2} + \textcircled{4} \times 2 \\ \textcircled{3} + \textcircled{4} \times (-1) \\ \\ \end{array}
\begin{pmatrix} 1 & 0 & 0 & 0 \\ 0 & 1 & 0 & 0 \\ 0 & 0 & 1 & 0 \\ 0 & 0 & 0 & 1 \end{pmatrix}
$$

これは簡約.
階数は4.

(終)

問 4.3.　次の行列は，簡約かどうか調べなさい．また，簡約でなければ，簡約化しなさい．さらに，階数を求めなさい．

(1) $A = \begin{pmatrix} 0 & 0 & 0 & 0 & 0 \\ 1 & 2 & 3 & 0 & 5 \\ 0 & 0 & 0 & 1 & 5 \end{pmatrix}$　　(2) $B = \begin{pmatrix} 0 & 1 & 5 & 0 & 0 \\ 0 & 0 & 0 & 4 & 0 \\ 0 & 0 & 0 & 0 & 1 \end{pmatrix}$

(3) $C = \begin{pmatrix} 0 & 1 & 2 & 0 & 0 & 0 \\ 0 & 0 & 1 & 0 & 3 & 0 \\ 0 & 0 & 0 & 1 & 2 & 5 \\ 0 & 0 & 0 & 0 & 0 & 0 \end{pmatrix}$　　(4) $D = \begin{pmatrix} 0 & 1 & 0 & 0 & -2 \\ 0 & 0 & 1 & 0 & 6 \\ 0 & 0 & 0 & 1 & 0 \\ 1 & 0 & 0 & 0 & 0 \end{pmatrix}$

解　(1) 条件 I を満たさないので，簡約ではない．$A \longrightarrow \begin{pmatrix} 1 & 2 & 3 & 0 & 5 \\ 0 & 0 & 0 & 1 & 5 \\ 0 & 0 & 0 & 0 & 0 \end{pmatrix}$，階数は2

(2) 条件 II を満たさないので，簡約ではない．$B \longrightarrow \begin{pmatrix} 0 & 1 & 5 & 0 & 0 \\ 0 & 0 & 0 & 1 & 0 \\ 0 & 0 & 0 & 0 & 1 \end{pmatrix}$，階数は3

(3) 条件 Ⅳ を満たさないので，簡約ではない．$C \longrightarrow \begin{pmatrix} 0 & 1 & 0 & 0 & -6 & 0 \\ 0 & 0 & 1 & 0 & 3 & 0 \\ 0 & 0 & 0 & 1 & 2 & 5 \\ 0 & 0 & 0 & 0 & 0 & 0 \end{pmatrix}$，階数は3.

(4) 条件 Ⅲ を満たさないので，簡約ではない．$D \longrightarrow \begin{pmatrix} 1 & 0 & 0 & 0 & 0 \\ 0 & 1 & 0 & 0 & -2 \\ 0 & 0 & 1 & 0 & 6 \\ 0 & 0 & 0 & 1 & 0 \end{pmatrix}$，階数は4.

4.4　連立1次方程式の解は？

単位行列は簡約な行列であるから，88ページからの掃き出し法では，係数行列を簡約な行列に変形することで連立1次方程式の解を求めていることがわかる．

連立1次方程式には，いろいろなタイプがある．中には解が存在しないものもあるし，解が無限個存在するものもある．もう少し，連立1次方程式を解いてみよう．

例題 4.4

次の連立１次方程式を，掃き出し法を用いて解きなさい．

$$(1)\begin{cases} x-\ y-2z=-1 \\ 3x-2y+\ z=\ 3 \\ 4x-3y-\ z=\ 2 \end{cases} \qquad (2)\begin{cases} x-\ y-2z=-1 \\ 3x-2y+\ z=\ 3 \\ 4x-3y-\ z=\ 3 \end{cases}$$

（解）上記の２つの連立方程式は，係数行列が同じなので，２つを同じように変形し，簡約化する．

$$(1)\left(\begin{array}{ccc|c} 1 & -1 & -2 & -1 \\ 3 & -2 & 1 & 3 \\ 4 & -3 & -1 & 2 \end{array}\right) \longrightarrow \begin{array}{l} \\ ②+①\times(-3) \\ ③+①\times(-4) \end{array} \left(\begin{array}{ccc|c} 1 & -1 & -2 & -1 \\ 0 & 1 & 7 & 6 \\ 0 & 1 & 7 & 6 \end{array}\right)$$

$$\longrightarrow \begin{array}{l} ①+②\times 1 \\ \\ ③+②\times(-1) \end{array} \left(\begin{array}{ccc|c} 1 & 0 & 5 & 5 \\ 0 & 1 & 7 & 6 \\ 0 & 0 & 0 & 0 \end{array}\right)$$

上記の結果より $\begin{cases} x+5z=5 \\ y+7z=6 \\ 0=0 \end{cases}$ だから $\begin{cases} x=-5z+5 \\ y=-7z+6 \end{cases}$

したがって，解は無限個存在し，パラメータ c を用いて次のような解を得る．

$$\begin{pmatrix} x \\ y \\ z \end{pmatrix} = c\begin{pmatrix} -5 \\ -7 \\ 1 \end{pmatrix} + \begin{pmatrix} 5 \\ 6 \\ 0 \end{pmatrix} \qquad (\ c \text{ は任意定数}\ )$$

$$(2)\left(\begin{array}{ccc|c} 1 & -1 & -2 & -1 \\ 3 & -2 & 1 & 3 \\ 4 & -3 & -1 & 3 \end{array}\right) \longrightarrow \begin{array}{l} \\ ②+①\times(-3) \\ ③+①\times(-4) \end{array} \left(\begin{array}{ccc|c} 1 & -1 & -2 & -1 \\ 0 & 1 & 7 & 6 \\ 0 & 1 & 7 & 7 \end{array}\right)$$

$$\longrightarrow \begin{array}{l} ①+②\times 1 \\ \\ ③+②\times(-1) \end{array} \left(\begin{array}{ccc|c} 1 & 0 & 5 & 5 \\ 0 & 1 & 7 & 6 \\ 0 & 0 & 0 & 1 \end{array}\right)$$

上記の結果より $\begin{cases} x+5z=0 \\ y+7z=0 \\ 0=1 \end{cases}$ であるが，この３つ目の式は矛盾している．

したがって，この連立１次方程式の解は存在しない．（終）

上記の例題 4.4 の連立１次方程式の解は，３つの平面の共有点を表している．下図のように，(1) では，３つの平面の共有点全体（の集合）が直線になっていることがわかり，(2) では，３つの平面の共有点が存在しないことがわかる．

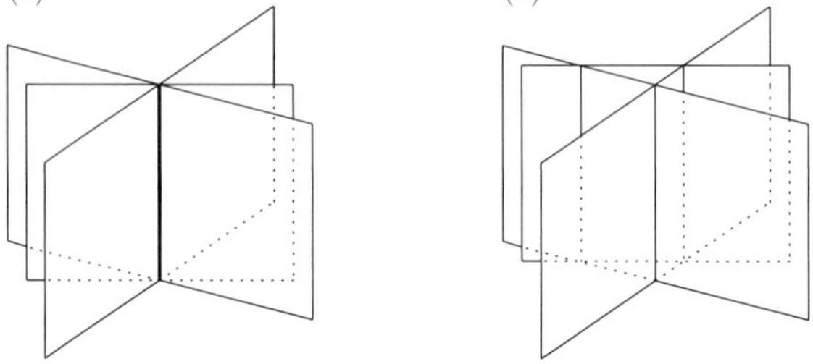

連立1次方程式 $A\boldsymbol{x}=\boldsymbol{b}$ の解については，次のように考えられる．

$$\begin{cases} \text{解が存在しない} \\ \text{解が存在する} \begin{cases} \text{ただ1組だけ存在する} \\ \text{無数組存在する} \end{cases} \end{cases} \tag{4.1}$$

問 4.4． 次の連立1次方程式を掃き出し法で解きなさい．

(1) $\begin{cases} x+2y-3z=4 \\ x+4y-\ z=10 \\ 3x+8y-7z=19 \end{cases}$　(2) $\begin{cases} x+2y-3z=4 \\ x+4y-\ z=10 \\ 3x+8y-7z=18 \end{cases}$

(3) $\begin{cases} x+2y+3z=0 \\ 2x+4y+6z=0 \\ 3x+6y+9z=0 \end{cases}$

解　(1) 解は存在しない．　(2) $\begin{pmatrix} x \\ y \\ z \end{pmatrix} = c\begin{pmatrix} 5 \\ -1 \\ 1 \end{pmatrix} + \begin{pmatrix} -2 \\ 3 \\ 0 \end{pmatrix}$　(c は任意定数)

(3) $\begin{pmatrix} x \\ y \\ z \end{pmatrix} = c_1\begin{pmatrix} -3 \\ 0 \\ 1 \end{pmatrix} + c_2\begin{pmatrix} -2 \\ 1 \\ 0 \end{pmatrix}$　(c_1, c_2 は任意定数)

階数を用いると，連立1次方程式の解の存在性を次のように表すことができる．

《定理 37》

連立1次方程式 $\begin{cases} a_{11}x_1+a_{12}x_2+\cdots+a_{1n}x_n=b_1 \\ a_{21}x_1+a_{22}x_2+\cdots+a_{2n}x_n=b_2 \\ \cdots\cdots\cdots\cdots\cdots\cdots\cdots \\ a_{m1}x_1+a_{m2}x_2+\cdots+a_{mn}x_n=b_m \end{cases}$ の解が存在するための必要十分条件は係数行列と拡大係数行列の階数が等しいことである．すなわち

$$\mathrm{rank}(A)=\mathrm{rank}(A\,\boldsymbol{b}) \tag{4.2}$$

が成立することである．特に，$\mathrm{rank}(A)=n$ ならば，解はただ1組だけ存在する．

実際，89 ページの例題 4.2 において，連立1次方程式 $\begin{cases} 2x - y - z = -3 \\ x - 2y + z = 0 \\ x \qquad - 3z = -8 \end{cases}$ の解は，ただ1組だけであった．この係数行列 A と拡大係数行列 $(A\,\boldsymbol{b})$ の階数は，

$$\mathrm{rank}(A) = \mathrm{rank}\begin{pmatrix} 2 & -1 & -1 \\ 1 & -2 & 1 \\ 1 & 0 & -3 \end{pmatrix} = \mathrm{rank}\begin{pmatrix} 1 & 0 & 0 \\ 0 & 1 & 0 \\ 0 & 0 & 1 \end{pmatrix} = 3$$

$$\mathrm{rank}(A\,\boldsymbol{b}) = \mathrm{rank}\begin{pmatrix} 2 & -1 & -1 & -3 \\ 1 & -2 & 1 & 0 \\ 1 & 0 & -3 & -8 \end{pmatrix} = \mathrm{rank}\begin{pmatrix} 1 & 0 & 0 & 1 \\ 0 & 1 & 0 & 2 \\ 0 & 0 & 1 & 3 \end{pmatrix} = 3$$

したがって，

$$\mathrm{rank}(A) = \mathrm{rank}(A\,\boldsymbol{b}) = 3 = (\text{未知数の個数})$$

が成立することがわかる．

また，93 ページの例題 4.4 において，

(1) $\begin{cases} x - y - 2z = -1 \\ 3x - 2y + z = 3 \\ 4x - 3y - z = 2 \end{cases}$ の係数行列 A と拡大係数行列 $(A\,\boldsymbol{b})$ の階数は，

$$\mathrm{rank}(A) = \mathrm{rank}\begin{pmatrix} 1 & -1 & -2 \\ 3 & -2 & 1 \\ 4 & -3 & -1 \end{pmatrix} = \mathrm{rank}\begin{pmatrix} 1 & 0 & 5 \\ 0 & 1 & 7 \\ 0 & 0 & 0 \end{pmatrix} = 2$$

$$\mathrm{rank}(A\,\boldsymbol{b}) = \mathrm{rank}\begin{pmatrix} 1 & -1 & -2 & -1 \\ 3 & -2 & 1 & 3 \\ 4 & -3 & -1 & 2 \end{pmatrix} = \mathrm{rank}\begin{pmatrix} 1 & 0 & 5 & 5 \\ 0 & 1 & 7 & 6 \\ 0 & 0 & 0 & 0 \end{pmatrix} = 2$$

したがって，

$$\mathrm{rank}(A) = 2 = \mathrm{rank}(A\,\boldsymbol{b})$$

であり，解が存在することがわかる．

(2) $\begin{cases} x - y - 2z = -1 \\ 3x - 2y + z = 3 \\ 4x - 3y - z = 3 \end{cases}$ の係数行列 A と拡大係数行列 $(A\,\boldsymbol{b})$ の階数は，

$$\mathrm{rank}(A) = \mathrm{rank}\begin{pmatrix} 1 & -1 & -2 \\ 3 & -2 & 1 \\ 4 & -3 & -1 \end{pmatrix} = \mathrm{rank}\begin{pmatrix} 1 & 0 & 5 \\ 0 & 1 & 7 \\ 0 & 0 & 0 \end{pmatrix} = 2$$

$$\mathrm{rank}(A\,\boldsymbol{b}) = \mathrm{rank}\begin{pmatrix} 1 & -1 & -2 & -1 \\ 3 & -2 & 1 & 3 \\ 4 & -3 & -1 & 3 \end{pmatrix} = \mathrm{rank}\begin{pmatrix} 1 & 0 & 5 & 0 \\ 0 & 1 & 7 & 0 \\ 0 & 0 & 0 & 1 \end{pmatrix} = 3$$

したがって，

$$\mathrm{rank}(A) = 2 \neq 3 = \mathrm{rank}(A\,\boldsymbol{b})$$

であり，解が存在しないことがわかる．

> 一般に，A が $m \times n$ 型行列のとき，連立1次方程式 $A\boldsymbol{x} = \boldsymbol{b}$ の解については，次のようになる．
>
> $$\begin{cases} \text{解が存在しない} \Leftrightarrow \mathrm{rank}(A) \neq \mathrm{rank}(A\,\boldsymbol{b}) \\ \text{解が存在する} \Leftrightarrow \mathrm{rank}(A) = \mathrm{rank}(A\,\boldsymbol{b}) \begin{cases} \text{ただ1組だけ} \Leftrightarrow \mathrm{rank}(A\,\boldsymbol{b}) = n \\ \text{無数組} \Leftrightarrow \mathrm{rank}(A\,\boldsymbol{b}) < n \end{cases} \end{cases} \quad (4.3)$$

※93ページの例題4.4(1)からわかるように，$\mathrm{rank}(A) = \mathrm{rank}(A\,\boldsymbol{b}) < n$ の場合，解は，任意定数を含んでおり，無数組存在する．この場合，拡大係数行列 $(A\,\boldsymbol{b})$ の簡約化を $(B\,\boldsymbol{c})$ とすると，連立1次方程式 $A\boldsymbol{x} = \boldsymbol{b}$ と $B\boldsymbol{x} = \boldsymbol{c}$ は同等であり，B の第 j 列には変数（未知数） x_j が対応する．さらに，行の主成分を含む列に対応する変数（未知数）は，連立1次方程式 $B\boldsymbol{x} = \boldsymbol{c}$ の中の，その行に対応する式にだけ現れる．よって，行の主成分を含まない列に対応する変数に任意の値を与えると，その値を対応する式に代入することにより，行の主成分を含む列に対応する変数（未知数）の値は唯1通りに定まる．したがって，$\mathrm{rank}(A) = \mathrm{rank}(A\,\boldsymbol{b}) < n$ の場合，

$$(\ A\boldsymbol{x} = \boldsymbol{b} \text{ の解に含まれる任意定数の個数}\ ) = n - \mathrm{rank}(A)$$

が成立し，任意定数は，B の行の主成分を含まない列に対応する変数（未知数）の解に含まれる．

4.5　同次形連立1次方程式って？

連立1次方程式の定数項がすべて0であるとき，すなわち

$$\begin{cases} a_{11}x_1 + a_{12}x_2 + \cdots + a_{1n}x_n = 0 \\ a_{21}x_1 + a_{22}x_2 + \cdots + a_{2n}x_n = 0 \\ \cdots\cdots\cdots\cdots\cdots\cdots\cdots \\ a_{m1}x_1 + a_{m2}x_2 + \cdots + a_{mn}x_n = 0 \end{cases} \iff A\boldsymbol{x} = \boldsymbol{0} \quad (4.4)$$

で表される連立1次方程式を**同次形連立1次方程式**と呼ぶ．同次形連立1次方程式について，$x_1 = 0, x_2 = 0, \ldots, x_n = 0$ が(4.4)をすべて満たすことが容易にわかるので，必ず解が存在する．特に，$x_1 = 0, x_2 = 0, \ldots, x_n = 0$ は**自明な解**（**自明解**）と呼ばれている．

例題 4.5

次の連立1次方程式を，掃き出し法を用いて解きなさい．

(1) $\begin{cases} x - y + 2z = 0 \\ 3x - 2y - z = 0 \\ 2x - 4y + z = 0 \end{cases}$ (2) $\begin{cases} x - y + 2z = 0 \\ 3x - 2y + z = 0 \\ 4x - 3y + 3z = 0 \end{cases}$

（解）掃き出し法を用いる．

(1) $$\left(\begin{array}{ccc|c} 1 & -1 & 2 & 0 \\ 3 & -2 & -1 & 0 \\ 2 & -4 & 1 & 0 \end{array}\right) \longrightarrow \begin{array}{l} \\ ② + ① \times (-3) \\ ③ + ① \times (-2) \end{array} \left(\begin{array}{ccc|c} 1 & -1 & 2 & 0 \\ 0 & 1 & -7 & 0 \\ 0 & -2 & -3 & 0 \end{array}\right)$$

※行基本変形で定数項を表す右の列は0で変化しないので，省略してよい．

$$\longrightarrow \begin{array}{l} ① + ② \times 1 \\ \\ ③ + ② \times 2 \end{array} \begin{pmatrix} 1 & 0 & -5 \\ 0 & 1 & -7 \\ 0 & 0 & -17 \end{pmatrix} \longrightarrow \begin{array}{l} \\ \\ ③ \times (-1/17) \end{array} \begin{pmatrix} 1 & 0 & -5 \\ 0 & 1 & -7 \\ 0 & 0 & 1 \end{pmatrix}$$

$$\longrightarrow \begin{array}{l} ① + ③ \times 5 \\ ② + ③ \times 7 \\ \\ \end{array} \begin{pmatrix} 1 & 0 & 0 \\ 0 & 1 & 0 \\ 0 & 0 & 1 \end{pmatrix}$$

したがって，連立1次方程式の解は $\begin{cases} x = 0 \\ y = 0 \\ z = 0 \end{cases}$ （自明な解のみ）である．

(2)

$$\begin{pmatrix} 1 & -1 & 2 \\ 3 & -2 & 1 \\ 4 & -3 & 3 \end{pmatrix} \longrightarrow \begin{array}{l} \\ ② + ① \times (-3) \\ ③ + ① \times (-4) \end{array} \begin{pmatrix} 1 & -1 & 2 \\ 0 & 1 & -5 \\ 0 & 1 & -5 \end{pmatrix} \longrightarrow \begin{array}{l} ① + ② \times 1 \\ \\ ③ + ② \times (-1) \end{array} \begin{pmatrix} 1 & 0 & -3 \\ 0 & 1 & -5 \\ 0 & 0 & 0 \end{pmatrix}$$

上記の結果より $\begin{cases} x - 3z = 0 \\ y - 5z = 0 \end{cases}$ だから $\begin{cases} x = 3z \\ y = 5z \end{cases}$

したがって，連立1次方程式の解は $\begin{cases} x = 3c \\ y = 5c \\ z = c \end{cases}$ (c は任意定数) で，自明な解以外も存在する．（終）

一般に，同次形連立1次方程式について，96ページの連立1次方程式の解の存在 (4.3) より，次の定理が成立することがわかる．

《**定理 38**》 同次形連立1次方程式 (4.4) の解が自明な解だけであるための必要十分条件は，$\mathrm{rank}(A) = n$ である．また，自明な解以外の解も存在するための必要十分条件は，$\mathrm{rank}(A) < n$ である．

4.6　掃き出し法で逆行列を求める？

ここでは，$A=\begin{pmatrix} a_1 & a_2 & a_3 \\ b_1 & b_2 & b_3 \\ c_1 & c_2 & c_3 \end{pmatrix}$ の逆行列を求める方法を考えよう．

逆行列を $X=\begin{pmatrix} x_1 & x_2 & x_3 \\ y_1 & y_2 & y_3 \\ z_1 & z_2 & z_3 \end{pmatrix}$ とすると，$AX=E$ より

$$\begin{pmatrix} a_1 & a_2 & a_3 \\ b_1 & b_2 & b_3 \\ c_1 & c_2 & c_3 \end{pmatrix}\begin{pmatrix} x_1 & x_2 & x_3 \\ y_1 & y_2 & y_3 \\ z_1 & z_2 & z_3 \end{pmatrix}=\begin{pmatrix} 1 & 0 & 0 \\ 0 & 1 & 0 \\ 0 & 0 & 1 \end{pmatrix}$$

これより3組の連立1次方程式

$$\begin{cases} a_1x_1+a_2y_1+a_3z_1=1 \\ b_1x_1+b_2y_1+b_3z_1=0 \\ c_1x_1+c_2y_1+c_3z_1=0 \end{cases} \quad \begin{cases} a_1x_2+a_2y_2+a_3z_2=0 \\ b_1x_2+b_2y_2+b_3z_2=1 \\ c_1x_2+c_2y_2+c_3z_2=0 \end{cases} \quad \begin{cases} a_1x_3+a_2y_3+a_3z_3=0 \\ b_1x_3+b_2y_3+b_3z_3=0 \\ c_1x_3+c_2y_3+c_3z_3=1 \end{cases}$$

が得られる．これに掃き出し法を用いると，3組の連立1次方程式の係数がすべて同じであるので，まとめて掃き出し法を適用することができる．したがって，

$$\left(\begin{array}{ccc|c|c|c} a_1 & a_2 & a_3 & 1 & 0 & 0 \\ b_1 & b_2 & b_3 & 0 & 1 & 0 \\ c_1 & c_2 & c_3 & 0 & 0 & 1 \end{array}\right)$$

つまり，$\left(\ A \mid E\ \right)$ に掃き出し法を用いればよい．そして，係数行列 A が単位行列 E に変形できれば，連立1次方程式の解がただ1組だけ得られるので，A の逆行列 A^{-1} が得られる．このとき，掃き出し法により，$\left(\ E \mid A^{-1}\ \right)$ と変形される．

例題 4.6

正方行列 $A=\begin{pmatrix} 2 & 3 & 1 \\ 1 & 2 & 1 \\ 1 & 2 & 2 \end{pmatrix}$ の逆行列 A^{-1} を求めよ．

（解）

$$\left(\begin{array}{ccc|ccc} 2 & 3 & 1 & 1 & 0 & 0 \\ 1 & 2 & 1 & 0 & 1 & 0 \\ 1 & 2 & 2 & 0 & 0 & 1 \end{array}\right) \longrightarrow \begin{matrix} ② \\ ① \\ \ \end{matrix} \left(\begin{array}{ccc|ccc} 1 & 2 & 1 & 0 & 1 & 0 \\ 2 & 3 & 1 & 1 & 0 & 0 \\ 1 & 2 & 2 & 0 & 0 & 1 \end{array}\right)$$

$$\longrightarrow \begin{matrix} ②+①\times(-2) \\ ③+①\times(-1) \\ \ \end{matrix} \left(\begin{array}{ccc|ccc} 1 & 2 & 1 & 0 & 1 & 0 \\ 0 & -1 & -1 & 1 & -2 & 0 \\ 0 & 0 & 1 & 0 & -1 & 1 \end{array}\right)$$

$$\longrightarrow \ ②\times(-1) \quad \left(\begin{array}{ccc|ccc} 1 & 2 & 1 & 0 & 1 & 0 \\ 0 & 1 & 1 & -1 & 2 & 0 \\ 0 & 0 & 1 & 0 & -1 & 1 \end{array}\right)$$

$$\longrightarrow \ \begin{array}{c} ①+②\times(-2) \\ \\ \\ \end{array} \quad \left(\begin{array}{ccc|ccc} 1 & 0 & -1 & 2 & -3 & 0 \\ 0 & 1 & 1 & -1 & 2 & 0 \\ 0 & 0 & 1 & 0 & -1 & 1 \end{array}\right)$$

$$\longrightarrow \ \begin{array}{c} ①+③\times 1 \\ ②+③\times(-1) \\ \\ \end{array} \quad \left(\begin{array}{ccc|ccc} 1 & 0 & 0 & 2 & -4 & 1 \\ 0 & 1 & 0 & -1 & 3 & -1 \\ 0 & 0 & 1 & 0 & -1 & 1 \end{array}\right)$$

これより，

$$A^{-1} = \begin{pmatrix} 2 & -4 & 1 \\ -1 & 3 & -1 \\ 0 & -1 & 1 \end{pmatrix}$$

（終）

※行列 A が単位行列に変形できなければ，A の逆行列は存在しない．つまり，A は正則ではないことがわかる．

問 4.5． 次の行列の逆行列を求めなさい．ただし，(2) では，$ad-bc \neq 0$ とする．

(1) $\begin{pmatrix} 1 & 2 \\ 3 & 4 \end{pmatrix}$ (2) $\begin{pmatrix} a & b \\ c & d \end{pmatrix}$ (3) $\begin{pmatrix} 1 & 3 & 2 \\ 1 & 2 & 1 \\ 3 & 3 & 1 \end{pmatrix}$ (4) $\begin{pmatrix} 1 & 1 & 1 \\ 1 & 2 & 1 \\ 2 & 3 & 4 \end{pmatrix}$

解 (1) $\dfrac{1}{2}\begin{pmatrix} -4 & 2 \\ 3 & -1 \end{pmatrix}$ (2) $\dfrac{1}{ad-bc}\begin{pmatrix} d & -b \\ -c & a \end{pmatrix}$ (3) $\begin{pmatrix} 1 & -3 & 1 \\ -2 & 5 & -1 \\ 3 & -6 & 1 \end{pmatrix}$

(4) $\dfrac{1}{2}\begin{pmatrix} 5 & -1 & -1 \\ -2 & 2 & 0 \\ -1 & -1 & 1 \end{pmatrix}$

例題 4.7

連立 1 次方程式 $\begin{cases} 2x+3y+\ z=4 \\ x+2y+\ z=3 \\ x+2y+2z=6 \end{cases}$ $\cdots①$ について，次の問いに答えなさい．

(1) 連立 1 次方程式①を行列を用いて表しなさい．

(2) 連立 1 次方程式①の係数行列 A の逆行列 A^{-1} を求めなさい．

(3) (2) で求めた A^{-1} を用いて，連立 1 次方程式を解きなさい．

（解）

(1) 連立1次方程式①を行列で表すと，

$$\begin{pmatrix} 2 & 3 & 1 \\ 1 & 2 & 1 \\ 1 & 2 & 2 \end{pmatrix}\begin{pmatrix} x \\ y \\ z \end{pmatrix} = \begin{pmatrix} 4 \\ 3 \\ 6 \end{pmatrix}$$

(2) 係数行列 A は，$A = \begin{pmatrix} 2 & 3 & 1 \\ 1 & 2 & 1 \\ 1 & 2 & 2 \end{pmatrix}$ だから，例題 4.6 より，

$$A^{-1} = \begin{pmatrix} 2 & -4 & 1 \\ -1 & 3 & -1 \\ 0 & -1 & 1 \end{pmatrix}.$$

(3) (1) より連立1次方程式 ① は

$$A\begin{pmatrix} x \\ y \\ z \end{pmatrix} = \begin{pmatrix} 4 \\ 3 \\ 6 \end{pmatrix}$$

この両辺に A^{-1} を左から掛けると

$$\begin{aligned} A^{-1}A\begin{pmatrix} x \\ y \\ z \end{pmatrix} &= A^{-1}\begin{pmatrix} 4 \\ 3 \\ 6 \end{pmatrix} \\ E\begin{pmatrix} x \\ y \\ z \end{pmatrix} &= \begin{pmatrix} 2 & -4 & 1 \\ -1 & 3 & -1 \\ 0 & -1 & 1 \end{pmatrix}\begin{pmatrix} 4 \\ 3 \\ 6 \end{pmatrix} \\ \begin{pmatrix} x \\ y \\ z \end{pmatrix} &= \begin{pmatrix} 2 \\ -1 \\ 3 \end{pmatrix} \end{aligned}$$

(終)

問 4.6.　次の連立1次方程式を逆行列を用いて解きなさい．

(1) $\begin{cases} 2x - y = -7 \\ x - 2y = -5 \end{cases}$　(2) $\begin{cases} 2x - y = 3 \\ 3x - 2y = 4 \end{cases}$

(3) $\begin{cases} x + 2y - 3z = 4 \\ x + 4y - z = 10 \\ 3x + 8y - 6z = 19 \end{cases}$　(4) $\begin{cases} 2x + y + z = 3 \\ x + 2y + 4z = -1 \\ x - 3z = 7 \end{cases}$

解　(1) $x = -3,\ y = 1$　(2) $x = 2,\ y = 1$　(3) $x = 3,\ y = 2,\ z = 1$
(4) $x = 1,\ y = 3,\ z = -2$

第5章　行列式

5.1　順列とその符号

5.1.1　順列ってなんだったっけ？

1からnまでのn個の自然数を並べてできる配列

$$P = (p_1, p_2, \ldots, p_n)$$

を順列 (permutation) と呼ぶ．特に，小さい順に並んでいる順列$(1, 2, \ldots, n)$を**基本順列**という．

n個の自然数を並べる順列全体の集合をS_nで表すことにすると，S_nの要素の総数は，$n!$である．

例　3個の自然数$\{1, 2, 3\}$からなる順列全体の集合S_3の総数は，$3! = 6$である．すべて挙げると，$P = (1, 2, 3)$, $(2, 3, 1)$, $(3, 1, 2)$, $(1, 3, 2)$, $(2, 1, 3)$, $(3, 2, 1)$であり，基本順列は$(1, 2, 3)$である．

5.1.2　偶順列・奇順列ってなに？

順列に対し，その中の2つの数を入れ替える操作をして，基本順列に並べ替えるとき，その入れ替える操作の回数に注目する．

例　順列$P = (5, 2, 1, 3, 4)$のとき，2つの数を入れ替えて，基本順列に並べ替える．

$$P = (5, 2, 1, 3, 4) \to (1, 2, 5, 3, 4) \to (1, 2, 3, 5, 4) \to (1, 2, 3, 4, 5)$$

この例では，3回の入れ替える操作で，基本順列に並べ替えることができることがわかる．

このようにして並べ替える場合，2つの数を入れ替える操作の順序は1通りではない．しかし，2つの数を入れ替える操作が偶数回であるか，奇数回であるかは，操作の順序によらないのである．つまり，偶数回の操作で基本順列に並べ替えられる順列は，どんな順序で入れ替える操作をしても，必ず偶数回の操作でなければ基本順列にならないのである．奇数回の方も同様である．

これを証明するために，n 個の変数 $x_1, x_2, \ldots, x_n$ に対し，次のような積 $\Delta(x_1, x_2, \ldots, x_n)$ を考える．

$$\begin{aligned}\Delta(x_1, x_2, \ldots, x_n) = (x_1 - x_2)(x_1 - x_3) \times \cdots \times (x_1 - x_n)\\ \times(x_2 - x_3) \times \cdots \times (x_2 - x_n)\\ \cdots\cdots\cdots\cdots\cdots\cdots\cdots\cdots\\ \times(x_{n-1} - x_n)\end{aligned}$$

この積 $\Delta(x_1, x_2, \ldots, x_n)$ は，$x_1, x_2, \ldots, x_n$ の**差積**と呼ばれている．

簡単のため，$n = 5$ の場合を考えてみよう．この場合，基本順列 $(1, 2, 3, 4, 5)$ に対応する差積は

$$\begin{aligned}\Delta(x_1, x_2, x_3, x_4, x_5) = (x_1 - x_2)(x_1 - x_3)(x_1 - x_4)(x_1 - x_5)\\ \times(x_2 - x_3)(x_2 - x_4)(x_2 - x_5)\\ \times(x_3 - x_4)(x_3 - x_5)\\ \times(x_4 - x_5)\end{aligned}$$

である．順列 $(1, 5, 3, 4, 2)$ に対応する差積は，2 と 5 を入れ替えているので

$$\begin{aligned}\Delta(x_1, x_5, x_3, x_4, x_2) = (x_1 - x_5)(x_1 - x_3)(x_1 - x_4)(x_1 - x_2)\\ \times(x_5 - x_3)(x_5 - x_4)(x_5 - x_2)\\ \times(x_3 - x_4)(x_3 - x_2)\\ \times(x_4 - x_2)\end{aligned}$$

このとき，符号が変わるのを調べてみると，

$$\begin{aligned}\Delta(x_1, x_5, x_3, x_4, x_2) = (x_1 - x_5)(x_1 - x_3)(x_1 - x_4)(x_1 - x_2)\\ \times\{-(x_3 - x_5)\}\{-(x_4 - x_5)\}\{-(x_2 - x_5)\}\\ \times(x_3 - x_4)\{-(x_2 - x_3)\}\\ \times\{-(x_2 - x_4)\}\end{aligned}$$

である．このように，差積 $\Delta(x_1, x_2, \ldots, x_j, \cdots, x_k, \cdots, x_n)$ の場合，j と k を入れ替えると，符号が変わるのは，$(x_j - x_{j+1}), (x_j - x_{j+2}), \ldots, (x_j - x_{k-1})$ の $k - j - 1$ 個と $(x_{j+1} - x_k), (x_{j+2} - x_k), \ldots, (x_{k-1} - x_k)$ の $k - j - 1$ 個，および $(x_j - x_k)$ の 1 個であるので，合わせて $2(k - j - 1) + 1$ 個である．したがって，

$$\Delta(x_1, \ldots, x_k, \cdots, x_j, \cdots, x_n) = (-1)^{2(k-j-1)+1}\Delta(x_1, \ldots, x_j, \cdots, x_k, \cdots, x_n)$$

つまり，

$$\Delta(x_1, \ldots, x_k, \cdots, x_j, \cdots, x_n) = (-1)\Delta(x_1, \ldots, x_j, \cdots, x_k, \cdots, x_n)$$

が成立する．

同様に，一般の差積 $\Delta(x_{p_1}, x_{p_2}, \ldots, x_{p_j}, \cdots, x_{p_k}, \cdots, x_{p_n})$ の場合，p_j と p_k を入れ替えると，

$$\Delta(x_{p_1}, x_{p_2}, \ldots, x_{p_k}, \cdots, x_{p_j}, \cdots, x_{p_n}) = (-1)\Delta(x_{p_1}, x_{p_2}, \ldots, x_{p_j}, \cdots, x_{p_k}, \cdots, x_{p_n})$$

が成立する．

さて，順列 $P = (p_1, p_2, \ldots, p_n)$ が，2 つの数を入れ替える操作 s 回で基本順列 $(1, 2, \ldots, n)$ になったとすると，対応する差積には，

$$\Delta(x_{p_1}, x_{p_2}, \ldots, x_{p_k}, \cdots, x_{p_j}, \cdots, x_{p_n}) = (-1)^s\Delta(x_1, x_2, \ldots, x_n) \tag{5.1}$$

が成立する．一方，2 つの数を入れ替える操作 t 回で基本順列 $(1, 2, \ldots, n)$ になったとすると，対応する差積には，

$$\Delta(x_{p_1}, x_{p_2}, \ldots, x_{p_k}, \cdots, x_{p_j}, \cdots, x_{p_n}) = (-1)^t\Delta(x_1, x_2, \ldots, x_n) \tag{5.2}$$

が成立する．(5.1), (5.2) より

$$(-1)^s = (-1)^t$$

が成立するので，s と t は共に偶数であるか，共に奇数であることがわかる．

以上をまとめると，次の定理が得られる．

《**定理 39**》 順列 $P = (p_1, p_2, \ldots, p_n)$ の中の 2 つの数を入れ替える操作をして基本順列に並べ替えるとき，その入れ替える操作の回数が奇数であるか，偶数であるかは，その操作の順序に無関係である．つまり，偶数回の操作で基本順列になる順列は，どんな順序で入れ替える操作をしても，必ず偶数回の操作で基本順列になる．奇数回の方も同様である．

定理 39 により，順列は，基本順列に並べ替えるときにおける 2 つの数を入れ替える操作の回数で分けられることがわかった．そこで，2 つの数を入れ替える操作の回数が偶数回である順列を**偶順列**，奇数回である順列を**奇順列**と呼ぶ．

先ほどの例より，$P = (5, 2, 1, 3, 4)$ は奇順列である．

例題 5.1

次の順列 P について，偶順列か，奇順列か答えなさい．

(1) $P = (2, 4, 1, 3)$　(2) $P = (1, 2, 3, 4, 5)$　(3) $P = (4, 1, 5, 2, 6, 3)$

（解）

(1) $P = (2, 4, 1, 3) \to (1, 4, 2, 3) \to (1, 2, 4, 3) \to (1, 2, 3, 4)$

3 回の操作だから奇順列．

(2) 基本順列は，入れ替える操作は 0 回と考えてよいので偶順列．

(3) $P=(4,1,5,2,6,3) \to (1,4,5,2,6,3) \to (1,2,5,4,6,3) \to (1,2,3,4,6,5)$
$\to (1,2,3,4,5,6)$
4回の操作だから偶順列.（終）

問 5.1. 次の順列 P について，偶順列か，奇順列か答えなさい.
(1) $P=(1,2,3,4)$　(2) $P=(3,2,5,1,4)$　(3) $P=(5,6,1,3,4,2)$
解　(1) 偶順列　(2) 奇順列　(3) 偶順列

5.1.3 順列の符号って？

5.1.2節より，順列は，偶順列と奇順列に分けられることがわかった．そこで，順列 P に対し，sgn$P$ を次のように定義し，**順列の符号（signature）**と呼ぶ.

$$\operatorname{sgn} P = \operatorname{sgn}(P) = \begin{cases} +1 & (\ P\text{ が偶順列のとき}\ ) \\ -1 & (\ P\text{ が奇順列のとき}\ ) \end{cases}$$

偶順列と奇順列は，順列を基本順列に並べ替えるときの入れ替えの回数によって決定されるので，次が得られる.

《**定理 40**》 順列 P が2つの数を入れ替える操作を k 回行って基本順列に並べ替えられるとき，

$$\operatorname{sgn} P = (-1)^k$$

ただし，$(-1)^0 = 1$ とする.

例題 5.2

次の値を答えなさい.
(1) $\operatorname{sgn}(2,4,1,3)$　(2) $\operatorname{sgn}(1,2,3,4,5)$　(3) $\operatorname{sgn}(4,1,5,2,6,3)$

（解）例題 5.1 より
(1) $\operatorname{sgn}(2,4,1,3) = -1$　(2) $\operatorname{sgn}(1,2,3,4,5) = 1$　(3) $\operatorname{sgn}(4,1,5,2,6,3) = 1$（終）

問 5.2. 次の値を答えなさい.
(1) $\operatorname{sgn}(2,1)$　(2) $\operatorname{sgn}(1,2)$　(3) $\operatorname{sgn}(1,2,3)$　(4) $\operatorname{sgn}(2,3,1)$　(5) $\operatorname{sgn}(3,1,2)$
(6) $\operatorname{sgn}(3,2,1)$　(7) $\operatorname{sgn}(1,3,2)$　(8) $\operatorname{sgn}(2,1,3)$　(9) $\operatorname{sgn}(1,2,3,4)$
(10) $\operatorname{sgn}(2,4,1,3)$　(11) $\operatorname{sgn}(3,2,5,1,4)$　(12) $\operatorname{sgn}(5,6,1,3,4,2)$
解　(1) -1　(2) 1　(3) 1　(4) 1　(5) 1　(6) -1　(7) -1　(8) -1　(9) 1　(10) -1
(11) -1　(12) 1

5.2 行列式って何だ？

5.2.1 行列式の定義は？

正方行列に対して，**行列式 (determinant)** を次のように定義する．

《定義》

n 次の正方行列 $A = (a_{jk})$ に対して，A の行列式 $|A|$ は

$$|A| = \begin{vmatrix} a_{11} & a_{12} & \cdots & a_{1n} \\ a_{21} & a_{22} & \cdots & a_{2n} \\ \vdots & \vdots & \ddots & \vdots \\ a_{n1} & a_{n2} & \cdots & a_{nn} \end{vmatrix} = \sum_{\substack{P \in S_n \\ P=(p_1,p_2,\ldots,p_n)}} \mathrm{sgn}(P)\, a_{1p_1} a_{2p_2} \times \cdots \times a_{np_n} \tag{5.3}$$

と定義する．ここで，式 (5.3) の右辺の $\displaystyle\sum_{\substack{P \in S_n \\ P=(p_1,p_2,\ldots,p_n)}}$ は，順列の集合 S_n に属するすべての要素についての和を意味する．したがって，式 (5.3) の右辺の項の総数は，$n!$ である．

※行列式 (determinant) の記号は，$|A|$, $\det A$, $\det(A)$, $\det(a_{jk})$, $\mathrm{D}(A)$ などが使われる．

n 次の正方行列の行列式を n **次の行列式**という．1 次の行列式は，その成分の値である．

5.2.2 2 次の行列式は？

2 次の行列 $A = \begin{pmatrix} a_{11} & a_{12} \\ a_{21} & a_{22} \end{pmatrix}$ に対し，行列式 $|A| = \begin{vmatrix} a_{11} & a_{12} \\ a_{21} & a_{22} \end{vmatrix}$ を具体的に表記してみよう．行列式の定義式 (5.3) において，$n = 2$ の場合である．順列の集合 S_2 の要素の総数は，$2! = 2$ であり，$S_2 = \{(1,2),(2,1)\}$ であるから，

$$\begin{aligned} |A| &= \begin{vmatrix} a_{11} & a_{12} \\ a_{21} & a_{22} \end{vmatrix} = \sum_{\substack{P \in S_2 \\ P=(p_1,p_2)}} \mathrm{sgn}(P)\, a_{1p_1} a_{2p_2} \\ &= \mathrm{sgn}(1,2)\, a_{11}a_{22} + \mathrm{sgn}(2,1)\, a_{12}a_{21} \\ &= (+1)\, a_{11}a_{22} + (-1)\, a_{12}a_{21} \\ &= a_{11}a_{22} - a_{12}a_{21} \end{aligned}$$

が得られる．つまり，2 次の行列式は，

$$\boxed{\begin{vmatrix} a_{11} & a_{12} \\ a_{21} & a_{22} \end{vmatrix} = a_{11}a_{22} - a_{12}a_{21}} \tag{5.4}$$

これより，

$$\boxed{\begin{vmatrix} a & b \\ c & d \end{vmatrix} = ad - bc} \tag{5.5}$$

例題 5.3

行列式 $\begin{vmatrix} 1 & 2 \\ 3 & 4 \end{vmatrix}$ の値を求めなさい．

（解）

$$\begin{vmatrix} 1 & 2 \\ 3 & 4 \end{vmatrix} = 1 \times 4 - 2 \times 3 = -2$$ （終）

問 5.3. 次の行列式の値を求めなさい．

(1) $\begin{vmatrix} 2 & 3 \\ 4 & 5 \end{vmatrix}$ (2) $\begin{vmatrix} 5 & 4 \\ 3 & 6 \end{vmatrix}$ (3) $\begin{vmatrix} 2 & -3 \\ 5 & 7 \end{vmatrix}$ (4) $\begin{vmatrix} 1 & 0 \\ 0 & 1 \end{vmatrix}$

解 (1) −2 (2) 18 (3) 29 (4) 1

5.2.3 3次の行列式は？

3次の行列 $A = \begin{pmatrix} a_{11} & a_{12} & a_{13} \\ a_{21} & a_{22} & a_{23} \\ a_{31} & a_{32} & a_{33} \end{pmatrix}$ に対しても，行列式 $|A| = \begin{vmatrix} a_{11} & a_{12} & a_{13} \\ a_{21} & a_{22} & a_{23} \\ a_{31} & a_{32} & a_{33} \end{vmatrix}$ を具体的に表記してみよう．行列式の定義式 (5.3) において，$n = 3$ の場合である．順列の集合 S_3 の要素の総数は，$3! = 6$ であり，

$$S_3 = \{(1,2,3),(2,3,1),(3,1,2),(3,2,1),(2,1,3),(1,3,2)\}$$

であるから，

$$\begin{aligned}
|A| &= \begin{vmatrix} a_{11} & a_{12} & a_{13} \\ a_{21} & a_{22} & a_{23} \\ a_{31} & a_{32} & a_{33} \end{vmatrix} = \sum_{\substack{P \in S_3 \\ P=(p_1,p_2,p_3)}} \mathrm{sgn}(P)\, a_{1p_1}a_{2p_2}a_{3p_3} \\
&= \mathrm{sgn}(1,2,3)\, a_{11}a_{22}a_{33} + \mathrm{sgn}(2,3,1)\, a_{12}a_{23}a_{31} + \mathrm{sgn}(3,1,2)\, a_{13}a_{21}a_{32} \\
&\quad + \mathrm{sgn}(3,2,1)\, a_{13}a_{22}a_{31} + \mathrm{sgn}(2,1,3)\, a_{12}a_{21}a_{33} + \mathrm{sgn}(1,3,2)\, a_{11}a_{23}a_{32} \\
&= (+1)\, a_{11}a_{22}a_{33} + (+1)\, a_{12}a_{23}a_{31} + (+1)\, a_{13}a_{21}a_{32} \\
&\quad + (-1)\, a_{13}a_{22}a_{31} + (-1)\, a_{12}a_{21}a_{33} + (-1)\, a_{11}a_{23}a_{32} \\
&= a_{11}a_{22}a_{33} + a_{12}a_{23}a_{31} + a_{13}a_{21}a_{32} - a_{13}a_{22}a_{31} - a_{12}a_{21}a_{33} - a_{11}a_{23}a_{32}
\end{aligned}$$

が得られる．つまり，3 次の行列式は，

$$\begin{vmatrix} a_{11} & a_{12} & a_{13} \\ a_{21} & a_{22} & a_{23} \\ a_{31} & a_{32} & a_{33} \end{vmatrix} = a_{11}a_{22}a_{33} + a_{12}a_{23}a_{31} + a_{13}a_{21}a_{32} - a_{13}a_{22}a_{31} - a_{12}a_{21}a_{33} - a_{11}a_{23}a_{32} \tag{5.6}$$

3 次の行列式は，右図において，実線の矢印が示す 3 つの成分の積に符号「+」を付け，点線の矢印が示す 3 つの成分の積に符号「−」を付けて加えた和になっていることがわかる．

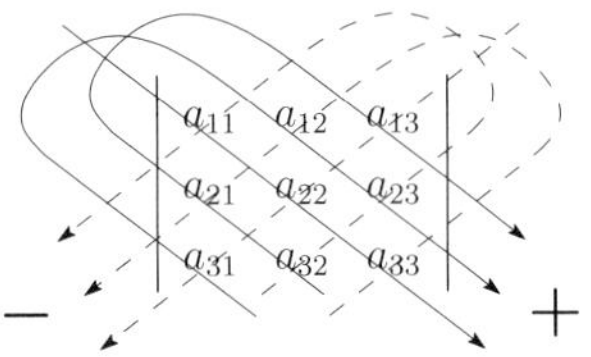

この行列式の計算方法は，Sarrus（サラス）の方法と呼ばれている．

例題 5.4

行列式 $\begin{vmatrix} 1 & 2 & 3 \\ 4 & 5 & 6 \\ 7 & 8 & 9 \end{vmatrix}$ の値を求めなさい．

（解）

$$\begin{vmatrix} 1 & 2 & 3 \\ 4 & 5 & 6 \\ 7 & 8 & 9 \end{vmatrix} = 1 \times 5 \times 9 + 2 \times 6 \times 7 + 3 \times 4 \times 8 - 3 \times 5 \times 7 - 1 \times 6 \times 8 - 2 \times 4 \times 9 = 0$$

（終）

問 5.4. 次の行列式の値を求めなさい．

(1) $\begin{vmatrix} 1 & 4 & 7 \\ 2 & 5 & 8 \\ 3 & 6 & 9 \end{vmatrix}$ (2) $\begin{vmatrix} 1 & 3 & 2 \\ 1 & 2 & 1 \\ 3 & 3 & 1 \end{vmatrix}$ (3) $\begin{vmatrix} 1 & 1 & 1 \\ 1 & 2 & 1 \\ 2 & 3 & 4 \end{vmatrix}$ (4) $\begin{vmatrix} 2 & -1 & 2 \\ 1 & -1 & 1 \\ -1 & 5 & 4 \end{vmatrix}$

解 (1) 0 (2) −1 (3) 2 (3) −5

5.3　行列式の性質は？

4次の行列 $A = \begin{pmatrix} a_{11} & a_{12} & a_{13} & a_{14} \\ a_{21} & a_{22} & a_{23} & a_{24} \\ a_{31} & a_{32} & a_{33} & a_{34} \\ a_{41} & a_{42} & a_{43} & a_{44} \end{pmatrix}$ に対し，行列式の定義式 (5.3) より，$n = 4$ の場合であるので，

$$|A| = \begin{vmatrix} a_{11} & a_{12} & a_{13} & a_{14} \\ a_{21} & a_{22} & a_{23} & a_{24} \\ a_{31} & a_{32} & a_{33} & a_{34} \\ a_{41} & a_{42} & a_{43} & a_{44} \end{vmatrix} = \sum_{\substack{P \in S_4 \\ P=(p_1,p_2,p_3,p_4)}} \mathrm{sgn}(P)\, a_{1p_1}a_{2p_2}a_{3p_3}a_{4p_4} \tag{5.7}$$

である．このとき，順列の集合 S_4 の要素の総数は，$4! = 24$ であるから，式 (5.3) の右辺の項の総数は 24 であり，2次・3次の場合のように，具体的に表記するのは現実的ではない．そこで，4次以上の行列式を別の方法で計算するために，まず，4次以上の行列式でも成立する性質について調べよう．

例題 5.5

次の行列式の値を求めなさい．

(1) $\begin{vmatrix} 1 & 2 & 3 \\ 3 & 4 & 5 \\ 0 & 5 & 6 \end{vmatrix}$

(2) (1) から転置する（行と列を入れ替える）　$\begin{vmatrix} 1 & 3 & 0 \\ 2 & 4 & 5 \\ 3 & 5 & 6 \end{vmatrix}$

(3) (1) の2つの行を入れ替える　$\begin{vmatrix} 3 & 4 & 5 \\ 1 & 2 & 3 \\ 0 & 5 & 6 \end{vmatrix}$

(4) (1) の1つの行を定数 c 倍する　$\begin{vmatrix} 1 & 2 & 3 \\ 3c & 4c & 5c \\ 0 & 5 & 6 \end{vmatrix}$

(5) (1) の成分をすべて10倍する　$\begin{vmatrix} 10 & 20 & 30 \\ 30 & 40 & 50 \\ 0 & 50 & 60 \end{vmatrix}$

（解）3次の行列式 (5.6) より計算すると，次のようになる．

(1) $\begin{vmatrix} 1 & 2 & 3 \\ 3 & 4 & 5 \\ 0 & 5 & 6 \end{vmatrix} = 1\times4\times6+2\times5\times0+3\times3\times5-3\times4\times0-1\times5\times5-2\times3\times6=8$

(2) $\begin{vmatrix} 1 & 3 & 0 \\ 2 & 4 & 5 \\ 3 & 5 & 6 \end{vmatrix} = 8$ ［転置しても行列式の値は変わらない］

(3) $\begin{vmatrix} 3 & 4 & 5 \\ 1 & 2 & 3 \\ 0 & 5 & 6 \end{vmatrix} = -8$ ［2つの行を入れ替えると行列式の値は -1 倍］

(4) $\begin{vmatrix} 1 & 2 & 3 \\ 3c & 4c & 5c \\ 0 & 5 & 6 \end{vmatrix} = 8c$ ［1つの行を定数 c 倍すると行列式の値は c 倍］

(5) $\begin{vmatrix} 10 & 20 & 30 \\ 30 & 40 & 50 \\ 0 & 50 & 60 \end{vmatrix} = 8000$ ［(3) の結果を考慮して求める］

（終）

上記の例題 5.5 と同様，一般に，次の性質が成立する．

> **《定理 41》** 正方行列 A に対し，
>
> (1) $|{}^tA| = |A|$ すなわち，行列式の行と列を入れ替えても行列式の値は等しい．
>
> (2) 行列式の2つの行（または列）を入れ替えると，行列式の値は -1 倍になる．
>
> (3) 行列式の1つの行（または列）を定数 c 倍すると，行列式の値は c 倍になる．

証明 A が3次の場合について証明するが，同様に，n 次正方行列についても証明される．

(1)
$$|A| = \begin{vmatrix} a_{11} & a_{12} & a_{13} \\ a_{21} & a_{22} & a_{23} \\ a_{31} & a_{32} & a_{33} \end{vmatrix} = \sum_{\substack{P\in S_3 \\ P=(p_1,p_2,p_3)}} \mathrm{sgn}(P)\, a_{1p_1}a_{2p_2}a_{3p_3}$$

$$|{}^tA| = \begin{vmatrix} a_{11} & a_{21} & a_{31} \\ a_{12} & a_{22} & a_{32} \\ a_{13} & a_{23} & a_{33} \end{vmatrix} = \sum_{\substack{Q\in S_3 \\ Q=(q_1,q_2,q_3)}} \mathrm{sgn}(Q)\, a_{q_1 1}a_{q_2 2}a_{q_3 3}$$

であるから，$Q=(q_1,q_2,q_3)$ に対し，

$$a_{q_1 1}a_{q_2 2}a_{q_3 3}=a_{1p_1}a_{2p_2}a_{3p_3}$$

を満たす $P=(p_1,p_2,p_3)$ が1つだけ存在する．このとき，$a_{q_1 1}a_{q_2 2}a_{q_3 3}$ の積の順序を入れ替えると，$a_{1p_1}a_{2p_2}a_{3p_3}$ になる．この積の順序の入れ替えの回数が k 回であるとすると，行番号と列番号に注目して，順列 (q_1,q_2,q_3) は，k 回の入れ替えで $(1,2,3)$ になり，順列 $(1,2,3)$ は，k 回の入れ替えで (p_1,p_2,p_3) になることがわかる．

成分の積	$a_{q_1 1}a_{q_2 2}a_{q_3 3}$	$\overset{k\text{回}}{\Longleftrightarrow}$	$a_{1p_1}a_{2p_2}a_{3p_3}$
行番号	(q_1,q_2,q_3)	$\overset{k\text{回}}{\Longleftrightarrow}$	$(1,2,3)$
列番号	$(1,2,3)$	$\overset{k\text{回}}{\Longleftrightarrow}$	(p_1,p_2,p_3)

したがって，

$$\mathrm{sgn}(Q)=\mathrm{sgn}(q_1,q_2,q_3)=\mathrm{sgn}(p_1,p_2,p_3)=\mathrm{sgn}(P)$$

である．これは，すべての S_3 の要素について成立するので，

$$|{}^tA|=\sum_{\substack{Q\in S_3\\ Q=(q_1,q_2,q_3)}}\mathrm{sgn}(Q)\,a_{q_1 1}a_{q_2 2}a_{q_3 3}=\sum_{\substack{P\in S_3\\ P=(p_1,p_2,p_3)}}\mathrm{sgn}(P)\,a_{1p_1}a_{2p_2}a_{3p_3}=|A|$$

(2) (1) より，(2)，(3) における行列式の「行」に関する性質は,「列」についても成立することがわかるので，2つの行を入れ替えた場合を証明すればよい．ここでは，特定の行を入れ替えた場合について証明するが，どの2つの行を入れ替えた場合についても同様に証明される．

第1行と第2行を入れ替えた場合，順列 $P=(p_1,p_2,p_3)$ と $P'=(p_2,p_1,p_3)$ の符号は，2つの数を1回入れ替えているので，定理40より

$$\mathrm{sgn}(P)=\mathrm{sgn}(p_1,p_2,p_3)=(-1)\times\mathrm{sgn}(p_2,p_1,p_3)=(-1)\times\mathrm{sgn}(P')$$

である．したがって，

$$\begin{aligned}\begin{vmatrix}a_{21}&a_{22}&a_{23}\\a_{11}&a_{12}&a_{13}\\a_{31}&a_{32}&a_{33}\end{vmatrix}&=\sum_{\substack{P\in S_3\\ P=(p_1,p_2,p_3)}}\mathrm{sgn}(P)\,a_{2p_1}a_{1p_2}a_{3p_3}\\&=\sum_{\substack{P'\in S_3\\ P'=(p_2,p_1,p_3)}}(-1)\times\mathrm{sgn}(P')\,a_{1p_2}a_{2p_1}a_{3p_3}\\&=(-1)\times\sum_{\substack{P'\in S_3\\ P'=(p_2,p_1,p_3)}}\mathrm{sgn}(P')\,a_{1p_2}a_{2p_1}a_{3p_3}=(-1)\times\begin{vmatrix}a_{11}&a_{12}&a_{13}\\a_{21}&a_{22}&a_{23}\\a_{31}&a_{32}&a_{33}\end{vmatrix}\end{aligned}$$

(3) 第 2 行を c 倍した場合，

$$\begin{vmatrix} a_{11} & a_{12} & a_{13} \\ c\,a_{21} & c\,a_{22} & c\,a_{23} \\ a_{31} & a_{32} & a_{33} \end{vmatrix} = \sum_{\substack{P \in S_3 \\ P=(p_1,p_2,p_3)}} \mathrm{sgn}(P)\, a_{1p_1}(c\,a_{2p_2})a_{3p_3}$$

$$= c \sum_{\substack{P \in S_3 \\ P=(p_1,p_2,p_3)}} \mathrm{sgn}(P)\, a_{1p_1}a_{2p_2}a_{3p_3} = c \begin{vmatrix} a_{11} & a_{12} & a_{13} \\ a_{21} & a_{22} & a_{23} \\ a_{31} & a_{32} & a_{33} \end{vmatrix}$$

□

定理 41 (3) より，次の性質がわかる

《定理 42》 行列式について，次が成立する．

(1) 1 つの行（または列）の成分の共通因数は，行列式の因数として，くくり出せる．

(2) n 次正方行列 A に対し，$|kA| = k^n|A|$

問 5.5. 次の行列式の値を求めなさい．

(1) $\begin{vmatrix} 13 & 14 \\ 39 & 28 \end{vmatrix}$ (2) $\begin{vmatrix} 900 & 600 \\ 700 & 800 \end{vmatrix}$ (3) $\begin{vmatrix} 11 & 28 & 35 \\ 22 & 35 & 40 \\ 33 & 42 & 45 \end{vmatrix}$ (4) $\begin{vmatrix} 4 & 4 & 4 \\ 4 & 8 & 4 \\ 8 & 12 & 16 \end{vmatrix}$

解 (1) −182 (2) 300000 (3) 0 (4) 128

5.4 行列式の値と成分 0 の位置との関連は？

行列式の定義より，行列式は，成分の積に符号をつけて足し算することはわかった．その成分の選び方と符号に，順列が用いられている．成分に 0 があれば，その成分の積の項は 0 であるから，成分の 0 と行列式の値との関係を調べてみよう．

例題 5.6

次の行列式の値を求めなさい．

(1) 単位行列 $\begin{vmatrix} 1 & 0 & 0 \\ 0 & 1 & 0 \\ 0 & 0 & 1 \end{vmatrix}$　(2) 対角行列 $\begin{vmatrix} 3 & 0 & 0 \\ 0 & 2 & 0 \\ 0 & 0 & 6 \end{vmatrix}$

(3) 上三角行列 $\begin{vmatrix} 3 & 8 & 7 \\ 0 & 2 & 9 \\ 0 & 0 & 6 \end{vmatrix}$　(4) 下三角行列 $\begin{vmatrix} 3 & 0 & 0 \\ 1 & 2 & 0 \\ 5 & 4 & 6 \end{vmatrix}$

（解）

(1) 単位行列 $\begin{vmatrix} 1 & 0 & 0 \\ 0 & 1 & 0 \\ 0 & 0 & 1 \end{vmatrix} = 1 \times 1 \times 1 + 0 + 0 - 0 - 0 - 0 = 1$

(2) 対角行列 $\begin{vmatrix} 3 & 0 & 0 \\ 0 & 2 & 0 \\ 0 & 0 & 6 \end{vmatrix} = 3 \times 2 \times 6 + 0 + 0 - 0 - 0 - 0 = 36$

(3) 上三角行列 $\begin{vmatrix} 3 & 8 & 7 \\ 0 & 2 & 9 \\ 0 & 0 & 6 \end{vmatrix} = 3 \times 2 \times 6 + 0 + 0 - 0 - 0 - 0 = 36$

(4) 下三角行列 $\begin{vmatrix} 3 & 0 & 0 \\ 1 & 2 & 0 \\ 5 & 4 & 6 \end{vmatrix} = 3 \times 2 \times 6 + 0 + 0 - 0 - 0 - 0 = 36$

（終）

上記の例題 5.6 より，次のことがうかがえる．

《**定理 43**》 行列式について，次が成立する．

(1) 単位行列 E の行列式の値は 1 である．すなわち $|E| = 1$.

(2) 対角行列および三角行列の行列式の値は，その対角成分の積と一致する．

定理 43 を証明するには，次の定理を証明すればよい．

《定理 44》 行列式について，第1列（または第1行）の(1,1)成分以外の成分がすべて0のとき，次が成立する．

$$\begin{vmatrix} a_{11} & a_{12} & \cdots & a_{1n} \\ 0 & a_{22} & \cdots & a_{2n} \\ \vdots & \vdots & \ddots & \vdots \\ 0 & a_{n2} & \cdots & a_{nn} \end{vmatrix} = a_{11} \times \begin{vmatrix} a_{22} & \cdots & a_{2n} \\ \vdots & \ddots & \vdots \\ a_{n2} & \cdots & a_{nn} \end{vmatrix} \tag{5.8}$$

すなわち，$(n-1)$次正方行列Bに対し，

$$\begin{vmatrix} a_{11} & a_{12} & \dots & a_{1n} \\ 0 & & & \\ \vdots & & B & \\ 0 & & & \end{vmatrix} = a_{11} \times \begin{vmatrix} B \end{vmatrix}$$

証明 式(5.8)の左辺を行列式の定義式(5.3)で表したとき，$p_1 \neq 1$とすると，$a_{2p_2}, \ldots, a_{np_n}$の中に第1列の成分が含まれるので，その成分は0である．したがって，積は

$$a_{1p_1} \times a_{2p_2} \times \cdots \times a_{np_n} = 0 \text{（ただし，} p_1 \neq 1\text{）}$$

また，$\mathrm{sgn}(1, p_2, \ldots, p_n) = \mathrm{sgn}(p_2, \ldots, p_n)$であるから，

$$\begin{aligned} \text{(5.8)の左辺} &= \sum_{\substack{P \in S_n \\ P=(1,p_2,\ldots,p_n)}} \mathrm{sgn}(P)\, a_{11} \times a_{2p_2} \times \cdots \times a_{np_n} \\ &= a_{11} \times \sum_{\substack{P' \in S_{n-1} \\ P'=(p_2,\ldots,p_n)}} \mathrm{sgn}(P')\, a_{2p_2} \times \cdots \times a_{np_n} \\ &= a_{11} \times \begin{vmatrix} a_{22} & \cdots & a_{2n} \\ \vdots & \ddots & \vdots \\ a_{n2} & \cdots & a_{nn} \end{vmatrix} \\ &= \text{(5.8)の右辺} \end{aligned}$$

□

問 5.6. 次の行列式の値を求めなさい．

(1) $\begin{vmatrix} 1 & 0 & 0 & 0 \\ 0 & 1 & 0 & 0 \\ 0 & 0 & 1 & 0 \\ 0 & 0 & 0 & 1 \end{vmatrix}$ (2) $\begin{vmatrix} 2 & 0 & 0 & 0 \\ 0 & 3 & 0 & 0 \\ 0 & 0 & 5 & 0 \\ 0 & 0 & 0 & 4 \end{vmatrix}$ (3) $\begin{vmatrix} 3 & 1 & 2 & 6 \\ 0 & 4 & 5 & 2 \\ 0 & 0 & 7 & 3 \\ 0 & 0 & 0 & 2 \end{vmatrix}$ (4) $\begin{vmatrix} 5 & 0 & 0 & 0 \\ 1 & 2 & 0 & 0 \\ 3 & 4 & 6 & 0 \\ 1 & 2 & 3 & 4 \end{vmatrix}$

解 (1) 1 (2) 120 (3) 168 (4) 240

例題 5.7

次の行列式の値を求めなさい．

(1) 0だけの行（または列）がある $\begin{vmatrix} 1 & 2 & 3 \\ 0 & 0 & 0 \\ 4 & 5 & 6 \end{vmatrix}$

(2) 2つの行（または列）が等しい $\begin{vmatrix} 1 & 2 & 3 \\ 2 & 4 & 5 \\ 2 & 4 & 5 \end{vmatrix}$

(3) ある行（または列）が他の行（または列）の何倍かになっている

$$\begin{vmatrix} 1 & -2 & 3 \\ 0 & 5 & 6 \\ -3 & 6 & -9 \end{vmatrix}$$

（解）

(1) $\begin{vmatrix} 1 & 2 & 3 \\ 0 & 0 & 0 \\ 4 & 5 & 6 \end{vmatrix} = 0+0+0-0-0-0=0$

(2) $x = \begin{vmatrix} 1 & 2 & 3 \\ 2 & 4 & 5 \\ 2 & 4 & 5 \end{vmatrix}$ とおくと，第2行と第3行を入れ替えると行列式の値は (-1) 倍になるので

$$x = \begin{vmatrix} 1 & 2 & 3 \\ 2 & 4 & 5 \\ 2 & 4 & 5 \end{vmatrix} \overset{\text{入れ替え}}{=} (-1) \times \begin{vmatrix} 1 & 2 & 3 \\ 2 & 4 & 5 \\ 2 & 4 & 5 \end{vmatrix} = (-1) \times x = -x$$

これより，$x=-x$ が成立するので，移項して $2x=0$　よって，$x=0$

つまり，$\begin{vmatrix} 1 & 2 & 3 \\ 2 & 4 & 5 \\ 2 & 4 & 5 \end{vmatrix} = 0$

(3) 第3行から共通因数 (-3) をくくり出すと，第1行と第3行が等しくなり，(2) と同様に行列式の値は0，つまり，

$$\begin{vmatrix} 1 & -2 & 3 \\ 0 & 5 & 6 \\ -3 & 6 & -9 \end{vmatrix} = (-3) \times \begin{vmatrix} 1 & -2 & 3 \\ 0 & 5 & 6 \\ 1 & -2 & 3 \end{vmatrix} = (-3) \times 0 = 0$$

（終）

上記の例題 5.7 と同様に，一般に，次の性質が成立する．

《**定理 45**》 正方行列 A に対し，

(1) 0 だけの行（または列）がある行列式の値は 0 である．

(2) 2 つの行（または列）が等しい行列式の値は 0 である．

(3) ある行（または列）が他の行（または列）の何倍かになっている行列式の値は 0 である．

証明 ここでは，特定の行の場合について証明するが，どの行または列の場合についても同様に証明される．

(1) 第 2 行の成分がすべて 0 であるとすると，すべての順列 $P=(p_1,p_2,\ldots,p_n)$ に対し $a_{2p_2}=0$ であるので，

$$
\begin{aligned}
|A| &= \sum_{\substack{P\in S_n\\P=(p_1,p_2,\ldots,p_n)}} \mathrm{sgn}(P)\, a_{11}\times a_{2p_2}\times\cdots\times a_{np_n}\\
&= \sum_{\substack{P\in S_n\\P=(p_1,p_2,\ldots,p_n)}} \mathrm{sgn}(P)\, a_{11}\times 0\times\cdots\times a_{np_n}\\
&= \sum_{\substack{P\in S_n\\P=(p_1,p_2,\ldots,p_n)}} 0\\
&= 0
\end{aligned}
$$

(2) 例題 5.7 (2) と同様に，等しい行を入れ替えると行列式の値は (-1) 倍になるが，行列式は等しい行を入れ替えても変わらないので，$|A|=(-1)\times|A|$ が得られる．これより，$|A|=0$ がわかる．

(3) 例題 5.7 (3) と同様に，何倍かになっている行から共通因数をくくり出すと 2 つの行が等しくなり，(2) より行列式の値は 0 であることがわかる． □

問 5.7. 次の行列式の値を求めなさい．

(1) $\begin{vmatrix} 2 & 1 & 0 & 1\\ 3 & 4 & 0 & 2\\ 7 & 6 & 0 & 3\\ 4 & 5 & 0 & 6 \end{vmatrix}$ (2) $\begin{vmatrix} 3 & 1 & 3 & 5\\ 5 & 4 & 5 & 6\\ 7 & 6 & 7 & 7\\ 2 & 3 & 2 & 4 \end{vmatrix}$ (3) $\begin{vmatrix} 1 & 5 & 4 & 3\\ 2 & 10 & 5 & 5\\ 3 & 15 & 6 & 7\\ 4 & 20 & 8 & 9 \end{vmatrix}$

解 (1) 0 (2) 0 (3) 0

5.5　行列式の和は？

2つの行列式を足し算することを考えよう．行列式は，成分の積に符号をつけた和であるので，2つの行列式の和を考えるとすると，共通因数でくくる，すなわち，因数分解を用いることにより，次の定理が得られる．

《**定理 46**》同じ次数の2つの行列式において，1つの行（または列）以外の成分がすべて等しいとき，その2つの行列式の和は，その行（または列）の和の行列式で表される．
例えば，第2行以外の成分がすべて等しいとき，次が成立する．

$$\begin{vmatrix} a_{11} & a_{12} & a_{13} \\ b_1 & b_2 & b_3 \\ a_{31} & a_{32} & a_{33} \end{vmatrix} + \begin{vmatrix} a_{11} & a_{12} & a_{13} \\ c_1 & c_2 & c_3 \\ a_{31} & a_{32} & a_{33} \end{vmatrix} = \begin{vmatrix} a_{11} & a_{12} & a_{13} \\ b_1+c_1 & b_2+c_2 & b_3+c_3 \\ a_{31} & a_{32} & a_{33} \end{vmatrix}$$

証明　ここでは，3次の行列式の第2行以外の成分がすべて等しい場合について証明するが，n 次の行列式においても，どの行または列の場合についても同様に証明される．

$$\begin{aligned} &\begin{vmatrix} a_{11} & a_{12} & a_{13} \\ b_1 & b_2 & b_3 \\ a_{31} & a_{32} & a_{33} \end{vmatrix} + \begin{vmatrix} a_{11} & a_{12} & a_{13} \\ c_1 & c_2 & c_3 \\ a_{31} & a_{32} & a_{33} \end{vmatrix} \\ &= \sum_{\substack{P\in S_3 \\ P=(p_1,p_2,p_3)}} \mathrm{sgn}(P)\, a_{1p_1}\, b_{p_2}\, a_{3p_3} + \sum_{\substack{P\in S_3 \\ P=(p_1,p_2,p_3)}} \mathrm{sgn}(P)\, a_{1p_1}\, c_{p_2}\, a_{3p_3} \\ &= \sum_{\substack{P\in S_3 \\ P=(p_1,p_2,p_3)}} \mathrm{sgn}(P)\, a_{1p_1}\, (b_{p_2}+c_{p_2})\, a_{3p_3} \\ &= \begin{vmatrix} a_{11} & a_{12} & a_{13} \\ b_1+c_1 & b_2+c_2 & b_3+c_3 \\ a_{31} & a_{32} & a_{33} \end{vmatrix} \end{aligned}$$

□

5.6　行列式の性質を用いたら？

行列式の性質を用いると，定理45 (3) より，ある行（または列）が他の行（または列）の何倍かになっていると行列式の値は0だから，定理46 より，次のような掃き出し法のときと同様な計算ができることがわかる．

《**定理 47**》 1つの行（または列）に他の行（または列）の何倍かを加えても，行列式の値は等しい．

証明 ここでは，3次の行列式の第2行を定数c倍して第3行に加える場合について証明するが，n次の行列式においても，どの行または列の場合についても同様に証明される．

第3行が第2行のc倍である行列式の値は0であることを利用する．

$$\begin{aligned}\begin{vmatrix} a_{11} & a_{12} & a_{13} \\ a_{21} & a_{22} & a_{23} \\ a_{31} & a_{32} & a_{33} \end{vmatrix} &= \begin{vmatrix} a_{11} & a_{12} & a_{13} \\ a_{21} & a_{22} & a_{23} \\ a_{31} & a_{32} & a_{33} \end{vmatrix} + 0 \\ &= \begin{vmatrix} a_{11} & a_{12} & a_{13} \\ a_{21} & a_{22} & a_{23} \\ a_{31} & a_{32} & a_{33} \end{vmatrix} + \begin{vmatrix} a_{11} & a_{12} & a_{13} \\ a_{21} & a_{22} & a_{23} \\ c\,a_{21} & c\,a_{22} & c\,a_{23} \end{vmatrix} \\ &= \begin{vmatrix} a_{11} & a_{12} & a_{13} \\ a_{21} & a_{22} & a_{23} \\ a_{31}+c\,a_{21} & a_{32}+c\,a_{22} & a_{33}+c\,a_{23} \end{vmatrix}\end{aligned}$$

したがって，第2行をc倍して第3行に加えても，行列式の値は等しい．

$$\begin{vmatrix} a_{11} & a_{12} & a_{13} \\ a_{21} & a_{22} & a_{23} \\ a_{31} & a_{32} & a_{33} \end{vmatrix} = \begin{vmatrix} a_{11} & a_{12} & a_{13} \\ a_{21} & a_{22} & a_{23} \\ a_{31}+c\,a_{21} & a_{32}+c\,a_{22} & a_{33}+c\,a_{23} \end{vmatrix}$$

□

では，行列式の性質を利用して，実際に，4次の行列式の値を求めてみよう．

例題 5.8

行列式 $\begin{vmatrix} 3 & 4 & 2 & 1 \\ 1 & 3 & 1 & 2 \\ -4 & -5 & -2 & -3 \\ -2 & -2 & 1 & 1 \end{vmatrix}$ の値を求めなさい．

（解）

$$
\begin{vmatrix} 3 & 4 & 2 & 1 \\ 1 & 3 & 1 & 2 \\ -4 & -5 & -2 & -3 \\ -2 & -2 & 1 & 1 \end{vmatrix}
= (-1) \times \begin{vmatrix} 1 & 3 & 1 & 2 \\ 3 & 4 & 2 & 1 \\ -4 & -5 & -2 & -3 \\ -2 & -2 & 1 & 1 \end{vmatrix} \quad \text{[第1行と第2行を入替]}
$$

$$
= (-1) \times \begin{vmatrix} 1 & 3 & 1 & 2 \\ 0 & -5 & -1 & -5 \\ -4 & -5 & -2 & -3 \\ -2 & -2 & 1 & 1 \end{vmatrix} \quad \text{[第2行 + 第1行 ×(−3)]}
$$

$$
= (-1) \times \begin{vmatrix} 1 & 3 & 1 & 2 \\ 0 & -5 & -1 & -5 \\ 0 & 7 & 2 & 5 \\ 0 & 4 & 3 & 5 \end{vmatrix} \quad \begin{array}{l} \text{[第3行 + 第1行 ×4]} \\ \text{[第4行 + 第1行 ×2]} \end{array}
$$

$$
= (-1) \times 1 \times \begin{vmatrix} -5 & -1 & -5 \\ 7 & 2 & 5 \\ 4 & 3 & 5 \end{vmatrix} \quad \text{[定理44を適用]}
$$

$$
= (-1) \times 5 \times \begin{vmatrix} -5 & -1 & -1 \\ 7 & 2 & 1 \\ 4 & 3 & 1 \end{vmatrix} \quad \text{[第3列より5をくくりだす]}
$$

$$
= (-5) \times (-1) \times \begin{vmatrix} -1 & -1 & -5 \\ 1 & 2 & 7 \\ 1 & 3 & 4 \end{vmatrix} \quad \text{[第1列と第3列を入替]}
$$

$$
= 5 \times \begin{vmatrix} -1 & -1 & -5 \\ 0 & 1 & 2 \\ 0 & 2 & -1 \end{vmatrix} \quad \begin{array}{l} \text{[第2行 + 第1行 ×1]} \\ \text{[第3行 + 第1行 ×1]} \end{array}
$$

$$
= 5 \times (-1) \times \begin{vmatrix} 1 & 2 \\ 2 & -1 \end{vmatrix} \quad \text{[定理44を適用]}
$$

$$
= (-5) \times \{1 \times (-1) - 2 \times 2\}
$$

$$
= 25
$$

（終）

問 5.8. 次の行列式の値を求めなさい.

(1) $\begin{vmatrix} 101 & 102 & 103 \\ 100 & 101 & 102 \\ 99 & 102 & 101 \end{vmatrix}$ (2) $\begin{vmatrix} 2 & 3 & 3 & 3 \\ 1 & 1 & 1 & 1 \\ 3 & 5 & 6 & 7 \\ 4 & 7 & 9 & 8 \end{vmatrix}$ (3) $\begin{vmatrix} 9 & 10 & 11 & 12 \\ 5 & 6 & 7 & 8 \\ 1 & 2 & 3 & 4 \\ 13 & 14 & 15 & 16 \end{vmatrix}$

解 (1) -4 (2) 3 (3) 0

5.7 行列の積における行列式の値は？

行列の積とその行列式の値を調べてみよう.

例題 5.9

2つの正方行列 $A = \begin{pmatrix} 1 & 2 \\ 3 & 4 \end{pmatrix}$, $B = \begin{pmatrix} 1 & 3 \\ 4 & 5 \end{pmatrix}$ について, 次を求めなさい.

(1) $|A|$ (2) $|B|$ (3) AB (4) $|AB|$

(解)

(1) $|A| = \begin{vmatrix} 1 & 2 \\ 3 & 4 \end{vmatrix} = 1 \times 4 - 2 \times 3 = -2$

(2) $|B| = \begin{vmatrix} 1 & 3 \\ 4 & 5 \end{vmatrix} = 1 \times 5 - 3 \times 4 = -7$

(3) $AB = \begin{pmatrix} 1 & 2 \\ 3 & 4 \end{pmatrix}\begin{pmatrix} 1 & 3 \\ 4 & 5 \end{pmatrix} = \begin{pmatrix} 1 \times 1 + 2 \times 4 & 1 \times 3 + 2 \times 5 \\ 3 \times 1 + 4 \times 4 & 3 \times 3 + 4 \times 5 \end{pmatrix} = \begin{pmatrix} 9 & 13 \\ 19 & 29 \end{pmatrix}$

(4) (3) より $|AB| = \begin{vmatrix} 9 & 13 \\ 19 & 29 \end{vmatrix} = 9 \times 29 - 13 \times 19 = 261 - 247 = 14$

(終)

上記の例題 5.9 と同様に, 一般に, 次のことが成立する.

《**定理 48**》 同じ次数の正方行列 A, B に対して, 積 AB の行列式の値 $|AB|$ は行列式の値 $|A|$, $|B|$ の積に等しい. すなわち

$$|AB| = |A|\,|B|$$

証明 ここでは, 2次の行列の場合について証明するが, n 次の行列においても同様に証明される.

$A = \begin{pmatrix} a_{11} & a_{12} \\ a_{21} & a_{22} \end{pmatrix}$, $B = \begin{pmatrix} b_{11} & b_{12} \\ b_{21} & b_{22} \end{pmatrix}$ とすると，

$$AB = \begin{pmatrix} a_{11} & a_{12} \\ a_{21} & a_{22} \end{pmatrix}\begin{pmatrix} b_{11} & b_{12} \\ b_{21} & b_{22} \end{pmatrix} = \begin{pmatrix} a_{11}b_{11}+a_{12}b_{21} & a_{11}b_{12}+a_{12}b_{22} \\ a_{21}b_{11}+a_{22}b_{21} & a_{21}b_{12}+a_{22}b_{22} \end{pmatrix}$$

である．したがって，定理 41, 42, 45, 46 を適用して計算すると，

$$\begin{aligned}
|AB| &= \begin{vmatrix} a_{11}b_{11}+a_{12}b_{21} & a_{11}b_{12}+a_{12}b_{22} \\ a_{21}b_{11}+a_{22}b_{21} & a_{21}b_{12}+a_{22}b_{22} \end{vmatrix} \\
&= \begin{vmatrix} a_{11}b_{11} & a_{11}b_{12}+a_{12}b_{22} \\ a_{21}b_{11} & a_{21}b_{12}+a_{22}b_{22} \end{vmatrix} + \begin{vmatrix} a_{12}b_{21} & a_{11}b_{12}+a_{12}b_{22} \\ a_{22}b_{21} & a_{21}b_{12}+a_{22}b_{22} \end{vmatrix} \\
&= b_{11} \times \begin{vmatrix} a_{11} & a_{11}b_{12}+a_{12}b_{22} \\ a_{21} & a_{21}b_{12}+a_{22}b_{22} \end{vmatrix} + b_{21} \times \begin{vmatrix} a_{12} & a_{11}b_{12}+a_{12}b_{22} \\ a_{22} & a_{21}b_{12}+a_{22}b_{22} \end{vmatrix} \\
&= b_{11}\left(\begin{vmatrix} a_{11} & a_{11}b_{12} \\ a_{21} & a_{21}b_{12} \end{vmatrix} + \begin{vmatrix} a_{11} & a_{12}b_{22} \\ a_{21} & a_{22}b_{22} \end{vmatrix}\right) + b_{21}\left(\begin{vmatrix} a_{12} & a_{11}b_{12} \\ a_{22} & a_{21}b_{12} \end{vmatrix} + \begin{vmatrix} a_{12} & a_{12}b_{22} \\ a_{22} & a_{22}b_{22} \end{vmatrix}\right) \\
&= b_{11}\left(b_{12} \times \begin{vmatrix} a_{11} & a_{11} \\ a_{21} & a_{21} \end{vmatrix} + b_{22} \times \begin{vmatrix} a_{11} & a_{12} \\ a_{21} & a_{22} \end{vmatrix}\right) \\
&\qquad + b_{21}\left(b_{12} \times \begin{vmatrix} a_{12} & a_{11} \\ a_{22} & a_{21} \end{vmatrix} + b_{22} \times \begin{vmatrix} a_{12} & a_{12} \\ a_{22} & a_{22} \end{vmatrix}\right) \\
&= b_{11}\left(b_{12} \times 0 + b_{22} \times \begin{vmatrix} a_{11} & a_{12} \\ a_{21} & a_{22} \end{vmatrix}\right) + b_{21}\left(b_{12} \times \begin{vmatrix} a_{12} & a_{11} \\ a_{22} & a_{21} \end{vmatrix} + b_{22} \times 0\right) \\
&= b_{11} \times b_{22} \times \begin{vmatrix} a_{11} & a_{12} \\ a_{21} & a_{22} \end{vmatrix} + b_{21} \times b_{12} \times (-1) \times \begin{vmatrix} a_{11} & a_{12} \\ a_{21} & a_{22} \end{vmatrix} \\
&= \begin{vmatrix} a_{11} & a_{12} \\ a_{21} & a_{22} \end{vmatrix} \times (b_{11}\,b_{22} - b_{21}\,b_{12}) \\
&= |A|\,|B|
\end{aligned}$$

が得られる． □

問 5.9.　2つの正方行列 $A = \begin{pmatrix} 0 & a & b \\ a & 0 & c \\ b & c & 0 \end{pmatrix}$, $B = \begin{pmatrix} 0 & x & y \\ x & 0 & z \\ y & z & 0 \end{pmatrix}$ について，次を求めなさい．

(1) $|A|$　　(2) $|B|$　　(3) AB　　(4) $|AB|$

解　(1) $2abc$　(2) $2xyz$　(3) $\begin{pmatrix} ax+by & bz & az \\ cy & ax+cz & ay \\ cx & bx & by+cz \end{pmatrix}$　(4) $4abcxyz$

例題 5.10

正方行列 A が正則のとき，$|A| \neq 0$ であり，かつ $|A^{-1}| = \dfrac{1}{|A|}$ であることを証明しなさい．

（解）A は正則行列だから逆行列 A^{-1} が存在し，$A\,A^{-1} = E$ を満たす．この両辺の行列式を考えると，

$$\begin{aligned} |A\,A^{-1}| &= |E| \\ |A|\,|A^{-1}| &= 1 \end{aligned}$$

これより，$|A| \neq 0$ であり，かつ $|A^{-1}| = \dfrac{1}{|A|}$ であることがわかる．（終）

問 5.10.　正方行列 A が ${}^tA\,A = E$ を満たすとき $|A|$ の値を求めなさい．

解　$|A| = \pm 1$

5.8　行列式の因数分解って？

行列式の定義式 (5.3) からわかるように，行列式は，成分の積の和である．この和を積で表すこと，すなわち，行列式の因数分解を考えよう．

例題 5.11

行列式 $\begin{vmatrix} 1 & bc & a^2 \\ 1 & ca & b^2 \\ 1 & ab & c^2 \end{vmatrix}$ を因数分解しなさい．

（解）

$$\begin{aligned} \begin{vmatrix} 1 & bc & a^2 \\ 1 & ca & b^2 \\ 1 & ab & c^2 \end{vmatrix} &= \begin{vmatrix} 1 & bc & a^2 \\ 0 & ca-bc & b^2-a^2 \\ 0 & ab-bc & c^2-a^2 \end{vmatrix} \begin{matrix} \\ [\text{第 2 行} + \text{第 1 行} \times (-1)] \\ [\text{第 3 行} + \text{第 1 行} \times (-1)] \end{matrix} \\ &= 1 \times \begin{vmatrix} ca-bc & b^2-a^2 \\ ab-bc & c^2-a^2 \end{vmatrix} \ [\text{定理 44 を適用}] \\ &= \begin{vmatrix} -c(b-a) & (b+a)(b-a) \\ -b(c-a) & (c+a)(c-a) \end{vmatrix} \ [\text{各成分を因数分解}] \\ &= (b-a) \times (c-a) \times \begin{vmatrix} -c & b+a \\ -b & c+a \end{vmatrix} \begin{matrix} [\text{第 1 行から } (b-a) \text{ をくくりだす}] \\ [\text{第 2 行から } (c-a) \text{ をくくりだす}] \end{matrix} \end{aligned}$$

$$= (b-a)(c-a) \times \begin{vmatrix} -c+b & b-c \\ -b & c+a \end{vmatrix} \quad [第1行 + 第2行 \times (-1)]$$

$$= -(a-b)(c-a) \times (b-c) \times \begin{vmatrix} 1 & 1 \\ -b & c+a \end{vmatrix} \quad [第1行から (b-c) をくくりだす]$$

$$= -(a-b)(b-c)(c-a)(a+b+c)$$

こうして，因数分解できた.（終）

問 5.11. 次の行列式を因数分解しなさい.

(1) $\begin{vmatrix} 1 & a & a^2 \\ 1 & b & b^2 \\ 1 & c & c^2 \end{vmatrix}$　(2) $\begin{vmatrix} 1 & 1 & 1 & 1 \\ x & y & z & w \\ x^2 & y^2 & z^2 & w^2 \\ x^3 & y^3 & z^3 & w^3 \end{vmatrix}$

(3) $\begin{vmatrix} 1 & b+c & bc \\ 1 & c+a & ca \\ 1 & a+b & ab \end{vmatrix}$　(4) $\begin{vmatrix} x & y & y & y \\ x & y & x & x \\ x & x & y & x \\ y & y & y & x \end{vmatrix}$

解　(1) $(b-a)(c-a)(c-b)$　(2) $(w-x)(w-y)(w-z)(z-x)(z-y)(y-x)$
(3) $-(b-a)(c-a)(c-b)$　(4) $(x-y)^4$

5.9　小行列式と余因子って？

n 次正方行列 A に対し，第 j 行と第 k 列を除いて得られる $(n-1)$ 次の正方行列の行列式を **(j,k) 成分の小行列式**といい，$\boldsymbol{D_{jk}}$ で表す．すなわち，小行列式 D_{jk} は，次のようになる.

$$D_{jk} = \begin{vmatrix} a_{11} & \cdots & a_{1,k-1} & a_{1k} & a_{1,k+1} & \cdots & a_{1n} \\ \vdots & \cdots & \vdots & \vdots & \cdots & \vdots & \\ a_{j-1,1} & \cdots & a_{j-1,k-1} & & a_{j-1,k+1} & \cdots & a_{j-1,n} \\ a_{j1} & \cdots & \cdots & a_{jk} & \cdots & \cdots & a_{jn} \\ a_{j+1,1} & \cdots & a_{j+1,k-1} & & a_{j+1,k+1} & \cdots & a_{j+1,n} \\ \vdots & \cdots & \vdots & \vdots & \vdots & \cdots & \vdots \\ a_{n,1} & \cdots & a_{n,k-1} & a_{nk} & a_{n,k+1} & \cdots & a_{n,n} \end{vmatrix} \leftarrow 第 j 行を除く \tag{5.9}$$

↑第 k 列を除く

さらに，この小行列式 D_{jk} に $(-1)^{j+k}$ を掛けたものを **(j,k) 成分の余因子**といい，$\boldsymbol{A_{jk}}$ で表す．すなわち，余因子 A_{jk} は次のようになる.

$$A_{jk} = (-1)^{j+k} \times D_{jk} \tag{5.10}$$

例題 5.12

正方行列 $A = \begin{pmatrix} 1 & 2 & -8 & 3 \\ -5 & 1 & 7 & 9 \\ 3 & 4 & -2 & 5 \\ 0 & 5 & 3 & 6 \end{pmatrix}$ について，次の値を求めなさい．

(1) 小行列式 D_{23}　　(2) 余因子 A_{23}

（解）

(1) 小行列式の定義式 (5.9) より

$$D_{23} = \begin{vmatrix} 1 & 2 & -8 & 3 \\ -5 & 1 & 7 & 9 \\ 3 & 4 & -2 & 5 \\ 0 & 5 & 3 & 6 \end{vmatrix} \leftarrow \text{第 2 行を除く}$$

↑ 第 3 列を除く

$$= \begin{vmatrix} 1 & 2 & 3 \\ 3 & 4 & 5 \\ 0 & 5 & 6 \end{vmatrix}$$

$$= 1 \times 4 \times 6 + 2 \times 5 \times 0 + 3 \times 3 \times 5 - 3 \times 4 \times 0 - 1 \times 5 \times 5 - 2 \times 3 \times 6$$

$$= 8$$

(2) 余因子の定義式 (5.10) より

$$\begin{aligned} A_{23} &= (-1)^{2+3} D_{23} \\ &= (-1)^5 \times 8 \qquad [\,(1)\text{ より } D_{23} = 8] \\ &= -8 \end{aligned}$$

（終）

問 5.12.　正方行列 $A = \begin{pmatrix} 1 & 2 & 3 & 4 \\ 2 & 3 & 4 & 5 \\ 3 & 4 & 5 & 6 \\ 4 & 5 & 6 & 8 \end{pmatrix}$ について，次の値を求めなさい．

(1) D_{23}　(2) A_{23}　(3) D_{31}　(4) A_{31}

解　(1) -3　(2) 3　(3) -1　(4) -1

5.10　行列式の展開って？

n 次の行列式を，1つ次数が小さい $(n-1)$ 次の行列式を用いて表す，すなわち，余因子による行列式の展開を考えてみよう．

たとえば，3次の行列式において，第2行に注目して，2次の行列式を用いて表してみよう．定理46を利用すると，次のように表すことができる．

$$\begin{vmatrix} a_{11} & a_{12} & a_{13} \\ a_{21} & a_{22} & a_{23} \\ a_{31} & a_{32} & a_{33} \end{vmatrix} = \begin{vmatrix} a_{11} & a_{12} & a_{13} \\ a_{21} & 0 & 0 \\ a_{31} & a_{32} & a_{33} \end{vmatrix} + \begin{vmatrix} a_{11} & a_{12} & a_{13} \\ 0 & a_{22} & 0 \\ a_{31} & a_{32} & a_{33} \end{vmatrix} + \begin{vmatrix} a_{11} & a_{12} & a_{13} \\ 0 & 0 & a_{23} \\ a_{31} & a_{32} & a_{33} \end{vmatrix} \quad (5.11)$$

このとき，右辺の第1行と第2行を入れ替えると (-1) 倍になるので，

$$\begin{vmatrix} a_{11} & a_{12} & a_{13} \\ a_{21} & a_{22} & a_{23} \\ a_{31} & a_{32} & a_{33} \end{vmatrix} = (-1)\begin{vmatrix} a_{21} & 0 & 0 \\ a_{11} & a_{12} & a_{13} \\ a_{31} & a_{32} & a_{33} \end{vmatrix} + (-1)\begin{vmatrix} 0 & a_{22} & 0 \\ a_{11} & a_{12} & a_{13} \\ a_{31} & a_{32} & a_{33} \end{vmatrix} + (-1)\begin{vmatrix} 0 & 0 & a_{23} \\ a_{11} & a_{12} & a_{13} \\ a_{31} & a_{32} & a_{33} \end{vmatrix}$$

さらに，右辺の第2項，第3項において，小行列になるように隣りの列と入れ替えることにより，定理44を適用できるようにすると，

$$\begin{aligned} \begin{vmatrix} a_{11} & a_{12} & a_{13} \\ a_{21} & a_{22} & a_{23} \\ a_{31} & a_{32} & a_{33} \end{vmatrix} &= (-1)\begin{vmatrix} a_{21} & 0 & 0 \\ a_{11} & a_{12} & a_{13} \\ a_{31} & a_{32} & a_{33} \end{vmatrix} + (-1)^2\begin{vmatrix} a_{22} & 0 & 0 \\ a_{12} & a_{11} & a_{13} \\ a_{32} & a_{31} & a_{33} \end{vmatrix} + (-1)^3\begin{vmatrix} a_{23} & 0 & 0 \\ a_{13} & a_{11} & a_{12} \\ a_{33} & a_{31} & a_{32} \end{vmatrix} \\ &= (-1)\cdot a_{21}\cdot\begin{vmatrix} a_{12} & a_{13} \\ a_{32} & a_{33} \end{vmatrix} + (+1)\cdot a_{22}\cdot\begin{vmatrix} a_{11} & a_{13} \\ a_{31} & a_{33} \end{vmatrix} + (-1)\cdot a_{23}\cdot\begin{vmatrix} a_{11} & a_{12} \\ a_{31} & a_{32} \end{vmatrix} \\ &= (-1)\cdot a_{21}\cdot D_{21} + (+1)\cdot a_{22}\cdot D_{22} + (-1)\cdot a_{23}\cdot D_{23} \end{aligned}$$

ここで，小行列式に符号をつけた余因子の定義式 (5.10) を考慮すると，

$$\begin{vmatrix} a_{11} & a_{12} & a_{13} \\ a_{21} & a_{22} & a_{23} \\ a_{31} & a_{32} & a_{33} \end{vmatrix} = a_{21}\cdot A_{21} + a_{22}\cdot A_{22} + a_{23}\cdot A_{23} \quad (5.12)$$

が得られる．これより，行列式は，1つの行または列の成分とその対応する余因子との積の和として表されることがわかる．このような性質を，**行列式の（余因子）展開，またはLaplace（ラプラス）展開** という．特に，行列式の展開式 (5.12) は，第2行に関して展開しているので，**第2行に関する行列式の展開**という．

行列式の展開式 (5.12) は，シグマ記号を用いると次のように表せる．

$$\begin{vmatrix} a_{11} & a_{12} & a_{13} \\ a_{21} & a_{22} & a_{23} \\ a_{31} & a_{32} & a_{33} \end{vmatrix} = \sum_{m=1}^{3} a_{2m}\cdot A_{2m} \qquad \text{［第2行に関する展開］} \quad (5.13)$$

行列式は，どの行，どの列に関しても展開でき，その値はすべて行列式の値に等しいので，次の式が成立する．

$$\begin{vmatrix} a_{11} & a_{12} & a_{13} \\ a_{21} & a_{22} & a_{23} \\ a_{31} & a_{32} & a_{33} \end{vmatrix} = \sum_{m=1}^{3} a_{jm} \cdot A_{jm} \qquad \text{［第 } j \text{ 行に関する展開］}$$

$$= \sum_{m=1}^{3} a_{mk} \cdot A_{mk} \qquad \text{［第 } k \text{ 列に関する展開］}$$

同様に，n 次の行列式についても成立するので，次の定理がわかる．

《定理 49》 ［余因子展開，または Laplace（ラプラス） 展開］

n 次の行列式 $|A|$ の (j,k) 成分とその余因子をそれぞれ a_{jk}, A_{jk} とすると，次の式が成立する．

$$|A| = \sum_{m=1}^{n} a_{jm} \cdot A_{jm} \qquad \text{［第 } j \text{ 行に関する展開］} \tag{5.14}$$

$$= \sum_{m=1}^{n} a_{mk} \cdot A_{mk} \qquad \text{［第 } k \text{ 列に関する展開］} \tag{5.15}$$

例題 5.13

行列 $A = \begin{pmatrix} 3 & -2 & 0 & 0 \\ 0 & 3 & -2 & 0 \\ 0 & 0 & 3 & -2 \\ -2 & 0 & 0 & 3 \end{pmatrix}$ について，次の問いに答えなさい．

(1) A の第 1 列に関する余因子 $A_{11}, A_{21}, A_{31}, A_{41}$ を求めなさい．

(2) 行列式 $|A|$ の値を，第 1 列に関する余因子展開を用いて求めなさい．

（解）

(1) 余因子の定義式 (5.10) より

$$A_{11} = (-1)^{1+1} D_{11} = (+1) \times \begin{vmatrix} 3 & -2 & 0 \\ 0 & 3 & -2 \\ 0 & 0 & 3 \end{vmatrix} = 27$$

$$A_{21} = (-1)^{2+1} D_{21} = (-1) \times \begin{vmatrix} -2 & 0 & 0 \\ 0 & 3 & -2 \\ 0 & 0 & 3 \end{vmatrix} = 18$$

$$A_{31} = (-1)^{3+1} D_{31} = (+1) \times \begin{vmatrix} -2 & 0 & 0 \\ 3 & -2 & 0 \\ 0 & 0 & 3 \end{vmatrix} = 12$$

$$A_{41} = (-1)^{4+1} D_{41} = (-1) \times \begin{vmatrix} -2 & 0 & 0 \\ 3 & -2 & 0 \\ 0 & 3 & -2 \end{vmatrix} = 8$$

(2) 定理49より第1列に関する余因子展開をすると，

$$\begin{aligned} \begin{vmatrix} 3 & -2 & 0 & 0 \\ 0 & 3 & -2 & 0 \\ 0 & 0 & 3 & -2 \\ -2 & 0 & 0 & 3 \end{vmatrix} &= 3 \cdot A_{11} + 0 \cdot A_{21} + 0 \cdot A_{31} + (-2) \cdot A_{41} \\ &= 3 \cdot 27 + 0 \cdot 18 + 0 \cdot 12 + (-2) \cdot 8 \\ &= 65 \end{aligned}$$

（終）

問 5.13.　次の行列式を求めなさい．

(1) $\begin{vmatrix} 1 & 2 & 3 & 4 \\ 5 & 4 & 3 & 2 \\ 2 & 0 & 0 & 1 \\ 3 & 5 & 1 & 4 \end{vmatrix}$　　(2) $\begin{vmatrix} a & b & c & d \\ -1 & x & 0 & 0 \\ 0 & -1 & x & 0 \\ 0 & 0 & -1 & x \end{vmatrix}$

(3) $\begin{vmatrix} a & 0 & 0 & 0 & b \\ b & a & 0 & 0 & 0 \\ 0 & b & a & 0 & 0 \\ 0 & 0 & b & a & 0 \\ 0 & 0 & 0 & b & a \end{vmatrix}$　　(4) $\begin{vmatrix} 1 & 4 & 4 & 4 \\ 4 & 2 & 4 & 4 \\ 4 & 4 & 3 & 4 \\ 4 & 4 & 4 & 2 \end{vmatrix}$

解　(1) -120　(2) $ax^3 + bx^2 + cx + d$　(3) $a^5 + b^5$　(4) -100

5.11　余因子で行列を作ると？

行列の余因子は，成分の数だけ存在するので，それを用いて新たな行列を作ることができる．

例題 5.14

正方行列 $A = \begin{pmatrix} 1 & 3 & 2 \\ 2 & 3 & 1 \\ 2 & 4 & 3 \end{pmatrix}$ について，次の問いに答えなさい．

(1) 行列 A の行列式 $|A|$ の値を求めなさい．

(2) 行列 A の余因子 A_{jk} をすべて求めなさい．

(3) (2) で求めた余因子を用いた行列 $\widetilde{A} = \begin{pmatrix} A_{11} & A_{12} & A_{13} \\ A_{21} & A_{22} & A_{23} \\ A_{31} & A_{32} & A_{33} \end{pmatrix}$ に対し，次の行列の積を計算しなさい．

(i) $A\widetilde{A}$　　　(ii) $A\,{}^t\widetilde{A}$

（解）

(1) $|A| = \begin{vmatrix} 1 & 3 & 2 \\ 2 & 3 & 1 \\ 2 & 4 & 3 \end{vmatrix} = \begin{vmatrix} 1 & 3 & 2 \\ 0 & -3 & -3 \\ 0 & -2 & -1 \end{vmatrix} = -3$

(2) 余因子の定義式 (5.10) より

$$A_{11} = (+1) \times \begin{vmatrix} 3 & 1 \\ 4 & 3 \end{vmatrix} = 5, \quad A_{12} = (-1) \times \begin{vmatrix} 2 & 1 \\ 2 & 3 \end{vmatrix} = -4, \quad A_{13} = (+1) \times \begin{vmatrix} 2 & 3 \\ 2 & 4 \end{vmatrix} = 2$$

$$A_{21} = (-1) \times \begin{vmatrix} 3 & 2 \\ 4 & 3 \end{vmatrix} = -1 \quad A_{22} = (+1) \times \begin{vmatrix} 1 & 2 \\ 2 & 3 \end{vmatrix} = -1, \quad A_{23} = (-1) \times \begin{vmatrix} 1 & 3 \\ 2 & 4 \end{vmatrix} = 2$$

$$A_{31} = (+1) \times \begin{vmatrix} 3 & 2 \\ 3 & 1 \end{vmatrix} = -3 \quad A_{32} = (-1) \times \begin{vmatrix} 1 & 2 \\ 2 & 1 \end{vmatrix} = 3, \quad A_{33} = (+1) \times \begin{vmatrix} 1 & 3 \\ 2 & 3 \end{vmatrix} = -3$$

(3) (2) より，$\widetilde{A} = \begin{pmatrix} A_{11} & A_{12} & A_{13} \\ A_{21} & A_{22} & A_{23} \\ A_{31} & A_{32} & A_{33} \end{pmatrix} = \begin{pmatrix} 5 & -4 & 2 \\ -1 & -1 & 2 \\ -3 & 3 & -3 \end{pmatrix}$ だから

(i) $A\widetilde{A} = \begin{pmatrix} 1 & 3 & 2 \\ 2 & 3 & 1 \\ 2 & 4 & 3 \end{pmatrix} \begin{pmatrix} 5 & -4 & 2 \\ -1 & -1 & 2 \\ -3 & 3 & -3 \end{pmatrix} = \begin{pmatrix} -4 & -1 & 2 \\ 4 & -8 & 7 \\ -3 & -3 & 3 \end{pmatrix}$

(ii) $A\,{}^t\widetilde{A} = \begin{pmatrix} 1 & 3 & 2 \\ 2 & 3 & 1 \\ 2 & 4 & 3 \end{pmatrix} \begin{pmatrix} 5 & -1 & -3 \\ -4 & -1 & 3 \\ 2 & 2 & -3 \end{pmatrix} = \begin{pmatrix} -3 & 0 & 0 \\ 0 & -3 & 0 \\ 0 & 0 & -3 \end{pmatrix}$

（終）

上記の例題 5.14 (3) (ii) より，積 $A\,{}^t\widetilde{A}$ は，対角行列になることがわかる．しかも，その対角成分は，すべて同じで行列式の値と一致しているので，

$$A\,{}^t\widetilde{A} = \begin{pmatrix} -3 & 0 & 0 \\ 0 & -3 & 0 \\ 0 & 0 & -3 \end{pmatrix} = -3 \begin{pmatrix} 1 & 0 & 0 \\ 0 & 1 & 0 \\ 0 & 0 & 1 \end{pmatrix} = -3E = |A|\ E$$

である．一般に，次が成立する．

> **《定理 50》** 正方行列 A に対し，A の余因子 A_{jk} を用いた行列 $\widetilde{A} = (A_{jk})$ の転置行列 ${}^t\widetilde{A}$ について
>
> $$A\,{}^t\widetilde{A} = |A|\;E, \quad {}^t\widetilde{A}A = |A|\;E \tag{5.16}$$
>
> が成立する．このとき，
>
> (1) $|A| \neq 0$ ならば，A は正則であり，
>
> $$A^{-1} = \frac{1}{|A|}{}^t\widetilde{A} \qquad \text{[余因子を用いた逆行列]} \tag{5.17}$$
>
> (2) $|A| = 0$ ならば，A は正則でない．

証明 ここでは，3次の行列の場合について (5.16) を証明するが，n 次の行列においても同様に証明される．

$$\begin{aligned}
A\,{}^t\widetilde{A} &= \begin{pmatrix} a_{11} & a_{12} & a_{13} \\ a_{21} & a_{22} & a_{23} \\ a_{31} & a_{32} & a_{33} \end{pmatrix} {}^t\!\begin{pmatrix} A_{11} & A_{12} & A_{13} \\ A_{21} & A_{22} & A_{23} \\ A_{31} & A_{32} & A_{33} \end{pmatrix} \\
&= \begin{pmatrix} a_{11} & a_{12} & a_{13} \\ a_{21} & a_{22} & a_{23} \\ a_{31} & a_{32} & a_{33} \end{pmatrix} \begin{pmatrix} A_{11} & A_{21} & A_{31} \\ A_{12} & A_{22} & A_{32} \\ A_{13} & A_{23} & A_{33} \end{pmatrix} \\
&= \begin{pmatrix} \sum_{m=1}^{3} a_{1m}A_{1m} & \sum_{m=1}^{3} a_{1m}A_{2m} & \sum_{m=1}^{3} a_{1m}A_{3m} \\ \sum_{m=1}^{3} a_{2m}A_{1m} & \sum_{m=1}^{3} a_{2m}A_{2m} & \sum_{m=1}^{3} a_{2m}A_{3m} \\ \sum_{m=1}^{3} a_{3m}A_{1m} & \sum_{m=1}^{3} a_{3m}A_{2m} & \sum_{m=1}^{3} a_{3m}A_{3m} \end{pmatrix}
\end{aligned} \tag{5.18}$$

このとき，(5.18) の第1列の成分は，定理 45 (2) と定理 49 より，

$$\sum_{m=1}^{3} a_{1m}A_{1m} = a_{11}A_{11} + a_{12}A_{12} + a_{13}A_{13} = \begin{vmatrix} a_{11} & a_{12} & a_{13} \\ a_{21} & a_{22} & a_{23} \\ a_{31} & a_{32} & a_{33} \end{vmatrix} = |A|$$

$$\sum_{m=1}^{3} a_{2m}A_{1m} = a_{21}A_{11} + a_{22}A_{12} + a_{23}A_{13} = \begin{vmatrix} a_{21} & a_{22} & a_{23} \\ a_{21} & a_{22} & a_{23} \\ a_{31} & a_{32} & a_{33} \end{vmatrix} = 0$$

$$\sum_{m=1}^{3} a_{3m}A_{1m} = a_{31}A_{11} + a_{32}A_{12} + a_{33}A_{13} = \begin{vmatrix} a_{31} & a_{32} & a_{33} \\ a_{21} & a_{22} & a_{23} \\ a_{31} & a_{32} & a_{33} \end{vmatrix} = 0$$

が得られる．このように，

$$\sum_{m=1}^{3} a_{jm} A_{km} = \begin{cases} j = k \text{ のとき} & |A| \\ j \neq k \text{ のとき} & 0 \end{cases}$$

が成立する．したがって，

$$A\,{}^t\widetilde{A} = \begin{pmatrix} |A| & 0 & 0 \\ 0 & |A| & 0 \\ 0 & 0 & |A| \end{pmatrix} = |A| \begin{pmatrix} 1 & 0 & 0 \\ 0 & 1 & 0 \\ 0 & 0 & 1 \end{pmatrix} = |A|\,E$$

が成立することがわかる．

${}^t\widetilde{A}A = |A|\,E$ についても，同様に示すことができる．

(1) $|A| \neq 0$ ならば，式 (5.16) の両辺を $|A|$ で割れば，

$$\frac{1}{|A|}\,A\,{}^t\widetilde{A} = E$$
$$A\left(\frac{1}{|A|}{}^t\widetilde{A}\right) = E$$

が得られる．これは，$\dfrac{1}{|A|}{}^t\widetilde{A}$ が A の逆行列であることを示している．

(2) $|A| = 0$ のとき A^{-1} が存在すると仮定すると，$AA^{-1} = E$ より $|AA^{-1}| = |E| = 1$．よって，$|A|\,|A^{-1}| = 1$ となり，$|A| = 0$ に矛盾．したがって，A は正則でないことがわかる．□

問 5.14.　次の行列の逆行列を求めなさい．

(1) $\begin{pmatrix} 3 & 4 \\ 5 & 6 \end{pmatrix}$　(2) $\begin{pmatrix} a & b \\ c & d \end{pmatrix}$ $(ad - bc \neq 0$ とする$)$

(3) $\begin{pmatrix} 1 & 2 & 3 \\ 2 & 3 & 8 \\ 3 & 4 & 9 \end{pmatrix}$

解　(1) $-\dfrac{1}{2}\begin{pmatrix} 6 & -4 \\ -5 & 3 \end{pmatrix}$　(2) $\dfrac{1}{ad - bc}\begin{pmatrix} d & -b \\ -c & a \end{pmatrix}$　(3) $\dfrac{1}{4}\begin{pmatrix} -5 & -6 & 7 \\ 6 & 0 & -2 \\ -1 & 2 & -1 \end{pmatrix}$

例題 5.15

連立1次方程式

$$\begin{cases} x + 3y + 2z = 3 \\ 2x + 3y + z = -3 \\ 2x + 4y + 3z = 5 \end{cases} \cdots ①$$

について，次の問いに答えなさい．

(1) ① の係数行列 A の逆行列 A^{-1} を求めなさい．

(2) 逆行列 A^{-1} を用いて連立1次方程式 ① を解きなさい．

（解）

(1) ① の係数行列 A は，例題 5.14 と同じであるから，定理50の余因子を用いた逆行列 (5.17) より，

$$A^{-1} = \frac{1}{|A|}{}^t\widetilde{A} = \frac{1}{-3}\begin{pmatrix} 5 & -1 & -3 \\ -4 & -1 & 3 \\ 2 & 2 & -3 \end{pmatrix} = \begin{pmatrix} -\frac{5}{3} & \frac{1}{3} & 1 \\ \frac{4}{3} & \frac{1}{3} & -1 \\ -\frac{2}{3} & -\frac{2}{3} & 1 \end{pmatrix}$$

(2) ① を行列を用いて表すと，

$$A\begin{pmatrix} x \\ y \\ z \end{pmatrix} = \begin{pmatrix} 3 \\ -3 \\ 5 \end{pmatrix}$$

であるから，この両辺に A^{-1} を左からかけると，

$$\begin{pmatrix} x \\ y \\ z \end{pmatrix} = A^{-1}\begin{pmatrix} 3 \\ -3 \\ 5 \end{pmatrix} = \frac{1}{-3}\begin{pmatrix} 5 & -1 & -3 \\ -4 & -1 & 3 \\ 2 & 2 & -3 \end{pmatrix}\begin{pmatrix} 3 \\ -3 \\ 5 \end{pmatrix} = \frac{1}{-3}\begin{pmatrix} 3 \\ 6 \\ -15 \end{pmatrix} = \begin{pmatrix} -1 \\ -2 \\ 5 \end{pmatrix}$$

（終）

問 5.15.　連立1次方程式

$$\begin{cases} x + 2y + 3z = 6 \\ 2x + 3y + 8z = 2 \\ 3x + 4y + 9z = 10 \end{cases} \cdots ①$$

について，次の問いに答えなさい．

(1) 行列を用いて表しなさい．

(2) 逆行列を用いて連立1次方程式 ① を解きなさい．

解　(1) $\begin{pmatrix} 1 & 2 & 3 \\ 2 & 3 & 8 \\ 3 & 4 & 9 \end{pmatrix}\begin{pmatrix} x \\ y \\ z \end{pmatrix} = \begin{pmatrix} 6 \\ 2 \\ 10 \end{pmatrix}$　(2) $x = 7,\ y = 4,\ z = -3$

5.12 Cramer（クラメール）の公式って？

連立1次方程式

$$\begin{cases} a_{11}x_1 + a_{12}x_2 + \cdots + a_{1n}x_n = b_1 \\ a_{21}x_1 + a_{22}x_2 + \cdots + a_{2n}x_n = b_2 \\ \cdots\cdots\cdots\cdots\cdots\cdots\cdots \\ a_{n1}x_1 + a_{n2}x_2 + \cdots + a_{nn}x_n = b_n \end{cases} \tag{5.19}$$

において，

$$A = \begin{pmatrix} a_{11} & a_{12} & \cdots & a_{1n} \\ a_{21} & a_{22} & \cdots & a_{2n} \\ \vdots & \vdots & & \vdots \\ a_{n1} & a_{n2} & \cdots & a_{nn} \end{pmatrix}, \quad \boldsymbol{x} = \begin{pmatrix} x_1 \\ x_2 \\ \vdots \\ x_n \end{pmatrix}, \quad \boldsymbol{b} = \begin{pmatrix} b_1 \\ b_2 \\ \vdots \\ b_n \end{pmatrix}$$

とおくと，

$$A\boldsymbol{x} = \boldsymbol{b} \tag{5.20}$$

と表すことができる．このとき，行列 A の第 k 列を $\boldsymbol{b}$ で置き換えて得られる行列を B_k とする．つまり，

$$B_k = \begin{pmatrix} a_{11} & \cdots & a_{1,k-1} & b_1 & a_{1,k+1} & \cdots & a_{1n} \\ \vdots & \cdots & \vdots & \vdots & \cdots & \vdots & \\ a_{n,1} & \cdots & a_{n,k-1} & b_n & a_{n,k+1} & \cdots & a_{n,n} \end{pmatrix}$$

とする．これを用いた連立1次方程式 (5.19) の解の公式が，次の Cramer（クラメール）の公式である．

> **《定理 51》 Cramer（クラメール）の公式**
> n 次正方行列 A を係数とする連立1次方程式 (5.19) において，$|A| \neq 0$ のとき，その解は
> $$x_1 = \frac{|B_1|}{|A|}, \ldots, x_k = \frac{|B_k|}{|A|}, \ldots, x_n = \frac{|B_n|}{|A|}$$

証明 ここでは，3次の行列の場合について証明するが，n 次の行列においても同様に証明される．

$|A| \neq 0$ のとき，定理50より A は正則で，$A^{-1} = \dfrac{1}{|A|}{}^t\widetilde{A}$ である．これを (5.20) の両辺に左からかけると，$\boldsymbol{x} = A^{-1}\boldsymbol{b} = \dfrac{1}{|A|}{}^t\widetilde{A}\,\boldsymbol{b}$ であるので，

$$\begin{pmatrix} x_1 \\ x_2 \\ x_3 \end{pmatrix} = \frac{1}{|A|}\begin{pmatrix} A_{11} & A_{21} & A_{31} \\ A_{12} & A_{22} & A_{32} \\ A_{13} & A_{23} & A_{33} \end{pmatrix}\begin{pmatrix} b_1 \\ b_2 \\ b_3 \end{pmatrix} = \frac{1}{|A|}\begin{pmatrix} b_1A_{11} + b_2A_{21} + b_3A_{31} \\ b_1A_{12} + b_2A_{22} + b_3A_{32} \\ b_1A_{13} + b_2A_{23} + b_3A_{33} \end{pmatrix} \tag{5.21}$$

ここで，定理49より，

$$b_1 A_{11} + b_2 A_{21} + b_3 A_{31} = \begin{vmatrix} b_1 & a_{12} & a_{13} \\ b_2 & a_{22} & a_{23} \\ b_3 & a_{32} & a_{33} \end{vmatrix} = |B_1|$$

$$b_1 A_{12} + b_2 A_{22} + b_3 A_{32} = \begin{vmatrix} a_{11} & b_1 & a_{13} \\ a_{21} & b_2 & a_{23} \\ a_{31} & b_3 & a_{33} \end{vmatrix} = |B_2|$$

$$b_1 A_{13} + b_2 A_{23} + b_3 A_{33} = \begin{vmatrix} a_{11} & a_{12} & b_1 \\ a_{21} & a_{22} & b_2 \\ a_{31} & a_{32} & b_3 \end{vmatrix} = |B_3|$$

であるので，(5.21) より

$$\begin{pmatrix} x_1 \\ x_2 \\ x_3 \end{pmatrix} = \frac{1}{|A|}\begin{pmatrix} |B_1| \\ |B_2| \\ |B_3| \end{pmatrix} = \begin{pmatrix} \dfrac{|B_1|}{|A|} \\ \dfrac{|B_2|}{|A|} \\ \dfrac{|B_3|}{|A|} \end{pmatrix}$$

が得られる． □

例題 5.16

連立1次方程式

$$\begin{cases} x + 2y + 3z = 6 \\ 2x + 3y + 8z = 2 \\ 3x + 4y + 9z = 10 \end{cases} \quad \cdots ①$$

について，Cramer（クラメール）の公式を用いて解きなさい．

（解） ① の係数行列 A の行列式は，

$$|A| = \begin{vmatrix} 1 & 2 & 3 \\ 2 & 3 & 8 \\ 3 & 4 & 9 \end{vmatrix} = \begin{vmatrix} 1 & 2 & 3 \\ 0 & -1 & 2 \\ 0 & -2 & 0 \end{vmatrix} = 4 \neq 0$$

だから，Cramer（クラメール）の公式より

$$\begin{cases} x = \dfrac{1}{|A|}\begin{vmatrix} 6 & 2 & 3 \\ 2 & 3 & 8 \\ 10 & 4 & 9 \end{vmatrix} = \dfrac{1}{4} \times 28 = 7 \\[2ex] y = \dfrac{1}{|A|}\begin{vmatrix} 1 & 6 & 3 \\ 2 & 2 & 8 \\ 3 & 10 & 9 \end{vmatrix} = \dfrac{1}{4} \times 16 = 4 \\[2ex] z = \dfrac{1}{|A|}\begin{vmatrix} 1 & 2 & 6 \\ 2 & 3 & 2 \\ 3 & 4 & 10 \end{vmatrix} = \dfrac{1}{4} \times (-12) = -3 \end{cases}$$

（終）

問 5.16. 次の連立 1 次方程式を Cramer（クラメール）の公式を用いて解きなさい．

(1) $\begin{cases} x + 3y + 2z = 3 \\ 2x + 3y + z = -3 \\ 2x + 4y + 3z = 5 \end{cases}$ (2) $\begin{cases} x + 3y + 2z = 5 \\ x + 2y + z = 3 \\ 3x + 3y + z = 6 \end{cases}$ (3) $\begin{cases} x + y + z = 3 \\ x + 2y + z = 4 \\ 2x + 3y + 4z = 7 \end{cases}$

解 (1) $x = -1, y = -2, z = 5$ (2) $x = 2, y = -1, z = 3$ (3) $x = 2, y = 1, z = 0$

5.13 n 次の数ベクトルって？

第 2 章では，主に 2 次の数ベクトル，3 次の数ベクトルについて述べたが，ここでは一般に，n 次の数ベクトルについて述べておこう．

n 次の数ベクトル $\boldsymbol{a}$ は，2 次の数ベクトル，3 次の数ベクトルと同様に

$$\boldsymbol{a} = \begin{pmatrix} a_1 \\ a_2 \\ \vdots \\ a_n \end{pmatrix} \in \mathbb{R}^n$$

と成分表示する．n 次の数ベクトルは $n \times 1$ 行列と見ることもできる．このとき，a_k を**第 k 成分**と呼ぶ．

この場合，零ベクトル $\mathbf{0}$ は，$\mathbf{0} = \begin{pmatrix} 0 \\ 0 \\ \vdots \\ 0 \end{pmatrix}$ である．

また，$\boldsymbol{e}_1 = \begin{pmatrix} 1 \\ 0 \\ \vdots \\ 0 \end{pmatrix}, \boldsymbol{e}_2 = \begin{pmatrix} 0 \\ 1 \\ \vdots \\ 0 \end{pmatrix}, \ldots, \boldsymbol{e}_n = \begin{pmatrix} 0 \\ 0 \\ \vdots \\ 1 \end{pmatrix}$ は，**基本ベクトル**と呼ばれる．

ベクトル $\boldsymbol{a}$ の大きさ $|\boldsymbol{a}|$ については，

$$|\boldsymbol{a}| = \sqrt{a_1^2 + a_2^2 + \cdots + a_n^2} = \sqrt{\sum_{k=1}^{n} a_k^2} \tag{5.22}$$

である．$\boldsymbol{a}$ と $\boldsymbol{b}$ の内積 $\boldsymbol{a} \cdot \boldsymbol{b}$ は

$$\boldsymbol{a} \cdot \boldsymbol{b} = a_1 b_1 + a_2 b_2 + \cdots + a_n b_n = \sum_{k=1}^{n} a_k b_k \tag{5.23}$$

と定義する．n 次の数ベクトル $\boldsymbol{a}, \boldsymbol{b}, \boldsymbol{c}$ に対しても，定理 14 が成立する．

5.14　線形独立と線形従属って何？

ここでは数ベクトル空間 $\mathbb{R}^\ell$ の線形独立と線形従属について学ぼう．一般の線形独立と線形従属については第6章において学ぶ．

【定義 52】 n 個の零ベクトルでない ℓ 次の数ベクトルの組 $\boldsymbol{a}_1, \boldsymbol{a}_2, \ldots, \boldsymbol{a}_n$ に対し，

$$k_1 \boldsymbol{a}_1 + k_2 \boldsymbol{a}_2 + \cdots + k_n \boldsymbol{a}_n = \boldsymbol{0}$$

を満たす実数 $k_1, k_2, \ldots, k_n$ が，$k_1 = 0, k_2 = 0, \ldots, k_n = 0$ だけの場合，このベクトルの組を**線形独立**（**または 1 次独立**）といい，$k_1 = 0, k_2 = 0, \ldots, k_n = 0$ 以外にも存在する場合，このベクトルの組を**線形従属**（**または 1 次従属**）という．

線形独立・線形従属の定義からわかるように，ベクトルの組は，線形独立でないとき線形従属である．

《定理 53》 2 個の零ベクトルでない ℓ 次の数ベクトルの組 $\boldsymbol{a}_1, \boldsymbol{a}_2$ が線形従属であるための必要十分条件は，$\boldsymbol{a}_1, \boldsymbol{a}_2$ が平行であることである．

証明　$\boldsymbol{a}_1, \boldsymbol{a}_2$ が線形従属と仮定すると，実数 $k_1 \neq 0, k_2 \neq 0$ で

$$k_1 \boldsymbol{a}_1 + k_2 \boldsymbol{a}_2 = \boldsymbol{0} \quad \cdots \text{①}$$

を満たすものが存在する（定義からは k_1, k_2 のうち少なくとも 1 つは零でないのだが，実際 1 つが零なら，すなわち $k_1 = 0, k_2 \neq 0$ とすると，① より $k_2 \boldsymbol{a}_2 = \boldsymbol{0}$ だから $\boldsymbol{a}_2 = \boldsymbol{0}$

となってしまい，不適)．このとき，① より

$$\boldsymbol{a}_1 = -\frac{k_2}{k_1}\boldsymbol{a}_2$$

が得られるので，$\boldsymbol{a}_1, \boldsymbol{a}_2$ が平行である．

逆に，$\boldsymbol{a}_1, \boldsymbol{a}_2$ が平行と仮定すると，

$$\boldsymbol{a}_1 = m\boldsymbol{a}_2, \quad m \neq 0 \quad \cdots ②$$

を満たす実数 ℓ が存在する．このとき，② より

$$\boldsymbol{a}_1 - m\boldsymbol{a}_2 = \boldsymbol{0}$$

が得られるので，$k_1 = 1, k_2 = -m$ とすると，$k_1 = 0, k_2 = 0$ 以外で，

$$k_1\boldsymbol{a}_1 + k_2\boldsymbol{a}_2 = \boldsymbol{0}$$

が成立することがわかる． □

《**定理 54**》 n 個の ℓ 次の数ベクトルの組 $\boldsymbol{a}_1, \boldsymbol{a}_2, \ldots, \boldsymbol{a}_n$ が線形独立であるとき，実数 $k_1, k_2, \ldots, k_n, m_1, m_2, \ldots, m_n$ に対し

$$k_1\boldsymbol{a}_1 + k_2\boldsymbol{a}_2 + \cdots + k_n\boldsymbol{a}_n = m_1\boldsymbol{a}_1 + m_2\boldsymbol{a}_2 + \cdots + m_n\boldsymbol{a}_n \quad \cdots ①$$

ならば

$$k_1 = m_1,\ k_2 = m_2,\ \ldots,\ k_n = m_n$$

が成立する．

証明 ① より右辺を左辺に移項して

$$k_1\boldsymbol{a}_1 + k_2\boldsymbol{a}_2 + \cdots + k_n\boldsymbol{a}_n - m_1\boldsymbol{a}_1 - m_2\boldsymbol{a}_2 - \cdots - m_n\boldsymbol{a}_n = \boldsymbol{0}.$$

これより

$$(k_1 - m_1)\boldsymbol{a}_1 + (k_2 - m_2)\boldsymbol{a}_2 + \cdots + (k_n - m_n)\boldsymbol{a}_n = \boldsymbol{0} \quad \cdots ②$$

が成立する．このとき，$\boldsymbol{a}_1, \boldsymbol{a}_2, \ldots, \boldsymbol{a}_n$ が線形独立だから ② が成立するのは，

$$k_1 - m_1 = 0,\ k_2 - m_2 = 0,\ \ldots,\ k_n - m_n = 0$$

のときだけである．つまり，

$$k_1 = m_1,\ k_2 = m_2,\ \ldots,\ k_n = m_n$$

が成立することがわかる． □

> 《**定理 55**》 n 個の ℓ 次の数ベクトルの組 $\boldsymbol{a}_1, \boldsymbol{a}_2, \ldots, \boldsymbol{a}_n$ が線形独立であるとき，この中から m $(1 \leqq m \leqq n)$ 個取り出したベクトルの組 $\boldsymbol{a}_{p_1}, \boldsymbol{a}_{p_2}, \ldots, \boldsymbol{a}_{p_m}$ は線形独立である．

証明　$\boldsymbol{a}_{p_1}, \boldsymbol{a}_{p_2}, \ldots, \boldsymbol{a}_{p_m}$ が線形独立でないとすると，この組は線形従属であるので，

$$k_1\boldsymbol{a}_{p_1} + k_2\boldsymbol{a}_{p_2} + \cdots + k_m\boldsymbol{a}_{p_m} = \boldsymbol{0}$$

を満たす実数 $k_1, k_2, \ldots, k_m$ が，$k_1 = 0, k_2 = 0, \ldots, k_m = 0$ 以外にも存在する．このとき，残りの $n - m$ 個のベクトルを $\boldsymbol{a}_{p_{m+1}}, \boldsymbol{a}_{p_{m+2}}, \ldots, \boldsymbol{a}_{p_{m+(n-m)}}$ とすると，

$$k_1\boldsymbol{a}_{p_1} + k_2\boldsymbol{a}_{p_2} + \cdots + k_m\boldsymbol{a}_{p_m} + 0 \cdot \boldsymbol{a}_{p_{m+1}} + 0 \cdot \boldsymbol{a}_{p_{m+2}} + \cdots + 0 \cdot \boldsymbol{a}_{p_{m+(n-m)}} = \boldsymbol{0}$$

が成立する．これは，$\boldsymbol{a}_1, \boldsymbol{a}_2, \ldots, \boldsymbol{a}_n$ が線形独立であることに矛盾する．したがって，$\boldsymbol{a}_{p_1}, \boldsymbol{a}_{p_2}, \ldots, \boldsymbol{a}_{p_m}$ は線形独立である． □

例題 5.17

O, A, B, C を異なる 4 点とするとき，次が成立することを示しなさい．

(1) O, A, B が同一直線上にない 3 点ならば，$x\overrightarrow{\mathrm{OA}} + y\overrightarrow{\mathrm{OB}} = \boldsymbol{0}$ を満たす x, y は $x = y = 0$ に限る．すなわち，$\overrightarrow{\mathrm{OA}}, \overrightarrow{\mathrm{OB}}$ は線形独立である．

(2) O, A, B, C が同一平面内にない 4 点ならば，$x\overrightarrow{\mathrm{OA}} + y\overrightarrow{\mathrm{OB}} + z\overrightarrow{\mathrm{OC}} = \boldsymbol{0}$ を満たす x, y, z は $x = y = z = 0$ に限る．すなわち，$\overrightarrow{\mathrm{OA}}, \overrightarrow{\mathrm{OB}}, \overrightarrow{\mathrm{OC}}$ は線形独立である．

（解）

(1) $x \neq 0$ とすると，条件より $\overrightarrow{\mathrm{OA}} = \left(\dfrac{-y}{x}\right)\overrightarrow{\mathrm{OB}}$ が成立する． これは，O, A, B が同一直線上にあることを意味し，仮定に反する．よって，$x = 0$.

また，$y \neq 0$ としても同様に矛盾を生じるので $y = 0$ でなければならない．したがって，$x = y = 0$ に限ることがわかる．

(2) O, A, B, C が同一平面内にないので，どの 3 点も同一直線上にないことがわかる．

$x \neq 0$ とすると，$\overrightarrow{\mathrm{OA}} = \left(\dfrac{-y}{x}\right)\overrightarrow{\mathrm{OB}} + \left(\dfrac{-z}{x}\right)\overrightarrow{\mathrm{OC}}$ が成立する． これは，定理 24 より 4 点 O, A, B, C が同一平面上にあることを意味し，仮定に反する．

また，$y \neq 0$ または $z \neq 0$ としても同様に矛盾を生じるので $y = 0$ かつ $z = 0$ でなければならない． したがって，$x = y = z = 0$ に限ることがわかる． （終）

問 5.17. 次のベクトルの組は，線形独立・線形従属のいずれであるかを調べなさい．

(1) $\boldsymbol{a} = \begin{pmatrix} 1 \\ 2 \end{pmatrix}, \boldsymbol{b} = \begin{pmatrix} 3 \\ 6 \end{pmatrix}$　(2) $\boldsymbol{a} = \begin{pmatrix} 1 \\ 2 \end{pmatrix}, \boldsymbol{b} = \begin{pmatrix} 3 \\ 7 \end{pmatrix}$

(3) $\boldsymbol{a} = \begin{pmatrix} 1 \\ 2 \end{pmatrix}, \boldsymbol{b} = \begin{pmatrix} 3 \\ 7 \end{pmatrix}, \boldsymbol{c} = \begin{pmatrix} 5 \\ 11 \end{pmatrix}$

(4) $\boldsymbol{a} = \begin{pmatrix} 1 \\ 2 \end{pmatrix}, \boldsymbol{b} = \begin{pmatrix} 3 \\ 7 \end{pmatrix}, \boldsymbol{c} = \begin{pmatrix} 5 \\ 12 \end{pmatrix}$

解　(1) 線形従属　(2) 線形独立　(3) 線形従属　(4) 線形従属

例題 5.18

A, B, C は同一直線上にない異なる 3 点とする．このとき，点 P が A, B, C を含む平面上の点であるための必要十分条件は

$$\overrightarrow{\mathrm{OP}} = x\,\overrightarrow{\mathrm{OA}} + y\,\overrightarrow{\mathrm{OB}} + z\,\overrightarrow{\mathrm{OC}},\ \ x + y + z = 1 \quad \cdots ①$$

を満たす実数 x, y, z が存在することである．

（解）点 P が A, B, C を含む平面上の点であるとすると，定理 24 より $\overrightarrow{\mathrm{AP}} = s\,\overrightarrow{\mathrm{AB}} + t\,\overrightarrow{\mathrm{AC}}$ を満たす実数 s, t が存在する．これより，

$$\overrightarrow{\mathrm{OP}} - \overrightarrow{\mathrm{OA}} = s\left(\overrightarrow{\mathrm{OB}} - \overrightarrow{\mathrm{OA}}\right) + t\left(\overrightarrow{\mathrm{OC}} - \overrightarrow{\mathrm{OA}}\right)$$

よって，

$$\overrightarrow{\mathrm{OP}} = (1 - s - t)\,\overrightarrow{\mathrm{OA}} + s\,\overrightarrow{\mathrm{OB}} + t\,\overrightarrow{\mathrm{OC}}$$

ここで，$x = 1 - s - t,\ y = s,\ z = t$ とおくと，

$$\overrightarrow{\mathrm{OP}} = x\,\overrightarrow{\mathrm{OA}} + y\,\overrightarrow{\mathrm{OB}} + z\,\overrightarrow{\mathrm{OC}},\ \ x + y + z = 1$$

が成立する．

逆に，点 P が $x + y + z = 1$ を満たす実数 x, y, z に対して，$\overrightarrow{\mathrm{OP}} = x\,\overrightarrow{\mathrm{OA}} + y\,\overrightarrow{\mathrm{OB}} + z\,\overrightarrow{\mathrm{OC}}$ が成立すれば，

$$\overrightarrow{\mathrm{AP}} = \overrightarrow{\mathrm{OP}} - \overrightarrow{\mathrm{OA}} = y\left(\overrightarrow{\mathrm{OB}} - \overrightarrow{\mathrm{OA}}\right) + z\left(\overrightarrow{\mathrm{OC}} - \overrightarrow{\mathrm{OA}}\right) = y\,\overrightarrow{\mathrm{AB}} + z\,\overrightarrow{\mathrm{AC}}$$

が成立する．よって，定理 24 より，点 P は A, B, C を含む平面上の点であることがわかる．（終）

問 5.18. $\triangle$OAB がある．$\overrightarrow{\mathrm{OA}} = \boldsymbol{a},\ \overrightarrow{\mathrm{OB}} = \boldsymbol{b}$ とする．線分 OB を 2 : 3 に内分する点を P とし，線分 AB を 2 : 1 に内分する点を Q とする．このとき，次の問いに答えなさい．

(1) $\overrightarrow{\mathrm{OP}},\ \overrightarrow{\mathrm{OQ}}$ を $\boldsymbol{a}, \boldsymbol{b}$ で表しなさい．

(2) 直線 AP と直線 OQ の交点を R とする．$\overrightarrow{\mathrm{OR}}$ を $\boldsymbol{a}, \boldsymbol{b}$ で表しなさい．

(3) 直線 OA と直線 BR の交点を S とするとき，$\overrightarrow{\mathrm{OS}}$ を $\boldsymbol{a}, \boldsymbol{b}$ で表しなさい．

解　(1) $\overrightarrow{\mathrm{OP}} = \dfrac{2}{5}\boldsymbol{b}$, $\overrightarrow{\mathrm{OQ}} = \dfrac{1}{3}\boldsymbol{a} + \dfrac{2}{3}\boldsymbol{b}$　(2) $\overrightarrow{\mathrm{OR}} = \dfrac{1}{6}\boldsymbol{a} + \dfrac{1}{3}\boldsymbol{b}$　(3) $\overrightarrow{\mathrm{OS}} = \dfrac{1}{4}\boldsymbol{a}$

5.15　正規直交系って何？

まず，Kronecker（クロネッカー）のデルタ記号 δ_{jk} を紹介しよう．

Kronecker（クロネッカー）のデルタ記号

$$\delta_{jk} = \begin{cases} 1 & (j = k \text{ のとき}) \\ 0 & (j \neq k \text{ のとき}) \end{cases} \tag{5.24}$$

例　(1) $\delta_{11} = 1, \delta_{22} = 1, \delta_{33} = 1$　(2) $\delta_{12} = 0, \delta_{21} = 0, \delta_{13} = 0, \delta_{32} = 0$

【定義 56】 m 個の n 次の数ベクトルの組 $\boldsymbol{a}_1, \boldsymbol{a}_2, \ldots, \boldsymbol{a}_m$ に対し，各ベクトルが単位ベクトルで，互いに垂直であるとき，すなわち，

$$|\boldsymbol{a}_j| = 1, \quad \boldsymbol{a}_j \cdot \boldsymbol{a}_k = 0 \quad (j \neq k), \quad (j, k = 1, 2, \ldots, m) \tag{5.25}$$

を満たすとき，このベクトルの組を**正規直交系**という．
$\boldsymbol{a}_k \cdot \boldsymbol{a}_k = |\boldsymbol{a}_k|^2 = 1$ だから，(5.25) は (5.24) を用いると

$$\boldsymbol{a}_j \cdot \boldsymbol{a}_k = \delta_{jk} \quad (j, k = 1, 2, \ldots, m) \tag{5.26}$$

と表される．

例題 5.19

n 次の数ベクトルの組 $\boldsymbol{e}_1 = \begin{pmatrix} 1 \\ 0 \\ 0 \\ \vdots \\ 0 \end{pmatrix}, \boldsymbol{e}_2 = \begin{pmatrix} 0 \\ 1 \\ 0 \\ \vdots \\ 0 \end{pmatrix}, \ldots, \boldsymbol{e}_n = \begin{pmatrix} 0 \\ 0 \\ \vdots \\ 0 \\ 1 \end{pmatrix}$ は，正規直交系であることを示しなさい．

（解）各 k $(k = 1, 2, \ldots, n)$ に対し，$|\boldsymbol{e}_k| = \sqrt{0^2 + \cdots + 0^2 + 1^2 + 0^2 + \cdots + 0^2} = 1$ だ

から，単位ベクトルである．さらに，$j \neq k$ $(j, k = 1, 2, \ldots, n)$ に対し，内積 $\boldsymbol{e}_j \cdot \boldsymbol{e}_k$ は，

$$\boldsymbol{e}_j \cdot \boldsymbol{e}_k = 0\times 0 + \cdots + 0\times 0 + 1\times 0 + 0\times 0 + \cdots + 0\times 0 + 0\times 1 + 0\times 0 + \cdots + 0\times 0 = 0$$

だから，$\boldsymbol{e}_j, \boldsymbol{e}_k$ は互いに垂直である．よって，正規直交系であることがわかる．（終）

問 5.19. $\boldsymbol{a}_1 = \dfrac{1}{\sqrt{3}}\begin{pmatrix} 1 \\ 1 \\ 1 \end{pmatrix}$, $\boldsymbol{a}_2 = \dfrac{1}{\sqrt{2}}\begin{pmatrix} 1 \\ 0 \\ -1 \end{pmatrix}$, $\boldsymbol{a}_3 = \dfrac{1}{\sqrt{6}}\begin{pmatrix} 1 \\ -2 \\ 1 \end{pmatrix}$ は，正規直交系であることを示しなさい．

解　省略

与えられた線形独立なベクトルの組から，正規直交系を作る方法が，次の **Gram**（グラム）**・Schmidt**（シュミット）**の正規直交化法**である．

《**定理 57**》 - Gram（グラム）・Schmidt（シュミット）の正規直交化法 - $\boldsymbol{a}_1, \boldsymbol{a}_2, \ldots, \boldsymbol{a}_m$ を線形独立なベクトルとするとき，次の操作で作ったベクトル $\boldsymbol{p}_1, \boldsymbol{p}_2, \ldots, \boldsymbol{p}_m$ は，正規直交系である．

〔I〕 $\boldsymbol{p}_1 = \dfrac{1}{|\boldsymbol{a}_1|}\boldsymbol{a}_1$

〔II〕 $\boldsymbol{b}_2 = \boldsymbol{a}_2 - (\boldsymbol{a}_2 \cdot \boldsymbol{p}_1)\boldsymbol{p}_1$ とするとき，$\boldsymbol{p}_2 = \dfrac{1}{|\boldsymbol{b}_2|}\boldsymbol{b}_2$

〔III〕 $\boldsymbol{b}_3 = \boldsymbol{a}_3 - (\boldsymbol{a}_3 \cdot \boldsymbol{p}_1)\boldsymbol{p}_1 - (\boldsymbol{a}_3 \cdot \boldsymbol{p}_2)\boldsymbol{p}_2$ とするとき，$\boldsymbol{p}_3 = \dfrac{1}{|\boldsymbol{b}_3|}\boldsymbol{b}_3$

〔IV〕 同様に，$\boldsymbol{b}_j = \boldsymbol{a}_j - \displaystyle\sum_{k=1}^{j-1}(\boldsymbol{a}_j \cdot \boldsymbol{p}_k)\boldsymbol{p}_k$ とするとき，$\boldsymbol{p}_j = \dfrac{1}{|\boldsymbol{b}_j|}\boldsymbol{b}_j$
$(j = 2, 3, 4, \ldots, m)$

証明　〔I〕〜〔IV〕の各 $\boldsymbol{b}_j$ と $\boldsymbol{p}_j$ の作り方と $\boldsymbol{a}_1, \boldsymbol{a}_2, \ldots, \boldsymbol{a}_m$ の線形独立性より，$\boldsymbol{b}_j \neq \boldsymbol{0}$ で $\boldsymbol{p}_j$ が単位ベクトルであることはわかる．

$\boldsymbol{p}_1 \perp \boldsymbol{p}_2$ について，$\boldsymbol{p}_1 \cdot \boldsymbol{p}_1 = |\boldsymbol{p}_1|^2 = 1^2 = 1$ に注意すると，

$$\begin{aligned} \boldsymbol{p}_1 \cdot \boldsymbol{b}_2 &= \boldsymbol{p}_1 \cdot \{\boldsymbol{a}_2 - (\boldsymbol{a}_2 \cdot \boldsymbol{p}_1)\boldsymbol{p}_1\} = \boldsymbol{p}_1 \cdot \boldsymbol{a}_2 - (\boldsymbol{a}_2 \cdot \boldsymbol{p}_1)\boldsymbol{p}_1 \cdot \boldsymbol{p}_1 \\ &= \boldsymbol{p}_1 \cdot \boldsymbol{a}_2 - \boldsymbol{a}_2 \cdot \boldsymbol{p}_1 \\ &= 0 \end{aligned}$$

だから $\boldsymbol{p}_1 \perp \boldsymbol{b}_2$ がわかるので，$\boldsymbol{p}_1 \perp \boldsymbol{p}_2$ が得られる．

これより，$\boldsymbol{p}_1 \cdot \boldsymbol{p}_2 = 0$ にも注意すると，

$$\begin{aligned}\boldsymbol{p}_1 \cdot \boldsymbol{b}_3 &= \boldsymbol{p}_1 \cdot \{\boldsymbol{a}_3 - (\boldsymbol{a}_3 \cdot \boldsymbol{p}_1)\boldsymbol{p}_1 - (\boldsymbol{a}_3 \cdot \boldsymbol{p}_2)\boldsymbol{p}_2\} \\ &= \boldsymbol{p}_1 \cdot \boldsymbol{a}_3 - (\boldsymbol{a}_3 \cdot \boldsymbol{p}_1)\boldsymbol{p}_1 \cdot \boldsymbol{p}_1 - (\boldsymbol{a}_3 \cdot \boldsymbol{p}_2)\boldsymbol{p}_1 \cdot \boldsymbol{p}_2 \\ &= \boldsymbol{p}_1 \cdot \boldsymbol{a}_3 - \boldsymbol{a}_3 \cdot \boldsymbol{p}_1 - 0 \\ &= 0\end{aligned}$$

だから $\boldsymbol{p}_1 \perp \boldsymbol{b}_3$ がわかるので，$\boldsymbol{p}_1 \perp \boldsymbol{p}_3$ が得られる．同様に，$\boldsymbol{p}_2 \perp \boldsymbol{p}_3$ もわかる．

このようにして，$\boldsymbol{p}_1, \boldsymbol{p}_2, \ldots, \boldsymbol{p}_m$ が正規直交系であることがわかる．□

例題 5.20

3つのベクトル $\boldsymbol{a}_1 = \begin{pmatrix} 1 \\ 0 \\ 1 \end{pmatrix}, \boldsymbol{a}_2 = \begin{pmatrix} 2 \\ 1 \\ 0 \end{pmatrix}, \boldsymbol{a}_3 = \begin{pmatrix} 4 \\ 1 \\ -1 \end{pmatrix}$ からGram（グラム）・Schmidt（シュミット）の正規直交化法を用いて，正規直交系 $\boldsymbol{p}_1, \boldsymbol{p}_2, \boldsymbol{p}_3$ を求めなさい．

（解）

〔I〕 $\boldsymbol{p}_1 = \dfrac{1}{|\boldsymbol{a}_1|}\boldsymbol{a}_1 = \dfrac{1}{\sqrt{1^2+0^2+1^2}}\begin{pmatrix} 1 \\ 0 \\ 1 \end{pmatrix} = \dfrac{1}{\sqrt{2}}\begin{pmatrix} 1 \\ 0 \\ 1 \end{pmatrix}$

〔II〕 $\boldsymbol{b}_2 = \boldsymbol{a}_2 - (\boldsymbol{a}_2 \cdot \boldsymbol{p}_1)\boldsymbol{p}_1$ とすると，

$$\begin{aligned}\boldsymbol{b}_2 &= \begin{pmatrix} 2 \\ 1 \\ 0 \end{pmatrix} - \left\{\begin{pmatrix} 2 \\ 1 \\ 0 \end{pmatrix} \cdot \frac{1}{\sqrt{2}}\begin{pmatrix} 1 \\ 0 \\ 1 \end{pmatrix}\right\}\frac{1}{\sqrt{2}}\begin{pmatrix} 1 \\ 0 \\ 1 \end{pmatrix} \\ &= \begin{pmatrix} 2 \\ 1 \\ 0 \end{pmatrix} - \frac{1}{2} \times 2 \times \begin{pmatrix} 1 \\ 0 \\ 1 \end{pmatrix} = \begin{pmatrix} 1 \\ 1 \\ -1 \end{pmatrix}\end{aligned}$$

だから　$\boldsymbol{p}_2 = \dfrac{1}{|\boldsymbol{b}_2|}\boldsymbol{b}_2 = \dfrac{1}{\sqrt{3}}\begin{pmatrix} 1 \\ 1 \\ -1 \end{pmatrix}$

〔III〕 $\boldsymbol{b}_3 = \boldsymbol{a}_3 - (\boldsymbol{a}_3 \cdot \boldsymbol{p}_1)\boldsymbol{p}_1 - (\boldsymbol{a}_3 \cdot \boldsymbol{p}_2)\boldsymbol{p}_2$ とすると，

$$\begin{aligned}\boldsymbol{b}_3 &= \begin{pmatrix} 4 \\ 1 \\ -1 \end{pmatrix} - \left\{ \begin{pmatrix} 4 \\ 1 \\ -1 \end{pmatrix} \cdot \frac{1}{\sqrt{2}} \begin{pmatrix} 1 \\ 0 \\ 1 \end{pmatrix} \right\} \frac{1}{\sqrt{2}} \begin{pmatrix} 1 \\ 0 \\ 1 \end{pmatrix} \\ &\quad - \left\{ \begin{pmatrix} 4 \\ 1 \\ -1 \end{pmatrix} \cdot \frac{1}{\sqrt{3}} \begin{pmatrix} 1 \\ 1 \\ -1 \end{pmatrix} \right\} \frac{1}{\sqrt{3}} \begin{pmatrix} 1 \\ 1 \\ -1 \end{pmatrix} \\ &= \begin{pmatrix} 4 \\ 1 \\ -1 \end{pmatrix} - \frac{1}{2} \times 3 \times \begin{pmatrix} 1 \\ 0 \\ 1 \end{pmatrix} - \frac{1}{3} \times 6 \times \begin{pmatrix} 1 \\ 1 \\ -1 \end{pmatrix} \\ &= \begin{pmatrix} \frac{1}{2} \\ -1 \\ -\frac{1}{2} \end{pmatrix} = \frac{1}{2} \begin{pmatrix} 1 \\ -2 \\ -1 \end{pmatrix}\end{aligned}$$

だから　$\boldsymbol{p}_3 = \dfrac{1}{|\boldsymbol{b}_3|}\boldsymbol{b}_3 = \dfrac{1}{\sqrt{6}} \begin{pmatrix} 1 \\ -2 \\ -1 \end{pmatrix}$

〔I〕，〔II〕，〔III〕より，

$$\boldsymbol{p}_1 = \begin{pmatrix} \frac{1}{\sqrt{2}} \\ 0 \\ \frac{1}{\sqrt{2}} \end{pmatrix}, \quad \boldsymbol{p}_2 = \begin{pmatrix} \frac{1}{\sqrt{3}} \\ \frac{1}{\sqrt{3}} \\ -\frac{1}{\sqrt{3}} \end{pmatrix}, \quad \boldsymbol{p}_3 = \begin{pmatrix} \frac{1}{\sqrt{6}} \\ -\frac{2}{\sqrt{6}} \\ -\frac{1}{\sqrt{6}} \end{pmatrix}$$

（終）

問 5.20.　3 つのベクトル $\boldsymbol{a}_1 = \begin{pmatrix} 1 \\ 0 \\ 1 \end{pmatrix}, \boldsymbol{a}_2 = \begin{pmatrix} 2 \\ 1 \\ 1 \end{pmatrix}, \boldsymbol{a}_3 = \begin{pmatrix} 1 \\ -1 \\ -3 \end{pmatrix}$ から Gram（グラム）・Schmidt（シュミット） の正規直交化法を用いて，正規直交系 $\boldsymbol{p}_1, \boldsymbol{p}_2, \boldsymbol{p}_3$ を求めなさい．

解　$\boldsymbol{p}_1 = \dfrac{1}{\sqrt{2}} \begin{pmatrix} 1 \\ 0 \\ 1 \end{pmatrix}, \boldsymbol{p}_2 = \dfrac{1}{\sqrt{6}} \begin{pmatrix} 1 \\ 2 \\ -1 \end{pmatrix}, \boldsymbol{p}_3 = \dfrac{1}{\sqrt{3}} \begin{pmatrix} 1 \\ -1 \\ -1 \end{pmatrix}$

5.16 同次形連立 1 次方程式の解は？

4.5 節で述べたように，定数項がすべて 0 である連立 1 次方程式

$$\begin{cases} a_{11}x_1 + a_{12}x_2 + \cdots + a_{1n}x_n = 0 \\ a_{21}x_1 + a_{22}x_2 + \cdots + a_{2n}x_n = 0 \\ \cdots\cdots\cdots\cdots\cdots\cdots \\ a_{m1}x_1 + a_{m2}x_2 + \cdots + a_{mn}x_n = 0 \end{cases} \iff A\boldsymbol{x} = \boldsymbol{0} \qquad (5.27)$$

が**同次形連立1次方程式**であり，その解については，自明な解 $x_1 = 0,\ x_2 = 0,\ \ldots,\ x_n = 0$ が存在する．

ここでは A が n 次正方行列の場合を考える．すると，定理50より $|A| \neq 0$ であれば逆行列 A^{-1} が存在し，(5.27)より

$$\boldsymbol{x} = A^{-1}\,\boldsymbol{0} = \boldsymbol{0}$$

が得られるので，同次形連立1次方程式(5.27)の解は自明な解だけである．

逆に，自明な解だけであれば，$\mathrm{rank}(A) = n$ であるので，A は89ページの行基本変形により簡約化すると，単位行列 E に変形できる．このとき，行基本変形による行列式の値の変化を考えると，2つの行を入れ替えにより (-1) 倍，1つの行に他の行の何倍かを加えても不変，1つの行に0でない定数をかけることによりその定数倍であることがわかる．すなわち，

$$|A| = c|E| = c \qquad (\text{ただし，}c\text{ は行基本変形による 0 でない定数})$$

が得られる．したがって，$|A| \neq 0$ であり，A は正則である．

また，n 個の n 次の数ベクトルの組 $\boldsymbol{a}_1 = \begin{pmatrix} a_{11} \\ a_{21} \\ \vdots \\ a_{n1} \end{pmatrix}, \ldots, \boldsymbol{a}_n = \begin{pmatrix} a_{1n} \\ a_{2n} \\ \vdots \\ a_{nn} \end{pmatrix}$ に対し，

$$x_1\boldsymbol{a}_1 + \cdots + x_n\boldsymbol{a}_n = \boldsymbol{0} \quad (x_1,\ \ldots,\ x_n \in \mathbb{R})$$

とすると，同次形連立1次方程式

$$\begin{cases} a_{11}x_1 + a_{12}x_2 + \cdots + a_{1n}x_n = 0 \\ a_{21}x_1 + a_{22}x_2 + \cdots + a_{2n}x_n = 0 \\ \qquad\cdots\cdots\cdots\cdots\cdots\cdots\cdots \\ a_{n1}x_1 + a_{n2}x_2 + \cdots + a_{nn}x_n = 0 \end{cases}$$

が得られる．これは，$A = \begin{pmatrix} a_{11} & \cdots & a_{1n} \\ \vdots & & \vdots \\ a_{n1} & \cdots & a_{nn} \end{pmatrix}$, $\boldsymbol{x} = \begin{pmatrix} x_1 \\ \vdots \\ x_n \end{pmatrix}$ とすると，$A\boldsymbol{x} = \boldsymbol{0}$ と表されるので，134ページの線形独立・線形従属の定義52，96ページの連立1次方程式の解の存在(4.3)，121ページの例題5.10，128ページの行列の正則性の定理50と合わせて次の同値性がわかる．

《**定理 58**》 n 個の n 次の数ベクトルの組 $\boldsymbol{a}_1 = \begin{pmatrix} a_{11} \\ a_{21} \\ \vdots \\ a_{n1} \end{pmatrix}, \ldots, \boldsymbol{a}_n = \begin{pmatrix} a_{1n} \\ a_{2n} \\ \vdots \\ a_{nn} \end{pmatrix}$ から作られる n 次正方行列を $A = \begin{pmatrix} a_{11} & \cdots & a_{1n} \\ \vdots & & \vdots \\ a_{n1} & \cdots & a_{nn} \end{pmatrix}$, $\boldsymbol{x} = \begin{pmatrix} x_1 \\ \vdots \\ x_n \end{pmatrix}$ とするとき，(1)～(4) はすべて同値である.

(1) 同次形連立 1 次方程式 $A\boldsymbol{x} = \boldsymbol{0}$ の解 $\boldsymbol{x}$ は自明な解に限る.

(2) A の行列式の値　$|A| \neq 0$

(3) A は正則である.

(4) ベクトルの組 $\boldsymbol{a}_1, \ldots, \boldsymbol{a}_n$ は線形独立.

同様に，(1*)～(4*) はすべて同値である.

(1*) 同次形連立 1 次方程式 $A\boldsymbol{x} = \boldsymbol{0}$ の解 $\boldsymbol{x}$ は自明な解以外も存在する.

(2*) A の行列式の値　$|A| = 0$

(3*) A は正則でない.

(4)* ベクトルの組 $\boldsymbol{a}_1, \ldots, \boldsymbol{a}_n$ は線形従属.

例題 5.21

連立 1 次方程式 $\begin{cases} x + y + z = \lambda x \\ x + y + z = \lambda y \\ x + y + z = \lambda z \end{cases}$ について, 次の問いに答えなさい.

(1) 自明な解以外の解も存在するような定数 λ の値を求めなさい.

(2) (1) で求めた λ の値のとき, 連立 1 次方程式を解きなさい.

（解）(1) 与式より

$$\begin{cases} (1-\lambda)x + y + z = 0 \\ x + (1-\lambda)y + z = 0 \\ x + y + (1-\lambda)z = 0 \end{cases}$$

これは, 同次形連立1次方程式であり, 自明な解以外の解も存在するので,

$$\begin{vmatrix} 1-\lambda & 1 & 1 \\ 1 & 1-\lambda & 1 \\ 1 & 1 & 1-\lambda \end{vmatrix} = 0, \text{ これより } \begin{vmatrix} 3-\lambda & 1 & 1 \\ 3-\lambda & 1-\lambda & 1 \\ 3-\lambda & 1 & 1-\lambda \end{vmatrix} = 0,$$

$$(3-\lambda)\begin{vmatrix} 1 & 1 & 1 \\ 1 & 1-\lambda & 1 \\ 1 & 1 & 1-\lambda \end{vmatrix} = 0, \quad (3-\lambda)\begin{vmatrix} 1 & 1 & 1 \\ 0 & -\lambda & 1 \\ 0 & 0 & -\lambda \end{vmatrix} = 0,$$

$$(3-\lambda)(-\lambda)^2 = 0 \quad \text{よって, } \lambda = 0 \text{ (2重解)}, 3$$

(2) (i) $\lambda = 0$ のとき

与式より $\begin{cases} x+y+z = 0 \\ x+y+z = 0 \\ x+y+z = 0 \end{cases}$ 　これより $z=-x-y$ が得られる.

よって, $\begin{pmatrix} x \\ y \\ z \end{pmatrix} = \begin{pmatrix} x \\ y \\ -x-y \end{pmatrix} = \begin{pmatrix} x \\ 0 \\ -x \end{pmatrix} + \begin{pmatrix} 0 \\ y \\ -y \end{pmatrix} = x\begin{pmatrix} 1 \\ 0 \\ -1 \end{pmatrix} + y\begin{pmatrix} 0 \\ 1 \\ -1 \end{pmatrix},$

したがって, 解は $\begin{pmatrix} x \\ y \\ z \end{pmatrix} = c_1\begin{pmatrix} 1 \\ 0 \\ -1 \end{pmatrix} + c_2\begin{pmatrix} 0 \\ 1 \\ -1 \end{pmatrix}$ (c_1, c_2 は任意定数).

(ii) $\lambda = 3$ のとき

与式より $\begin{cases} -2x+y+z = 0 \\ x-2y+z = 0 \\ x+y-2z = 0 \end{cases}$ 　これを掃き出し法で解く.

$$\begin{pmatrix} -2 & 1 & 1 \\ 1 & -2 & 1 \\ 1 & 1 & -2 \end{pmatrix} \longrightarrow \begin{matrix} ② \\ ① \\ \ \end{matrix} \begin{pmatrix} 1 & -2 & 1 \\ -2 & 1 & 1 \\ 1 & 1 & -2 \end{pmatrix} \longrightarrow \begin{matrix} \ \\ ②+①\times 2 \\ ③+①\times(-1) \end{matrix} \begin{pmatrix} 1 & -2 & 1 \\ 0 & -3 & 3 \\ 0 & 3 & -3 \end{pmatrix}$$

$$\longrightarrow \ ②\times(-\frac{1}{3}) \begin{pmatrix} 1 & -2 & 1 \\ 0 & 1 & -1 \\ 0 & 3 & -3 \end{pmatrix} \longrightarrow \begin{matrix} ①+②\times 2 \\ \ \\ ③+②\times(-3) \end{matrix} \begin{pmatrix} 1 & 0 & -1 \\ 0 & 1 & -1 \\ 0 & 0 & 0 \end{pmatrix}$$

上記の結果より $\begin{cases} x-z=0 \\ y-z=0 \end{cases}$ だから $\begin{cases} x=z \\ y=z \end{cases}$

よって, $\begin{pmatrix} x \\ y \\ z \end{pmatrix} = \begin{pmatrix} z \\ z \\ z \end{pmatrix} = z\begin{pmatrix} 1 \\ 1 \\ 1 \end{pmatrix}$

したがって, 解は $\begin{pmatrix} x \\ y \\ z \end{pmatrix} = c_3\begin{pmatrix} 1 \\ 1 \\ 1 \end{pmatrix}$ (c_3 は任意定数). (終)

問 5.21.　次の連立 1 次方程式に自明な解以外の解も存在するような定数 λ の値を求めなさい．

(1) $\begin{cases} x+3y = \lambda x \\ 2x+5y = \lambda y \end{cases}$　　(2) $\begin{cases} 2x+y+z = \lambda x \\ x+2y+z = \lambda y \\ x+y+2z = \lambda z \end{cases}$

解　(1) $\lambda = 3 \pm \sqrt{10}$,　(2) $\lambda = 1$ (2 重解), 4

5.17　行列式の値は図形的には何を表す？

2 つの 2 次の数ベクトル $\boldsymbol{a}_1 = \begin{pmatrix} a_{11} \\ a_{21} \end{pmatrix}, \boldsymbol{a}_2 = \begin{pmatrix} a_{12} \\ a_{22} \end{pmatrix}$ に対し，

$$\det\begin{pmatrix}\boldsymbol{a}_1 & \boldsymbol{a}_2\end{pmatrix} = \begin{vmatrix}\boldsymbol{a}_1 & \boldsymbol{a}_2\end{vmatrix} = \begin{vmatrix} a_{11} & a_{12} \\ a_{21} & a_{22} \end{vmatrix} = a_{11}a_{22} - a_{21}a_{12}$$

と表すことにすると，30 ページの (2.9) より，$\boldsymbol{a}_1$ と $\boldsymbol{a}_2$ で作られる平行四辺形の面積 S について，

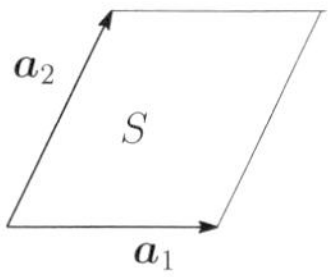

$$S = |a_{11}a_{22} - a_{21}a_{12}| = \left|\det\begin{pmatrix}\boldsymbol{a}_1 & \boldsymbol{a}_2\end{pmatrix}\right| \tag{5.28}$$

が成立することがわかる．つまり，2 つのベクトル $\boldsymbol{a}_1$, $\boldsymbol{a}_2$ で作られる**平行四辺形の面積は，行列式 $\det\begin{pmatrix}\boldsymbol{a}_1, \boldsymbol{a}_2\end{pmatrix}$ の絶対値に等しい**．$S = 0$ であるのは，$\boldsymbol{a}_1 = \boldsymbol{0}$, $\boldsymbol{a}_2 = \boldsymbol{0}$ または $\boldsymbol{a}_1 /\!/ \boldsymbol{a}_2$ のときである．

上記と関連して，134 ページの定理 53 や 143 ページの定理 58 により線形独立・線形従属，同次形連立 1 次方程式の解についての次の同値性が得られる．

《**定理 59**》 異なる 3 点 O, A_1, A_2 に対し，2 つのベクトル

$$\overrightarrow{\mathrm{OA}_1} = \boldsymbol{a}_1 = \begin{pmatrix} a_{11} \\ a_{21} \end{pmatrix}, \overrightarrow{\mathrm{OA}_2} = \boldsymbol{a}_2 = \begin{pmatrix} a_{12} \\ a_{22} \end{pmatrix}$$

より作られる平行四辺形の面積を S，2 次正方行列を

$$A = \begin{pmatrix}\boldsymbol{a}_1 & \boldsymbol{a}_2\end{pmatrix} = \begin{pmatrix} a_{11} & a_{12} \\ a_{21} & a_{22} \end{pmatrix}$$

とするとき，(1)〜(6) はすべて同値である．

(1) $S \neq 0$

(2) A の行列式の値　$|A| \neq 0$

(3) 同次形連立1次方程式 $A\boldsymbol{x} = \boldsymbol{0}$ の解 $\boldsymbol{x}$ は自明な解に限る.

(4) ベクトルの組 $\boldsymbol{a}_1, \boldsymbol{a}_2$ は線形独立.

(5) 2つのベクトル $\boldsymbol{a}_1, \boldsymbol{a}_2$ は平行でない（$\boldsymbol{a}_1, \boldsymbol{a}_2$ で平行四辺形が作れる）.

(6) 3点 $\mathrm{O}, \mathrm{A}_1, \mathrm{A}_2$ は同一直線上にない.

同様に，(1*)〜(6*) はすべて同値である.

(1*) $S = 0$

(2*) A の行列式の値　$|A| = 0$

(3*) 同次形連立1次方程式 $A\boldsymbol{x} = \boldsymbol{0}$ の解 $\boldsymbol{x}$ は自明な解以外も存在する.

(4*) ベクトルの組 $\boldsymbol{a}_1, \boldsymbol{a}_2$ は線形従属.

(5*) 2つのベクトル $\boldsymbol{a}_1, \boldsymbol{a}_2$ は平行である（$\boldsymbol{a}_1, \boldsymbol{a}_2$ で平行四辺形が作れない）.

(6*) 3点 $\mathrm{O}, \mathrm{A}_1, \mathrm{A}_2$ は同一直線上にある.

例題 5.22

2つのベクトル $\boldsymbol{a}_1 = \begin{pmatrix} 2 \\ -3 \end{pmatrix}, \boldsymbol{a}_2 = \begin{pmatrix} -5 \\ 4 \end{pmatrix}$ について，次の問いに答えなさい.

(1) $\boldsymbol{a}_1, \boldsymbol{a}_2$ は線形独立か, 線形従属か調べなさい.

(2) $\boldsymbol{a}_1, \boldsymbol{a}_2$ が作る平行四辺形の面積 S を求めなさい.

（解）

(1) $\det\begin{pmatrix}\boldsymbol{a}_1 & \boldsymbol{a}_2\end{pmatrix} = \begin{vmatrix} 2 & -5 \\ -3 & 4 \end{vmatrix} = -7 \neq 0$ だから, 定理59より線形独立である。

(2) 定理59より $S = \left|\det\begin{pmatrix}\boldsymbol{a}_1 & \boldsymbol{a}_2\end{pmatrix}\right| = |-7| = 7$ （終）

3つの3次の数ベクトルと行列式については，次の定理が成立する.

《**定理 60**》 3つのベクトル $\boldsymbol{a}_1 = \begin{pmatrix} a_{11} \\ a_{21} \\ a_{31} \end{pmatrix}, \boldsymbol{a}_2 = \begin{pmatrix} a_{12} \\ a_{22} \\ a_{32} \end{pmatrix}, \boldsymbol{a}_3 = \begin{pmatrix} a_{13} \\ a_{23} \\ a_{33} \end{pmatrix}$ に対し，

$$\begin{vmatrix} \boldsymbol{a}_1 & \boldsymbol{a}_2 & \boldsymbol{a}_3 \end{vmatrix} = (\boldsymbol{a}_1 \times \boldsymbol{a}_2) \cdot \boldsymbol{a}_3 = \boldsymbol{a}_1 \cdot (\boldsymbol{a}_2 \times \boldsymbol{a}_3),$$

すなわち

$$\begin{vmatrix} a_{11} & a_{12} & a_{13} \\ a_{21} & a_{22} & a_{23} \\ a_{31} & a_{32} & a_{33} \end{vmatrix} = (\boldsymbol{a}_1 \times \boldsymbol{a}_2) \cdot \boldsymbol{a}_3 = \boldsymbol{a}_1 \cdot (\boldsymbol{a}_2 \times \boldsymbol{a}_3) \tag{5.29}$$

が成立する．

証明 (5.29) の左辺の行列式を第1列に関して余因子展開すると，定理 49 より

$$\begin{aligned} \begin{vmatrix} \boldsymbol{a}_1 & \boldsymbol{a}_2 & \boldsymbol{a}_3 \end{vmatrix} &= \begin{vmatrix} a_{11} & a_{12} & a_{13} \\ a_{21} & a_{22} & a_{23} \\ a_{31} & a_{32} & a_{33} \end{vmatrix} = a_{11} \cdot A_{11} + a_{21} \cdot A_{21} + a_{31} \cdot A_{31} \\ &= (+1)\, a_{11} \begin{vmatrix} a_{22} & a_{23} \\ a_{32} & a_{33} \end{vmatrix} + (-1)\, a_{21} \begin{vmatrix} a_{12} & a_{13} \\ a_{32} & a_{33} \end{vmatrix} + (+1)\, a_{31} \begin{vmatrix} a_{12} & a_{13} \\ a_{22} & a_{23} \end{vmatrix} \end{aligned}$$

一方，(5.29) の右辺は，内積と行列式の性質より

$$\begin{aligned} \boldsymbol{a}_1 \cdot (\boldsymbol{a}_2 \times \boldsymbol{a}_3) &= \begin{pmatrix} a_{11} \\ a_{21} \\ a_{31} \end{pmatrix} \cdot \begin{pmatrix} \begin{vmatrix} a_{22} & a_{23} \\ a_{32} & a_{33} \end{vmatrix} \\ \begin{vmatrix} a_{32} & a_{33} \\ a_{12} & a_{13} \end{vmatrix} \\ \begin{vmatrix} a_{12} & a_{13} \\ a_{22} & a_{23} \end{vmatrix} \end{pmatrix} \\ &= a_{11} \begin{vmatrix} a_{22} & a_{23} \\ a_{32} & a_{33} \end{vmatrix} + a_{21} \begin{vmatrix} a_{32} & a_{33} \\ a_{12} & a_{13} \end{vmatrix} + a_{31} \begin{vmatrix} a_{12} & a_{13} \\ a_{22} & a_{23} \end{vmatrix} \\ &= a_{11} \begin{vmatrix} a_{22} & a_{23} \\ a_{32} & a_{33} \end{vmatrix} + a_{21}\,(-1) \begin{vmatrix} a_{12} & a_{13} \\ a_{32} & a_{33} \end{vmatrix} + a_{31} \begin{vmatrix} a_{12} & a_{13} \\ a_{22} & a_{23} \end{vmatrix} \end{aligned}$$

以上より，$\begin{vmatrix} \boldsymbol{a}_1 & \boldsymbol{a}_2 & \boldsymbol{a}_3 \end{vmatrix} = \boldsymbol{a}_1 \cdot (\boldsymbol{a}_2 \times \boldsymbol{a}_3)$ がわかる．

同様にして，$\begin{vmatrix} \boldsymbol{a}_1 & \boldsymbol{a}_2 & \boldsymbol{a}_3 \end{vmatrix} = (\boldsymbol{a}_1 \times \boldsymbol{a}_2) \cdot \boldsymbol{a}_3$ も得られる． □

さて，3つのベクトル $\boldsymbol{a}_1 = \begin{pmatrix} a_{11} \\ a_{21} \\ a_{31} \end{pmatrix}, \boldsymbol{a}_2 = \begin{pmatrix} a_{12} \\ a_{22} \\ a_{32} \end{pmatrix}, \boldsymbol{a}_2 = \begin{pmatrix} a_{13} \\ a_{23} \\ a_{33} \end{pmatrix}$ で作られる平行六面体の体積 V を求めてみよう．

右図のように，平行六面体の底面積を S，高さを h，外積 $\boldsymbol{a}_1\times\boldsymbol{a}_2$ と $\boldsymbol{a}_3$ のなす角を θ とする．52ページの外積の性質より，$\boldsymbol{a}_1$ と $\boldsymbol{a}_2$ で作られる平行四辺形の面積 S について，$S=|\boldsymbol{a}_1\times\boldsymbol{a}_2|$ が成立する．高さ h は，$\boldsymbol{a}_1$, $\boldsymbol{a}_2$, $\boldsymbol{a}_3$ がこの順に右手系ならば $h=|\boldsymbol{a}_3|\cos\theta$，左手系ならば $h=|\boldsymbol{a}_3|\cos(\pi-\theta)$ であるので，

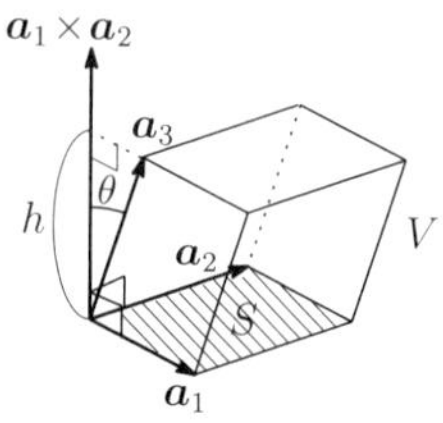

$$h=|\boldsymbol{a}_3|\,\Big|\cos\theta\Big|$$

が成立する．したがって，

$$\begin{aligned} V &= S\times h=|\boldsymbol{a}_1\times\boldsymbol{a}_2|\cdot|\boldsymbol{a}_3|\,\Big|\cos\theta\Big|=\Big|\ |\boldsymbol{a}_1\times\boldsymbol{a}_2|\cdot|\boldsymbol{a}_3|\ \cos\theta\ \Big| \\ &= \Big|\ (\boldsymbol{a}_1\times\boldsymbol{a}_2)\cdot\boldsymbol{a}_3\ \Big|. \end{aligned}$$

よって，定理60より

$$V=\left|\det\Big(\boldsymbol{a}_1\ \boldsymbol{a}_2\ \boldsymbol{a}_3\Big)\right|=\left|\det\begin{pmatrix} a_{11} & a_{12} & a_{13} \\ a_{21} & a_{22} & a_{23} \\ a_{31} & a_{32} & a_{33} \end{pmatrix}\right| \tag{5.30}$$

が得られる．つまり，3つのベクトル $\boldsymbol{a}_1$, $\boldsymbol{a}_2$, $\boldsymbol{a}_3$ で作られる**平行六面体の体積は，行列式** $\det\Big(\boldsymbol{a}_1,\boldsymbol{a}_2,\boldsymbol{a}_3\Big)$ **の絶対値に等しい．**

上記と関連して，$V=0$ のときを考慮すると，134ページの定義52により線形独立・線形従属，136ページの例題5.17（2）により同一平面上の点，143ページの定理58より同次形連立1次方程式の解についての次の同値性が得られる．

《定理 61》 異なる4点 O, A_1, A_2, A_3 に対し，3つのベクトル

$$\overrightarrow{\mathrm{OA}_1}=\boldsymbol{a}_1=\begin{pmatrix} a_{11} \\ a_{21} \\ a_{31} \end{pmatrix},\ \overrightarrow{\mathrm{OA}_2}=\boldsymbol{a}_2=\begin{pmatrix} a_{12} \\ a_{22} \\ a_{32} \end{pmatrix},\ \overrightarrow{\mathrm{OA}_3}=\boldsymbol{a}_3=\begin{pmatrix} a_{13} \\ a_{23} \\ a_{33} \end{pmatrix}$$

より作られる平行六面体の体積を V，3次正方行列を

$$A=\Big(\ \boldsymbol{a}_1\ \boldsymbol{a}_2\ \boldsymbol{a}_3\ \Big)=\begin{pmatrix} a_{11} & a_{12} & a_{13} \\ a_{21} & a_{22} & a_{23} \\ a_{31} & a_{32} & a_{33} \end{pmatrix}$$

とするとき，(1)〜(6) はすべて同値である．

(1) $V\neq 0$

(2) A の行列式の値　$|A|\neq 0$

(3) 同次形連立 1 次方程式 $A\boldsymbol{x}=\boldsymbol{0}$ の解 $\boldsymbol{x}$ は自明な解に限る.

(4) ベクトルの組 $\boldsymbol{a}_1, \boldsymbol{a}_2, \boldsymbol{a}_3$ は線形独立.

(5) 4 点 O, A_1, A_2, A_3 は同一平面上にない.

(6) $\boldsymbol{a}_1, \boldsymbol{a}_2, \boldsymbol{a}_3$ で平行六面体が作れる.

同様に, (1*)〜(6*) はすべて同値である.

(1*) $V=0$

(2*) A の行列式の値　$|A|=0$

(3*) 同次形連立 1 次方程式 $A\boldsymbol{x}=\boldsymbol{0}$ の解 $\boldsymbol{x}$ は自明な解以外も存在する.

(4*) ベクトルの組 $\boldsymbol{a}_1, \boldsymbol{a}_2, \boldsymbol{a}_3$ は線形従属.

(5*) 4 点 O, A_1, A_2, A_3 は同一平面上にある.

(6*) $\boldsymbol{a}_1, \boldsymbol{a}_2, \boldsymbol{a}_3$ で平行六面体が作れない.

例題 5.23

3 つのベクトル $\boldsymbol{a}_1=\begin{pmatrix}1\\2\\2\end{pmatrix}, \boldsymbol{a}_2=\begin{pmatrix}3\\3\\4\end{pmatrix}, \boldsymbol{a}_3=\begin{pmatrix}2\\1\\3\end{pmatrix}$ について, 次の問いに答えなさい.

(1) $\boldsymbol{a}_1, \boldsymbol{a}_2, \boldsymbol{a}_3$ は線形独立か, 線形従属か調べなさい.

(2) $\boldsymbol{a}_1, \boldsymbol{a}_2, \boldsymbol{a}_3$ が作る平行六面体の体積 V を求めなさい.

（解）

(1) $\det\begin{pmatrix}\boldsymbol{a}_1 & \boldsymbol{a}_2 & \boldsymbol{a}_3\end{pmatrix}=\begin{vmatrix}1&3&2\\2&3&1\\2&4&3\end{vmatrix}=-3\neq 0$ だから, 定理 61 より線形独立である。

(2) 定理 61 より $V=\left|\det\begin{pmatrix}\boldsymbol{a}_1 & \boldsymbol{a}_2 & \boldsymbol{a}_3\end{pmatrix}\right|=|-3|=3$ （終）

第6章　線形写像

6.1　線形空間ってなんだ？

n 個の実数の成分からなる列ベクトル $\boldsymbol{a} = \begin{pmatrix} a_1 \\ a_2 \\ \vdots \\ a_n \end{pmatrix}$ を n 次の数ベクトルと呼び, その全体の集合を $\mathbb{R}^n$ と表した. すなわち,

$$\mathbb{R}^n = \left\{ \boldsymbol{a} = \begin{pmatrix} a_1 \\ \vdots \\ a_n \end{pmatrix} ;\ a_j \in \mathbb{R},\ j = 1, 2, \ldots, n \right\}.$$

ここでは, もっと一般化したベクトルや次元について述べよう. 成分としては実数を扱うが, 成分が複素数の列ベクトルの場合は $\mathbb{C}^n$ と表され, $\mathbb{R}^n$ や $\mathbb{C}^n$ は, 数ベクトル空間と呼ばれている.

【定義 62】 集合 V において, $\boldsymbol{a}, \boldsymbol{b}, \boldsymbol{c} \in V$, $k, m \in \mathbb{R}$ に対し, 和 $\boldsymbol{a} + \boldsymbol{b} \in V$ とスカラー倍 $k\boldsymbol{a} \in V$ が定義されていて, 次の条件を満たすとき, V を**線形空間**または**ベクトル空間**という.

(1) $\boldsymbol{a} + \boldsymbol{b} = \boldsymbol{b} + \boldsymbol{a}$（交換律）
(2) $(\boldsymbol{a} + \boldsymbol{b}) + \boldsymbol{c} = \boldsymbol{a} + (\boldsymbol{b} + \boldsymbol{c})$（結合律）
(3) $\boldsymbol{0} + \boldsymbol{a} = \boldsymbol{a} + \boldsymbol{0} = \boldsymbol{a}$ を満たす $\boldsymbol{0}$ が存在
(4) $0\boldsymbol{a} = \boldsymbol{0}$
(5) $k(m\boldsymbol{a}) = (km)\boldsymbol{a}$（結合律）
(6) $1\boldsymbol{a} = \boldsymbol{a}$
(7) $(k + m)\boldsymbol{a} = k\boldsymbol{a} + m\boldsymbol{a}$（分配律）
(8) $k(\boldsymbol{a} + \boldsymbol{b}) = k\boldsymbol{a} + k\boldsymbol{b}$（分配律）

一般に, **線形空間の要素が, ベクトル**と呼ばれる. 特に, 上記の (3) を満たす $\boldsymbol{0}$ は零ベクトルと呼ばれる.

例題 6.1

高々 2 次の整式全体 $\mathbb{R}_2[x] = \{a_0 + a_1 x + a_2 x^2 \ ;\ a_0, a_1, a_2 \in \mathbb{R}\ \}$ は, 線形空間であることを示しなさい.

（解） $f_0(x) = 0$ は, $a_0 = a_1 = a_2 = 0$ のときであるから, $f_0(x) = 0 \in \mathbb{R}_2[x]$ がわかる. $f_0(x)$ が定義62 (3) における $\boldsymbol{0}$ である.

また，$\boldsymbol{a} = a_0 + a_1x + a_2x^2, \boldsymbol{b} = b_0 + b_1x + b_2x^2 \in \mathbb{R}_2[x]$ とすると，定義62 の条件をすべて満たすことがわかる．例えば定義62 (8) について，$k \in \mathbb{R}$ に対し，

$$\begin{aligned} k\boldsymbol{a} + k\boldsymbol{b} &= (ka_0 + ka_1x + ka_2x^2) + (kb_0 + kb_1x + kb_2x^2) \\ &= k(a_0 + a_1x + a_2x^2 + b_0 + b_1x + b_2x^2) = k(\boldsymbol{a} + \boldsymbol{b}) \end{aligned}$$

が得られ，定義62 (8) を満たすことがわかる． （終）

線形空間として，主に実数の数ベクトル空間 $\mathbb{R}^n$ を扱うが，他の線形空間の例も挙げておく．

線形空間の例

(1) 高々 n 次の整式全体

$$\mathbb{R}_n[x] = \left\{a_0 + a_1x + a_2x^2 + \cdots + a_nx^n \ ; \ a_j \in \mathbb{R},\ 0 \leqq j \leqq n\right\}$$

(2) 区間 (a, b) で連続な関数全体 $C(a, b)$

(3) $m \times n$ 型行列全体　$M_{m,n}(\mathbb{R}) = \left\{\left(a_{jk}\right) \ ; \ a_{jk} \in \mathbb{R},\ 1 \leqq j \leqq m,\ 1 \leqq k \leqq n\right\}$

6.2 部分空間ってなんだ？

線形空間 V の部分集合 W が V において定義されている和とスカラー倍を用いて線形空間であるとき，W を V の**部分空間**という．

> 《**定理 63**》 線形空間 V の部分集合 W が V の部分空間であるための必要十分条件は，次の条件を満たすことである．
>
> (1) $\mathbf{0} \in W$ (または W は空集合でない)
>
> (2) $\boldsymbol{a}, \boldsymbol{b} \in W$, $s, t \in \mathbb{R}$ に対し，$s\boldsymbol{a} + t\boldsymbol{b} \in W$

証明　W が V の部分空間であれば，W 自身が線形空間であるので，条件 (1), (2) を満たすことがわかる．

逆に，W が条件 (1), (2) を満たすとすると，W が空集合でないならば，ある W の要素 $\boldsymbol{a}$ が存在するので，$0\boldsymbol{a} = \mathbf{0} \in W$ が得られる．W の要素はすべて V の要素でもあるので，線形空間の定義62 を満たすことがわかる． □

部分空間の例

高々2次の整式全体 $\mathbb{R}_2[x]$ は，高々3次の整式全体 $\mathbb{R}_3[x]$ の部分空間である．

実際，$\mathbb{R}_2[x]$ は，$\mathbb{R}_3[x]$ の部分集合であり，$\mathbb{R}_2[x]$ 自体は線形空間であることがわかる．

例題 6.2

次の $\mathbb{R}^3$ の部分集合は, $\mathbb{R}^3$ の部分空間かどうか調べなさい.

(1) $W_1 = \left\{ \boldsymbol{x} = \begin{pmatrix} x_1 \\ x_2 \\ x_3 \end{pmatrix} \in \mathbb{R}^3 \ ; \ \begin{array}{r} x_1 - 2x_2 + \ x_3 = 0 \\ 2x_1 - 4x_2 + 3x_3 = 0 \end{array} \right\}$

(2) $W_2 = \left\{ \boldsymbol{x} = \begin{pmatrix} x_1 \\ x_2 \\ x_3 \end{pmatrix} \in \mathbb{R}^3 \ ; \ \begin{array}{r} x_1 - 2x_2 + \ x_3 \geqq 0 \\ 2x_1 - 4x_2 + 3x_3 = 0 \end{array} \right\}$

(解)　$f(\boldsymbol{x}) = x_1 - 2x_2 + \ x_3$, $g(\boldsymbol{x}) = 2x_1 - 4x_2 + 3x_3$ とおく.

(1) $W_1 = \{f(\boldsymbol{x}) = 0, g(\boldsymbol{x}) = 0\}$ である.

$\mathbf{0} = \begin{pmatrix} 0 \\ 0 \\ 0 \end{pmatrix}$ に対し, $f(\mathbf{0}) = 0 - 2 \times 0 + 0 = 0$, $g(\mathbf{0}) = 2 \times 0 - 4 \times 0 + 3 \times 0 = 0$

だから, $\mathbf{0} \in W_1$

$\boldsymbol{a} = \begin{pmatrix} a_1 \\ a_2 \\ a_3 \end{pmatrix}, \boldsymbol{b} = \begin{pmatrix} b_1 \\ b_2 \\ b_3 \end{pmatrix} \in W_1$ とすると,

$f(\boldsymbol{a}) = 0$, $f(\boldsymbol{b}) = 0$, $g(\boldsymbol{a}) = 0$, $g(\boldsymbol{b}) = 0$ が成立する.

$s, t \in \mathbb{R}$ に対し, $s\boldsymbol{a} + t\boldsymbol{b} = \begin{pmatrix} sa_1 + tb_1 \\ sa_2 + tb_2 \\ sa_3 + tb_3 \end{pmatrix}$ だから

$$\begin{aligned} f(s\boldsymbol{a} + t\boldsymbol{b}) &= (sa_1 + tb_1) - 2(sa_2 + tb_2) + (sa_3 + tb_3) \\ &= s(a_1 - 2a_2 + a_3) + t(b_1 - 2b_2 + b_3) \\ &= sf(\boldsymbol{a}) + tf(\boldsymbol{b}) = s \times 0 + t \times 0 = 0 \end{aligned}$$

同様に, $g(s\boldsymbol{a} + t\boldsymbol{b}) = 0$ も成立することがわかる. よって, $s\boldsymbol{a} + t\boldsymbol{b} \in W_1$.

したがって, 定理63より, W_1 は $\mathbb{R}^3$ の部分空間である.

(2) $\boldsymbol{a} = \begin{pmatrix} 3 \\ 0 \\ -2 \end{pmatrix}$ について,

$f(\boldsymbol{a}) = 3 - 2 \times 0 + (-2) = 1 \geqq 0$, $g(\boldsymbol{a}) = 2 \times 3 - 4 \times 0 + 3 \times (-2) = 0$

だから $\boldsymbol{a} \in W_2$ がわかる.

このとき $s = -2$ とすると, $s\boldsymbol{a} = -2\begin{pmatrix} 3 \\ 0 \\ -2 \end{pmatrix} = \begin{pmatrix} -6 \\ 0 \\ 4 \end{pmatrix}$ であり,

$f(s\boldsymbol{a}) = (-6) - 2 \times 0 + 4 = -2 < 0$ である. よって, $s\boldsymbol{a} \notin W_2$

したがって, 定理63の条件 (2) が成立せず, W_2 は $\mathbb{R}^3$ の部分空間ではない. (終)

例題 6.2 (1) の W_1 は，同次形連立 1 次方程式の解の集合であり，それは $\mathbb{R}^3$ の部分空間であることがわかった．これを一般化すると，次の定理がわかる．

《定理 64》 $m \times n$ 型行列 A に対し，同次形連立 1 次方程式 $A\boldsymbol{x} = \boldsymbol{0}$ の解全体の集合 W は，$\mathbb{R}^n$ の部分空間である．

証明　$W = \{\boldsymbol{x} \in \mathbb{R}^n \ ; \ A\boldsymbol{x} = \boldsymbol{0}\}$ と表せる．このとき，自明な解 $\boldsymbol{0}$ について，$\boldsymbol{0} \in W$ がわかる．

また，$\boldsymbol{a}, \boldsymbol{b} \in W$ とすると，$A\boldsymbol{a} = \boldsymbol{0}$, $A\boldsymbol{b} = \boldsymbol{0}$ が成立するので，$s, t \in \mathbb{R}$ に対し，$A(s\boldsymbol{a} + t\boldsymbol{b}) = sA\boldsymbol{a} + tA\boldsymbol{b} = \boldsymbol{0} + \boldsymbol{0} = \boldsymbol{0}$ が得られる．これより，$s\boldsymbol{a} + t\boldsymbol{b} \in W$ がわかるので，定理 63 より，W は $\mathbb{R}^n$ の部分空間である． □

定理 64 より，同次形連立 1 次方程式の解の集合は，$\mathbb{R}^n$ の部分空間であり，**解空間**と呼ばれている．

線形空間 V の k 個の要素 $\boldsymbol{a}_1, \ldots, \boldsymbol{a}_k$ に対し，その線形結合全体のなす集合

$$\langle \boldsymbol{a}_1, \ldots, \boldsymbol{a}_k \rangle_{\mathbb{R}} = \{ \, c_1\boldsymbol{a}_1 + \cdots + c_k\boldsymbol{a}_k \ ; \ c_1, \ldots, c_k \in \mathbb{R} \, \}$$

について，次の定理が成立する．

《定理 65》 線形空間 V の k 個の要素 $\boldsymbol{a}_1, \ldots, \boldsymbol{a}_k$ に対し，$W = \langle \boldsymbol{a}_1, \ldots, \boldsymbol{a}_k \rangle_{\mathbb{R}}$ は，V の部分空間である．

証明　W のすべての要素は $c_1\boldsymbol{a}_1 + \cdots + c_k\boldsymbol{a}_k$ ($c_1, \ldots, c_k \in \mathbb{R}$) の形である．ここで V は線形空間であるから，$c_1\boldsymbol{a}_1 + \cdots + c_k\boldsymbol{a}_k \in V$ であり, $W \subset V$ がわかる．

$\boldsymbol{0} = 0\boldsymbol{a}_1 + \cdots + 0\boldsymbol{a}_k$ より $\boldsymbol{0} \in \langle \boldsymbol{a}_1, \ldots, \boldsymbol{a}_k \rangle_{\mathbb{R}} = W$ がわかる．

また，$\boldsymbol{a}, \boldsymbol{b} \in \langle \boldsymbol{a}_1, \ldots, \boldsymbol{a}_k \rangle_{\mathbb{R}}$ とすると，

$$\boldsymbol{a} = p_1\boldsymbol{a}_1 + \cdots + p_k\boldsymbol{a}_k, \ \boldsymbol{b} = q_1\boldsymbol{a}_1 + \cdots + q_k\boldsymbol{a}_k, \ p_1, \ldots, p_k, q_1, \ldots, q_k \in \mathbb{R}$$

が成立するので，$s, t \in \mathbb{R}$ に対し，$s\boldsymbol{a} + t\boldsymbol{b} = (sp_1 + tq_1)\boldsymbol{a}_1 + \cdots + (sp_k + tq_k)\boldsymbol{a}_k$ が得られる．これより，$s\boldsymbol{a} + t\boldsymbol{b} \in \langle \boldsymbol{a}_1, \ldots, \boldsymbol{a}_k \rangle_{\mathbb{R}}$ がわかるので，定理 63 より，$\langle \boldsymbol{a}_1, \ldots, \boldsymbol{a}_k \rangle_{\mathbb{R}}$ は V の部分空間である． □

$\langle \boldsymbol{a}_1, \ldots, \boldsymbol{a}_k \rangle_{\mathbb{R}}$ を $\boldsymbol{a}_1, \ldots, \boldsymbol{a}_k$ **で生成される** V **の部分空間**という．

また，$W = \langle \boldsymbol{a}_1, \ldots, \boldsymbol{a}_k \rangle_{\mathbb{R}}$ のとき，$\boldsymbol{a}_1, \ldots, \boldsymbol{a}_k$ **は線形空間** W **を生成する**という．

問 6.1.　線形空間 V の k 個の要素 $\boldsymbol{a}_1, \ldots, \boldsymbol{a}_k$ の中の m 個の要素 $\boldsymbol{a}_{\nu_1}, \ldots, \boldsymbol{a}_{\nu_m}$ で生成される線形空間 $\langle \boldsymbol{a}_{\nu_1}, \ldots, \boldsymbol{a}_{\nu_m} \rangle_{\mathbb{R}}$ は，線形空間 $\langle \boldsymbol{a}_1, \ldots, \boldsymbol{a}_k \rangle_{\mathbb{R}}$ の部分空間であることを示しなさい．

解　省略

6.3　基底ってなんだ？

線形空間 V のベクトルに対しても，線形独立と線形従属を定義でき，定理54，定理55が同様に成り立つ．

【定義 66】 線形空間 V の要素の組 $\boldsymbol{a}_1, \ldots, \boldsymbol{a}_m$ が次の条件を満たすとき，この組を V の**基底**という．

(1) $\boldsymbol{a}_1, \ldots, \boldsymbol{a}_m$ は線形独立である．

(2) $\boldsymbol{a}_1, \ldots, \boldsymbol{a}_m$ は V を生成する．すなわち，V の要素はすべて $\boldsymbol{a}_1, \ldots, \boldsymbol{a}_m$ の線形結合で表せる．

例題 6.3

$\mathbb{R}^n$ のベクトルの組 $\boldsymbol{e}_1 = \begin{pmatrix} 1 \\ 0 \\ 0 \\ \vdots \\ 0 \end{pmatrix}, \boldsymbol{e}_2 = \begin{pmatrix} 0 \\ 1 \\ 0 \\ \vdots \\ 0 \end{pmatrix}, \ldots, \boldsymbol{e}_n = \begin{pmatrix} 0 \\ 0 \\ \vdots \\ 0 \\ 1 \end{pmatrix}$ は，$\mathbb{R}^n$ の基底であることを示しなさい．

（解）$A = (\boldsymbol{e}_1 \boldsymbol{e}_2 \cdots \boldsymbol{e}_n)$ とすると，$A = E$ となるので，$|A| = |E| = 1$ である．したがって，$c_1\boldsymbol{e}_1 + c_2\boldsymbol{e}_2 + \cdots + c_n\boldsymbol{e}_n = \boldsymbol{0}$ を満たすスカラーの組 $(c_1, \ldots,\ c_n)$ は $(0, \ldots, 0)$ だけであるので，$\boldsymbol{e}_1, \boldsymbol{e}_2, \ldots, \boldsymbol{e}_n$ は線形独立であることがわかる．

さらに，任意の $\mathbb{R}^n$ の要素 $\boldsymbol{a} = \begin{pmatrix} a_1 \\ a_2 \\ \vdots \\ a_n \end{pmatrix}$ に対し，

$$\boldsymbol{a} = \begin{pmatrix} a_1 \\ 0 \\ \vdots \\ 0 \end{pmatrix} + \cdots + \begin{pmatrix} 0 \\ \vdots \\ 0 \\ a_n \end{pmatrix} = a_1\boldsymbol{e}_1 + \cdots + a_n\boldsymbol{e}_n$$

と $\boldsymbol{e}_1, \boldsymbol{e}_2, \ldots, \boldsymbol{e}_n$ の線形結合で表せることがわかる．

したがって，定義66より，$\boldsymbol{e}_1, \boldsymbol{e}_2, \ldots, \boldsymbol{e}_n$ は $\mathbb{R}^n$ の基底であることがわかる．（終）

基底について

(1) $\boldsymbol{e}_1 = \begin{pmatrix} 1 \\ 0 \end{pmatrix}, \boldsymbol{e}_2 = \begin{pmatrix} 0 \\ 1 \end{pmatrix}$ は $\mathbb{R}^2$ の基底である．なぜなら，行列式を計算すると，

$\det(\boldsymbol{e}_1\ \boldsymbol{e}_2) = \begin{vmatrix} 1 & 0 \\ 0 & 1 \end{vmatrix} = 1 \neq 0$ であるので, 定理59より線形独立である.

また, 任意の要素 $\boldsymbol{a} \in \mathbb{R}^2$ は, $\boldsymbol{a} = \begin{pmatrix} c_1 \\ c_2 \end{pmatrix}$ $(c_1, c_2 \in \mathbb{R})$ と表せるので, $\boldsymbol{a} = \begin{pmatrix} c_1 \\ 0 \end{pmatrix} + \begin{pmatrix} 0 \\ c_2 \end{pmatrix} = c_1\boldsymbol{e}_1 + c_2\boldsymbol{e}_2$ と線形結合で表せる. つまり, $\boldsymbol{e}_1, \boldsymbol{e}_2$ は $\mathbb{R}^2$ を生成する.

(2) $\boldsymbol{a}_1 = \begin{pmatrix} 2 \\ 0 \end{pmatrix}$, $\boldsymbol{a}_2 = \begin{pmatrix} 0 \\ 3 \end{pmatrix}$ も $\mathbb{R}^2$ の基底である. なぜなら, 行列式を計算すると, $\det(\boldsymbol{a}_1\ \boldsymbol{a}_2) = \begin{vmatrix} 2 & 0 \\ 0 & 3 \end{vmatrix} = 6 \neq 0$ であるので, 定理59より線形独立である.

また, 任意の要素 $\boldsymbol{c} \in \mathbb{R}^2$ は, $\boldsymbol{c} = \begin{pmatrix} c_1 \\ c_2 \end{pmatrix}$ $(c_1, c_2 \in \mathbb{R})$ と表せるので, $\boldsymbol{c} = \begin{pmatrix} c_1 \\ 0 \end{pmatrix} + \begin{pmatrix} 0 \\ c_2 \end{pmatrix} = \frac{c_1}{2}\boldsymbol{a}_1 + \frac{c_2}{3}\boldsymbol{a}_2$ と線形結合で表せる. つまり, $\boldsymbol{a}_1, \boldsymbol{a}_2$ は $\mathbb{R}^2$ を生成する.

上記の例からもわかるように, 線形空間の基底は, 1組だけでなく無数組存在するが, 基底を構成するベクトルの個数はどの基底も同じである（次の定理）.

《**定理 67**》 線形空間 V の基底を構成するベクトルの個数は, 基底の取り方によらず一定である.

証明 $\boldsymbol{a}_1, \ldots, \boldsymbol{a}_n$ と $\boldsymbol{b}_1, \ldots, \boldsymbol{b}_m$ が共に V の基底とすると, $\boldsymbol{b}_1, \ldots, \boldsymbol{b}_m$ は V の要素で, $\boldsymbol{a}_1, \ldots, \boldsymbol{a}_n$ は V の基底だから, 各 $\boldsymbol{b}_1, \ldots, \boldsymbol{b}_m$ は $\boldsymbol{a}_1, \ldots, \boldsymbol{a}_n$ の線形結合で $\boldsymbol{b}_k = \sum_{j=1}^{n} p_{jk}\boldsymbol{a}_j$ $(k = 1, 2, \ldots, m)$ と表せる. これは,

$$\text{行列 } P = (p_{jk}) \text{ を用いて} \quad (\boldsymbol{b}_1, \ldots, \boldsymbol{b}_m) = (\boldsymbol{a}_1, \ldots, \boldsymbol{a}_n)P \tag{6.1}$$

と表せる. 行列 P は $n \times m$ 行列である. この P に対し, 同次形連立1次方程式 $P\boldsymbol{x} = \boldsymbol{0}$ の解を考えると, $n < m$ であれば $\mathrm{rank}(P) \leqq n < m$ となり, 97ページの定理38より, 自明な解以外の解 $\boldsymbol{x}_1$ が存在する. これと (6.1) より,

$$(\boldsymbol{b}_1, \ldots, \boldsymbol{b}_m)\boldsymbol{x}_1 = (\boldsymbol{a}_1, \ldots, \boldsymbol{a}_n)P\boldsymbol{x}_1 = (\boldsymbol{a}_1, \ldots, \boldsymbol{a}_n)\boldsymbol{0} = \boldsymbol{0}$$

が成立するので, $\boldsymbol{b}_1, \ldots, \boldsymbol{b}_m$ は線形従属である. これは, $\boldsymbol{b}_1, \ldots, \boldsymbol{b}_m$ が V の基底であることに矛盾する. したがって, $n \geqq m$ がわかる.

$\boldsymbol{a}_1, \ldots, \boldsymbol{a}_n$ と $\boldsymbol{b}_1, \ldots, \boldsymbol{b}_m$ を入れ替えると, 同様の議論により, $n \leqq m$ がわかる.

以上より, $m = n$ がわかり, 基底を構成するベクトルの個数は, 基底の取り方によらず一定である. □

定理67より, 線形空間の次元を次のように定義できる.

【定義 68】 - 線形空間の次元 -
線形空間 V の基底を構成するベクトルの個数を V の**次元**といい，$\dim(V)$ と表す．$\dim(V)=n$ のとき，V は n 次元であるという． $V=\{\mathbf{0}\}$ のときは，0 次元とする．

ベクトルの集合 X において，n 個の線形独立なベクトルの組があり，X のどの $n+1$ 個のベクトルの組も線形従属であるとき，n を X のベクトルの**線形独立な最大個数**という． このとき，線形空間 V の次元は，その定義より V のベクトルの線形独立な最大個数と一致する．すなわち，V の基底を構成するベクトルの個数は，V のベクトルの線形独立な最大個数なのである．

《定理 69》 ベクトルの組 $\boldsymbol{a}_1,\ldots,\boldsymbol{a}_k$ の線形独立な最大個数が m $(m \leqq k)$ であれば，線形空間 $\langle \boldsymbol{a}_1,\ldots,\boldsymbol{a}_k\rangle_{\mathbb{R}}$ の基底で，

$$\langle \boldsymbol{a}_1,\ldots,\boldsymbol{a}_k\rangle_{\mathbb{R}} = \langle \boldsymbol{a}_{\nu_1},\ldots,\boldsymbol{a}_{\nu_m}\rangle_{\mathbb{R}}$$

を満たす m 個のベクトル $\boldsymbol{a}_{\nu_1},\ldots,\boldsymbol{a}_{\nu_m}$ が $\boldsymbol{a}_1,\ldots,\boldsymbol{a}_k$ の中に存在する．
※このとき，$\dim\langle \boldsymbol{a}_1,\ldots,\boldsymbol{a}_k\rangle_{\mathbb{R}} = \dim\langle \boldsymbol{a}_{\nu_1},\ldots,\boldsymbol{a}_{\nu_m}\rangle_{\mathbb{R}} = m$ である．

証明 $m=k$ の場合は，基底の定義 66 より，明らかである．

$m<k$ の場合，(必要なら番号を付け替えることにより) $\boldsymbol{a}_1,\ldots,\boldsymbol{a}_m$ が線形独立としてよい．このとき，条件よりベクトルの組 $\boldsymbol{a}_1,\ldots,\boldsymbol{a}_m,\boldsymbol{a}_{m+j}$, ($j=1,\ldots,k-m$) は線形従属であるから，$\boldsymbol{a}_{m+j}=\displaystyle\sum_{t=1}^{m} b_{jt}\boldsymbol{a}_t$, $(b_{jt}\in\mathbb{R})$ と表せる．したがって，

$$\begin{aligned}
&\langle \boldsymbol{a}_1,\ldots,\boldsymbol{a}_k\rangle_{\mathbb{R}}\\
=\ &\{\ c_1\boldsymbol{a}_1+\cdots+c_m\boldsymbol{a}_m+c_{m+1}\boldsymbol{a}_{m+1}+\cdots+c_k\boldsymbol{a}_k\ ;\ c_1,\ldots,c_k\in\mathbb{R}\ \}\\
=\ &\left\{\ c_1\boldsymbol{a}_1+\cdots+c_m\boldsymbol{a}_m+c_{m+1}\sum_{t=1}^{m} b_{1t}\boldsymbol{a}_t+\cdots+c_k\sum_{t=1}^{m} b_{(k-m)t}\boldsymbol{a}_t\ ;\ c_1,\ldots,c_k\in\mathbb{R}\ \right\}\\
=\ &\left\{\left(c_1+\sum_{s=1}^{k-m} c_{m+s}b_{s1}\right)\boldsymbol{a}_1+\cdots+\left(c_m+\sum_{s=1}^{k-m} c_{m+s}b_{sm}\right)\boldsymbol{a}_m\ ;\ c_1,\ldots,c_k\in\mathbb{R}\right\}\\
=\ &\{\ \tilde{c_1}\boldsymbol{a}_1+\cdots+\tilde{c_m}\boldsymbol{a}_m\ ;\ \tilde{c_1},\ldots,\tilde{c_m}\in\mathbb{R}\ \}\\
=\ &\langle \boldsymbol{a}_1,\ldots,\boldsymbol{a}_m\rangle_{\mathbb{R}}
\end{aligned}$$

が成立し，$\boldsymbol{a}_1,\ldots,\boldsymbol{a}_m$ が $\langle \boldsymbol{a}_1,\ldots,\boldsymbol{a}_k\rangle_{\mathbb{R}}$ の基底であることがわかる． □

《定理 70》 n 次元線形空間 V のベクトルの組 $\boldsymbol{a}_1,\ldots,\boldsymbol{a}_k$ $(k\leqq n)$ が線形独立であれば，$\boldsymbol{a}_1,\ldots,\boldsymbol{a}_k$ を含む V の基底が存在する．

証明　$W_k = \langle \boldsymbol{a}_1, \ldots, \boldsymbol{a}_k \rangle_{\mathbb{R}}$ とすると，定理 65 より，W_k は V の部分空間である．$W_k = V$ ならば，$\boldsymbol{a}_1, \ldots, \boldsymbol{a}_k$ が V の基底である．$W_k \neq V$ ならば $W_k \subset V$ であるので，$\boldsymbol{b}_1 \in V \setminus W_k$ が存在し，$\boldsymbol{b}_1$ は $\boldsymbol{a}_1, \ldots, \boldsymbol{a}_k$ の線形結合で表せないので，$\boldsymbol{a}_1, \ldots, \boldsymbol{a}_k, \boldsymbol{b}_1$ は線形独立である．このとき，$W_{k+1} = \langle \boldsymbol{a}_1, \ldots, \boldsymbol{a}_k, \boldsymbol{b}_1 \rangle_{\mathbb{R}}$ とする．

$W_{k+1} = V$ ならば，$\boldsymbol{a}_1, \ldots, \boldsymbol{a}_k, \boldsymbol{b}_1$ が V の基底である．

$W_{k+1} \neq V$ ならば，$\boldsymbol{b}_2 \in V \setminus W_{k+1}$ が存在し，$W_{k+2} = \langle \boldsymbol{a}_1, \ldots, \boldsymbol{a}_k, \boldsymbol{b}_1, \boldsymbol{b}_2 \rangle_{\mathbb{R}}$ とする．

このようにして，$W_n = \langle \boldsymbol{a}_1, \ldots, \boldsymbol{a}_k, \boldsymbol{b}_1, \boldsymbol{b}_2, \ldots, \boldsymbol{b}_{n-k} \rangle_{\mathbb{R}}$ とすれば，定理 67 より，V の基底を構成するベクトルの個数は n であるので，$W_n = V$ であり，

$\boldsymbol{a}_1, \ldots, \boldsymbol{a}_k, \boldsymbol{b}_1, \boldsymbol{b}_2, \ldots, \boldsymbol{b}_{n-k}$ が V の基底である．　□

例題 6.3 より，$\mathbb{R}^n$ の基底 $\boldsymbol{e}_1, \boldsymbol{e}_2, \ldots, \boldsymbol{e}_n$ の個数が n だから

$$\dim(\mathbb{R}^n) = n$$

がわかる．さらに，138 ページの 例題 5.19 より，$\boldsymbol{e}_1, \boldsymbol{e}_2, \ldots, \boldsymbol{e}_n$ は正規直交系である．このように，正規直交系である基底を**正規直交基底**と呼ぶ．特に，$\boldsymbol{e}_1, \boldsymbol{e}_2, \ldots, \boldsymbol{e}_n$ は $\mathbb{R}^n$ の**標準基底**と呼ばれている．

問 6.2.　$\boldsymbol{a}_1 = \begin{pmatrix} 1 \\ 0 \\ 1 \end{pmatrix}, \boldsymbol{a}_2 = \begin{pmatrix} 1 \\ 1 \\ -1 \end{pmatrix}, \boldsymbol{a}_3 = \begin{pmatrix} 0 \\ 1 \\ 1 \end{pmatrix}$ は，$\mathbb{R}^3$ の基底であることを示しなさい．

解　省略

例題 6.4

$\boldsymbol{a}_1 = \begin{pmatrix} 1 \\ -1 \\ -2 \\ -1 \end{pmatrix}, \boldsymbol{a}_2 = \begin{pmatrix} -2 \\ 2 \\ 4 \\ 2 \end{pmatrix}, \boldsymbol{a}_3 = \begin{pmatrix} -1 \\ 3 \\ 0 \\ -1 \end{pmatrix}, \boldsymbol{a}_4 = \begin{pmatrix} 1 \\ -7 \\ 4 \\ 5 \end{pmatrix}$ とするとき，

$\langle \boldsymbol{a}_1, \boldsymbol{a}_2, \boldsymbol{a}_3, \boldsymbol{a}_4 \rangle_{\mathbb{R}}$ の次元と基底を 1 組求めなさい．

（解）掃き出し法を用いると，

$$A = \left(\boldsymbol{a}_1 \boldsymbol{a}_2 \boldsymbol{a}_3 \boldsymbol{a}_4\right) = \begin{pmatrix} 1 & -2 & -1 & 1 \\ -1 & 2 & 3 & -7 \\ -2 & 4 & 0 & 4 \\ -1 & 2 & -1 & 5 \end{pmatrix} \xrightarrow{\substack{②+①\times 1 \\ ③+①\times 2 \\ ④+①\times 1}} \begin{pmatrix} 1 & -2 & -1 & 1 \\ 0 & 0 & 2 & -6 \\ 0 & 0 & -2 & 6 \\ 0 & 0 & -2 & 6 \end{pmatrix}$$

$$\xrightarrow{②\times(1/2)} \begin{pmatrix} 1 & -2 & -1 & 1 \\ 0 & 0 & 1 & -3 \\ 0 & 0 & -2 & 6 \\ 0 & 0 & -2 & 6 \end{pmatrix} \xrightarrow{\substack{①+②\times 1 \\ ③+②\times 2 \\ ④+②\times 2}} \begin{pmatrix} 1 & -2 & 0 & -2 \\ 0 & 0 & 1 & -3 \\ 0 & 0 & 0 & 0 \\ 0 & 0 & 0 & 0 \end{pmatrix} = \left(\boldsymbol{b}_1 \boldsymbol{b}_2 \boldsymbol{b}_3 \boldsymbol{b}_4\right)$$

この簡約化した行列 $B = \left(\boldsymbol{b}_1 \boldsymbol{b}_2 \boldsymbol{b}_3 \boldsymbol{b}_4\right)$ の第 1 列と第 3 列は線形独立であり，第 2 列と第 4 列は第 1 列と第 3 列の線形結合で表せることがわかる．このとき，行列 B は行基本変

形により行列 A を簡約化したのだから，88ページで考察したように，2つの同次形連立1次方程式 $A\boldsymbol{x}=\boldsymbol{0}$ と $B\boldsymbol{x}=\boldsymbol{0}$ は同等である．したがって，2つの同次形連立1次方程式の解は一致する．さらに簡約化したことにより，$\boldsymbol{b}_2=-2\boldsymbol{b}_1$, $\boldsymbol{b}_4=-2\boldsymbol{b}_1-3\boldsymbol{b}_3$ が得られ，これより等しい関係 $\boldsymbol{a}_2=-2\boldsymbol{a}_1$, $\boldsymbol{a}_4=-2\boldsymbol{a}_1-3\boldsymbol{a}_3$ が確かめられる．よって，$\boldsymbol{a}_2,\boldsymbol{a}_4$ は $\boldsymbol{a}_1,\boldsymbol{a}_3$ の線形結合で表せることがわかる．したがって，$\langle\boldsymbol{a}_1,\boldsymbol{a}_2,\boldsymbol{a}_3,\boldsymbol{a}_4\rangle_{\mathbb{R}}=\langle\boldsymbol{a}_1,\boldsymbol{a}_3\rangle_{\mathbb{R}}$，$\dim\langle\boldsymbol{a}_1,\boldsymbol{a}_2,\boldsymbol{a}_3,\boldsymbol{a}_4\rangle_{\mathbb{R}}=2$ であり，基底は，$\boldsymbol{a}_1=\begin{pmatrix}1\\-1\\-2\\-1\end{pmatrix}$, $\boldsymbol{a}_3=\begin{pmatrix}-1\\3\\0\\-1\end{pmatrix}$ である．（終）

一般に，$\boldsymbol{a}_1,\ldots,\boldsymbol{a}_n\in\mathbb{R}^m$ に対し，$A=\begin{pmatrix}\boldsymbol{a}_1\cdots\boldsymbol{a}_n\end{pmatrix}$ とし，B を A を簡約化した行列とすれば，行列 B は行基本変形により行列 A を簡約化したのだから，88ページで考察したように，2つの同次形連立1次方程式 $A\boldsymbol{x}=\boldsymbol{0}$ と $B\boldsymbol{x}=\boldsymbol{0}$ は同等である．よって，例題と同様にして，$\boldsymbol{a}_1,\ldots,\boldsymbol{a}_n$ の線形独立な最大個数は，A を簡約化した行列 B を考察することにより得られ，それは $\mathrm{rank}(A)$ と一致する．したがって，次の定理を得る．

《定理 71》 $\boldsymbol{a}_1,\ldots,\boldsymbol{a}_n\in\mathbb{R}^m$ に対し，$\dim\langle\boldsymbol{a}_1,\ldots,\boldsymbol{a}_n\rangle_{\mathbb{R}}=\mathrm{rank}\begin{pmatrix}\boldsymbol{a}_1,\ldots,\boldsymbol{a}_n\end{pmatrix}$

問 6.3. $\boldsymbol{a}_1=\begin{pmatrix}1\\0\\1\\2\end{pmatrix}$, $\boldsymbol{a}_2=\begin{pmatrix}1\\1\\-1\\3\end{pmatrix}$, $\boldsymbol{a}_3=\begin{pmatrix}0\\1\\1\\2\end{pmatrix}$, $\boldsymbol{a}_4=\begin{pmatrix}2\\2\\1\\7\end{pmatrix}$ とするとき，$\langle\boldsymbol{a}_1,\boldsymbol{a}_2,\boldsymbol{a}_3,\boldsymbol{a}_4\rangle_{\mathbb{R}}$ の次元と基底を1組求めなさい．

解　次元は3，基底は $\boldsymbol{a}_1$, $\boldsymbol{a}_2$, $\boldsymbol{a}_3$

例題 6.5

次の解空間 W の次元と基底を1組求めなさい．

$$W=\left\{\boldsymbol{x}=\begin{pmatrix}x_1\\x_2\\x_3\\x_4\\x_5\end{pmatrix}\in\mathbb{R}^5\ ;\ \begin{array}{r}x_1-2x_2+\ \ x_3+2x_4+3x_5=0\\2x_1-4x_2+3x_3+3x_4+7x_5=0\end{array}\right\}\tag{6.2}$$

（解）同次形連立1次方程式を掃き出し法で解く場合，行基本変形により定数項の列は常に0であるので，係数行列を簡約化すればよい．(6.2) より，係数行列を A として簡約化して，同次形連立1次方程式を解くと，

$$A=\begin{pmatrix}1&-2&1&2&3\\2&-4&3&3&7\end{pmatrix}\underset{②+①\times(-2)}{\longrightarrow}\begin{pmatrix}1&-2&1&2&3\\0&0&1&-1&1\end{pmatrix}$$

$$\xrightarrow{①+②\times(-1)} \begin{pmatrix} 1 & -2 & 0 & 3 & 2 \\ 0 & 0 & 1 & -1 & 1 \end{pmatrix}.$$

これより，$\begin{cases} x_1 - 2x_2 + 3x_4 + 2x_5 = 0 \\ x_3 - x_4 + x_5 = 0 \end{cases}$ だから $\begin{cases} x_1 = 2x_2 - 3x_4 - 2x_5 \\ x_3 = x_4 - x_5 \end{cases}$.
よって解 $\boldsymbol{x}$ は

$$\boldsymbol{x} = \begin{pmatrix} 2c_1 - 3c_2 - 2c_3 \\ c_1 \\ c_2 - c_3 \\ c_2 \\ c_3 \end{pmatrix} = c_1 \begin{pmatrix} 2 \\ 1 \\ 0 \\ 0 \\ 0 \end{pmatrix} + c_2 \begin{pmatrix} -3 \\ 0 \\ 1 \\ 1 \\ 0 \end{pmatrix} + c_3 \begin{pmatrix} -2 \\ 0 \\ -1 \\ 0 \\ 1 \end{pmatrix} \quad (c_1, c_2, c_3 \in \mathbb{R})$$

である．これは，解空間の要素はすべて $\boldsymbol{a}_1 = \begin{pmatrix} 2 \\ 1 \\ 0 \\ 0 \\ 0 \end{pmatrix}, \boldsymbol{a}_2 = \begin{pmatrix} -3 \\ 0 \\ 1 \\ 1 \\ 0 \end{pmatrix}, \boldsymbol{a}_3 = \begin{pmatrix} -2 \\ 0 \\ -1 \\ 0 \\ 1 \end{pmatrix}$
の線形結合で表されることを示しており，さらに，$\boldsymbol{a}_1, \boldsymbol{a}_2, \boldsymbol{a}_3$ は線形独立であることもわかるので，$\boldsymbol{a}_1, \boldsymbol{a}_2, \boldsymbol{a}_3$ は W の基底である．また，基底を構成するベクトルの個数が 3 個だから，$\dim(W) = 3$ もわかる． (終)

※ 同次形連立 1 次方程式の解空間の基底は，その同次形連立 1 次方程式の**基本解**と呼ばれている．

問 6.4. 次の解空間 W の次元と基底を 1 組求めなさい．

(1) $W = \left\{ \boldsymbol{x} = \begin{pmatrix} x_1 \\ x_2 \\ x_3 \end{pmatrix} \in \mathbb{R}^3 \ ; \ \begin{array}{r} 4x_1 + 4x_2 + 4x_3 = 0 \\ 2x_1 + 4x_2 + 4x_3 = 0 \\ 6x_1 + 8x_2 + 8x_3 = 0 \end{array} \right\}$

(2) $W = \left\{ \boldsymbol{x} = \begin{pmatrix} x_1 \\ x_2 \\ x_3 \end{pmatrix} \in \mathbb{R}^3 \ ; \ \begin{array}{r} 2x_1 + 2x_2 + 4x_3 = 0 \\ 4x_1 + 4x_2 + 8x_3 = 0 \end{array} \right\}$

解　(1) 次元は 1，基底は $\begin{pmatrix} 0 \\ -1 \\ 1 \end{pmatrix}$　(2) 次元は 2，基底は $\begin{pmatrix} -2 \\ 0 \\ 1 \end{pmatrix}, \begin{pmatrix} -1 \\ 1 \\ 0 \end{pmatrix}$

例題 6.5 では，解空間 W の次元は基本解の個数，$\dim(W) = 3$ であり，全空間の次元は $\dim(\mathbb{R}^5) = 5$，係数行列の階数は $\mathrm{rank}(A) = 2$ であった．基本解の個数は，変数のうち任意定数に取れる個数に等しいので，その個数は $\dim(\mathbb{R}^5) - \mathrm{rank}(A)$ に一致することがわかる．すなわち，

$$\dim(W) = \dim(\mathbb{R}^5) - \mathrm{rank}(A)$$

が成立することがわかる．一般に，次の定理が成立する．

《定理 72》 A が $m \times n$ 型行列のとき，同次形連立1次方程式の解空間 $W = \{\boldsymbol{x} \in \mathbb{R}^n \,;\, A\boldsymbol{x} = \boldsymbol{0}\}$ の次元について

$$\dim(W) = \dim(\mathbb{R}^n) - \mathrm{rank}(A) = n - \mathrm{rank}(A) \tag{6.3}$$

が成立する．

※ 証明については，さらに一般化した 167 ページの定理 77 で与えられる．

6.4　線形写像ってなんだ？

【定義 73】 V_1, V_2 を線形空間とする．写像 $f : V_1 \to V_2$ が次の条件を満たすとき，**線形写像**という．

$$\text{任意の } \boldsymbol{x}, \boldsymbol{y} \in V_1,\ \alpha, \beta \in \mathbb{R} \text{ に対し}, f(\alpha\boldsymbol{x} + \beta\boldsymbol{y}) = \alpha f(\boldsymbol{x}) + \beta f(\boldsymbol{y}) \tag{6.4}$$

※ (6.4) の性質は**線形性**と呼ばれる．線形性をもつ写像が線形写像である．

線形空間 V_1, V_2 の零ベクトルをそれぞれ $\boldsymbol{0}_1, \boldsymbol{0}_2$ とすると，この定義より，$f(\boldsymbol{0}_1) = f(0\boldsymbol{0}_1) = 0f(\boldsymbol{0}_1) = \boldsymbol{0}_2$，すなわち $f(\boldsymbol{0}_1) = \boldsymbol{0}_2$ が成立する．つまり，**線形写像** $f : V_1 \to V_2$ **は，$f(\boldsymbol{0}_1) = \boldsymbol{0}_2$ を満たす，すなわち，零ベクトルを零ベクトルに写す**ことがわかる．

- **線形写像の例**　$f(x) = 2x$ は，$\mathbb{R}$ から $\mathbb{R}$ への線形写像である．

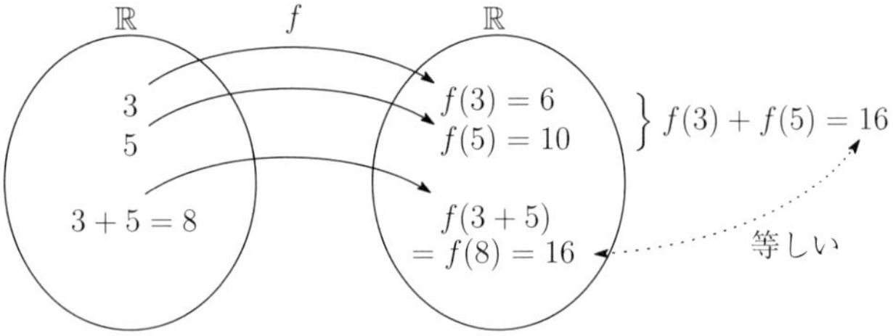

実際，任意の $x, y \in \mathbb{R}$, $\alpha, \beta \in \mathbb{R}$ に対し，

$$f(\alpha x + \beta y) = 2(\alpha x + \beta y) = \alpha \times 2x + \beta \times 2y = \alpha f(x) + \beta f(y)$$

が成立し，定義 73 を満たす．

- **線形写像でない例**　$f(x) = 2x + 1$ は，$\mathbb{R}$ から $\mathbb{R}$ への線形写像でない．

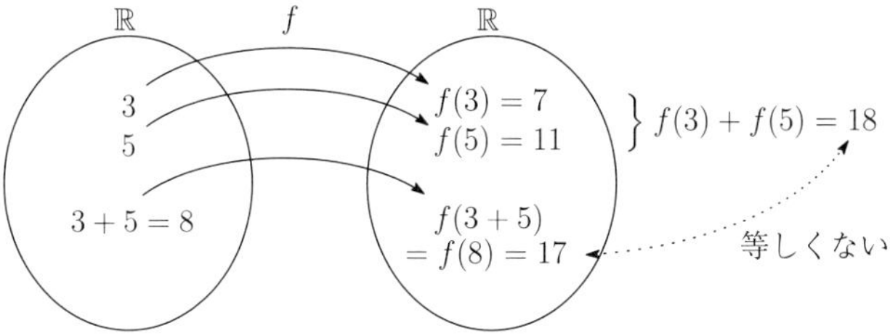

実際，$x = 3,\ y = 5,\ \alpha = 1,\ \beta = 1$ に対し，

$$f(\alpha x + \beta y) = f(8) = 17 \neq 18 = 1 \times f(3) + 1 \times f(5) = \alpha f(x) + \beta f(y)$$

であるので，条件 (6.4) を満たさない．

上記の例と同様にして，a が定数のとき，$f(x) = ax$ $(x \in \mathbb{R})$ は $\mathbb{R}$ から $\mathbb{R}$ への線形写像であることがわかる．これを一般化する．

> A が $m \times n$ 型行列のとき，$f(\boldsymbol{x}) = A\boldsymbol{x}$ $(x \in \mathbb{R}^n)$ は $\mathbb{R}^n$ から $\mathbb{R}^m$ への線形写像であり，$A = \Big(f(\boldsymbol{e}_1)\ f(\boldsymbol{e}_2) \cdots f(\boldsymbol{e}_n)\Big)$ である．

逆に，f が $\mathbb{R}^n$ から $\mathbb{R}^m$ への線形写像のとき，$\mathbb{R}^n$ の標準基底 $\boldsymbol{e}_1, \boldsymbol{e}_2, \ldots, \boldsymbol{e}_n$ を用いて $A = \Big(f(\boldsymbol{e}_1)\ f(\boldsymbol{e}_2) \cdots f(\boldsymbol{e}_n)\Big)$ とおくと，A は $m \times n$ 型行列であり $f(\boldsymbol{x}) = A\boldsymbol{x}$ が成立する．すなわち，

> f が $\mathbb{R}^n \to \mathbb{R}^m$ の線形写像のとき，標準基底を用いた $f(\boldsymbol{x}) = A\boldsymbol{x}$ $(x \in \mathbb{R}^n)$ を満たす $m \times n$ 型行列 A が唯一つ存在する．

実際，任意の $\mathbb{R}^n$ の要素 $\boldsymbol{x} = \begin{pmatrix} x_1 \\ \vdots \\ x_n \end{pmatrix}$ に対し，

$$\boldsymbol{x} = \begin{pmatrix} x_1 \\ 0 \\ \vdots \\ 0 \end{pmatrix} + \cdots + \begin{pmatrix} 0 \\ \vdots \\ 0 \\ x_n \end{pmatrix} = x_1\boldsymbol{e}_1 + \cdots + x_n\boldsymbol{e}_n$$

と表せるので，f の線形性より，

$$\begin{aligned} f(\boldsymbol{x}) &= f(x_1\boldsymbol{e}_1 + \cdots + x_n\boldsymbol{e}_n) = x_1 f(\boldsymbol{e}_1) + \cdots + x_n f(\boldsymbol{e}_n) \\ &= \Big(f(\boldsymbol{e}_1)\ f(\boldsymbol{e}_2) \cdots f(\boldsymbol{e}_n)\Big) \begin{pmatrix} x_1 \\ \vdots \\ x_n \end{pmatrix} = A\boldsymbol{x} \end{aligned}$$

が成立することがわかる．また，$f(\boldsymbol{x}) = B\boldsymbol{x}$ を満たす行列 B が存在すれば，$B = \Big(f(\boldsymbol{e}_1)\ f(\boldsymbol{e}_2) \cdots f(\boldsymbol{e}_n)\Big) = A$ となるから，$f(\boldsymbol{x}) = A\boldsymbol{x}$ となる行列は唯一つである．

このように，線形写像は行列 A で表すことができる．この行列 A は線形写像の**表現行列**と呼ばれる（p.81「§3.7　1 次変換」参照）．

例題 6.6

$f : \mathbb{R}^2 \to \mathbb{R}^3$ が線形写像であり，

$$f(\begin{pmatrix} 4 \\ 2 \end{pmatrix}) = \begin{pmatrix} 0 \\ 2 \\ 2 \end{pmatrix}, \qquad f(\begin{pmatrix} 2 \\ 3 \end{pmatrix}) = \begin{pmatrix} 4 \\ 3 \\ -9 \end{pmatrix} \tag{6.5}$$

のとき，線形写像 f を求めなさい．

（解）$\mathbb{R}^2$ の標準基底を $\boldsymbol{e}_1, \boldsymbol{e}_2$ とすると，$\begin{pmatrix} 4 \\ 2 \end{pmatrix} = 4\boldsymbol{e}_1 + 2\boldsymbol{e}_2$, $\begin{pmatrix} 2 \\ 3 \end{pmatrix} = 2\boldsymbol{e}_1 + 3\boldsymbol{e}_2$ だから，条件より

$$\begin{pmatrix} 0 \\ 2 \\ 2 \end{pmatrix} = f(4\boldsymbol{e}_1 + 2\boldsymbol{e}_2) = 4f(\boldsymbol{e}_1) + 2f(\boldsymbol{e}_2), \begin{pmatrix} 4 \\ 3 \\ -9 \end{pmatrix} = f(2\boldsymbol{e}_1 + 3\boldsymbol{e}_2) = 2f(\boldsymbol{e}_1) + 3f(\boldsymbol{e}_2).$$

これより，$f(\boldsymbol{e}_1) = \begin{pmatrix} -1 \\ 0 \\ 3 \end{pmatrix}, f(\boldsymbol{e}_2) = \begin{pmatrix} 2 \\ 1 \\ -5 \end{pmatrix}$ が得られるので，f の表現行列 A は，

$A = \Big(f(\boldsymbol{e}_1)\ f(\boldsymbol{e}_2)\Big) = \begin{pmatrix} -1 & 2 \\ 0 & 1 \\ 3 & -5 \end{pmatrix}$ である．よって，求める線形写像 f は，

$$f : \begin{pmatrix} y_1 \\ y_2 \\ y_3 \end{pmatrix} = \begin{pmatrix} -1 & 2 \\ 0 & 1 \\ 3 & -5 \end{pmatrix} \begin{pmatrix} x_1 \\ x_2 \end{pmatrix}, \qquad \begin{pmatrix} x_1 \\ x_2 \end{pmatrix} \in \mathbb{R}^2, \begin{pmatrix} y_1 \\ y_2 \\ y_3 \end{pmatrix} \in \mathbb{R}^3$$

（終）

問 6.5.　$f : \mathbb{R}^2 \to \mathbb{R}^3$ が線形写像であり，

$$f(\begin{pmatrix} 3 \\ 5 \end{pmatrix}) = \begin{pmatrix} 1 \\ 2 \\ 3 \end{pmatrix}, \qquad f(\begin{pmatrix} 2 \\ 3 \end{pmatrix}) = \begin{pmatrix} 3 \\ 2 \\ 1 \end{pmatrix}$$

のとき，線形写像 f を求めなさい．

解　$f : \begin{pmatrix} y_1 \\ y_2 \\ y_3 \end{pmatrix} = \begin{pmatrix} 12 & -7 \\ 4 & -2 \\ -4 & 3 \end{pmatrix} \begin{pmatrix} x_1 \\ x_2 \end{pmatrix}$

さて，線形写像の合成写像について考えよう．$f : \mathbb{R}^n \to \mathbb{R}^m$, $g : \mathbb{R}^m \to \mathbb{R}^k$ を線形写像とすると，$m \times n$ 型行列 F，$k \times m$ 型行列 G が存在し，$f(\boldsymbol{x}) = F\boldsymbol{x}$ $(\boldsymbol{x} \in \mathbb{R}^n)$,

$g(\boldsymbol{y}) = G\boldsymbol{y}$ $(\boldsymbol{y} \in \mathbb{R}^m)$ と表せる．このとき，f と g の合成写像 $g \circ f$ は，

$$g \circ f(\boldsymbol{x}) = g(f(\boldsymbol{x})) = G(f(\boldsymbol{x})) = GF\boldsymbol{x}$$

となるので，やはり，$g \circ f$ は行列で表せる．したがって，$g \circ f : \mathbb{R}^n \to \mathbb{R}^k$ **も線形写像であり，その表現行列は，2 つの表現行列の積** GF であることがわかる．

例題 6.7

$\mathbb{R}^2$ から $\mathbb{R}^3$ への線形写像 $f : \begin{pmatrix} y_1 \\ y_2 \\ y_3 \end{pmatrix} = \begin{pmatrix} 1 & 4 \\ 3 & -2 \\ -1 & 3 \end{pmatrix} \begin{pmatrix} x_1 \\ x_2 \end{pmatrix}$ と $\mathbb{R}^3$ から $\mathbb{R}^2$ への線形写像 $g : \begin{pmatrix} y_1 \\ y_2 \end{pmatrix} = \begin{pmatrix} 2 & -1 & -2 \\ -1 & 4 & 3 \end{pmatrix} \begin{pmatrix} x_1 \\ x_2 \\ x_3 \end{pmatrix}$ について，次の問いに答えなさい．

(1) 合成写像 $g \circ f$ を求めなさい．

(2) 合成写像 $f \circ g$ を求めなさい．

（解）(1) 合成写像 $g \circ f$ は，

$$g \circ f : \begin{pmatrix} y_1 \\ y_2 \end{pmatrix} = \begin{pmatrix} 2 & -1 & -2 \\ -1 & 4 & 3 \end{pmatrix} \begin{pmatrix} 1 & 4 \\ 3 & -2 \\ -1 & 3 \end{pmatrix} \begin{pmatrix} x_1 \\ x_2 \end{pmatrix}$$

$$\text{よって，} \quad g \circ f : \begin{pmatrix} y_1 \\ y_2 \end{pmatrix} = \begin{pmatrix} 1 & 4 \\ 8 & -3 \end{pmatrix} \begin{pmatrix} x_1 \\ x_2 \end{pmatrix}$$

(2) 合成写像 $f \circ g$ は，

$$f \circ g : \begin{pmatrix} y_1 \\ y_2 \\ y_3 \end{pmatrix} = \begin{pmatrix} 1 & 4 \\ 3 & -2 \\ -1 & 3 \end{pmatrix} \begin{pmatrix} 2 & -1 & -2 \\ -1 & 4 & 3 \end{pmatrix} \begin{pmatrix} x_1 \\ x_2 \\ x_3 \end{pmatrix}$$

$$\text{よって，} \quad f \circ g : \begin{pmatrix} y_1 \\ y_2 \\ y_3 \end{pmatrix} = \begin{pmatrix} -2 & 15 & 10 \\ 8 & -11 & -12 \\ -5 & 13 & 11 \end{pmatrix} \begin{pmatrix} x_1 \\ x_2 \\ x_3 \end{pmatrix}$$

（終）

問 6.6. $\mathbb{R}^2$ から $\mathbb{R}^2$ への 2 つの線形写像 $f : \begin{pmatrix} y_1 \\ y_2 \end{pmatrix} = \begin{pmatrix} 1 & 3 \\ 2 & 1 \end{pmatrix} \begin{pmatrix} x_1 \\ x_2 \end{pmatrix}$，$g : \begin{pmatrix} y_1 \\ y_2 \end{pmatrix} = \begin{pmatrix} 2 & 3 \\ 1 & 4 \end{pmatrix} \begin{pmatrix} x_1 \\ x_2 \end{pmatrix}$ について，合成写像 $f \circ g$ と $g \circ f$ を求めなさい

解　$f \circ g : \begin{pmatrix} y_1 \\ y_2 \end{pmatrix} = \begin{pmatrix} 5 & 15 \\ 5 & 10 \end{pmatrix} \begin{pmatrix} x_1 \\ x_2 \end{pmatrix}$，$g \circ f : \begin{pmatrix} y_1 \\ y_2 \end{pmatrix} = \begin{pmatrix} 8 & 9 \\ 9 & 7 \end{pmatrix} \begin{pmatrix} x_1 \\ x_2 \end{pmatrix}$

6.5　線形写像の像（Image）と核（Kernel）ってなんだ？

【**定義 74**】V_1, V_2 を線形空間とし，それぞれの零ベクトルを $\mathbf{0}_1, \mathbf{0}_2$ と表す．線形写像 $f : V_1 \to V_2$ に対して，f **の像** $\mathbf{Im}(f)$ と f **の核** $\mathbf{Ker}(f)$ を次のように定義する．

$$f \text{ の像}\quad \mathrm{Im}(f) = \{f(\boldsymbol{x})\ ;\ \boldsymbol{x} \in V_1\} \subset V_2 \tag{6.6}$$

$$f \text{ の核}\quad \mathrm{Ker}(f) = \{\boldsymbol{x} \in V_1\ ;\ f(\boldsymbol{x}) = \mathbf{0}_2\} \subset V_1 \tag{6.7}$$

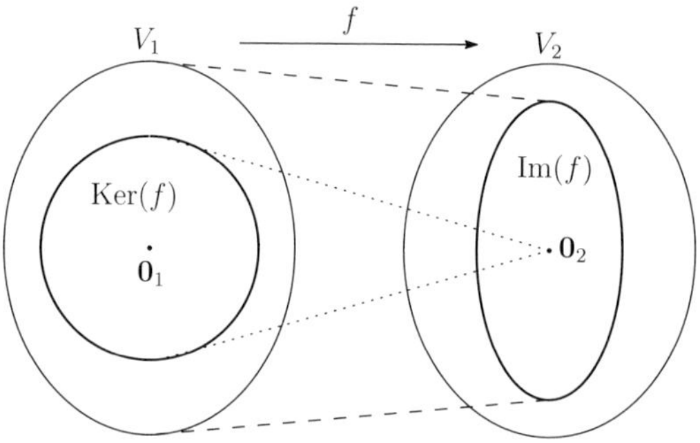

《**定理 75**》 線形写像 $f : V_1 \to V_2$ の像 Im (f) と核 Ker (f) について，次が成立する．

(i) 像 Im (f) は V_2 の部分空間である．

(ii) 核 Ker (f) は V_1 の部分空間である．

証明　151 ページの定理 63 の条件 (1), (2) を満たすことを示せばよい．

(i) $\mathbf{0}_2 = f(\mathbf{0}_1) \in \mathrm{Im}(f)$ より，条件 (1) を満たす．
$\boldsymbol{y}_1, \boldsymbol{y}_2 \in \mathrm{Im}(f)$ に対し，$\boldsymbol{y}_1 = f(\boldsymbol{x}_1), \boldsymbol{y}_2 = f(\boldsymbol{x}_2), \boldsymbol{x}_1, \boldsymbol{x}_2 \in V_1$ と表せる．このとき $k, m \in \mathbb{R}$ に対し，$k\boldsymbol{y}_1 + m\boldsymbol{y}_2 = kf(\boldsymbol{x}_1) + mf(\boldsymbol{x}_2) = f(k\boldsymbol{x}_1 + m\boldsymbol{x}_2) \in \mathrm{Im}(f)$ より，条件 (2) を満たす．

(ii) $f(\mathbf{0}_1) = \mathbf{0}_2$ より，$\mathbf{0}_1 \in \mathrm{Ker}(f)$ だから，条件 (1) を満たす．
$\boldsymbol{x}_1, \boldsymbol{x}_2 \in \mathrm{Ker}(f)$ に対し，$f(\boldsymbol{x}_1) = \mathbf{0}_2, f(\boldsymbol{x}_2) = \mathbf{0}_2$ が成立する．このとき $k, m \in \mathbb{R}$ に対し，$f(k\boldsymbol{x}_1 + m\boldsymbol{x}_2) = kf(\boldsymbol{x}_1) + mf(\boldsymbol{x}_2) = k\mathbf{0}_2 + m\mathbf{0}_2 = \mathbf{0}_2$ より
$k\boldsymbol{x}_1 + m\boldsymbol{x}_2 \in \mathrm{Ker}(f)$ だから，条件 (2) を満たす．　□

例題 6.8

行列 $A = \begin{pmatrix} 2 & -1 & 1 & 5 & 4 \\ 1 & 3 & 4 & -1 & 9 \\ 1 & 0 & 1 & 2 & 3 \end{pmatrix}$ のとき，線形写像 $f(\boldsymbol{x}) = A\boldsymbol{x}$ について，次の問いに答えなさい．

(1) f は，$\mathbb{R}^{\square} \to \mathbb{R}^{\square}$ の線形写像であるか答えなさい．

(2) 行列 A を簡約化して，A の階数 $\mathrm{rank}(A)$ を求めなさい．

(3) $\mathrm{Ker}(f)$ の次元と基底を 1 組求めなさい．

(4) $\mathrm{Im}(f)$ の次元と基底を 1 組求めなさい．

（解）

(1) 行列 A が 3×5 型行列だから，f は，$\mathbb{R}^5 \to \mathbb{R}^3$ の線形写像である．

(2) 掃き出し法を用いると，

$$A = \begin{pmatrix} 2 & -1 & 1 & 5 & 4 \\ 1 & 3 & 4 & -1 & 9 \\ 1 & 0 & 1 & 2 & 3 \end{pmatrix} \longrightarrow \begin{matrix} ② \\ ① \\ \end{matrix} \begin{pmatrix} 1 & 3 & 4 & -1 & 9 \\ 2 & -1 & 1 & 5 & 4 \\ 1 & 0 & 1 & 2 & 3 \end{pmatrix} \longrightarrow$$

$$\begin{matrix} \\ ② + ① \times (-2) \\ ③ + ① \times (-1) \end{matrix} \begin{pmatrix} 1 & 3 & 4 & -1 & 9 \\ 0 & -7 & -7 & 7 & -14 \\ 0 & -3 & -3 & 3 & -6 \end{pmatrix} \longrightarrow ② \times (-1/7) \begin{pmatrix} 1 & 3 & 4 & -1 & 9 \\ 0 & 1 & 1 & -1 & 2 \\ 0 & -3 & -3 & 3 & -6 \end{pmatrix}$$

$$\longrightarrow \begin{matrix} ① + ② \times (-3) \\ \\ ③ + ② \times 3 \end{matrix} \begin{pmatrix} 1 & 0 & 1 & 2 & 3 \\ 0 & 1 & 1 & -1 & 2 \\ 0 & 0 & 0 & 0 & 0 \end{pmatrix} \text{（これは，簡約）}$$

これより，$\mathrm{rank}(A) = 2$.

(3) $\mathrm{Ker}(f) = \{\boldsymbol{x} \in \mathbb{R}^5 \ ; \ A\boldsymbol{x} = \boldsymbol{0}\}$ と表せるので，解空間である．158 ページの 例題 6.5 と同様に考えて，(2) の A の簡約化より，$\begin{cases} x_1 = -x_3 - 2x_4 - 3x_5 \\ x_2 = -x_3 + x_4 - 2x_5 \end{cases}$ だから解 $\boldsymbol{x}$ は

$$\boldsymbol{x} = \begin{pmatrix} -c_1 - 2c_2 - 3c_3 \\ -c_1 + c_2 - 2c_3 \\ c_1 \\ c_2 \\ c_3 \end{pmatrix} = c_1 \begin{pmatrix} -1 \\ -1 \\ 1 \\ 0 \\ 0 \end{pmatrix} + c_2 \begin{pmatrix} -2 \\ 1 \\ 0 \\ 1 \\ 0 \end{pmatrix} + c_3 \begin{pmatrix} -3 \\ -2 \\ 0 \\ 0 \\ 1 \end{pmatrix} \quad (c_1, c_2, c_3 \in \mathbb{R})$$

である．よって，基底は $\begin{pmatrix} -1 \\ -1 \\ 1 \\ 0 \\ 0 \end{pmatrix}, \begin{pmatrix} -2 \\ 1 \\ 0 \\ 1 \\ 0 \end{pmatrix}, \begin{pmatrix} -3 \\ -2 \\ 0 \\ 0 \\ 1 \end{pmatrix}$ であり，$\dim(\mathrm{Ker}(f)) = 3$ である．

(4) A より $\boldsymbol{a}_1 = \begin{pmatrix} 2 \\ 1 \\ 1 \end{pmatrix}, \boldsymbol{a}_2 = \begin{pmatrix} -1 \\ 3 \\ 0 \end{pmatrix}, \boldsymbol{a}_3 = \begin{pmatrix} 1 \\ 4 \\ 1 \end{pmatrix}, \boldsymbol{a}_4 = \begin{pmatrix} 5 \\ -1 \\ 2 \end{pmatrix}, \boldsymbol{a}_5 = \begin{pmatrix} 4 \\ 9 \\ 3 \end{pmatrix}$ とすると，$f(\boldsymbol{x}) = x_1\boldsymbol{a}_1 + x_2\boldsymbol{a}_2 + x_3\boldsymbol{a}_3 + x_4\boldsymbol{a}_4 + x_5\boldsymbol{a}_5$ $(x_1, x_2, x_3, x_4, x_5 \in \mathbb{R})$ と表せるので，

$$\mathrm{Im}(f) = \langle \boldsymbol{a}_1, \boldsymbol{a}_2, \boldsymbol{a}_3, \boldsymbol{a}_4, \boldsymbol{a}_5 \rangle_{\mathbb{R}}$$

が得られる．よって，157 ページの例題 6.4 と同様に考えて，(2) の A の簡約化より

$$\mathrm{Im}(f) = \langle \boldsymbol{a}_1, \boldsymbol{a}_2, \boldsymbol{a}_3, \boldsymbol{a}_4, \boldsymbol{a}_5 \rangle_{\mathbb{R}} = \langle \boldsymbol{a}_1, \boldsymbol{a}_2 \rangle_{\mathbb{R}}$$

がわかる．したがって，基底は $\boldsymbol{a}_1, \boldsymbol{a}_2$ であり，$\dim(\mathrm{Im}(f)) = 2$ である．　(終)

一般に，A が $m \times n$ 型行列のとき，線形写像 $f(\boldsymbol{x}) = A\boldsymbol{x}$ $(\boldsymbol{x} \in \mathbb{R}^n)$ について，$A = \begin{pmatrix} \boldsymbol{a}_1 \cdots \boldsymbol{a}_n \end{pmatrix}$ とすれば, 例題 6.8 (4) と同様にして,

$$\mathrm{Im}(f) = \langle \boldsymbol{a}_1, \ldots, \boldsymbol{a}_n \rangle_{\mathbb{R}}$$

が得られる．したがって，

$$\dim \mathrm{Im}(f) = \dim \langle \boldsymbol{a}_1, \ldots, \boldsymbol{a}_n \rangle_{\mathbb{R}}$$

である．このとき, 定理 71 より $\dim\langle \boldsymbol{a}_1, \ldots, \boldsymbol{a}_n \rangle_{\mathbb{R}} = \mathrm{rank}(A)$ であるので, 次の定理が得られる．

《定理 76》 A が $m \times n$ 型行列のとき，線形写像 $f(\boldsymbol{x}) = A\boldsymbol{x}$ $(\boldsymbol{x} \in \mathbb{R}^n)$ について

$$\dim(\mathrm{Im}(f)) = \mathrm{rank}(A)$$

が成立する．

さらに，$\mathrm{Ker}(f)$ は解空間であるので，次の定理は 160 ページの定理 72 の一般化であり, **次元定理**と呼ばれている．

《定理 77》 A が $m \times n$ 型行列のとき，線形写像 $f(\boldsymbol{x}) = A\boldsymbol{x}$ $(\boldsymbol{x} \in \mathbb{R}^n)$ について

$$\dim(\mathrm{Ker}(f)) = \dim(\mathbb{R}^n) - \dim(\mathrm{Im}(f)) = n - \mathrm{rank}(A) \tag{6.8}$$

が成立する．

証明 $\mathrm{Ker}(f)$ は $\mathbb{R}^n$ の部分空間, $\mathrm{Im}(f)$ は $\mathbb{R}^m$ の部分空間であるので, $p = \dim(\mathrm{Im}(f))$, $q = \dim(\mathrm{Ker}(f))$ とおいて $p + q = n$ を示せばよい.

$\mathrm{Im}(f)$ の基底を $\boldsymbol{a}_1, \ldots, \boldsymbol{a}_p$, $\mathrm{Ker}(f)$ の基底を $\boldsymbol{b}_1, \ldots, \boldsymbol{b}_q$ とすると,

$$\mathrm{Im}(f) = \langle \boldsymbol{a}_1, \ldots, \boldsymbol{a}_p \rangle_{\mathbb{R}}, \quad \mathrm{Ker}(f) = \langle \boldsymbol{b}_1, \ldots, \boldsymbol{b}_q \rangle_{\mathbb{R}} \tag{6.9}$$

である．このとき, 各 $j \in \{1, \ldots, p\}$ について $\boldsymbol{a}_j \in \mathrm{Im}(f)$ だから,

$$\boldsymbol{a}_j = f(\boldsymbol{u}_j) \tag{6.10}$$

を満たす $\boldsymbol{u}_j \in \mathbb{R}^n$ が存在する.

任意の $\boldsymbol{x} \in \mathbb{R}^n$ に対し, $f(\boldsymbol{x}) \in \mathrm{Im}(f)$ だから

$$f(\boldsymbol{x}) = s_1\boldsymbol{a}_1 + \cdots + s_p\boldsymbol{a}_p \tag{6.11}$$

を満たす $s_j \in \mathbb{R}$, $j = 1, \ldots, p$ が存在する．このとき,

$$\boldsymbol{y} = \boldsymbol{x} - (s_1\boldsymbol{u}_1 + \cdots + s_p\boldsymbol{u}_p) \tag{6.12}$$

とおくと, f の線形性と (6.10), (6.11) より,

$$\begin{aligned} f(\boldsymbol{y}) &= f(\boldsymbol{x}) - \bigl(s_1 f(\boldsymbol{u}_1) + \cdots + s_p f(\boldsymbol{u}_p)\bigr) \\ &= f(\boldsymbol{x}) - \bigl(s_1\boldsymbol{a}_1 + \cdots + s_p\boldsymbol{a}_p\bigr) \\ &= \boldsymbol{0} \end{aligned}$$

よって, $\boldsymbol{y} \in \mathrm{Ker}(f)$ がわかる．このとき, (6.9) より

$$\boldsymbol{y} = t_1\boldsymbol{b}_1 + \cdots + t_q\boldsymbol{b}_q \tag{6.13}$$

を満たす $t_j \in \mathbb{R}$, $j = 1, \ldots, q$ が存在する．したがって, (6.12), (6.13) より,

$$\boldsymbol{x} = s_1\boldsymbol{u}_1 + \cdots + s_p\boldsymbol{u}_p + t_1\boldsymbol{b}_1 + \cdots + t_q\boldsymbol{b}_q \tag{6.14}$$

が成立し, $\boldsymbol{x} \in \mathbb{R}^n$ の任意性から,

$$\mathbb{R}^n \subseteq \langle \boldsymbol{u}_1, \ldots, \boldsymbol{u}_p, \boldsymbol{b}_1, \ldots, \boldsymbol{b}_q \rangle_{\mathbb{R}}$$

が得られるが, そもそも, $\mathbb{R}^n \supseteq \langle \boldsymbol{u}_1, \ldots, \boldsymbol{u}_p, \boldsymbol{b}_1, \ldots, \boldsymbol{b}_q \rangle_{\mathbb{R}}$ であるので,

$$\mathbb{R}^n = \langle \boldsymbol{u}_1, \ldots, \boldsymbol{u}_p, \boldsymbol{b}_1, \ldots, \boldsymbol{b}_q \rangle_{\mathbb{R}}$$

がわかる. これより, ベクトルの組 $\boldsymbol{u}_1, \ldots, \boldsymbol{u}_p, \boldsymbol{b}_1, \ldots, \boldsymbol{b}_q$ が線形独立であることを示せば, このベクトルの組は $\mathbb{R}^n$ の基底であることが示され, $n = p + q$ がわかる.

そこで, $c_1, \ldots, c_{p+q} \in \mathbb{R}$ とし,

$$c_1\boldsymbol{u}_1 + \cdots + c_p\boldsymbol{u}_p + c_{p+1}\boldsymbol{b}_1 + \cdots + c_{p+q}\boldsymbol{b}_q = \boldsymbol{0} \tag{6.15}$$

とおくと, f の線形性と (6.9), (6.10) より,

$$\begin{aligned} f(c_1\boldsymbol{u}_1 + \cdots + c_p\boldsymbol{u}_p + c_{p+1}\boldsymbol{b}_1 + \cdots + c_{p+q}\boldsymbol{b}_q) &= f(\boldsymbol{0}) \\ c_1 f(\boldsymbol{u}_1) + \cdots + c_p f(\boldsymbol{u}_p) + f(c_{p+1}\boldsymbol{b}_1 + \cdots + c_{p+q}\boldsymbol{b}_q) &= \boldsymbol{0} \\ c_1\boldsymbol{a}_1 + \cdots + c_p\boldsymbol{a}_p + \boldsymbol{0} &= \boldsymbol{0} \end{aligned}$$

よって, $c_1\boldsymbol{a}_1 + \cdots + c_p\boldsymbol{a}_p = \boldsymbol{0}$ が成立し, $\boldsymbol{a}_1, \ldots, \boldsymbol{a}_p$ は基底であるので

$$c_1 = \cdots = c_p = 0$$

が得られる. これらを (6.15) に代入すると,

$$c_{p+1}\boldsymbol{b}_1 + \cdots + c_{p+q}\boldsymbol{b}_q = \boldsymbol{0}$$

が成立する. $\boldsymbol{b}_1, \ldots, \boldsymbol{b}_q$ は基底であるので

$$c_{p+1} = \cdots = c_{p+q} = 0$$

も得られる.

以上より (6.15) が成立するのは $c_1 = \cdots = c_{p+q} = 0$ のときだけであるので, このベクトルの組は線形独立であることがわかり, (6.8) が示される. □

問 6.7.　行列 $A = \begin{pmatrix} 1 & 1 & 0 & 2 \\ 0 & 1 & 1 & 2 \\ 1 & 2 & 1 & 4 \end{pmatrix}$ のとき, 線形写像 $f(\boldsymbol{x}) = A\boldsymbol{x}$ について, 次の問いに答えなさい.

(1) f は, $\mathbb{R}^m$ から $\mathbb{R}^n$ への線形写像である. m, n を求めなさい.

(2) 行列 A を簡約化して, A の階数 $\mathrm{rank}(A)$ を求めなさい.

(3) $\mathrm{Ker}(f)$ の次元と基底を1組求めなさい.

(4) $\mathrm{Im}(f)$ の次元と基底を1組求めなさい.

解　(1) $m=4$, $n=3$ (2) $A \to \begin{pmatrix} 1 & 0 & -1 & 0 \\ 0 & 1 & 1 & 2 \\ 0 & 0 & 0 & 0 \end{pmatrix}$, $\mathrm{rank}(A)=2$　(3) 次元は 2，基底は $\begin{pmatrix} 0 \\ -2 \\ 0 \\ 1 \end{pmatrix}$, $\begin{pmatrix} 1 \\ -1 \\ 1 \\ 0 \end{pmatrix}$　(4) 次元は 2，基底は $\begin{pmatrix} 1 \\ 0 \\ 1 \end{pmatrix}$, $\begin{pmatrix} 1 \\ 1 \\ 2 \end{pmatrix}$

6.6 線形変換ってなんだ？

写像 $f : X \to Y$ において，$X = Y$ のとき，$f : X \to Y$ は**変換**と呼ばれ，f の逆写像が存在すれば，**逆変換**と呼ばれる．線形空間 V に対し，写像 $f : V \to V$ が線形であるとき，$f : V \to V$ は**線形変換**と呼ばれる．$\dim V = n$ のとき，線形変換 $f : V \to V$ の表現行列 A は，n 次正方行列である．すなわち，線形変換 f は正方行列 A を用いて，

$$\text{任意の } \boldsymbol{x} \in V \text{ に対し，} \quad f(\boldsymbol{x}) = A\boldsymbol{x} \ \in V$$

と表せる変換である．

このとき，表現行列 A が正則ならば，逆変換 f^{-1} が存在する．この場合，**逆変換 f^{-1} の表現行列は，逆行列 A^{-1} である**．

さて，座標平面 $\mathbb{R}^2$ において，原点 O を中心とした回転移動を考えてみよう．この回転移動は，$\mathbb{R}^2$ の点を $\mathbb{R}^2$ の点へ対応させるので，変換 $f : \mathbb{R}^2 \to \mathbb{R}^2$ と考えることができる．回転角を θ とし，点 $\mathrm{P}(x, y)$ の f による像を $\mathrm{P}'(x', y')$ とする．また $\overrightarrow{\mathrm{OP}}$ が x 軸の正の向きとなす角を α とし，$r = \mathrm{OP}$ とおくと，

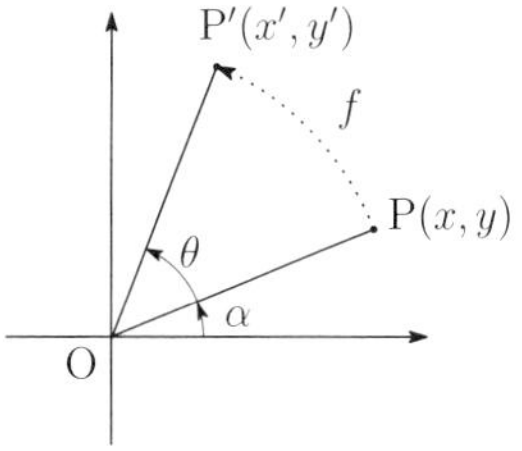

$$\begin{cases} x = r\cos\alpha \\ y = r\sin\alpha \end{cases} \tag{6.16}$$

が成立する．このとき，$\overrightarrow{\mathrm{OP}'}$ が x 軸の正の向きとなす角は，$\theta + \alpha$ だから，三角関数の加法定理を用いると，

$$\begin{cases} x' = r\cos(\theta+\alpha) = r(\cos\theta\cos\alpha - \sin\theta\sin\alpha) = \cos\theta \times r\cos\alpha - \sin\theta \times r\sin\alpha \\ y' = r\sin(\theta+\alpha) = r(\sin\theta\cos\alpha + \cos\theta\sin\alpha) = \sin\theta \times r\cos\alpha + \cos\theta \times r\sin\alpha \end{cases}$$

よって，(6.16) より，

$$\begin{cases} x' = \cos\theta\, x - \sin\theta\, y \\ y' = \sin\theta\, x + \cos\theta\, y \end{cases} \quad \text{行列を用いて，} \begin{pmatrix} x' \\ y' \end{pmatrix} = \begin{pmatrix} \cos\theta & -\sin\theta \\ \sin\theta & \cos\theta \end{pmatrix} \begin{pmatrix} x \\ y \end{pmatrix}$$

以上をまとめると，次のようになる．

《**定理 78**》 点 $\mathrm{P}(x,y)$ を原点Oの回りに θ だけ回転させて $\mathrm{P}'(x',y')$ に写す変換 f は，線形変換であり，

$$f:\begin{pmatrix} x' \\ y' \end{pmatrix}=\begin{pmatrix} \cos\theta & -\sin\theta \\ \sin\theta & \cos\theta \end{pmatrix}\begin{pmatrix} x \\ y \end{pmatrix}$$

で表される．

例題 6.9

座標平面で，原点を中心として $\dfrac{\pi}{6}$ だけ回転する線形変換を f とするとき，次の問いに答えなさい．

(1) f を求めなさい．

(2) 逆変換 f^{-1} が存在するか調べなさい．存在するなら f^{-1} を求めなさい．

(3) 点 $\mathrm{P}(2,6)$ の f による像を求めなさい．

(4) 直線 $4x+6y-1=0\cdots①$ の f による像を求めなさい．

（解）

(1) 定理 78 より，$f:\begin{pmatrix} x' \\ y' \end{pmatrix}=\begin{pmatrix} \cos\dfrac{\pi}{6} & -\sin\dfrac{\pi}{6} \\ \sin\dfrac{\pi}{6} & \cos\dfrac{\pi}{6} \end{pmatrix}\begin{pmatrix} x \\ y \end{pmatrix}$ だから

$$f:\begin{pmatrix} x' \\ y' \end{pmatrix}=\begin{pmatrix} \dfrac{\sqrt{3}}{2} & -\dfrac{1}{2} \\ \dfrac{1}{2} & \dfrac{\sqrt{3}}{2} \end{pmatrix}\begin{pmatrix} x \\ y \end{pmatrix} \tag{6.17}$$

(2) (1) より，$F=\begin{pmatrix} \dfrac{\sqrt{3}}{2} & -\dfrac{1}{2} \\ \dfrac{1}{2} & \dfrac{\sqrt{3}}{2} \end{pmatrix}$ とすると

$|F|=1\neq 0$ だからは正則．よって f^{-1} は存在する．

このとき 80 ページの定理 35 より，$F^{-1}=\begin{pmatrix} \dfrac{\sqrt{3}}{2} & \dfrac{1}{2} \\ -\dfrac{1}{2} & \dfrac{\sqrt{3}}{2} \end{pmatrix}$ だから

$$f^{-1}:\begin{pmatrix} x \\ y \end{pmatrix}=\begin{pmatrix} \dfrac{\sqrt{3}}{2} & \dfrac{1}{2} \\ -\dfrac{1}{2} & \dfrac{\sqrt{3}}{2} \end{pmatrix}\begin{pmatrix} x' \\ y' \end{pmatrix} \tag{6.18}$$

(3) 求める像を $\mathrm{P}'(x',y')$ とすると, (6.17) より

$$f:\begin{pmatrix} x' \\ y' \end{pmatrix} = \begin{pmatrix} \frac{\sqrt{3}}{2} & -\frac{1}{2} \\ \frac{1}{2} & \frac{\sqrt{3}}{2} \end{pmatrix}\begin{pmatrix} 2 \\ 6 \end{pmatrix} = \begin{pmatrix} \sqrt{3}-3 \\ 1+3\sqrt{3} \end{pmatrix}$$

よって, $\mathrm{P}'(\sqrt{3}-3, 1+3\sqrt{3})$

(4) 直線 ① 上の任意の点 $\mathrm{P}(x,y)$ の f による像を $\mathrm{P}'(x',y')$ とすると, (6.18) より

$$\begin{cases} x = \dfrac{1}{2}(\sqrt{3}x' + y') \\ y = \dfrac{1}{2}(-x' + \sqrt{3}y') \end{cases} \tag{6.19}$$

(x,y) は ① 上にあるので, (6.19) を ① に代入して

$$4 \times \frac{1}{2}(\sqrt{3}x' + y') + 6 \times \frac{1}{2}(-x' + \sqrt{3}y') - 1 = 0$$
$$(2\sqrt{3}-3)x' + (2+3\sqrt{3})y' - 1 = 0$$

これより求める像は, 直線 $(2\sqrt{3}-3)x + (2+3\sqrt{3})y - 1 = 0$ である. （終）

問 6.8. 座標平面で, 原点を中心として $\frac{3}{4}\pi$ だけ回転する線形変換 f を求めなさい.

解 $f:\begin{pmatrix} x' \\ y' \end{pmatrix} = \begin{pmatrix} -\frac{\sqrt{2}}{2} & -\frac{\sqrt{2}}{2} \\ \frac{\sqrt{2}}{2} & -\frac{\sqrt{2}}{2} \end{pmatrix}\begin{pmatrix} x \\ y \end{pmatrix}$

座標平面 $\mathbb{R}^2$ において, 図のような原点Oを通る直線で, x 軸の正の向きと $\frac{\theta}{2}$ の角をなす直線

$$y = \left(\tan\frac{\theta}{2}\right)x$$

に関する対称移動 f を考えてみよう. この対称移動は, $\mathbb{R}^2$ の点を $\mathbb{R}^2$ の点へ対応させるので, 変換 $f:\mathbb{R}^2 \to \mathbb{R}^2$ と考えることができる. 点 $\mathrm{P}(x,y)$ の f による像を $\mathrm{P}'(x',y')$ とする. 回転移動のときと同様に, $\overrightarrow{\mathrm{OP}}$ が x 軸の正の向きとなす角を α とし, $r=\mathrm{OP}$ とおくと, $\overrightarrow{\mathrm{OP'}}$ が x 軸の正の向きとなす角は, $\alpha + 2\left(\frac{\theta}{2} - \alpha\right) = \theta - \alpha$ だから, 三角関数の加法定理を用いると,

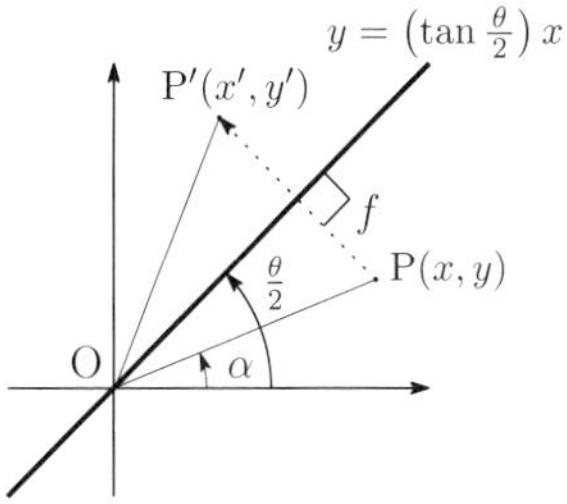

$$\begin{cases} x' = r\cos(\theta-\alpha) = r(\cos\theta\cos\alpha + \sin\theta\sin\alpha) = \cos\theta \times r\cos\alpha + \sin\theta \times r\sin\alpha \\ y' = r\sin(\theta-\alpha) = r(\sin\theta\cos\alpha - \cos\theta\sin\alpha) = \sin\theta \times r\cos\alpha - \cos\theta \times r\sin\alpha \end{cases}$$

よって, (6.16) より,

$$\begin{cases} x' = \cos\theta\, x + \sin\theta\, y \\ y' = \sin\theta\, x - \cos\theta\, y \end{cases}$$ 行列を用いて, $$\begin{pmatrix} x' \\ y' \end{pmatrix} = \begin{pmatrix} \cos\theta & \sin\theta \\ \sin\theta & -\cos\theta \end{pmatrix}\begin{pmatrix} x \\ y \end{pmatrix}$$

以上をまとめると，次のようになる．

《定理 79》 原点Oを通る直線 $y=\left(\tan\dfrac{\theta}{2}\right)x$ に関する対称移動 f は，線形変換であり，

$$f:\begin{pmatrix} x' \\ y' \end{pmatrix}=\begin{pmatrix} \cos\theta & \sin\theta \\ \sin\theta & -\cos\theta \end{pmatrix}\begin{pmatrix} x \\ y \end{pmatrix}$$

で表される．　※ 鏡映変換とも呼ばれる．

例題 6.10

座標平面で，直線 $y=-x$ に関して対称移動させる変換 f を求めなさい．

（解）直線 $y=-x$ は，x 軸の正の向きと $\dfrac{3}{4}\pi$ の角をなす直線だから，定理 79 において $\dfrac{\theta}{2}=\dfrac{3}{4}\pi$ とすればよい．このとき，$\theta=\dfrac{3}{2}\pi$ であるので，

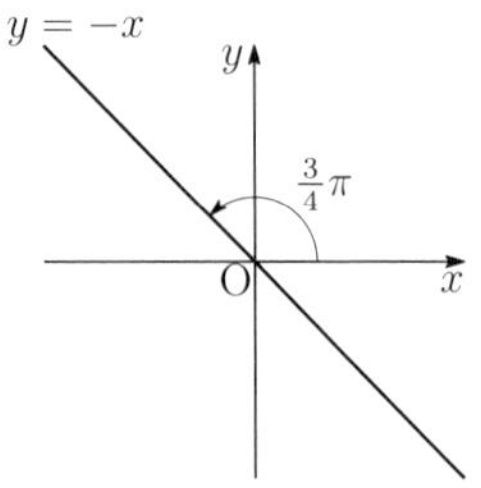

$$f:\begin{pmatrix} x' \\ y' \end{pmatrix}=\begin{pmatrix} \cos\dfrac{3}{2}\pi & \sin\dfrac{3}{2}\pi \\ \sin\dfrac{3}{2}\pi & -\cos\dfrac{3}{2}\pi \end{pmatrix}\begin{pmatrix} x \\ y \end{pmatrix}$$

$$f:\begin{pmatrix} x' \\ y' \end{pmatrix}=\begin{pmatrix} 0 & -1 \\ -1 & 0 \end{pmatrix}\begin{pmatrix} x \\ y \end{pmatrix}$$

（終）

問 6.9. 座標平面で，直線 $y=x$ に関して対称移動させる変換 f を求めなさい．

解　$f:\begin{pmatrix} x \\ y \end{pmatrix}=\begin{pmatrix} 0 & 1 \\ 1 & 0 \end{pmatrix}\begin{pmatrix} x \\ y \end{pmatrix}$

6.7　直交変換って？

例題 6.9 より，原点を中心として $\dfrac{\pi}{6}$ だけ回転する線形変換の表現行列 A は，

$$A=\begin{pmatrix} \dfrac{\sqrt{3}}{2} & -\dfrac{1}{2} \\ \dfrac{1}{2} & \dfrac{\sqrt{3}}{2} \end{pmatrix} \text{だから，}\quad \boldsymbol{a}_1=\begin{pmatrix} \dfrac{\sqrt{3}}{2} \\ \dfrac{1}{2} \end{pmatrix}, \boldsymbol{a}_2=\begin{pmatrix} -\dfrac{1}{2} \\ \dfrac{\sqrt{3}}{2} \end{pmatrix} \text{とおくと，}$$

内積は $\boldsymbol{a}_1\cdot\boldsymbol{a}_2=\dfrac{\sqrt{3}}{2}\times\left(-\dfrac{1}{2}\right)+\dfrac{1}{2}\times\dfrac{\sqrt{3}}{2}=0$ すなわち $\boldsymbol{a}_1\perp\boldsymbol{a}_2$ であり，大きさは $|\boldsymbol{a}_1|=\sqrt{\left(\dfrac{\sqrt{3}}{2}\right)^2+\left(\dfrac{1}{2}\right)^2}=1$, $\boldsymbol{a}_2=\sqrt{\left(-\dfrac{1}{2}\right)^2+\left(\dfrac{\sqrt{3}}{2}\right)^2}=1$ すなわち単位ベク

トルである．したがって，定義 56 より，$\boldsymbol{a}_1, \boldsymbol{a}_2$ は $\mathbb{R}^2$ の正規直交系である．さらに，$|\boldsymbol{a}_1\ \boldsymbol{a}_2| = |A| = 1 \neq 0$ だから $\mathbb{R}^2$ の基底である．つまり，$\boldsymbol{a}_1, \boldsymbol{a}_2$ は $\mathbb{R}^2$ の正規直交基底であり，行列 A は正規直交基底から作られていることがわかる．

このように，$\mathbb{R}^n$ の正規直交基底から作られている n 次正方行列を，**直交行列**という．直交行列について，次の同値性が成立する．

《**定理 80**》 n 個のベクトル $\boldsymbol{a}_1, \boldsymbol{a}_2, \ldots, \boldsymbol{a}_n \in \mathbb{R}^n$ から作られる n 次正方行列を $A = \begin{pmatrix}\boldsymbol{a}_1 & \ldots & \boldsymbol{a}_n\end{pmatrix}$ とすると，次はすべて同値である．

(1) A は直交行列である．

(2) $\boldsymbol{a}_1, \boldsymbol{a}_2, \ldots, \boldsymbol{a}_n$ は $\mathbb{R}^n$ の正規直交基底である．

(3) A は正則行列で，${}^tA = A^{-1}$ (${}^tAA = A{}^tA = E$) が成立する．

証明 (1) と (2) の同値性は，直交行列の定義よりわかる．

(2) と (3) の同値性を示す．

$$
{}^tAA = \begin{pmatrix} {}^t\boldsymbol{a}_1 \\ \vdots \\ {}^t\boldsymbol{a}_n \end{pmatrix} \begin{pmatrix}\boldsymbol{a}_1 & \ldots & \boldsymbol{a}_n\end{pmatrix} = \begin{pmatrix} \boldsymbol{a}_1\cdot\boldsymbol{a}_1 & \boldsymbol{a}_1\cdot\boldsymbol{a}_2 & \cdots & \boldsymbol{a}_1\cdot\boldsymbol{a}_n \\ \boldsymbol{a}_2\cdot\boldsymbol{a}_1 & \boldsymbol{a}_2\cdot\boldsymbol{a}_2 & \cdots & \boldsymbol{a}_2\cdot\boldsymbol{a}_n \\ \vdots & \vdots & \ddots & \vdots \\ \boldsymbol{a}_n\cdot\boldsymbol{a}_1 & \boldsymbol{a}_n\cdot\boldsymbol{a}_2 & \cdots & \boldsymbol{a}_n\cdot\boldsymbol{a}_n \end{pmatrix} \tag{6.20}
$$

が成立する．このとき，$\boldsymbol{a}_1, \boldsymbol{a}_2, \ldots, \boldsymbol{a}_n$ が正規直交基底であれば定義56 より $\boldsymbol{a}_j \cdot \boldsymbol{a}_k = \delta_{jk}$ であるので，(6.20) より ${}^tAA = E$ が得られる．よって，${}^tA = A^{-1}$ がわかる．

逆に，${}^tA = A^{-1}$ が成立すれば ${}^tAA = E$ であるので，(6.20) より $\boldsymbol{a}_j \cdot \boldsymbol{a}_k = \delta_{jk}$ が得られる．さらに，$|{}^tA| = |A|$ より $|A|^2 = |{}^tA|\,|A| = |{}^tAA| = |E| = 1$ だから $|A| \neq 0$ である．よって，$\boldsymbol{a}_1, \boldsymbol{a}_2, \ldots, \boldsymbol{a}_n$ は $\mathbb{R}^n$ の正規直交基底であることがわかる． □

直交行列について，次の性質が成立する．

《**定理 81**》 A が直交行列であるとき，次が成立する．．

(1) A の行列式の値の絶対値は 1，すなわち $\Big|\,|A|\,\Big| = \Big|\det A\Big| = 1$.

(2) A の逆行列 A^{-1} も直交行列である．

(3) B が A と等しい次数の直交行列であれば，積 AB も直交行列である．

証明

(1) $|{}^tA| = |A|$, ${}^tA = A^{-1}$ より $|A|^2 = |{}^tA|\,|A| = |{}^tAA| = |E| = 1$ だから $|A| = \pm 1$.

(2) ${}^t(A^{-1})A^{-1} = {}^t(A^{-1})\,{}^tA = {}^t(AA^{-1}) = {}^tE = E$ だから A^{-1} も直交行列である．

(3) $(AB)^{-1} = B^{-1}A^{-1} = {}^t\!B\,{}^t\!A = {}^t\!(AB)$ だから AB も直交行列である．

□

表現行列が直交行列である線形変換を**直交変換**という．例えば，定理 78 より，点 $\mathrm{P}(x,y)$ を原点 O の回りに θ だけ回転させて $\mathrm{P}'(x',y')$ に写す変換 f の表現行列 A は，$A = \begin{pmatrix} \cos\theta & -\sin\theta \\ \sin\theta & \cos\theta \end{pmatrix}$ だから，

$$\begin{aligned} {}^t\!A\,A &= \begin{pmatrix} \cos\theta & \sin\theta \\ -\sin\theta & \cos\theta \end{pmatrix}\begin{pmatrix} \cos\theta & -\sin\theta \\ \sin\theta & \cos\theta \end{pmatrix} \\ &= \begin{pmatrix} \cos^2\theta + \sin^2\theta & -\cos\theta\sin\theta + \sin\theta\cos\theta \\ -\sin\theta\cos\theta + \cos\theta\sin\theta & \sin^2\theta + \cos^2\theta \end{pmatrix} \\ &= \begin{pmatrix} 1 & 0 \\ 0 & 1 \end{pmatrix} = E \end{aligned}$$

となるので，A は直交行列である．したがって，原点中心の回転移動の変換 f は直交変換であることがわかる．

同様に，定理 79 より，原点を通る直線に関する対称移動は直交変換であることがわかる．

> **《定理 82》** $\mathbb{R}^2$ から $\mathbb{R}^2$ への直交変換は，原点中心の回転移動か，原点を通る直線に関する対称移動のどちらかである．特にその表現行列 A に対し，$|A| = 1$ のとき回転移動で，$|A| = -1$ のとき対称移動である．

証明　直交変換は直交行列 A で表されるので，$\mathbb{R}^2$ の正規直交基底を使って調べればよい．

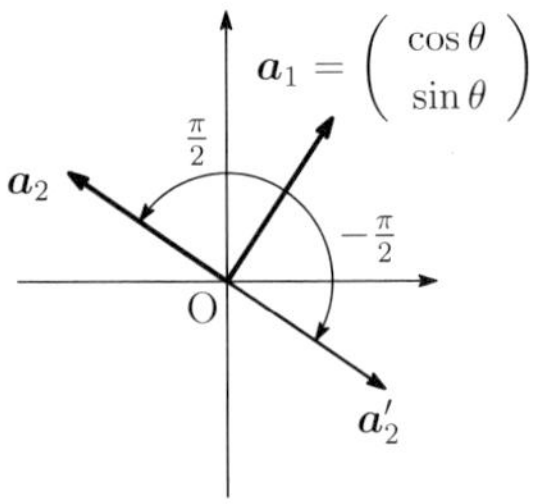

任意の単位ベクトル $\boldsymbol{a}_1$ は，$\boldsymbol{a}_1 = \begin{pmatrix} \cos\theta \\ \sin\theta \end{pmatrix}$ と表される．このとき，$\boldsymbol{a}_1$ と垂直な単位ベクトルは，

$\boldsymbol{a}_2 = \begin{pmatrix} \cos(\theta + \frac{\pi}{2}) \\ \sin(\theta + \frac{\pi}{2}) \end{pmatrix}$ または $\boldsymbol{a}_2' = \begin{pmatrix} \cos(\theta - \frac{\pi}{2}) \\ \sin(\theta - \frac{\pi}{2}) \end{pmatrix}$ の 2 通りである．

(i) $\boldsymbol{a}_1 = \begin{pmatrix} \cos\theta \\ \sin\theta \end{pmatrix}$, $\boldsymbol{a}_2 = \begin{pmatrix} \cos(\theta + \frac{\pi}{2}) \\ \sin(\theta + \frac{\pi}{2}) \end{pmatrix}$ のとき

$\boldsymbol{a}_2 = \begin{pmatrix} \cos(\theta + \frac{\pi}{2}) \\ \sin(\theta + \frac{\pi}{2}) \end{pmatrix} = \begin{pmatrix} -\sin\theta \\ \cos\theta \end{pmatrix}$ だから $A = \begin{pmatrix} \cos\theta & -\sin\theta \\ \sin\theta & \cos\theta \end{pmatrix}$.

このとき $|A| = 1$ であり，また，回転移動である．

(ii) $\boldsymbol{a}_1 = \begin{pmatrix} \cos\theta \\ \sin\theta \end{pmatrix}$, $\boldsymbol{a}_2' = \begin{pmatrix} \cos(\theta - \frac{\pi}{2}) \\ \sin(\theta - \frac{\pi}{2}) \end{pmatrix}$ のとき

$$\boldsymbol{a}'_2 = \begin{pmatrix} \cos(\theta - \frac{\pi}{2}) \\ \sin(\theta - \frac{\pi}{2}) \end{pmatrix} = \begin{pmatrix} \sin\theta \\ -\cos\theta \end{pmatrix} \text{ だから } A = \begin{pmatrix} \cos\theta & \sin\theta \\ \sin\theta & -\cos\theta \end{pmatrix}.$$

このとき $|A| = -1$ であり，また，対称移動である．

□

一般に，直交変換について，次の同値性が成立する．

《定理 83》 線形変換 $f : \mathbb{R}^n \to \mathbb{R}^n$ に対し，次はすべて同値である．

(1) f は直交変換である．

(2) 任意の $\boldsymbol{a}, \boldsymbol{b} \in \mathbb{R}^n$ に対し，$\boldsymbol{a} \cdot \boldsymbol{b} = f(\boldsymbol{a}) \cdot f(\boldsymbol{b})$ が成立する．

(3) f はベクトルの長さを変えない（等長変換である）．すなわち，任意の $\boldsymbol{a} \in \mathbb{R}^n$ に対し，$|\boldsymbol{a}| = |f(\boldsymbol{a})|$ が成立する．

証明

(1) ⇒ (2) f が直交変換であれば，直交行列 A が存在して $f(\boldsymbol{x}) = A\boldsymbol{x}$ $(\boldsymbol{x} \in \mathbb{R}^n)$ である．このとき，${}^tAA = E$ だから

$$\begin{aligned} f(\boldsymbol{a}) \cdot f(\boldsymbol{b}) &= (A\boldsymbol{a}) \cdot (A\boldsymbol{b}) = {}^t(A\boldsymbol{a})(A\boldsymbol{b}) = ({}^t\boldsymbol{a}\,{}^tA)(A\boldsymbol{b}) = {}^t\boldsymbol{a}({}^tAA)\boldsymbol{b} \\ &= {}^t\boldsymbol{a}E\boldsymbol{b} = {}^t\boldsymbol{a}\,\boldsymbol{b} = \boldsymbol{a} \cdot \boldsymbol{b} \end{aligned}$$

(2) ⇒ (1) f が $\mathbb{R}^n$ から $\mathbb{R}^n$ への線形写像だから，$\mathbb{R}^n$ の標準基底 $\boldsymbol{e}_1, \boldsymbol{e}_2, \ldots, \boldsymbol{e}_n$ を用いて $A = \Big(f(\boldsymbol{e}_1)\ f(\boldsymbol{e}_2) \cdots f(\boldsymbol{e}_n)\Big)$ とおくと，A は $n \times n$ 型行列であり $f(\boldsymbol{x}) = A\boldsymbol{x}$ が成立する．このとき，仮定 (2) より $f(\boldsymbol{e}_j) \cdot f(\boldsymbol{e}_k) = \boldsymbol{e}_j \cdot \boldsymbol{e}_k = \delta_{jk}$ $(1 \leqq j, k \leqq n)$ だから，A は直交行列であることがわかる．よって，f は直交変換である．

(2) ⇒ (3) 任意の $\boldsymbol{a} \in \mathbb{R}^n$ に対し，$|\boldsymbol{a}|^2 = \boldsymbol{a} \cdot \boldsymbol{a} = f(\boldsymbol{a}) \cdot f(\boldsymbol{a}) = |f(\boldsymbol{a})|^2$ が成立する．よって，$|\boldsymbol{a}| \geqq 0, |f(\boldsymbol{a})| \geqq 0$ より $|\boldsymbol{a}| = |f(\boldsymbol{a})|$ が成立する．

.

(3) ⇒ (2) 任意の $\boldsymbol{a}, \boldsymbol{b} \in \mathbb{R}^n$ に対し，$\boldsymbol{a} \cdot \boldsymbol{b} = \dfrac{1}{2}(|\boldsymbol{a}+\boldsymbol{b}|^2 - |\boldsymbol{a}|^2 - |\boldsymbol{b}|^2)$ だから，仮定 (3) より

$$\begin{aligned} \boldsymbol{a} \cdot \boldsymbol{b} &= \frac{1}{2}(|\boldsymbol{a}+\boldsymbol{b}|^2 - |\boldsymbol{a}|^2 - |\boldsymbol{b}|^2) \\ &= \frac{1}{2}(|f(\boldsymbol{a}+\boldsymbol{b})|^2 - |f(\boldsymbol{a})|^2 - |f(\boldsymbol{b})|^2) \\ &= \frac{1}{2}(|f(\boldsymbol{a})+f(\boldsymbol{b})|^2 - |f(\boldsymbol{a})|^2 - |f(\boldsymbol{b})|^2) = f(\boldsymbol{a}) \cdot f(\boldsymbol{b}) \end{aligned}$$

□

第7章　行列の固有値・固有ベクトル・対角化

7.1　固有値と固有ベクトルってなんだ？

例題 7.1

$$A = \begin{pmatrix} 1 & 0 & -1 \\ 1 & 2 & 1 \\ 2 & 2 & 3 \end{pmatrix},\ \boldsymbol{x}_1 = \begin{pmatrix} 1 \\ 2 \\ 3 \end{pmatrix},\ \boldsymbol{x}_2 = \begin{pmatrix} 1 \\ -1 \\ -2 \end{pmatrix},\ \boldsymbol{x}_3 = \begin{pmatrix} c \\ -c \\ -2c \end{pmatrix}\ (\ c\ \text{は定数})$$

について，次の積を計算しなさい．

(1) $A\boldsymbol{x}_1$　　(2) $A\boldsymbol{x}_2$　　(3) $A\boldsymbol{x}_3$

（解）

(1) $$A\boldsymbol{x}_1 = \begin{pmatrix} 1 & 0 & -1 \\ 1 & 2 & 1 \\ 2 & 2 & 3 \end{pmatrix}\begin{pmatrix} 1 \\ 2 \\ 3 \end{pmatrix} = \begin{pmatrix} -2 \\ 8 \\ 15 \end{pmatrix}$$

(2) $$A\boldsymbol{x}_2 = \begin{pmatrix} 1 & 0 & -1 \\ 1 & 2 & 1 \\ 2 & 2 & 3 \end{pmatrix}\begin{pmatrix} 1 \\ -1 \\ -2 \end{pmatrix} = \begin{pmatrix} 3 \\ -3 \\ -6 \end{pmatrix} = 3\begin{pmatrix} 1 \\ -1 \\ -2 \end{pmatrix}$$

(3) $$A\boldsymbol{x}_3 = \begin{pmatrix} 1 & 0 & -1 \\ 1 & 2 & 1 \\ 2 & 2 & 3 \end{pmatrix}\begin{pmatrix} c \\ -c \\ -2c \end{pmatrix} = \begin{pmatrix} 3c \\ -3c \\ -6c \end{pmatrix} = 3\begin{pmatrix} c \\ -c \\ -2c \end{pmatrix}$$

（終）

上記の例題 7.1 (2), (3) は，$A\boldsymbol{x}_2 = 3\boldsymbol{x}_2$, $A\boldsymbol{x}_3 = 3\boldsymbol{x}_3$ が成立している．このように，

【定義 84】 n 次正方行列 A に対し，

$$A\boldsymbol{x} = \lambda\boldsymbol{x}, \quad \boldsymbol{x} \neq \boldsymbol{0} \tag{7.1}$$

を満たす数値 λ を A の**固有値**といい，ベクトル $\boldsymbol{x}$ を λ に**属する A の固有ベクトル**という．

例題 7.1 (2), (3) より，λ に属する A の固有ベクトルは，0 でないスカラー倍しても同じ λ に属する A の固有ベクトルであることがわかる．

では，固有値，固有ベクトルの求め方を考えてみよう．(7.1) より $A\boldsymbol{x} - \lambda\boldsymbol{x} = \boldsymbol{0}$ だから，

$$(A - \lambda E)\boldsymbol{x} = \boldsymbol{0} \quad (E \text{ は単位行列}) \tag{7.2}$$

が得られる．(7.2) は，同次形連立 1 次方程式であり，$\boldsymbol{x}(\neq \boldsymbol{0})$ だから，(7.2) が自明な解以外にも解をもつことになる．よって，143 ページの定理 58 より，

$$|A - \lambda E| = 0 \tag{7.3}$$

が成立する．したがって，この方程式の解として固有値 λ が得られることになる．さらに，この λ を (7.2) に代入して得られる同次形連立 1 次方程式の解として，λ に属する A の固有ベクトル $\boldsymbol{x}$ が得られる．

方程式 (7.3) は，**A の固有方程式**と呼ばれている．また，(7.2) の左辺 $|A - \lambda E|$ は，λ の n 次式であるから，

$$\varphi_A(\lambda) = |A - \lambda E| \tag{7.4}$$

は，**A の固有多項式**と呼ばれており，固有方程式は，重複度を含めて n 個の解をもつ．このとき，固有方程式の各解 λ_j としての重複度を μ_j とすると，固有値 λ_j は固有方程式の解であるので，この重複度 μ_j を**固有値 λ_j の重複度**と呼ぶ．

固有多項式について，次が成立する．

> **《定理 85》** A, P を正方行列とし，P が正則のとき，$B = P^{-1}AP$ とすると，2 つの行列 A, B の固有多項式 $\varphi_A(\lambda), \varphi_B(\lambda)$ について
>
> $$\varphi_B(\lambda) = \varphi_A(\lambda)$$
>
> が成立する．

証明

$$\begin{aligned}\varphi_B(\lambda) &= |B - \lambda E| = |P^{-1}AP - \lambda P^{-1}EP| = |P^{-1}(A - \lambda E)P| \\ &= |P^{-1}|\,|A - \lambda E|\,|P| = \frac{1}{|P|}\,|A - \lambda E|\,|P| = |A - \lambda E| = \varphi_A(\lambda)\end{aligned}$$

□

問 7.1. $A = \begin{pmatrix} 1 & 1 & 1 \\ 1 & 1 & 1 \\ 1 & 1 & 1 \end{pmatrix}, \boldsymbol{x}_1 = \begin{pmatrix} 1 \\ 1 \\ 1 \end{pmatrix}, \boldsymbol{x}_2 = \begin{pmatrix} 0 \\ 2 \\ 1 \end{pmatrix}, \boldsymbol{x}_3 = \begin{pmatrix} 1 \\ 0 \\ -1 \end{pmatrix}$ について，

(1) $A\boldsymbol{x}_1$, $A\boldsymbol{x}_2$, $A\boldsymbol{x}_3$ をそれぞれ計算しなさい．

(2) $\boldsymbol{x}_1$, $\boldsymbol{x}_2$, $\boldsymbol{x}_3$ のうち，A の固有ベクトルであるものはどれか答えなさい．また，その固有ベクトルが属する固有値を答えなさい．

解 (1) $A\boldsymbol{x}_1 = \begin{pmatrix} 3 \\ 3 \\ 3 \end{pmatrix}$, $A\boldsymbol{x}_2 = \begin{pmatrix} 3 \\ 3 \\ 3 \end{pmatrix}$, $A\boldsymbol{x}_3 = \begin{pmatrix} 0 \\ 0 \\ 0 \end{pmatrix}$, (2) 固有ベクトルは $\boldsymbol{x}_1$(固有値 3) と $\boldsymbol{x}_3$(固有値 0)

λ に属する A の固有ベクトル全体の集合に零ベクトルを加えると，この集合は同次形連立1次方程式 (7.2) の解空間であるので，この集合を λ **に属する** A **の固有空間**といい，$V_A(\lambda)$ と表すことにする．

例題 7.2

正方行列 $A = \begin{pmatrix} 8 & 10 \\ -5 & -7 \end{pmatrix}$ について，次の問いに答えなさい．

(1) A の固有値 λ を求めなさい．

(2) λ に属する A の固有空間 $V_A(\lambda)$ を求めなさい．

（解）

(1) 固有方程式 $|A - \lambda E| = 0$ より，

$$\begin{aligned} \begin{vmatrix} 8-\lambda & 10 \\ -5 & -7-\lambda \end{vmatrix} &= 0 \\ \lambda^2 - \lambda - 6 &= 0 \\ (\lambda - 3)(\lambda + 2) &= 0 \end{aligned}$$

よって，A の固有値は $\lambda = 3, -2$ である．

(2) λ に属する A の固有ベクトル $\boldsymbol{x}$ を

$$\boldsymbol{x} = \begin{pmatrix} x \\ y \end{pmatrix} \cdots ①$$

とおくと，(7.2) 式の $(A - \lambda E)\boldsymbol{x} = \boldsymbol{0}$ より，

$$\begin{pmatrix} 8-\lambda & 10 \\ -5 & -7-\lambda \end{pmatrix}\begin{pmatrix} x \\ y \end{pmatrix} = \begin{pmatrix} 0 \\ 0 \end{pmatrix} \cdots ②$$

が成立する．

(i) $\lambda = 3$ のとき② に代入して，

$$\begin{pmatrix} 5 & 10 \\ -5 & -10 \end{pmatrix}\begin{pmatrix} x \\ y \end{pmatrix} = \begin{pmatrix} 0 \\ 0 \end{pmatrix}$$

これより，$x = -2y$ が得られるので，① に代入して，

$$\boldsymbol{x} = \begin{pmatrix} x \\ y \end{pmatrix} = \begin{pmatrix} -2y \\ y \end{pmatrix} = y\begin{pmatrix} -2 \\ 1 \end{pmatrix}$$

よって，$V_A(3) = \left\{ c_1 \begin{pmatrix} -2 \\ 1 \end{pmatrix} \,;\, c_1 \in \mathbb{R} \right\}$

(ii) $\lambda = -2$ のとき② に代入して，

$$\begin{pmatrix} 10 & 10 \\ -5 & -5 \end{pmatrix} \begin{pmatrix} x \\ y \end{pmatrix} = \begin{pmatrix} 0 \\ 0 \end{pmatrix}$$

これより，$y = -x$ が得られるので，① に代入して，

$$\boldsymbol{x} = \begin{pmatrix} x \\ y \end{pmatrix} = \begin{pmatrix} x \\ -x \end{pmatrix} = x \begin{pmatrix} 1 \\ -1 \end{pmatrix}$$

よって，$V_A(-2) = \left\{ c_2 \begin{pmatrix} 1 \\ -1 \end{pmatrix} \,;\, c_2 \in \mathbb{R} \right\}$

（終）

問 7.2. 固有値と固有空間を求めなさい．

(1) $A = \begin{pmatrix} 1 & -2 \\ -2 & 1 \end{pmatrix}$ (2) $A = \begin{pmatrix} 3 & 4 \\ 0 & 3 \end{pmatrix}$

解 (1) 固有値は $\lambda = -1, 3$，固有空間は

$V_A(-1) = \left\{ c_1 \begin{pmatrix} 1 \\ 1 \end{pmatrix} \,;\, c_1 \in \mathbb{R} \right\}$, $V_A(3) = \left\{ c_2 \begin{pmatrix} -1 \\ 1 \end{pmatrix} \,;\, c_2 \in \mathbb{R} \right\}$

(2) 固有値は $\lambda = 3$(重複度 2)，固有空間は $V_A(3) = \left\{ c_1 \begin{pmatrix} 1 \\ 0 \end{pmatrix} \,;\, c_1 \in \mathbb{R} \right\}$

例題 7.3

次の正方行列の固有値 λ，および λ に属する固有空間 $V_A(\lambda)$ を求めなさい．

(1) $A = \begin{pmatrix} 1 & -1 & -1 \\ -1 & 1 & -1 \\ 1 & 1 & 3 \end{pmatrix}$ (2) $A = \begin{pmatrix} 2 & 0 & -1 \\ -1 & 1 & 1 \\ 1 & 1 & 1 \end{pmatrix}$

（解）

(1) 固有方程式 $|A - \lambda E| = 0$ より，

$$\begin{vmatrix} 1-\lambda & -1 & -1 \\ -1 & 1-\lambda & -1 \\ 1 & 1 & 3-\lambda \end{vmatrix} = 0$$

$$①+②+③ \quad \begin{vmatrix} 1-\lambda & 1-\lambda & 1-\lambda \\ -1 & 1-\lambda & -1 \\ 1 & 1 & 3-\lambda \end{vmatrix} = 0$$

$$\text{第1行から}(1-\lambda)\text{をくくりだす}\quad (1-\lambda)\begin{vmatrix} 1 & 1 & 1 \\ -1 & 1-\lambda & -1 \\ 1 & 1 & 3-\lambda \end{vmatrix} = 0$$

$$\text{第2, 3列から第1列を引く}\quad (1-\lambda)\begin{vmatrix} 1 & 0 & 0 \\ -1 & 2-\lambda & 0 \\ 1 & 0 & 2-\lambda \end{vmatrix} = 0$$

$$(1-\lambda)(2-\lambda)^2 = 0$$

よって，A の固有値は $\lambda = 2$ (重複度 2), 1 である．

そこで λ に属する A の固有ベクトル $\boldsymbol{x}$ を

$$\boldsymbol{x} = \begin{pmatrix} x \\ y \\ z \end{pmatrix} \cdots < 1 >$$

とおくと，(7.2) 式の $(A - \lambda E)\boldsymbol{x} = \boldsymbol{0}$ より，

$$\begin{pmatrix} 1-\lambda & -1 & -1 \\ -1 & 1-\lambda & -1 \\ 1 & 1 & 3-\lambda \end{pmatrix}\begin{pmatrix} x \\ y \\ z \end{pmatrix} = \begin{pmatrix} 0 \\ 0 \\ 0 \end{pmatrix} \cdots < 2 >$$

が成立する．

(i) $\lambda = 1$ のとき $< 2 >$ に代入して，

$$\begin{pmatrix} 0 & -1 & -1 \\ -1 & 0 & -1 \\ 1 & 1 & 2 \end{pmatrix}\begin{pmatrix} x \\ y \\ z \end{pmatrix} = \begin{pmatrix} 0 \\ 0 \\ 0 \end{pmatrix}$$

これより掃き出し法を用いて，

$$\begin{pmatrix} 0 & -1 & -1 \\ -1 & 0 & -1 \\ 1 & 1 & 2 \end{pmatrix} \to \begin{matrix} ② \\ ① \\ \end{matrix}\begin{pmatrix} -1 & 0 & -1 \\ 0 & -1 & -1 \\ 1 & 1 & 2 \end{pmatrix} \to \begin{matrix} ①\times(-1) \\ ②\times(-1) \\ ③+①+② \end{matrix}\begin{pmatrix} 1 & 0 & 1 \\ 0 & 1 & 1 \\ 0 & 0 & 0 \end{pmatrix}$$

これより，$x = -z, y = -z$ が得られるので，$< 1 >$ に代入して，

$$\boldsymbol{x} = \begin{pmatrix} x \\ y \\ z \end{pmatrix} = \begin{pmatrix} -z \\ -z \\ z \end{pmatrix} = -z\begin{pmatrix} 1 \\ 1 \\ -1 \end{pmatrix}$$

よって，$V_A(1) = \left\{ c_1\begin{pmatrix} 1 \\ 1 \\ -1 \end{pmatrix} ;\ c_1 \in \mathbb{R} \right\}$

(ii) $\lambda = 2$ のとき $< 2 >$ に代入して，

$$\begin{pmatrix} -1 & -1 & -1 \\ -1 & -1 & -1 \\ 1 & 1 & 1 \end{pmatrix}\begin{pmatrix} x \\ y \\ z \end{pmatrix} = \begin{pmatrix} 0 \\ 0 \\ 0 \end{pmatrix}$$

これより，$z = -x - y$ が得られるので，$<1>$ に代入して，

$$\boldsymbol{x} = \begin{pmatrix} x \\ y \\ z \end{pmatrix} = \begin{pmatrix} x \\ y \\ -x-y \end{pmatrix} = x\begin{pmatrix} 1 \\ 0 \\ -1 \end{pmatrix} + y\begin{pmatrix} 0 \\ 1 \\ -1 \end{pmatrix}$$

よって，$V_A(2) = \left\{ c_2\begin{pmatrix} 1 \\ 0 \\ -1 \end{pmatrix} + c_3\begin{pmatrix} 0 \\ 1 \\ -1 \end{pmatrix} \;;\; c_2, c_3 \in \mathbb{R} \right\}$

(2) 固有方程式 $|A - \lambda E| = 0$ より，

$$\begin{aligned}
\begin{vmatrix} 2-\lambda & 0 & -1 \\ -1 & 1-\lambda & 1 \\ 1 & 1 & 1-\lambda \end{vmatrix} &= 0 \\
\text{②} + \text{③} \quad \begin{vmatrix} 2-\lambda & 0 & -1 \\ 0 & 2-\lambda & 2-\lambda \\ 1 & 1 & 1-\lambda \end{vmatrix} &= 0 \\
\text{第 2 行から } (2-\lambda) \text{ をくくりだす} \quad (2-\lambda)\begin{vmatrix} 2-\lambda & 0 & -1 \\ 0 & 1 & 1 \\ 1 & 1 & 1-\lambda \end{vmatrix} &= 0 \\
\text{③} - \text{②} \quad (2-\lambda)\begin{vmatrix} 2-\lambda & 0 & -1 \\ 0 & 1 & 1 \\ 1 & 0 & -\lambda \end{vmatrix} &= 0 \\
(2-\lambda)\{-\lambda(2-\lambda) + 0 + 0 - (-1) - 0 - 0\} &= 0 \\
(2-\lambda)(1-\lambda)^2 &= 0
\end{aligned}$$

よって，A の固有値は $\lambda = 1$ (重複度 2), 2 である．

そこで λ に属する A の固有ベクトル $\boldsymbol{x}$ を

$$\boldsymbol{x} = \begin{pmatrix} x \\ y \\ z \end{pmatrix} \cdots <1>$$

とおくと，(7.2) 式の $(A - \lambda E)\boldsymbol{x} = \boldsymbol{0}$ より，

$$\begin{pmatrix} 2-\lambda & 0 & -1 \\ -1 & 1-\lambda & 1 \\ 1 & 1 & 1-\lambda \end{pmatrix}\begin{pmatrix} x \\ y \\ z \end{pmatrix} = \begin{pmatrix} 0 \\ 0 \\ 0 \end{pmatrix} \cdots <2>$$

が成立する．

(i) $\lambda = 1$ のとき $<2>$ に代入して，

$$\begin{pmatrix} 1 & 0 & -1 \\ -1 & 0 & 1 \\ 1 & 1 & 0 \end{pmatrix}\begin{pmatrix} x \\ y \\ z \end{pmatrix} = \begin{pmatrix} 0 \\ 0 \\ 0 \end{pmatrix}$$

これより，$y=-x, z=x$ が得られるので，< 1 > に代入して，

$$\boldsymbol{x}=\begin{pmatrix} x \\ y \\ z \end{pmatrix}=\begin{pmatrix} x \\ -x \\ x \end{pmatrix}=x\begin{pmatrix} 1 \\ -1 \\ 1 \end{pmatrix}$$

よって，$V_A(1)=\left\{c_1\begin{pmatrix} 1 \\ -1 \\ 1 \end{pmatrix} ;\ c_1\in\mathbb{R}\right\}$

(ii) $\lambda=2$ のとき < 2 > に代入して，

$$\begin{pmatrix} 0 & 0 & -1 \\ -1 & -1 & 1 \\ 1 & 1 & -1 \end{pmatrix}\begin{pmatrix} x \\ y \\ z \end{pmatrix}=\begin{pmatrix} 0 \\ 0 \\ 0 \end{pmatrix}$$

これより，$z=0, y=-x$ が得られるので，< 1 > に代入して，

$$\boldsymbol{x}=\begin{pmatrix} x \\ y \\ z \end{pmatrix}=\begin{pmatrix} x \\ -x \\ 0 \end{pmatrix}=x\begin{pmatrix} 1 \\ -1 \\ 0 \end{pmatrix}$$

よって，$V_A(2)=\left\{c_2\begin{pmatrix} 1 \\ -1 \\ 0 \end{pmatrix} ;\ c_2\in\mathbb{R}\right\}$

(終)

問 7.3. 固有値と固有空間を求めなさい．

(1) $A=\begin{pmatrix} 1 & 1 & 1 \\ 1 & 1 & 1 \\ 1 & 1 & 1 \end{pmatrix}$　　(2) $A=\begin{pmatrix} 4 & -1 & -1 \\ 2 & 1 & -1 \\ 1 & -1 & 2 \end{pmatrix}$

解 (1) 固有値は $\lambda=0$(重複度 2), 3，固有空間は

$$V_A(0)=\left\{c_1\begin{pmatrix} -1 \\ 0 \\ 1 \end{pmatrix}+c_2\begin{pmatrix} -1 \\ 1 \\ 0 \end{pmatrix} ;\ c_1, c_2\in\mathbb{R}\right\},\ V_A(3)=\left\{c_3\begin{pmatrix} 1 \\ 1 \\ 1 \end{pmatrix} ;\ c_3\in\mathbb{R}\right\}$$

(2) 固有値は $\lambda=2$(重複度 2), 3，固有空間は

$$V_A(2)=\left\{c_1\begin{pmatrix} 1 \\ 1 \\ 1 \end{pmatrix} ;\ c_1\in\mathbb{R}\right\},\ V_A(3)=\left\{c_2\begin{pmatrix} 1 \\ 1 \\ 0 \end{pmatrix} ;\ c_2\in\mathbb{R}\right\}$$

※ 行列の成分がすべて実数でも，その固有値は実数でなく複素数である行列も存在する．固有値が複素数である場合，その固有値に属する固有ベクトルは，実ベクトルでなく複素ベクトルであるから，その固有空間は，複素線形空間の部分空間になる．

異なる固有値の固有空間については，次の性質が成立する．

《**定理 86**》 $\lambda_1, \ldots, \lambda_m$ を n 次正方行列 A の異なる固有値とし，$\boldsymbol{a}_{j1}, \boldsymbol{a}_{j2}, \ldots, \boldsymbol{a}_{jk_j}$ を固有空間 $V_A(\lambda_j)$ $(j = 1, \ldots, m)$ の線形独立なベクトルとすると，

$$\boldsymbol{a}_{11}, \ldots, \boldsymbol{a}_{1k_1}, \boldsymbol{a}_{21}, \ldots, \boldsymbol{a}_{2k_2}, \ldots\ldots, \boldsymbol{a}_{m1}, \ldots, \boldsymbol{a}_{mk_m}$$

は線形独立である．すなわち，異なる固有値の固有空間の線形独立な固有ベクトルを合わせたベクトルの組は，線形独立である．

証明　$\boldsymbol{a}_{11}, \ldots, \boldsymbol{a}_{1k_1}, \boldsymbol{a}_{21}, \ldots, \boldsymbol{a}_{2k_2}, \ldots\ldots, \boldsymbol{a}_{m1}, \ldots, \boldsymbol{a}_{mk_m}$ は線形独立でない，すなわち線形従属であるとし，このベクトルの組の線形独立な最大個数を K とする．

このベクトルの組を簡単に表すため，$k_1 + \cdots + k_m = k$ とし，番号を付け替えて，$\boldsymbol{a}_1, \ldots, \boldsymbol{a}_k$ として，$\boldsymbol{a}_1, \ldots, \boldsymbol{a}_K$ $(1 \leqq K < k)$ が線形独立としても一般性を失わない．このとき，$\boldsymbol{a}_1, \ldots, \boldsymbol{a}_K, \boldsymbol{a}_{jk_j}$ $(\boldsymbol{a}_{jk_j} \neq \boldsymbol{a}_t,\ t = 1, \ldots, K)$ は線形従属であるので，$c_{K+1} \neq 0$ に対し，

$$c_1\boldsymbol{a}_1 + \cdots + c_K\boldsymbol{a}_K + c_{K+1}\boldsymbol{a}_{jk_j} = \boldsymbol{0} \tag{7.5}$$

が成立する．このとき，$c_p \neq 0$ と，$\boldsymbol{a}_{jk_j}$ とは異なる固有空間のベクトル $\boldsymbol{a}_p$ が存在する．（存在しなければ，固有空間の線形独立なベクトルであることに矛盾する．）それを，（必要ならさらに番号を付け替えて）$c_1 \neq 0$, $\boldsymbol{a}_1$ としてよい．そうすると条件より，$\boldsymbol{a}_1 \in V_A(\lambda_1)$ は $\boldsymbol{a}_{jk_j} \in V_A(\lambda_j)$ とは異なる固有空間のベクトルであるから $\lambda_1 \neq \lambda j$ が成立する．

一方，(7.5) の両辺を交換した式の両辺に $(A - \lambda_j E)$ を左からかけると，

$$\begin{aligned}
\boldsymbol{0} &= c_1(A - \lambda_j E)\boldsymbol{a}_1 + \cdots + c_K(A - \lambda_j E)\boldsymbol{a}_K + c_{K+1}(A - \lambda_j E)\boldsymbol{a}_{jk_j} \\
\boldsymbol{0} &= c_1(A\boldsymbol{a}_1 - \lambda_j\boldsymbol{a}_1) + \cdots + c_K(A\boldsymbol{a}_K - \lambda_j\boldsymbol{a}_K) + c_{K+1}(A\boldsymbol{a}_{jk_j} - \lambda_j\boldsymbol{a}_{jk_j}) \\
\boldsymbol{0} &= c_1(\lambda_1\boldsymbol{a}_1 - \lambda_j\boldsymbol{a}_1) + \cdots + c_K(\lambda_{j_K}\boldsymbol{a}_K - \lambda_j\boldsymbol{a}_K) + c_{K+1}(\lambda_j\boldsymbol{a}_{jk_j} - \lambda_j\boldsymbol{a}_{jk_j}) \\
\boldsymbol{0} &= c_1(\lambda_1 - \lambda_j)\boldsymbol{a}_1 + \cdots + c_K(\lambda_{j_K} - \lambda_j)\boldsymbol{a}_K
\end{aligned}$$

$\boldsymbol{a}_1, \ldots, \boldsymbol{a}_K$ は線形独立だから，$c_1(\lambda_1 - \lambda_j) = 0$ である．このとき $\lambda_1 \neq \lambda j$ だから $c_1 = 0$ が得られる．これは $c_1 \neq 0$ に矛盾する．

したがって，$\boldsymbol{a}_{11}, \ldots, \boldsymbol{a}_{1k_1}, \boldsymbol{a}_{21}, \ldots, \boldsymbol{a}_{2k_2}, \ldots\ldots, \boldsymbol{a}_{m1}, \ldots, \boldsymbol{a}_{mk_m}$ は線形独立である．

□

7.2 行列の対角化って？

例題 7.4

例題 7.2 より，正方行列 $A = \begin{pmatrix} 8 & 10 \\ -5 & -7 \end{pmatrix}$ の固有値 λ は $\lambda = 3, -2$ で，それらに属する固有ベクトルは，それぞれ $\boldsymbol{p}_1 = c_1 \begin{pmatrix} -2 \\ 1 \end{pmatrix}$, $\boldsymbol{p}_2 = c_2 \begin{pmatrix} 1 \\ -1 \end{pmatrix}$ (c_1, c_2 は0でない定数) である．この固有ベクトルから行列 P を次のように作る．

$$P = \begin{pmatrix} -2 & 1 \\ 1 & -1 \end{pmatrix}$$

次の問いに答えなさい．

(1) $B = P^{-1}AP$ とするとき，P の逆行列 P^{-1} を求め，B を求めなさい．

(2) n を自然数とするとき，B^n を求めなさい．

(3) n を自然数とするとき，A^n を求めなさい．

(4) Q を P の第1列と第2列を交換した行列，すなわち $Q = \begin{pmatrix} 1 & -2 \\ -1 & 1 \end{pmatrix}$ とするとき，$C = Q^{-1}AQ$ を求めなさい．

（解）

(1) $|P| = \begin{vmatrix} -2 & 1 \\ 1 & -1 \end{vmatrix} = 1 \neq 0$ だから P は正則で，逆行列 P^{-1} は 80 ページの (3.3) より

$$P^{-1} = \frac{1}{1}\begin{pmatrix} -1 & -1 \\ -1 & -2 \end{pmatrix} = \begin{pmatrix} -1 & -1 \\ -1 & -2 \end{pmatrix},$$

$$B = P^{-1}AP = \begin{pmatrix} -1 & -1 \\ -1 & -2 \end{pmatrix}\begin{pmatrix} 8 & 10 \\ -5 & -7 \end{pmatrix}\begin{pmatrix} -2 & 1 \\ 1 & -1 \end{pmatrix} = \begin{pmatrix} 3 & 0 \\ 0 & -2 \end{pmatrix}$$

(2) $B^2 = \begin{pmatrix} 3 & 0 \\ 0 & -2 \end{pmatrix}\begin{pmatrix} 3 & 0 \\ 0 & -2 \end{pmatrix} = \begin{pmatrix} 9 & 0 \\ 0 & 4 \end{pmatrix}$,

$B^3 = \begin{pmatrix} 3 & 0 \\ 0 & -2 \end{pmatrix}\begin{pmatrix} 9 & 0 \\ 0 & 4 \end{pmatrix} = \begin{pmatrix} 27 & 0 \\ 0 & -8 \end{pmatrix}$.

$$\text{したがって，}\quad B^n = \begin{pmatrix} 3^n & 0 \\ 0 & (-2)^n \end{pmatrix}. \tag{7.6}$$

（この式 (7.6) は，n に関する数学的帰納法で示すことができる.）

(3) $B=P^{-1}AP$ より $A=PBP^{-1}$ だから

$$
\begin{aligned}
A^n &= (PBP^{-1})^n = (PBP^{-1})(PBP^{-1})(PBP^{-1})\cdots(PBP^{-1})(PBP^{-1})\\
&= PBP^{-1}PBP^{-1}PBP^{-1}\cdots PBP^{-1}PBP^{-1}\\
&= PBEBE\cdots EBEBP^{-1} = PB^nP^{-1}\\
&= \begin{pmatrix} -2 & 1 \\ 1 & -1 \end{pmatrix}\begin{pmatrix} 3^n & 0 \\ 0 & (-2)^n \end{pmatrix}\begin{pmatrix} -1 & -1 \\ -1 & -2 \end{pmatrix}\\
&= \begin{pmatrix} -2 & 1 \\ 1 & -1 \end{pmatrix}\begin{pmatrix} -3^n & -3^n \\ -(-2)^n & (-2)^{n+1} \end{pmatrix}\\
&= \begin{pmatrix} 2\cdot 3^n-(-2)^n & 2\cdot 3^n+(-2)^{n+1} \\ -3^n+(-2)^n & -3^n-(-2)^{n+1} \end{pmatrix}
\end{aligned}
$$

(4) $Q=\begin{pmatrix} 1 & -2 \\ -1 & 1 \end{pmatrix}$ は正則で，逆行列 Q^{-1} は 80 ページの (3.3) より

$$
Q^{-1} = \frac{1}{-1}\begin{pmatrix} 1 & 2 \\ 1 & 1 \end{pmatrix} = \begin{pmatrix} -1 & -2 \\ -1 & -1 \end{pmatrix},
$$

$$
C = Q^{-1}AQ = \begin{pmatrix} -1 & -2 \\ -1 & -1 \end{pmatrix}\begin{pmatrix} 8 & 10 \\ -5 & -7 \end{pmatrix}\begin{pmatrix} 1 & -2 \\ -1 & 1 \end{pmatrix} = \begin{pmatrix} -2 & 0 \\ 0 & 3 \end{pmatrix}
$$

（終）

例題 7.4 から，正方行列 A に対し，その固有ベクトルを用いて正則行列 P を作り，$B=P^{-1}AP$ を計算すると，対角行列 B が得られることがわかる．しかも，その対角行列 B の対角成分は A の固有値であることもわかる．このように，A から対角行列 B が得られるとき，A **は対角化可能**であるといい，このようにして，対角行列 B を作ることを A **を対角化する**という．このとき，例題 7.4 (4) より，対角化させる行列 P は，1 通りではないことがわかる．ただし，**対角化させる行列 P における固有ベクトルの順序と対角行列 B の対角成分である固有値の順序は一致する．**

問 7.4. $A=\begin{pmatrix} 1 & -2 \\ -2 & 1 \end{pmatrix}$ のとき，次の問いに答えなさい．

(1) A の固有値 λ を求めなさい．
(2) λ に属する A の固有空間 $V_A(\lambda)$ を求めなさい．
(3) A を対角化する行列 P を求めなさい．
(4) A の対角化 $B=P^{-1}AP$ を求めなさい．
(5) n を自然数とするとき，B^n を求めなさい．
(6) n を自然数とするとき，A^n を求めなさい．

解 (1) $\lambda=-1,3$ (2) $V_A(-1)=\left\{c_1\begin{pmatrix} 1 \\ 1 \end{pmatrix} ;\ c_1\in\mathbb{R}\right\}$ $V_A(3)=\left\{c_2\begin{pmatrix} -1 \\ 1 \end{pmatrix} ;\ c_2\in\mathbb{R}\right\}$

(3) $P = \begin{pmatrix} 1 & -1 \\ 1 & 1 \end{pmatrix}$　(4) $\begin{pmatrix} -1 & 0 \\ 0 & 3 \end{pmatrix}$　(5) $B^n = \begin{pmatrix} (-1)^n & 0 \\ 0 & 3^n \end{pmatrix}$

(6) $A^n = \begin{pmatrix} \frac{(-1)^n+3^n}{2} & \frac{(-1)^n-3^n}{2} \\ \frac{(-1)^n-3^n}{2} & \frac{(-1)^n+3^n}{2} \end{pmatrix}$

7.3　対角化の可能性と仕組みは？

さて，すべての正方行列 A は対角化可能なのだろうか？

例題 7.4 より，正方行列 A を対角化するために，A の固有ベクトルを用いて正方行列 P を作り，対角行列 $P^{-1}AP$ が得られた．ここで注目するのは，P の逆行列 P^{-1} が必要であるということである．つまり，P が正則行列でなければならない．よって，143 ページの定理 58 により，P を作る固有ベクトルが線形独立でなければならない．すなわち，一般に次が成立する．

> **《定理 87》** n 次正方行列 A が対角化可能であるための必要十分条件は，A の n 個の固有ベクトルから構成される線形独立な組が存在することである．

証明　A が対角化可能であると仮定すると，

$$P^{-1}AP = \begin{pmatrix} \lambda_1 & & O \\ & \ddots & \\ O & & \lambda_n \end{pmatrix} = B \tag{7.7}$$

を満たす正則行列 P が存在する．P は正則だから線形独立なベクトル $\boldsymbol{p}_1, \ldots, \boldsymbol{p}_n$ を用いて $P = \begin{pmatrix} \boldsymbol{p}_1 \cdots \boldsymbol{p}_n \end{pmatrix}$ と表せる．このとき，(7.7) より

$$A\begin{pmatrix} \boldsymbol{p}_1 \cdots \boldsymbol{p}_n \end{pmatrix} = AP = PB = \begin{pmatrix} \boldsymbol{p}_1 \cdots \boldsymbol{p}_n \end{pmatrix}\begin{pmatrix} \lambda_1 & & O \\ & \ddots & \\ O & & \lambda_n \end{pmatrix} = \begin{pmatrix} \lambda_1\boldsymbol{p}_1 \cdots \lambda_n\boldsymbol{p}_n \end{pmatrix} \tag{7.8}$$

であるから，$A\boldsymbol{p}_j = \lambda_j\boldsymbol{p}_j$ $(1 \leqq j \leqq n)$ が成立する．$\boldsymbol{p}_j \neq \boldsymbol{0}$ であるから，$\lambda_1, \ldots, \lambda_n$ は A の固有値であり，$\boldsymbol{p}_1, \ldots, \boldsymbol{p}_n$ は A の固有ベクトルであることがわかる．

逆に，$\boldsymbol{p}_1, \ldots, \boldsymbol{p}_n$ が n 個の線形独立な A の固有ベクトルであるとすると，$A\boldsymbol{p}_j = \lambda_j\boldsymbol{p}_j$ $(1 \leqq j \leqq n)$ が成立し，$P = \begin{pmatrix} \boldsymbol{p}_1 \cdots \boldsymbol{p}_n \end{pmatrix}$ は正則行列であり，(7.8) が成立するので，$P^{-1}AP$ は対角行列であることがわかる． □

さて，n 次正方行列 A の固有多項式 $\varphi_A(x) = |A - xE|$ は x の n 次式で，x^n の係数は $(-1)^n$ であるから，

$$\varphi_A(x) = (\lambda_1 - x)^{\mu_1} \times \cdots \times (\lambda_m - x)^{\mu_m}, \quad \mu_1 + \cdots + \mu_m = n, \quad \lambda_j \neq \lambda_k \ (1 \leqq j, k \leqq m)$$

と因数分解される．このとき，各 λ_j に対し，固有方程式の解としての重複度は μ_j である．この重複度 μ_j が固有値 λ_j の重複度であるので，次の定理は、固有値の重複度と固有空間の次元の関係を示している．

《**定理 88**》 n 次正方行列 A の固有値 λ に対する固有空間の次元 $\dim(V_A(\lambda))$ は，固有値 λ の重複度 μ を超えない．すなわち，$\dim(V_A(\lambda)) \leqq \mu$ が成立する．

証明　固有空間 $V_A(\lambda)$ の次元 $\dim(V_A(\lambda))$ は 1 以上だから，$k = \dim(V_A(\lambda)) \geqq 1$ とすると，$V_A(\lambda)$ の基底 $\boldsymbol{a}_1, \ldots, \boldsymbol{a}_k$ が存在する．156 ページの定理 70 より，これに $n-k$ 個のベクトル $\boldsymbol{b}_1, \ldots, \boldsymbol{b}_{n-k}$ を加えて $\mathbb{R}^n$ の基底を作ることができる．

このとき，$P = \left(\boldsymbol{a}_1 \ \ldots \ \boldsymbol{a}_k \ \boldsymbol{b}_1 \ \ldots \ \boldsymbol{b}_{n-k}\right)$ は正則であり，$\boldsymbol{a}_1 \ \ldots \ \boldsymbol{a}_k \in V_A(\lambda)$ だから，$B = P^{-1}AP$ とすると，

$$B = \left(\begin{array}{c|c} \lambda E_k & B_1 \\ \hline O & B_2 \end{array}\right) \text{ と表せるので，} \quad B - xE = \left(\begin{array}{c|c} (\lambda - x)E_k & B_1 \\ \hline O & B_2\text{-}xE_{n-k} \end{array}\right)$$

と表せる．よって，B の固有多項式は

$$\varphi_B(x) = |B - xE| = (\lambda - x)^k |B_2 - xE_{n-k}|$$

である．ここで，定理 85 より $\varphi_B(x) = \varphi_A(x)$ だから，固有値 λ の重複度 μ は k 以上であることがわかる．□

《**定理 89**》 n 次正方行列 A の固有値 $\lambda_1, \ldots, \lambda_m$ の重複度を μ_j $(j = 1, \ldots, m)$ とすると，A が対角化可能であるための必要十分条件は，すべての λ_j に対し

$$\dim(V_A(\lambda_j)) = \mu_j, \quad j = 1, \ldots, m$$

が成立することである．すなわち，固有方程式の解としての固有値の重複度とその固有空間の次元がすべて一致するとき，対角化可能である．

証明　μ_j は A の固有値 λ_j の重複度なので，$\displaystyle\sum_{j=1}^{m} \mu_j = n$ である．

A のすべての固有値 λ_j に対し $\dim(V_A(\lambda_j)) = \mu_j$ $(j = 1, \ldots, m)$ が成立するとする．

ここで，各固有空間 $V_A(\lambda_j)$ の基底の個数は $\dim(V_A(\lambda_j)) = \mu_j$ 個であるので，$\boldsymbol{a}_{j1}, \ldots, \boldsymbol{a}_{j\mu_j}$ を固有空間 $V_A(\lambda_j)$ の基底とすると，定理 86 より

$$\boldsymbol{a}_{11}, \ldots, \boldsymbol{a}_{1\mu_1}, \boldsymbol{a}_{21}, \ldots, \boldsymbol{a}_{2\mu_2}, \ldots\ldots, \boldsymbol{a}_{m1}, \ldots, \boldsymbol{a}_{m\mu_m}$$

は線形独立である．この固有ベクトルの組のベクトルの個数は $\displaystyle\sum_{j=1}^{m} \mu_j = n$ であるので，定理 87 より，A は対角化可能である．

逆に，A は対角化可能であるとすると，定理 87 より，A の n 個の固有ベクトルからなる線形独立な組が存在する．固有空間 $V_A(\lambda_j)$ の次元は，$V_A(\lambda_j)$ のベクトルの線形独立な最大個数であるから，$\displaystyle\sum_{j=1}^{m} \dim(V_A(\lambda_j))$ は n 以上であることがわかる．すなわち，

$$\sum_{j=1}^{m} \dim(V_A(\lambda_j)) \geqq n$$

さらに定理88 より $\dim(V_A(\lambda_k)) \leqq \mu_k \quad (k = 1, \ldots, m)$ だから，

$$\mu_k \geqq \dim(V_A(\lambda_k)) \geqq n - \sum_{j \neq k} \dim(V_A(\lambda_j)) \geqq n - \sum_{j \neq k} \mu_j = \mu_k$$

が成立する．よって，$\dim(V_A(\lambda_k)) = \mu_k \ (k = 1, \ldots, m)$ が成立することがわかる．□

※ 定理 89 の証明より，A の各固有空間の基底を 1 度ずつ並べて行列 P を作るとき，P が正方行列であれば P は正則であり，さらに P は A を対角化させる行列である．このとき，P を作る各固有空間の基底のベクトルの組は，基底であればどのベクトルの組でもよいことに注意しよう．

例題 7.5

次の正方行列は，対角化可能か調べ，可能ならば対角化させる行列 P を求め，対角化しなさい．

(1) $A = \begin{pmatrix} 1 & -1 & -1 \\ -1 & 1 & -1 \\ 1 & 1 & 3 \end{pmatrix}$　　(2) $A = \begin{pmatrix} 2 & 0 & -1 \\ -1 & 1 & 1 \\ 1 & 1 & 1 \end{pmatrix}$

（解）

(1) 例題 7.3 (1) より，3 次正方行列 $A = \begin{pmatrix} 1 & -1 & -1 \\ -1 & 1 & -1 \\ 1 & 1 & 3 \end{pmatrix}$ の固有値 λ は，$\lambda = 2$（重複度2）, 1（重複度1）で，それらに対する固有空間はそれぞれ $V_A(1) = \left\{ c_1 \begin{pmatrix} 1 \\ 1 \\ -1 \end{pmatrix} \ ; \ c_1 \in \mathbb{R} \right\}$, $V_A(2) = \left\{ c_2 \begin{pmatrix} 1 \\ 0 \\ -1 \end{pmatrix} + c_3 \begin{pmatrix} 0 \\ 1 \\ -1 \end{pmatrix} \ ; \ c_2, c_3 \in \mathbb{R} \right\}$ である．したがって，$\dim(V_A(1)) = 1, \dim(V_A(2)) = 2$ とであり，固有値の重複度と一致するので，A は対角化可能である．このとき，$\begin{pmatrix} 1 \\ 1 \\ -1 \end{pmatrix}, \begin{pmatrix} 1 \\ 0 \\ -1 \end{pmatrix}, \begin{pmatrix} 0 \\ 1 \\ -1 \end{pmatrix}$ は線形独立だから，これらの固有ベクトルから正則行列 P を作ることができる．

$P = \begin{pmatrix} 1 & 1 & 0 \\ 1 & 0 & 1 \\ -1 & -1 & -1 \end{pmatrix}$ とすると，A の対角化は，$P^{-1}AP = \begin{pmatrix} 1 & 0 & 0 \\ 0 & 2 & 0 \\ 0 & 0 & 2 \end{pmatrix}$ である．

(2) 例題 7.3 (2) より，3 次正方行列 $A = \begin{pmatrix} 2 & 0 & -1 \\ -1 & 1 & 1 \\ 1 & 1 & 1 \end{pmatrix}$ の固有値 λ は，

$\lambda = 2$ （重複度 2），1 （重複度 1） で，それらに対する固有空間はそれぞれ

$V_A(1) = \left\{ c_1 \begin{pmatrix} 1 \\ -1 \\ 1 \end{pmatrix} \ ;\ c_1 \in \mathbb{R} \right\}, V_A(2) = \left\{ c_2 \begin{pmatrix} 1 \\ -1 \\ 0 \end{pmatrix} \ ;\ c_2 \in \mathbb{R} \right\}$ である．

したがって，$\dim(V_A(2)) = 1$ であり，A の固有値 $\lambda = 2$ の重複度と一致しないので，A は対角化不可能である． （終）

問 7.5. 次の正方行列は，対角化可能か調べ，可能ならば対角化させる行列 P を求め，対角化しなさい．

(1) $A = \begin{pmatrix} 3 & 4 \\ 0 & 3 \end{pmatrix}$ (2) $A = \begin{pmatrix} 1 & 1 & 1 \\ 1 & 1 & 1 \\ 1 & 1 & 1 \end{pmatrix}$ (3) $A = \begin{pmatrix} 4 & -1 & -1 \\ 2 & 1 & -1 \\ 1 & -1 & 2 \end{pmatrix}$

解 (1) 対角化不可能 (2) 対角化可能，$P = \begin{pmatrix} -1 & -1 & 1 \\ 0 & 1 & 1 \\ 1 & 0 & 1 \end{pmatrix}, P^{-1}AP = \begin{pmatrix} 0 & 0 & 0 \\ 0 & 0 & 0 \\ 0 & 0 & 3 \end{pmatrix}$

(3) 対角化不可能

対角化の可能性について述べてきた．正方行列 A が対角化可能であれば，その固有ベクトルを用いて正則行列 P を作り，$B = P^{-1}AP$ が対角行列であり，その対角行列 B の対角成分は A の固有値であることも知り得た．ここでは，どのような経緯で対角行列が得られるのか，その種明かしをしよう．わかりやすくするため，3 次正方行列の場合を述べるが，一般の n 次正方行列でも同様である．

A を対角化可能な 3 次正方行列とし，A の固有値 $\lambda_1, \lambda_2, \lambda_3$ に属する固有ベクトルをそれぞれ $\boldsymbol{x} = \begin{pmatrix} x_1 \\ x_2 \\ x_3 \end{pmatrix}, \boldsymbol{y} = \begin{pmatrix} y_1 \\ y_2 \\ y_3 \end{pmatrix}, \boldsymbol{z} = \begin{pmatrix} z_1 \\ z_2 \\ z_3 \end{pmatrix}$ とすると，

$$A\begin{pmatrix} x_1 \\ x_2 \\ x_3 \end{pmatrix} = \lambda_1 \begin{pmatrix} x_1 \\ x_2 \\ x_3 \end{pmatrix}, \quad A\begin{pmatrix} y_1 \\ y_2 \\ y_3 \end{pmatrix} = \lambda_2 \begin{pmatrix} y_1 \\ y_2 \\ y_3 \end{pmatrix}, \quad A\begin{pmatrix} z_1 \\ z_2 \\ z_3 \end{pmatrix} = \lambda_3 \begin{pmatrix} z_1 \\ z_2 \\ z_3 \end{pmatrix}$$

が成立する．これと対角行列の積の性質（72 ページの例題 3.7 参照）より

$$\begin{pmatrix} A\boldsymbol{x} & A\boldsymbol{y} & A\boldsymbol{z} \end{pmatrix} = \begin{pmatrix} \lambda_1 x_1 & \lambda_2 y_1 & \lambda_3 z_1 \\ \lambda_1 x_2 & \lambda_2 y_2 & \lambda_3 z_2 \\ \lambda_1 x_3 & \lambda_2 y_3 & \lambda_3 z_3 \end{pmatrix} = \begin{pmatrix} x_1 & y_1 & z_1 \\ x_2 & y_2 & z_2 \\ x_3 & y_3 & z_3 \end{pmatrix} \begin{pmatrix} \lambda_1 & 0 & 0 \\ 0 & \lambda_2 & 0 \\ 0 & 0 & \lambda_3 \end{pmatrix} \quad (7.9)$$

が得られる．そこで，$P = \begin{pmatrix} \boldsymbol{x} & \boldsymbol{y} & \boldsymbol{z} \end{pmatrix}$ とすると，定理 58，定理 87 より P が正則であるように $\boldsymbol{x}, \boldsymbol{y}, \boldsymbol{z}$ を選ぶことができ，(7.9) より

$$AP = P\begin{pmatrix} \lambda_1 & 0 & 0 \\ 0 & \lambda_2 & 0 \\ 0 & 0 & \lambda_3 \end{pmatrix}$$

が成立する．この両辺に逆行列 P^{-1} を左から掛けることにより

$$P^{-1}AP = \begin{pmatrix} \lambda_1 & 0 & 0 \\ 0 & \lambda_2 & 0 \\ 0 & 0 & \lambda_3 \end{pmatrix}$$

となるのである．この仕組みをよく見ると，対角化させる行列 P における固有ベクトルの順序と対角行列 B の対角成分である固有値の順序は一致することもわかるであろう．

7.4 実対称行列の直交行列による対角化ってどうするの？

実数を成分とする対称行列（実対称行列）の固有値・固有ベクトルについて，次の性質が成立する．

> **《定理 90》** 実対称行列 A について，次が成立する．
>
> (1) A の固有値はすべて実数である．
>
> (2) A の異なる固有値に属する固有ベクトルは，互いに垂直である．
>
> (3) P が直交行列ならば，$B = P^{-1}AP$ は対称行列である．
>
> (4) A は直交行列によって対角化可能である．

証明

(1) A の固有方程式の係数はすべて実数であるが，その解である A の固有値は実数とは限らない．そのため，実対称行列の固有値はすべて実数であることは重要な性質である．この証明には複素数の知識が必要なので，255 ページの定理 113 で示す．

(2) A の異なる固有値 λ, μ $(\lambda \neq \mu)$ に属する固有ベクトルをそれぞれ $\boldsymbol{x}, \boldsymbol{y}$ とすると，

$$\begin{aligned} \lambda(\boldsymbol{x}\cdot\boldsymbol{y}) &= (\lambda\boldsymbol{x})\cdot\boldsymbol{y} = (A\boldsymbol{x})\cdot\boldsymbol{y} = {}^t(A\boldsymbol{x})\boldsymbol{y} = ({}^t\boldsymbol{x}{}^tA)\boldsymbol{y} = {}^t\boldsymbol{x}A\boldsymbol{y} = {}^t\boldsymbol{x}(\mu\boldsymbol{y}) = \mu({}^t\boldsymbol{x}\boldsymbol{y}) \\ &= \mu(\boldsymbol{x}\cdot\boldsymbol{y}). \end{aligned}$$

よって，$(\lambda - \mu)\boldsymbol{x}\cdot\boldsymbol{y} = 0$ かつ $\lambda \neq \mu$ より，$\boldsymbol{x}\cdot\boldsymbol{y} = 0$ がわかる．

(3) P が直交行列ならば ${}^tP = P^{-1}$ だから，${}^tB = {}^t({}^tPAP) = {}^tP\,{}^tA\,{}^t({}^tP) = P^{-1}AP = B$ が成立する．よって，B は対称行列である．

(4) A を n 次正方行列として，n に関する帰納法で示す．

(i) $n = 1$ のときは，1 次正方行列だから対角行列である．

(ii) $n - 1$ 次以下のときは成立すると仮定する．

A の固有値 λ に対する固有空間 $V_A(\lambda)$ の次元 $\dim(V_A(\lambda))$ は 1 以上だから，$k = \dim(V_A(\lambda)) \geqq 1$ とすると，$V_A(\lambda)$ の正規直交基底 $\boldsymbol{a}_1, \ldots, \boldsymbol{a}_k$ が存在する．156 ページの定理 70 と Gram（グラム）・Schmidt（シュミット）の正規直交化法により，これに $(n-k)$ 個のベクトル $\boldsymbol{b}_1, \ldots, \boldsymbol{b}_{n-k}$ を加えて $\mathbb{R}^n$ の正規直交基底を作ることができる．このとき $T = \begin{pmatrix} \boldsymbol{a}_1 & \ldots & \boldsymbol{a}_k & \boldsymbol{b}_1 & \ldots & \boldsymbol{b}_{n-k} \end{pmatrix}$ とすると，(1) (2) より

$$T^{-1}AT = \left(\begin{array}{c|c} \lambda E_k & O \\ \hline O & A_1 \end{array}\right)$$

と表され，$T^{-1}AT$ は実対称行列だから A_1 は $(n-k)$ 次実対称行列である．したがって，帰納法の仮定より直交行列 T_1 が存在して，$T_1^{-1}A_1T_1$ は対角行列である．このとき，$P = T\left(\begin{array}{c|c} E_k & O \\ \hline O & T_1 \end{array}\right)$ とおくと，P は直交行列であり，$P^{-1}AP$ は対角行列になる．

□

正方行列 A が対角化可能であるとき，A を対角化させる行列 P は，A の固有空間の基底を並べて作った．特に，A が実対称行列のときは，定理 90 (3) より，対角化させる行列 P を直交行列に選ぶことができることがわかる．このとき P を直交行列にするには，A の各固有空間の正規直交基底を並べて作ればよい．

例題 7.6

対称行列 $A = \begin{pmatrix} -1 & 2 & 2 \\ 2 & -1 & 2 \\ 2 & 2 & -1 \end{pmatrix}$ を対角化させる直交行列 P を求め，対角化しなさい．

（解）固有方程式 $|A-\lambda E|=0$ より，

$$\begin{vmatrix} -1-\lambda & 2 & 2 \\ 2 & -1-\lambda & 2 \\ 2 & 2 & -1-\lambda \end{vmatrix} = 0$$

$$\text{①列}+\text{②列}+\text{③列} \quad \begin{vmatrix} 3-\lambda & 2 & 2 \\ 3-\lambda & -1-\lambda & 2 \\ 3-\lambda & 2 & -1-\lambda \end{vmatrix} = 0$$

$$\text{第1列から}\,(3-\lambda)\,\text{をくくりだす} \quad (3-\lambda)\begin{vmatrix} 1 & 2 & 2 \\ 1 & -1-\lambda & 2 \\ 1 & 2 & -1-\lambda \end{vmatrix} = 0$$

$$\begin{matrix} \text{②}+\text{①}\times(-1) \\ \text{③}+\text{①}\times(-1) \end{matrix} \quad (3-\lambda)\begin{vmatrix} 1 & 2 & 2 \\ 0 & -3-\lambda & 0 \\ 0 & 0 & -3-\lambda \end{vmatrix} = 0$$

$$(3-\lambda)(-3-\lambda)^2 = 0$$

よって，A の固有値は $\lambda=-3$ (重複度 2), 3 である．

そこで λ に属する A の固有ベクトル $\boldsymbol{x}$ を

$$\boldsymbol{x} = \begin{pmatrix} x \\ y \\ z \end{pmatrix} \cdots <1>$$

とおくと，(7.2) 式の $(A-\lambda E)\boldsymbol{x}=\boldsymbol{0}$ より，

$$\begin{pmatrix} -1-\lambda & 2 & 2 \\ 2 & -1-\lambda & 2 \\ 2 & 2 & -1-\lambda \end{pmatrix}\begin{pmatrix} x \\ y \\ z \end{pmatrix} = \begin{pmatrix} 0 \\ 0 \\ 0 \end{pmatrix} \cdots <2>$$

が成立する．

(i) $\lambda=3$ のとき $<2>$ に代入して，

$$\begin{pmatrix} -4 & 2 & 2 \\ 2 & -4 & 2 \\ 2 & 2 & -4 \end{pmatrix}\begin{pmatrix} x \\ y \\ z \end{pmatrix} = \begin{pmatrix} 0 \\ 0 \\ 0 \end{pmatrix}$$

これより掃き出し法を用いて，

$$\begin{pmatrix} -4 & 2 & 2 \\ 2 & -4 & 2 \\ 2 & 2 & -4 \end{pmatrix} \to \begin{matrix} \text{②} \\ \text{①} \\ \end{matrix} \begin{pmatrix} 2 & -4 & 2 \\ -4 & 2 & 2 \\ 2 & 2 & -4 \end{pmatrix} \to \begin{matrix} \text{①}\times(1/2) \\ \text{②}+\text{①}\times 2 \\ \text{③}+\text{①}\times(-1) \end{matrix} \begin{pmatrix} 1 & -2 & 1 \\ 0 & -6 & 6 \\ 0 & 6 & -6 \end{pmatrix}$$

$$\to \begin{matrix} \\ \text{②}\times(-1/6) \\ \text{③}+\text{②} \end{matrix} \begin{pmatrix} 1 & -2 & 1 \\ 0 & 1 & -1 \\ 0 & 0 & 0 \end{pmatrix} \to \begin{matrix} \text{①}+\text{②}\times 2 \\ \\ \end{matrix} \begin{pmatrix} 1 & 0 & -1 \\ 0 & 1 & -1 \\ 0 & 0 & 0 \end{pmatrix}$$

これより，$x = z, y = z$ が得られるので，$<1>$ に代入して，

$$\boldsymbol{x} = \begin{pmatrix} z \\ z \\ z \end{pmatrix} = z\begin{pmatrix} 1 \\ 1 \\ 1 \end{pmatrix}. \quad \text{よって}, V_A(3) = \left\{ c_1\begin{pmatrix} 1 \\ 1 \\ 1 \end{pmatrix} ;\ c_1 \in \mathbb{R} \right\}.$$

(ii) $\lambda = -3$ のとき $<2>$ に代入して，

$$\begin{pmatrix} 2 & 2 & 2 \\ 2 & 2 & 2 \\ 2 & 2 & 2 \end{pmatrix}\begin{pmatrix} x \\ y \\ z \end{pmatrix} = \begin{pmatrix} 0 \\ 0 \\ 0 \end{pmatrix}$$

これより，$z = -x - y$ が得られるので，$<1>$ に代入して，

$$\boldsymbol{x} = \begin{pmatrix} x \\ y \\ z \end{pmatrix} = \begin{pmatrix} x \\ y \\ -x-y \end{pmatrix} = x\begin{pmatrix} 1 \\ 0 \\ -1 \end{pmatrix} + y\begin{pmatrix} 0 \\ 1 \\ -1 \end{pmatrix}$$

よって，$V_A(-3) = \left\{ c_2\begin{pmatrix} 1 \\ 0 \\ -1 \end{pmatrix} + c_3\begin{pmatrix} 0 \\ 1 \\ -1 \end{pmatrix} ;\ c_2, c_3 \in \mathbb{R} \right\}$

このとき，定理 90 (1) より 各固有空間ごとに，その基底を 139 ページの Gram-Schmidt の正規直交化法を用いて正規直交系にすればよい．

(i) より $\boldsymbol{a}_1 = \begin{pmatrix} 1 \\ 1 \\ 1 \end{pmatrix}$ とおくと，$\boldsymbol{p}_1 = \dfrac{1}{|\boldsymbol{a}_1|}\boldsymbol{a}_1 = \dfrac{1}{\sqrt{1^2+1^2+1^2}}\begin{pmatrix} 1 \\ 1 \\ 1 \end{pmatrix} = \dfrac{1}{\sqrt{3}}\begin{pmatrix} 1 \\ 1 \\ 1 \end{pmatrix}.$

(ii) より $\boldsymbol{a}_2 = \begin{pmatrix} 1 \\ 0 \\ -1 \end{pmatrix}, \boldsymbol{a}_3 = \begin{pmatrix} 0 \\ 1 \\ -1 \end{pmatrix}$ とおくと，

〔I〕 $\boldsymbol{p}_2 = \dfrac{1}{|\boldsymbol{a}_2|}\boldsymbol{a}_2 = \dfrac{1}{\sqrt{2}}\begin{pmatrix} 1 \\ 0 \\ -1 \end{pmatrix}$

〔II〕 $\boldsymbol{b}_3 = \boldsymbol{a}_3 - (\boldsymbol{a}_3 \cdot \boldsymbol{p}_2)\boldsymbol{p}_2$ とすると，

$$\begin{aligned} \boldsymbol{b}_3 &= \begin{pmatrix} 0 \\ 1 \\ -1 \end{pmatrix} - \left\{ \begin{pmatrix} 0 \\ 1 \\ -1 \end{pmatrix} \cdot \frac{1}{\sqrt{2}}\begin{pmatrix} 1 \\ 0 \\ -1 \end{pmatrix} \right\} \frac{1}{\sqrt{2}}\begin{pmatrix} 1 \\ 0 \\ -1 \end{pmatrix} \\ &= \begin{pmatrix} 0 \\ 1 \\ -1 \end{pmatrix} - \frac{1}{2} \times 1 \begin{pmatrix} 1 \\ 0 \\ -1 \end{pmatrix} = -\frac{1}{2}\begin{pmatrix} 1 \\ -2 \\ 1 \end{pmatrix} \end{aligned}$$

だから $\quad \boldsymbol{p}_3 = \dfrac{1}{|\boldsymbol{b}_3|}\boldsymbol{b}_3 = \dfrac{1}{\sqrt{6}}\begin{pmatrix} 1 \\ -2 \\ 1 \end{pmatrix}$

以上より，

$$P = \begin{pmatrix} \boldsymbol{p}_1 & \boldsymbol{p}_2 & \boldsymbol{p}_3 \end{pmatrix} = \begin{pmatrix} \frac{1}{\sqrt{3}} & \frac{1}{\sqrt{2}} & \frac{1}{\sqrt{6}} \\ \frac{1}{\sqrt{3}} & 0 & -\frac{2}{\sqrt{6}} \\ \frac{1}{\sqrt{3}} & -\frac{1}{\sqrt{2}} & \frac{1}{\sqrt{6}} \end{pmatrix} \text{ であり，}$$

$$A \text{ の対角化は}\quad P^{-1}AP = {}^tPAP = \begin{pmatrix} 3 & 0 & 0 \\ 0 & -3 & 0 \\ 0 & 0 & -3 \end{pmatrix} \text{ である．}$$

（終）

問 7.6.　次の対称行列を対角化させる直交行列 P を求め，対角化しなさい．

(1) $A = \begin{pmatrix} 1 & 1 & 1 \\ 1 & 1 & 1 \\ 1 & 1 & 1 \end{pmatrix}$　　(2) $A = \begin{pmatrix} 2 & 1 & 0 \\ 1 & 1 & 1 \\ 0 & 1 & 2 \end{pmatrix}$

解　(1) $P = \begin{pmatrix} -\frac{1}{\sqrt{2}} & -\frac{1}{\sqrt{6}} & \frac{1}{\sqrt{3}} \\ 0 & \frac{2}{\sqrt{6}} & \frac{1}{\sqrt{3}} \\ \frac{1}{\sqrt{2}} & -\frac{1}{\sqrt{6}} & \frac{1}{\sqrt{3}} \end{pmatrix}$，$P^{-1}AP = \begin{pmatrix} 0 & 0 & 0 \\ 0 & 0 & 0 \\ 0 & 0 & 3 \end{pmatrix}$

(2) $P = \begin{pmatrix} \frac{1}{\sqrt{6}} & -\frac{1}{\sqrt{2}} & \frac{1}{\sqrt{3}} \\ -\frac{2}{\sqrt{6}} & 0 & \frac{1}{\sqrt{3}} \\ \frac{1}{\sqrt{6}} & \frac{1}{\sqrt{2}} & \frac{1}{\sqrt{3}} \end{pmatrix}$，$P^{-1}AP = \begin{pmatrix} 0 & 0 & 0 \\ 0 & 2 & 0 \\ 0 & 0 & 3 \end{pmatrix}$

7.5　実対称行列のスペクトル分解ってなんだ？

前節の 7.4 節で述べたように，定理 90 により，実対称行列は直交行列によって対角化できることがわかった．具体的例（例題 7.6）は，対称行列 $A = \begin{pmatrix} -1 & 2 & 2 \\ 2 & -1 & 2 \\ 2 & 2 & -1 \end{pmatrix}$ に対し，直交行列 $P = \begin{pmatrix} \boldsymbol{p}_1 & \boldsymbol{p}_2 & \boldsymbol{p}_3 \end{pmatrix} = \begin{pmatrix} \frac{1}{\sqrt{3}} & \frac{1}{\sqrt{2}} & \frac{1}{\sqrt{6}} \\ \frac{1}{\sqrt{3}} & 0 & -\frac{2}{\sqrt{6}} \\ \frac{1}{\sqrt{3}} & -\frac{1}{\sqrt{2}} & \frac{1}{\sqrt{6}} \end{pmatrix}$ を用いて，A の対角化は

$$P^{-1}AP = {}^tPAP = \begin{pmatrix} 3 & 0 & 0 \\ 0 & -3 & 0 \\ 0 & 0 & -3 \end{pmatrix} \tag{7.10}$$

である．このとき，$\lambda_1 = 3,\ \lambda_2 = -3,\ \lambda_3 = -3$ とすると，$\lambda_1,\ \lambda_2,\ \lambda_3$ は A の固有値であり，$\boldsymbol{p}_1 = \dfrac{1}{\sqrt{3}}\begin{pmatrix} 1 \\ 1 \\ 1 \end{pmatrix}$, $\boldsymbol{p}_2 = \dfrac{1}{\sqrt{2}}\begin{pmatrix} 1 \\ 0 \\ -1 \end{pmatrix}$, $\boldsymbol{p}_3 = \dfrac{1}{\sqrt{6}}\begin{pmatrix} 1 \\ -2 \\ 1 \end{pmatrix}$ は，それぞれ $\lambda_1,\ \lambda_2,\ \lambda_3$ に属する A の固有ベクトルであり，3 個のベクトルの組 $\boldsymbol{p}_1, \boldsymbol{p}_2, \boldsymbol{p}_3$ は正規直交系である．

ここで，標準基底 $\boldsymbol{e}_1 = \begin{pmatrix} 1 \\ 0 \\ 0 \end{pmatrix}$, $\boldsymbol{e}_2 = \begin{pmatrix} 0 \\ 1 \\ 0 \end{pmatrix}$, $\boldsymbol{e}_3 = \begin{pmatrix} 0 \\ 0 \\ 1 \end{pmatrix}$ について，

$$\boldsymbol{e}_1\ {}^t\boldsymbol{e}_1 = \begin{pmatrix} 1 \\ 0 \\ 0 \end{pmatrix}\begin{pmatrix} 1\ 0\ 0 \end{pmatrix} = \begin{pmatrix} 1 & 0 & 0 \\ 0 & 0 & 0 \\ 0 & 0 & 0 \end{pmatrix}, \boldsymbol{e}_2\ {}^t\boldsymbol{e}_2 = \begin{pmatrix} 0 & 0 & 0 \\ 0 & 1 & 0 \\ 0 & 0 & 0 \end{pmatrix}, \boldsymbol{e}_3\ {}^t\boldsymbol{e}_3 = \begin{pmatrix} 0 & 0 & 0 \\ 0 & 0 & 0 \\ 0 & 0 & 1 \end{pmatrix}$$

だから，

$$\begin{aligned}
\begin{pmatrix} 3 & 0 & 0 \\ 0 & -3 & 0 \\ 0 & 0 & -3 \end{pmatrix} &= 3\begin{pmatrix} 1 & 0 & 0 \\ 0 & 0 & 0 \\ 0 & 0 & 0 \end{pmatrix} + (-3)\begin{pmatrix} 0 & 0 & 0 \\ 0 & 1 & 0 \\ 0 & 0 & 0 \end{pmatrix} + (-3)\begin{pmatrix} 0 & 0 & 0 \\ 0 & 0 & 0 \\ 0 & 0 & 1 \end{pmatrix} \\
&= \lambda_1\ \boldsymbol{e}_1\ {}^t\boldsymbol{e}_1 + \lambda_2\ \boldsymbol{e}_2\ {}^t\boldsymbol{e}_2 + \lambda_3\ \boldsymbol{e}_3\ {}^t\boldsymbol{e}_3
\end{aligned}$$

が得られる．そこで，式 (7.10) より

$$ {}^tPAP = \lambda_1\ \boldsymbol{e}_1\ {}^t\boldsymbol{e}_1 + \lambda_2\ \boldsymbol{e}_2\ {}^t\boldsymbol{e}_2 + \lambda_3\ \boldsymbol{e}_3\ {}^t\boldsymbol{e}_3 \tag{7.11}$$

だから

$$\begin{aligned}
A &= P(\lambda_1\ \boldsymbol{e}_1\ {}^t\boldsymbol{e}_1 + \lambda_2\ \boldsymbol{e}_2\ {}^t\boldsymbol{e}_2 + \lambda_3\ \boldsymbol{e}_3\ {}^t\boldsymbol{e}_3)\,{}^tP \\
&= \begin{pmatrix} \boldsymbol{p}_1\ \boldsymbol{p}_2\ \boldsymbol{p}_3 \end{pmatrix}(\lambda_1\ \boldsymbol{e}_1\ {}^t\boldsymbol{e}_1 + \lambda_2\ \boldsymbol{e}_2\ {}^t\boldsymbol{e}_2 + \lambda_3\ \boldsymbol{e}_3\ {}^t\boldsymbol{e}_3)\begin{pmatrix} {}^t\boldsymbol{p}_1 \\ {}^t\boldsymbol{p}_2 \\ {}^t\boldsymbol{p}_3 \end{pmatrix} \\
&= \begin{pmatrix} \boldsymbol{p}_1\ \boldsymbol{p}_2\ \boldsymbol{p}_3 \end{pmatrix}(\lambda_1\ \boldsymbol{e}_1\ {}^t\boldsymbol{e}_1\begin{pmatrix} {}^t\boldsymbol{p}_1 \\ {}^t\boldsymbol{p}_2 \\ {}^t\boldsymbol{p}_3 \end{pmatrix} + \lambda_2\ \boldsymbol{e}_2\ {}^t\boldsymbol{e}_2\begin{pmatrix} {}^t\boldsymbol{p}_1 \\ {}^t\boldsymbol{p}_2 \\ {}^t\boldsymbol{p}_3 \end{pmatrix} + \lambda_3\ \boldsymbol{e}_3\ {}^t\boldsymbol{e}_3\begin{pmatrix} {}^t\boldsymbol{p}_1 \\ {}^t\boldsymbol{p}_2 \\ {}^t\boldsymbol{p}_3 \end{pmatrix}) \\
&= \begin{pmatrix} \boldsymbol{p}_1\ \boldsymbol{p}_2\ \boldsymbol{p}_3 \end{pmatrix}(\lambda_1\ \boldsymbol{e}_1\ {}^t\boldsymbol{p}_1 + \lambda_2\ \boldsymbol{e}_2\ {}^t\boldsymbol{p}_2 + \lambda_3\ \boldsymbol{e}_3\ {}^t\boldsymbol{p}_3) \\
&= \lambda_1\ \boldsymbol{p}_1\ {}^t\boldsymbol{p}_1 + \lambda_2\ \boldsymbol{p}_2\ {}^t\boldsymbol{p}_2 + \lambda_3\ \boldsymbol{p}_3\ {}^t\boldsymbol{p}_3
\end{aligned}$$

すなわち，

$$A = \lambda_1\ \boldsymbol{p}_1\ {}^t\boldsymbol{p}_1 + \lambda_2\ \boldsymbol{p}_2\ {}^t\boldsymbol{p}_2 + \lambda_3\ \boldsymbol{p}_3\ {}^t\boldsymbol{p}_3$$

が成立する．

以上のことをまとめたのが，次の定理である．

《**定理 91**》 n 次の実対称行列 A について，$\lambda_1, \ldots, \lambda_n$ を A の固有値とし，$\boldsymbol{p}_1, \ldots, \boldsymbol{p}_n$ をそれぞれ $\lambda_1, \ldots, \lambda_n$ に属する A の固有ベクトルで，かつ正規直交系とすると，

$$A = \lambda_1\, \boldsymbol{p}_1\, {}^t\boldsymbol{p}_1 + \cdots + \lambda_n\, \boldsymbol{p}_n\, {}^t\boldsymbol{p}_n = \sum_{j=1}^{n} \lambda_j\, \boldsymbol{p}_j\, {}^t\boldsymbol{p}_j \tag{7.12}$$

が成立する．この式 (7.12) は，実対称行列の **スペクトル分解** と呼ばれる．

逆に，$\boldsymbol{p}_1, \ldots, \boldsymbol{p}_n$ を $\mathbb{R}^n$ の正規直交基底とし，$a_1, \ldots, a_n \in \mathbb{R}$ に対し，

$$A = a_1\, \boldsymbol{p}_1\, {}^t\boldsymbol{p}_1 + \cdots + a_n\, \boldsymbol{p}_n\, {}^t\boldsymbol{p}_n = \sum_{j=1}^{n} a_j\, \boldsymbol{p}_j\, {}^t\boldsymbol{p}_j \tag{7.13}$$

とすると，A は実対称行列で，$a_1, \ldots, a_n$ は A の固有値であり，$\boldsymbol{p}_1, \ldots, \boldsymbol{p}_n$ はそれぞれ $a_1, \ldots, a_n$ に属する A の固有ベクトルである．

さらに，$m \in \mathbb{N}$ に対し，

$$A^m = a_1^m\, \boldsymbol{p}_1\, {}^t\boldsymbol{p}_1 + \cdots + a_n^m\, \boldsymbol{p}_n\, {}^t\boldsymbol{p}_n = \sum_{j=1}^{n} a_j^m\, \boldsymbol{p}_j\, {}^t\boldsymbol{p}_j \tag{7.14}$$

が成立する．

証明　n 次の実対称行列 A について，条件より $P = \begin{pmatrix} \boldsymbol{p}_1 \cdots \boldsymbol{p}_n \end{pmatrix}$ とすると，P は直交行列である．定理 90 より，A は P を用いて対角化可能で，$\mathbb{R}^n$ の標準基底を $\boldsymbol{e}_1, \ldots, \boldsymbol{e}_n$ とすると，

$$P^{-1}AP = {}^tPAP = \lambda_1\, \boldsymbol{e}_1\, {}^t\boldsymbol{e}_1 + \cdots + \lambda_n\, \boldsymbol{e}_n\, {}^t\boldsymbol{e}_n \tag{7.15}$$

が成立する．これより，先ほどと同様にして，式 (7.12) が得られる．

逆に，式 (7.13) について，転置行列の性質（70 ページの定理 28）より

$$\begin{aligned} {}^tA &= {}^t(a_1\, \boldsymbol{p}_1\, {}^t\boldsymbol{p}_1 + \cdots + a_n\, \boldsymbol{p}_n\, {}^t\boldsymbol{p}_n) \\ &= a_1\, {}^t(\boldsymbol{p}_1\, {}^t\boldsymbol{p}_1) + \cdots + a_n\, {}^t(\boldsymbol{p}_n\, {}^t\boldsymbol{p}_n) \\ &= a_1\, \boldsymbol{p}_1\, {}^t\boldsymbol{p}_1 + \cdots + a_n\, \boldsymbol{p}_n\, {}^t\boldsymbol{p}_n = A \end{aligned}$$

が成立するので，A は実対称行列である．

さらに，$\boldsymbol{p}_1, \ldots, \boldsymbol{p}_n$ は $\mathbb{R}^n$ の正規直交基底だから，各 $\boldsymbol{p}_j$ $(j = 1, \ldots, n)$ に対し，

$$\begin{aligned} A\boldsymbol{p}_j &= (a_1\, \boldsymbol{p}_1\, {}^t\boldsymbol{p}_1 + \cdots + a_n\, \boldsymbol{p}_n\, {}^t\boldsymbol{p}_n)\boldsymbol{p}_j \\ &= a_1\, \boldsymbol{p}_1\, {}^t\boldsymbol{p}_1\boldsymbol{p}_j + \cdots + a_j\, \boldsymbol{p}_j\, {}^t\boldsymbol{p}_j\boldsymbol{p}_j + \cdots + a_n\, \boldsymbol{p}_n\, {}^t\boldsymbol{p}_n\boldsymbol{p}_j \\ &= a_1\, \boldsymbol{p}_1 \times 0 + \cdots + a_j\, \boldsymbol{p}_j \times 1 + \cdots + a_n\, \boldsymbol{p}_n \times 0 = a_j\, \boldsymbol{p}_j \end{aligned}$$

が成立する．これより，$a_1, \ldots, a_n$ は A の固有値であり，$\boldsymbol{p}_1, \ldots, \boldsymbol{p}_n$ はそれぞれ $a_1, \ldots, a_n$ に属する A の固有ベクトルであることがわかる．

式 (7.14) について，m についての数学的帰納法で示す．$m=1$ のときは式 (7.13) より成立する．$m=k$ のとき成立すると仮定すると，

$$\begin{aligned} A^{k+1} &= A^k A = \left(\sum_{j=1}^{n} a_j^k\, \boldsymbol{p}_j\, {}^t\boldsymbol{p}_j\right)\left(\sum_{s=1}^{n} a_s\, \boldsymbol{p}_s\, {}^t\boldsymbol{p}_s\right) \\ &= \sum_{j=1}^{n}\sum_{s=1}^{n} a_j^k\, a_s\, \boldsymbol{p}_j\, {}^t\boldsymbol{p}_j \boldsymbol{p}_s\, {}^t\boldsymbol{p}_s \\ &= \sum_{j=s} a_j^k\, a_s\, \boldsymbol{p}_j\, {}^t\boldsymbol{p}_j \boldsymbol{p}_s\, {}^t\boldsymbol{p}_s + \sum_{j\neq s} a_j^k\, a_s\, \boldsymbol{p}_j\, {}^t\boldsymbol{p}_j \boldsymbol{p}_s\, {}^t\boldsymbol{p}_s \\ &= \sum_{j=1}^{n} a_j^k\, a_j\, \boldsymbol{p}_j\, {}^t\boldsymbol{p}_j \boldsymbol{p}_j\, {}^t\boldsymbol{p}_j + O = \sum_{j=1}^{n} a_j^{k+1}\, \boldsymbol{p}_j\, {}^t\boldsymbol{p}_j \end{aligned}$$

が成立し，すべての自然数 m について式 (7.14) が成立することがわかる． □

例題 7.7

実対称行列 $A=\begin{pmatrix} 8 & -2 \\ -2 & 5 \end{pmatrix}$ について，次の問いに答えなさい．

(1) A の固有値 λ を求めなさい．

(2) λ に属する A の固有空間 $V_A(\lambda)$ を求めなさい．

(3) A の固有ベクトルから $\mathbb{R}^2$ の正規直交基底 $\boldsymbol{p}_1, \boldsymbol{p}_2$ を求め，$\boldsymbol{p}_1, \boldsymbol{p}_2$ を用いて A をスペクトル分解しなさい．

(4) 自然数 n に対し，A^n を求めなさい．

（解）

(1) 固有方程式 $|A-\lambda E|=0$ より，

$$\begin{aligned} \begin{vmatrix} 8-\lambda & -2 \\ -2 & 5-\lambda \end{vmatrix} &= 0 \\ \lambda^2 - 13\lambda + 36 &= 0 \\ (\lambda-4)(\lambda-9) &= 0 \end{aligned}$$

よって，A の固有値は $\lambda = 4, 9$ である．

(2) λ に属する A の固有ベクトル $\boldsymbol{x}$ を

$$\boldsymbol{x} = \begin{pmatrix} x \\ y \end{pmatrix} \cdots ①$$

とおくと，(7.2) 式の $(A-\lambda E)\boldsymbol{x} = \boldsymbol{0}$ より，

$$\begin{pmatrix} 8-\lambda & -2 \\ -2 & 5-\lambda \end{pmatrix}\begin{pmatrix} x \\ y \end{pmatrix} = \begin{pmatrix} 0 \\ 0 \end{pmatrix} \cdots ②$$

が成立する．

(i) $\lambda = 4$ のとき② に代入して，

$$\begin{pmatrix} 4 & -2 \\ -2 & 1 \end{pmatrix}\begin{pmatrix} x \\ y \end{pmatrix} = \begin{pmatrix} 0 \\ 0 \end{pmatrix}$$

これより，$y = 2x$ が得られるので，① に代入して，

$$\boldsymbol{x} = \begin{pmatrix} x \\ y \end{pmatrix} = \begin{pmatrix} x \\ 2x \end{pmatrix} = x\begin{pmatrix} 1 \\ 2 \end{pmatrix}$$

よって，$V_A(4) = \left\{ c_1 \begin{pmatrix} 1 \\ 2 \end{pmatrix} ;\ c_1 \in \mathbb{R} \right\}$

(ii) $\lambda = 9$ のとき② に代入して，

$$\begin{pmatrix} -1 & -2 \\ -2 & -4 \end{pmatrix}\begin{pmatrix} x \\ y \end{pmatrix} = \begin{pmatrix} 0 \\ 0 \end{pmatrix}$$

これより，$x = -2y$ が得られるので，① に代入して，

$$\boldsymbol{x} = \begin{pmatrix} x \\ y \end{pmatrix} = \begin{pmatrix} -2y \\ y \end{pmatrix} = y\begin{pmatrix} -2 \\ 1 \end{pmatrix}$$

よって，$V_A(9) = \left\{ c_2 \begin{pmatrix} -2 \\ 1 \end{pmatrix} ;\ c_2 \in \mathbb{R} \right\}$

(3) 定理 90 より，A の異なる固有値に属する固有ベクトルは互いに垂直なので，(2) の結果より，$\boldsymbol{p}_1 = \dfrac{1}{\sqrt{1^2+2^2}}\begin{pmatrix} 1 \\ 2 \end{pmatrix} = \dfrac{1}{\sqrt{5}}\begin{pmatrix} 1 \\ 2 \end{pmatrix}$, $\boldsymbol{p}_2 = \dfrac{1}{\sqrt{(-2)^2+1^2}}\begin{pmatrix} -2 \\ 1 \end{pmatrix} = \dfrac{1}{\sqrt{5}}\begin{pmatrix} -2 \\ 1 \end{pmatrix}$ とすると，$\boldsymbol{p}_1, \boldsymbol{p}_2$ は　$\mathbb{R}^2$ の正規直交基底である．このとき，A をスペクトル分解すると，定理 91 より

$$A = 4\, \boldsymbol{p}_1\, {}^t\boldsymbol{p}_1 + 9\boldsymbol{p}_2\, {}^t\boldsymbol{p}_2 \tag{7.16}$$

である．

(4) (3) の結果と定理 91 より

$$\begin{aligned} A^n &= 4^n\, \boldsymbol{p}_1\, {}^t\boldsymbol{p}_1 + 9^n \boldsymbol{p}_2\, {}^t\boldsymbol{p}_2 \\ &= 4^n \times \frac{1}{5}\begin{pmatrix} 1 \\ 2 \end{pmatrix}\begin{pmatrix} 1 & 2 \end{pmatrix} + 9^n \times \frac{1}{5}\begin{pmatrix} -2 \\ 1 \end{pmatrix}\begin{pmatrix} -2 & 1 \end{pmatrix} \\ &= \frac{1}{5}\left\{ 4^n \begin{pmatrix} 1 & 2 \\ 2 & 4 \end{pmatrix} + 9^n \begin{pmatrix} 4 & -2 \\ -2 & 1 \end{pmatrix} \right\} \\ &= \begin{pmatrix} \dfrac{4^n + 4\cdot 9^n}{5} & \dfrac{2\cdot 4^n - 2\cdot 9^n}{5} \\ \dfrac{2\cdot 4^n - 2\cdot \cdot 9^n}{5} & \dfrac{4\cdot 4^n + 9^n}{5} \end{pmatrix} \end{aligned}$$

（終）

問 7.7. 実対称行列 $A = \begin{pmatrix} 1 & -4 \\ -4 & 7 \end{pmatrix}$ について，次の問いに答えなさい．

(1) A の固有値 λ を求めなさい．

(2) λ に属する A の固有空間 $V_A(\lambda)$ を求めなさい．

(3) A の固有ベクトルから $\mathbb{R}^2$ の正規直交基底 $\boldsymbol{p}_1, \boldsymbol{p}_2$ を求め，$\boldsymbol{p}_1, \boldsymbol{p}_2$ を用いて A をスペクトル分解しなさい．

(4) 自然数 n に対し，A^n を求めなさい．

解 (1) $\lambda = -1, 9$ (2) $V_A(-1) = \left\{ c_1 \begin{pmatrix} 2 \\ 1 \end{pmatrix} ;\ c_1 \in \mathbb{R} \right\}$，$V_A(9) = \left\{ c_2 \begin{pmatrix} 1 \\ -2 \end{pmatrix} ;\ c_2 \in \mathbb{R} \right\}$

(3) $\mathbb{R}^2$ の正規直交基底は $\boldsymbol{p}_1 = \dfrac{1}{\sqrt{5}} \begin{pmatrix} 2 \\ 1 \end{pmatrix}, \boldsymbol{p}_2 = \dfrac{1}{\sqrt{5}} \begin{pmatrix} 1 \\ -2 \end{pmatrix}$,

A のスペクトル分解は $A = (-1)\, \boldsymbol{p}_1\, {}^t\boldsymbol{p}_1 + 9 \boldsymbol{p}_2\, {}^t\boldsymbol{p}_2$ (4) $A^n = \begin{pmatrix} \frac{4\cdot(-1)^n+9^n}{5} & \frac{2\cdot(-1)^n-2\cdot 9^n}{5} \\ \frac{2\cdot(-1)^n-2\cdot\cdot 9^n}{5} & \frac{(-1)^n+4\cdot 9^n}{5} \end{pmatrix}$

7.6 実 2 次形式の標準化ってなんだ？

変数 x, y についての 2 次同次式

$$F(x, y) = ax^2 + bxy + cy^2 \qquad (a, b, c \text{ は実数 }) \tag{7.17}$$

を x, y の**実 2 次形式**と呼ぶ．特に，xy の項が無いとき，すなわち $b = 0$ のとき，

$$ax^2 + cy^2$$

の形の実 2 次形式は**実 2 次形式の標準形**と呼ばれる．

実 2 次形式 (7.17) に対して，$A = \begin{pmatrix} a & \dfrac{b}{2} \\ \dfrac{b}{2} & c \end{pmatrix}, \boldsymbol{x} = \begin{pmatrix} x \\ y \end{pmatrix}$ とすると (7.17) は行列の積を用いて

$$F(x, y) = (\,x \quad y\,) \begin{pmatrix} a & \dfrac{b}{2} \\ \dfrac{b}{2} & c \end{pmatrix} \begin{pmatrix} x \\ y \end{pmatrix} = {}^t\! \begin{pmatrix} x \\ y \end{pmatrix} \begin{pmatrix} a & \dfrac{b}{2} \\ \dfrac{b}{2} & c \end{pmatrix} \begin{pmatrix} x \\ y \end{pmatrix} = {}^t\boldsymbol{x} A \boldsymbol{x} \tag{7.18}$$

と表せる．このとき A は実対称行列であるので，直交行列 T により対角化可能である．よって，A の固有値を α, β とすると，

$$T^{-1} A T = \begin{pmatrix} \alpha & 0 \\ 0 & \beta \end{pmatrix}$$

が成立する．そこで，線形変換 $f:\mathbb{R}^2\to\mathbb{R}^2$ を $f(\boldsymbol{x})={}^tT\boldsymbol{x}$ $(\boldsymbol{x}\in\mathbb{R}^2)$ で定め，$\boldsymbol{x}'=f(\boldsymbol{x})=\begin{pmatrix} x' \\ y' \end{pmatrix}$ とすると2次形式 (7.17) は

$$
\begin{aligned}
F(x,y) &= {}^t\boldsymbol{x}A\boldsymbol{x}={}^t\boldsymbol{x}TT^{-1}ATT^{-1}\boldsymbol{x}={}^t\boldsymbol{x}^t({}^tT)T^{-1}AT\,{}^tT\boldsymbol{x}={}^t({}^tT\boldsymbol{x})\begin{pmatrix} \alpha & 0 \\ 0 & \beta \end{pmatrix}({}^tT\boldsymbol{x}) \\
&= {}^t\boldsymbol{x}'\begin{pmatrix} \alpha & 0 \\ 0 & \beta \end{pmatrix}\boldsymbol{x}'=\alpha x'^2+\beta y'^2
\end{aligned}
$$

となる．

ここで，T が直交行列であるので，${}^tT$ も直交行列であり，したがって f は直交変換である．よって，174 ページの定理 82 より，f は，原点に関する回転移動か，原点を通る直線に関する対称移動のどちらかである．これより，ある実数 θ を用いて，

$$
T=\begin{pmatrix} \cos\theta & -\sin\theta \\ \sin\theta & \cos\theta \end{pmatrix},\quad \text{または}\quad \begin{pmatrix} \cos\theta & \sin\theta \\ \sin\theta & -\cos\theta \end{pmatrix}
$$

と表されることがわかるが，T は A の各固有空間の基底を並べて作られるので，基底をうまく選ぶことにより

$$
T=\begin{pmatrix} \cos\theta & -\sin\theta \\ \sin\theta & \cos\theta \end{pmatrix}
$$

とすることができる．

以上をまとめると，次の定理が得られる．

《定理 92》 実2次形式 $F(x,y)=ax^2+bxy+cy^2={}^t\begin{pmatrix} x \\ y \end{pmatrix}\begin{pmatrix} a & \frac{b}{2} \\ \frac{b}{2} & c \end{pmatrix}\begin{pmatrix} x \\ y \end{pmatrix}$ は，$A=\begin{pmatrix} a & \frac{b}{2} \\ \frac{b}{2} & c \end{pmatrix}$ を対角化させる直交行列を T とすると，${}^tT$ を表現行列とする

直交変換 $f(\boldsymbol{x})={}^tT\boldsymbol{x}$ $(\boldsymbol{x}\in\mathbb{R}^2)$ によって，標準形

$$
\alpha x'^2+\beta y'^2
$$

に変換される．このとき，α,β は A の固有値である．

さらに，$T=\begin{pmatrix} \cos\theta & -\sin\theta \\ \sin\theta & \cos\theta \end{pmatrix}$ を満たす θ が存在するように選ぶことができる．

すなわち，T は原点を中心に θ だけ回転させる線形変換を表す行列である．

例題 7.8

行列 $A=\begin{pmatrix}2&1\\1&2\end{pmatrix}$ について，次の問いに答えなさい．

(1) A の固有値 λ，および λ に属する固有空間 $V_A(\lambda)$ を求めなさい．

(2) A を対角化させる行列で，かつ，原点に関する回転移動を表す直交行列 T を求め，さらにその回転角度 θ を求めなさい．

(3) (2) で求めた行列 T の逆行列 T^{-1} を求め，A の対角化 $B=T^{-1}AT$ を求めなさい．

(4) 実 2 次形式 $F(x,y)=2x^2+2xy+2y^2 \cdots$ (a) を行列の積で表しなさい．

(5) (1)〜(4) を参考にして，実 2 次形式 $F(x,y)=2x^2+2xy+2y^2 \cdots$ (a) を標準形に変換する線形変換 f を求め，(a) を標準形に変換しなさい．

（解）

(1) 固有方程式は $\begin{vmatrix}2-\lambda&1\\1&2-\lambda\end{vmatrix}=0,\quad (\lambda-3)(\lambda-1)=0.$

よって，A の固有値は $\lambda=3,1$ である．

λ に属する A の固有ベクトル $\boldsymbol{x}$ を $\boldsymbol{x}=\begin{pmatrix}x\\y\end{pmatrix} \cdots$ ① とおくと，(7.2) 式の $(A-\lambda E)\boldsymbol{x}=\boldsymbol{0}$ より，

$$\begin{pmatrix}2-\lambda&1\\1&2-\lambda\end{pmatrix}\begin{pmatrix}x\\y\end{pmatrix}=\begin{pmatrix}0\\0\end{pmatrix}\cdots②$$

が成立する．

(i) $\lambda=3$ のとき② に代入して，$\begin{pmatrix}-1&1\\1&-1\end{pmatrix}\begin{pmatrix}x\\y\end{pmatrix}=\begin{pmatrix}0\\0\end{pmatrix}$

これより，$x=y$ が得られるので，① に代入して，

$\boldsymbol{x}=\begin{pmatrix}y\\y\end{pmatrix}=y\begin{pmatrix}1\\1\end{pmatrix}$. よって，$V_A(3)=\left\{c_1\begin{pmatrix}1\\1\end{pmatrix}\ ;\ c_1\in\mathbb{R}\right\}$

(ii) $\lambda=1$ のとき② に代入して，$\begin{pmatrix}1&1\\1&1\end{pmatrix}\begin{pmatrix}x\\y\end{pmatrix}=\begin{pmatrix}0\\0\end{pmatrix}$

これより，$x=-y$ が得られるので，① に代入して，

$\boldsymbol{x}=\begin{pmatrix}-y\\y\end{pmatrix}=y\begin{pmatrix}-1\\1\end{pmatrix}$. よって，$V_A(1)=\left\{c_2\begin{pmatrix}-1\\1\end{pmatrix}\ ;\ c_2\in\mathbb{R}\right\}$

(2) (1) より，$\boldsymbol{a}_1=\begin{pmatrix}1\\1\end{pmatrix}$, $\boldsymbol{a}_2=\begin{pmatrix}-1\\1\end{pmatrix}$ として，正規直交系ベクトルを作ればよい．このとき，A は実対称行列だから定理 90 (1) より $\boldsymbol{a}_1\perp\boldsymbol{a}_2$ である．さらに，

回転移動を表す行列は，170 ページの定理 78 より $\begin{pmatrix} \cos\theta & -\sin\theta \\ \sin\theta & \cos\theta \end{pmatrix}$ であることに注意すると，$\boldsymbol{p}_1 = \dfrac{1}{\sqrt{2}}\begin{pmatrix} 1 \\ 1 \end{pmatrix}$, $\boldsymbol{p}_2 = \dfrac{1}{\sqrt{2}}\begin{pmatrix} -1 \\ 1 \end{pmatrix}$ とし，

$$T = \begin{pmatrix} \boldsymbol{p}_1 & \boldsymbol{p}_2 \end{pmatrix} = \begin{pmatrix} \dfrac{1}{\sqrt{2}} & -\dfrac{1}{\sqrt{2}} \\ \dfrac{1}{\sqrt{2}} & \dfrac{1}{\sqrt{2}} \end{pmatrix}$$

である．これらより，$\begin{cases} \cos\theta = \dfrac{1}{\sqrt{2}} \\ \sin\theta = \dfrac{1}{\sqrt{2}} \end{cases}$ だから，$\theta = \dfrac{\pi}{4}$ である．

(3) T は直交行列だから $T^{-1} = {}^tT = \begin{pmatrix} \dfrac{1}{\sqrt{2}} & \dfrac{1}{\sqrt{2}} \\ -\dfrac{1}{\sqrt{2}} & \dfrac{1}{\sqrt{2}} \end{pmatrix}$ であり，A の対角化

$$B = T^{-1}AT = \begin{pmatrix} 3 & 0 \\ 0 & 1 \end{pmatrix}$$

(4) (7.18) より $F(x, y) = 2x^2 + 2xy + 2y^2 = {}^t\begin{pmatrix} x \\ y \end{pmatrix}\begin{pmatrix} 2 & 1 \\ 1 & 2 \end{pmatrix}\begin{pmatrix} x \\ y \end{pmatrix}$

(5) 定理 92 より $f(\boldsymbol{x}) = {}^tT\boldsymbol{x}$ だから，

$$f: \quad \begin{pmatrix} x' \\ y' \end{pmatrix} = \begin{pmatrix} \dfrac{1}{\sqrt{2}} & \dfrac{1}{\sqrt{2}} \\ -\dfrac{1}{\sqrt{2}} & \dfrac{1}{\sqrt{2}} \end{pmatrix}\begin{pmatrix} x \\ y \end{pmatrix}$$

であり，このとき (a) の標準形は，$3x'^2 + y'^2$ である．

（終）

問 7.8. 行列 $A = \begin{pmatrix} 1 & \sqrt{3} \\ \sqrt{3} & -1 \end{pmatrix}$ について，次の問いに答えなさい．

(1) A の固有値 λ，および λ に属する固有空間 $V_A(\lambda)$ を求めなさい．

(2) A を対角化させる行列で，かつ，原点に関する回転移動を表す直交行列 T を求め，さらにその回転角度 θ を求めなさい．

(3) (2) で求めた行列 T の逆行列 T^{-1} を求め，A の対角化 $B = T^{-1}AT$ を求めなさい．

(4) 実 2 次形式 $F(x, y) = x^2 + 2\sqrt{3}xy - y^2 \cdots$ (a) を行列の積で表しなさい．

(5) (1)〜(4) を参考にして，実 2 次形式 $F(x, y) = x^2 + 2\sqrt{3}xy - y^2 \cdots$ (a) を標準形に変換する線形変換 f を求め，(a) を標準形に変換しなさい．

解　(1) $\lambda = -2, 2$, $V_A(2) = \left\{ c_2 \begin{pmatrix} \sqrt{3} \\ 1 \end{pmatrix} ; c_1 \in \mathbb{R} \right\}$, $V_A(-2) = \left\{ c_1 \begin{pmatrix} -1 \\ \sqrt{3} \end{pmatrix} ; c_1 \in \mathbb{R} \right\}$,

(2) $T = \begin{pmatrix} \frac{\sqrt{3}}{2} & -\frac{1}{2} \\ \frac{1}{2} & \frac{\sqrt{3}}{2} \end{pmatrix}$, $\theta = \frac{\pi}{6}$　(3) $T^{-1} = \begin{pmatrix} \frac{\sqrt{3}}{2} & \frac{1}{2} \\ -\frac{1}{2} & \frac{\sqrt{3}}{2} \end{pmatrix}$, $B = \begin{pmatrix} 2 & 0 \\ 0 & -2 \end{pmatrix}$,

(4) $F(x, y) = x^2 + 2\sqrt{3}xy - y^2 = {}^t\begin{pmatrix} x \\ y \end{pmatrix} \begin{pmatrix} 1 & \sqrt{3} \\ \sqrt{3} & -1 \end{pmatrix} \begin{pmatrix} x \\ y \end{pmatrix}$

(5) $f: \begin{pmatrix} x' \\ y' \end{pmatrix} = \begin{pmatrix} \frac{\sqrt{3}}{2} & \frac{1}{2} \\ -\frac{1}{2} & \frac{\sqrt{3}}{2} \end{pmatrix} \begin{pmatrix} x \\ y \end{pmatrix}$, 標準形は $2x'^2 - 2y'^2$

例題 7.9

$x^2 + y^2 = 1$ のとき，$F(x, y) = 4xy$ の最大値と最小値を求めなさい．

（解）$\boldsymbol{x} = \begin{pmatrix} x \\ y \end{pmatrix}$ とおくと，条件より $|\boldsymbol{x}| = 1 \cdots ①$

$F(x, y) = 4xy$ は実 2 次形式だから

$$F(x, y) = {}^t\boldsymbol{x} \begin{pmatrix} 0 & 2 \\ 2 & 0 \end{pmatrix} \boldsymbol{x}$$

と表されるので，$A = \begin{pmatrix} 0 & 2 \\ 2 & 0 \end{pmatrix}$ とおいて A の固有値を求める．A の固有方程式より，

$$\begin{vmatrix} -\lambda & 2 \\ 2 & -\lambda \end{vmatrix} = 0, \quad \lambda^2 - 4 = 0, \quad \lambda = 2, -2.$$

よって定理 92 より，A を対角化させる直交行列を T とすると，${}^tT$ を表現行列とする直交変換 $f(\boldsymbol{x}) = {}^tT\boldsymbol{x}$ $(\boldsymbol{x} \in \mathbb{R}^2)$, $\begin{pmatrix} x' \\ y' \end{pmatrix} = f(\boldsymbol{x})$ によって，標準形

$$F(x, y) = 2x'^2 - 2y'^2 \quad \cdots ②$$

に変換される．ここで，175 ページの定理 83 (3) より直交変換 f は等長変換だから①より

$$x'^2 + y'^2 = |f(\boldsymbol{x})| = |\boldsymbol{x}| = 1 \quad \cdots ③$$

が得られる．

③ のとき ② より，$F(x, y)$ の最大値は 2，最小値は -2 であることがわかる．

※ 実際 ③ より $0 \leqq y'^2 = 1 - x'^2$ だから $-1 \leqq x' \leqq 1$ であり，さらに ② に代入して，$F = 2x'^2 - 2(1 - x'^2) = 4x'^2 - 2$ であるので，$x' = \pm 1$, すなわち $|x'| = 1$ のとき最大値は 2，$x' = 0$, すなわち $|y'| = 1$ のとき最小値は -2 が得られるのである．（終）

問 7.9.　$x^2 + y^2 = 1$ のとき，次の 2 次形式 $F(x, y)$ の最大値と最小値を求めなさい．

(1) $F(x, y) = x^2 + y^2 - 2xy$　　(2) $F(x, y) = x^2 - 2y^2 + 4xy$

解　(1) 最大値 2, 最小値 0　(2) 最大値 2, 最小値 -3

7.7　2次曲線ってなんだ？

座標平面において，円，楕円，双曲線，放物線は，x, y の2次式を用いて表される．これらを総称して，**2次曲線**と呼ぶ．ここでは，幾何学的見地からも考察してみよう．

7.7.1　円 (circle)

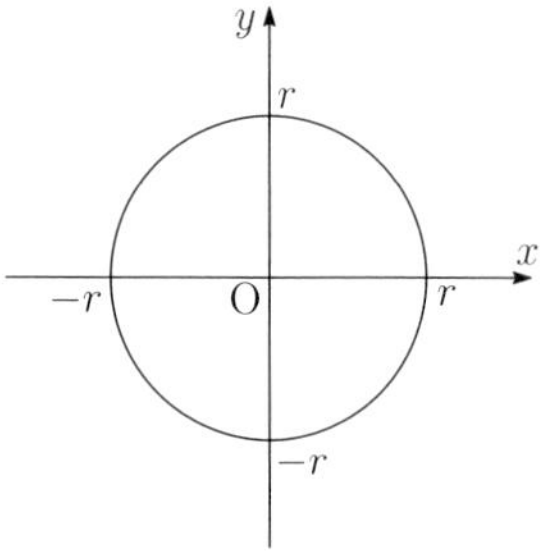

ある1つの定点 C から一定の距離 r にある点の集合が**円**である．このとき，1つの定点 C を円の**中心**，一定の距離 r を円の**半径**と呼ぶのである．この中心を原点として座標軸を定めると，43ページの (2.18) より円の式は，

$$\frac{x^2}{r^2} + \frac{y^2}{r^2} = 1$$

と表される．これが円の方程式の標準形である．

このとき，円が座標軸から切り取る線分の長さを**直径**といい，直径の長さは $2r$ であることがわかる．

7.7.2　楕円 (ellipse)

ある2つの定点 F, F′ からの距離の和が一定値 σ である点の集合が**楕円**である．このとき，2つの定点 F, F′ を楕円の **焦点**と呼ぶ．この2つの焦点 F, F′ を通る直線（**長軸**と呼ばれる）と線分 FF′ の垂直二等分線（**短軸**と呼ばれる）を座標軸として定めると，楕円は，

$$\frac{x^2}{a^2} + \frac{y^2}{b^2} = 1 \quad (a > 0,\ b > 0) \tag{7.19}$$

と表される．これが楕円の方程式の標準形である．

楕円により長軸が切り取られる線分の長さを**長径**といい，短軸が切り取られる線分の長さを**短径**という（長軸と長径，短軸と短径を同一視して使われることもある）．

2つの焦点からの距離の和 σ は長径に等しいことがわかる．

実際，楕円の方程式 (7.19) を求めてみよう．$a = b = r$ **のときは，円になることがわかるので，$a > b$ または $a < b$ のときを考える** ことになる．

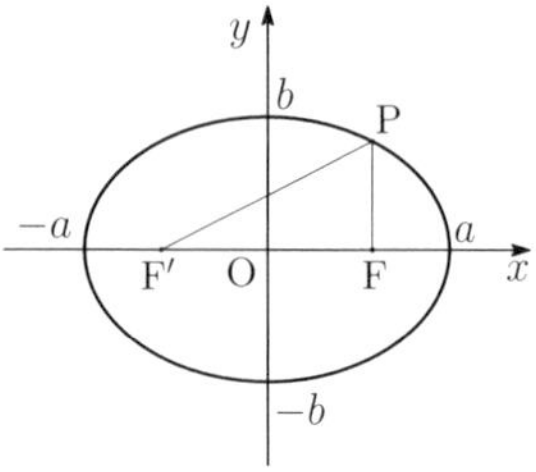

(i) $a > b$ のとき，焦点 F, F′ を通る直線が x 軸となり，交点の座標が $(a, 0), (-a, 0)$，長径は $2a$ である．焦点を $\mathrm{F}(c, 0)$, $\mathrm{F}'(-c, 0)$ （ただし，$c > 0$ ）とし，楕円上の任意の点を $\mathrm{P}(x, y)$ とすると，

$$
\begin{aligned}
\mathrm{FP}+\mathrm{F'P} &= 2a \\
\sqrt{(x-c)^2+y^2}+\sqrt{(x+c)^2+y^2} &= 2a \\
\sqrt{(x+c)^2+y^2}^2 &= \left(2a-\sqrt{(x-c)^2+y^2}\right)^2 \\
x^2+2cx+c^2+y^2 &= 4a^2-4a\sqrt{(x-c)^2+y^2}+x^2-2cx+c^2+y^2 \\
\left(4a\sqrt{(x-c)^2+y^2}\right)^2 &= (4a^2-4cx)^2 \\
a^2x^2-2a^2cx+c^2a^2+a^2y^2 &= a^4-2a^2cx+c^2x^2 \\
(a^2-c^2)x^2+a^2y^2 &= a^2(a^2-c^2) \\
\frac{x^2}{a^2}+\frac{y^2}{b^2} &= 1 \quad (\ b^2=a^2-c^2,\ c=\sqrt{a^2-b^2}\ \text{とする}\ )
\end{aligned}
$$

(ii) $a<b$ のとき，焦点 F, F′ を通る直線が y 軸となり，交点の座標が $(0,b),(0,-b)$，長径は $2b$ である．焦点を $\mathrm{F}(0,c)$, $\mathrm{F'}(0,-c)$ （ただし，$c>0$ ）とし，楕円上の任意の点を $\mathrm{P}(x,y)$ とすると，

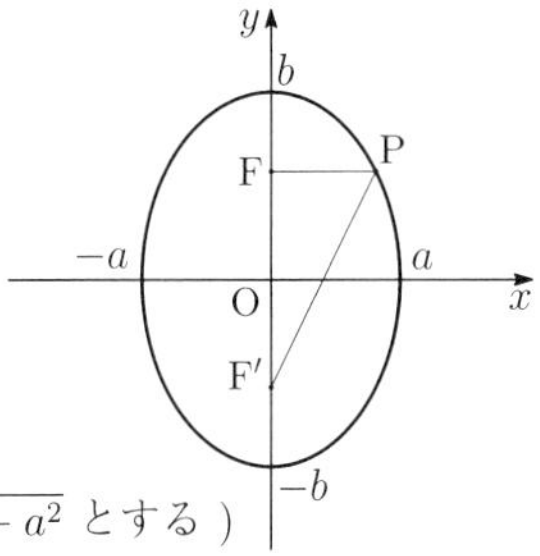

$$
\begin{aligned}
\mathrm{FP}+\mathrm{F'P} &= 2b \\
\sqrt{x^2+(y-c)^2}+\sqrt{x^2+(y+c)^2} &= 2b
\end{aligned}
$$

(i) と同様な計算により

$$\frac{x^2}{a^2}+\frac{y^2}{b^2}=1 \quad (\ a^2=b^2-c^2,\ c=\sqrt{b^2-a^2}\ \text{とする}\ )$$

以上をまとめて，次の定理が得られる．

《**定理 93**》 楕円の方程式の標準形は，

$$\frac{x^2}{a^2}+\frac{y^2}{b^2}=1 \quad (a>0,\ b>0)$$

と表され，焦点からの距離の和 σ は長径に等しい．

(i) $a>b$ のとき，焦点は $\mathrm{F}(\sqrt{a^2-b^2},0)$, $\mathrm{F'}(-\sqrt{a^2-b^2},0)$，長径は $2a$

(ii) $a<b$ のとき，焦点は $\mathrm{F}(0,\sqrt{b^2-a^2})$, $\mathrm{F'}(0,-\sqrt{b^2-a^2})$，長径は $2b$

※ 楕円は，1つの焦点を通る直線を楕円で反射させると，もう1つの焦点を通るという性質がある．この性質は，医療器具の放射線の照射などに利用されている．

7.7.3 双曲線 (hyperbola)

ある2つの定点 F, F′ からの距離の差が一定値 δ である点の集合が**双曲線**である．このとき，2つの定点 F, F′ を双曲線の **焦点**と呼ぶ．この2つの焦点 F, F′ を通る直

線と線分 FF′ の垂直二等分線を座標軸として定めると，双曲線は，

$$\frac{x^2}{a^2} - \frac{y^2}{b^2} = \pm 1 \quad (a > 0,\ b > 0) \tag{7.20}$$

と表される．これが双曲線の方程式の標準形である．**距離の差 δ は双曲線により座標軸が切り取られる線分の長さに等しいことがわかる．**

実際，双曲線の方程式 (7.20) を求めてみよう．

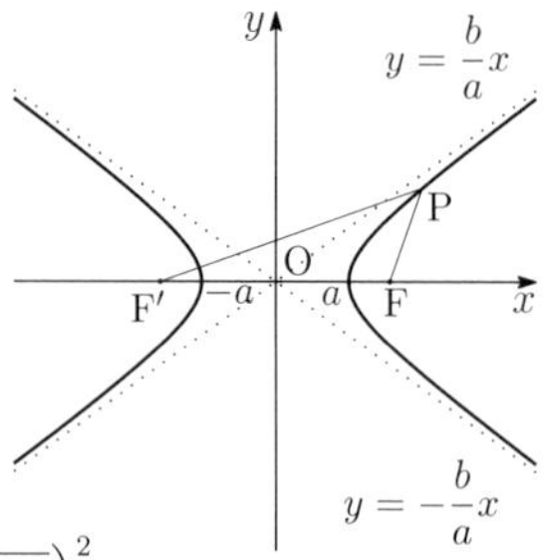

(i) 焦点 F, F′ を通る直線が x 軸のとき，交点の座標を $(a, 0), (-a, 0)$ とすると $\delta = 2a$ である．焦点を F$(c, 0)$, F′$(-c, 0)$ （ただし，$c > 0$ ）とし，双曲線上の任意の点を P(x, y) とすると，

$$\begin{aligned}
|\mathrm{FP} - \mathrm{F'P}| &= 2a \\
\sqrt{(x-c)^2 + y^2} - \sqrt{(x+c)^2 + y^2} &= \pm 2a \\
\sqrt{(x-c)^2 + y^2}^{\,2} &= \left(\pm 2a + \sqrt{(x+c)^2 + y^2}\right)^2 \\
x^2 - 2cx + c^2 + y^2 &= 4a^2 \pm 4a\sqrt{(x+c)^2 + y^2} + x^2 + 2cx + c^2 + y^2 \\
\left(\mp 4a\sqrt{(x+c)^2 + y^2}\right)^2 &= (4a^2 + 4cx)^2 \\
a^2x^2 + 2a^2cx + c^2a^2 + a^2y^2 &= a^4 + 2a^2cx + c^2x^2 \\
(a^2 - c^2)x^2 + a^2y^2 &= a^2(a^2 - c^2) \quad (a < c \text{ に注意 }) \\
\frac{x^2}{a^2} - \frac{y^2}{b^2} &= 1 \quad \left(b^2 = c^2 - a^2,\ c = \sqrt{a^2 + b^2} \text{ とする }\right)
\end{aligned}$$

※ この場合，y 軸との交点は存在しない．

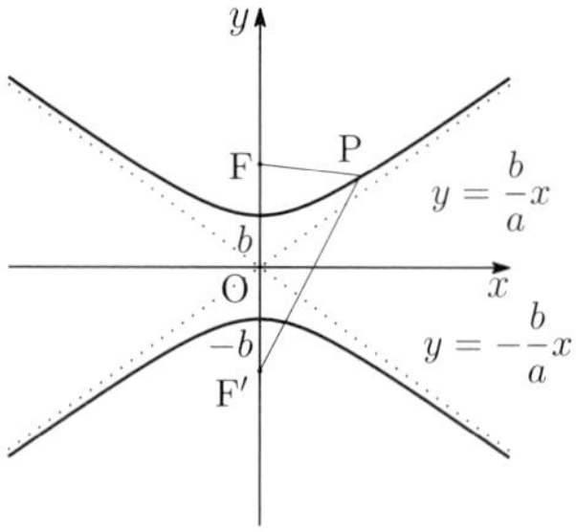

(ii) 焦点 F, F′ を通る直線が y 軸のとき，交点の座標を $(0, b), (0, -b)$ とすると，$\delta = 2b$ である．焦点を F$(0, c)$, F′$(0, -c)$ （ただし，$c > 0$ ）とし，双曲線上の任意の点を P(x, y) とすると，

$$\begin{aligned}
|\mathrm{FP} - \mathrm{F'P}| &= 2b \\
\sqrt{x^2 + (y-c)^2} - \sqrt{x^2 + (y+c)^2} &= \pm 2b
\end{aligned}$$

(i) と同様な計算により

$$\frac{x^2}{a^2} - \frac{y^2}{b^2} = -1 \quad \left(a^2 = c^2 - b^2,\ c = \sqrt{a^2 + b^2} \text{ とする }\right)$$

※ この場合，x 軸との交点は存在しない．

漸近線について，(7.20) より

$$\left(\frac{|x|}{a}-\frac{|y|}{b}\right)\left(\frac{|x|}{a}+\frac{|y|}{b}\right) = \pm 1$$

$$\frac{|x|}{a}-\frac{|y|}{b} = \frac{\pm 1}{\dfrac{|x|}{a}+\dfrac{|y|}{b}} \to 0 \quad (x \to \pm\infty \text{ のとき })$$

つまり $x \to \pm\infty$ のとき，y は $\pm\dfrac{b}{a}x$ に近づくことがわかる．したがって，漸近線の方程式は

$$y = \pm\frac{b}{a}x$$

である．以上をまとめて，次の定理が得られる．

《**定理 94**》 双曲線の方程式の標準形は，

$$\frac{x^2}{a^2}-\frac{y^2}{b^2} = \pm 1 \quad (a>0,\ b>0) \tag{7.21}$$

と表され，漸近線の方程式は

$$y = \frac{b}{a}x, \quad y = -\frac{b}{a}x \tag{7.22}$$

である．焦点からの距離の差を δ とする．

(i) $\dfrac{x^2}{a^2}-\dfrac{y^2}{b^2} = 1$ のとき，焦点は $\mathrm{F}(\sqrt{a^2+b^2},0)$, $\mathrm{F}'(-\sqrt{a^2+b^2},0)$，$\delta = 2a$

(ii) $\dfrac{x^2}{a^2}-\dfrac{y^2}{b^2} = -1$ のとき，焦点は $\mathrm{F}(0,\sqrt{a^2+b^2})$, $\mathrm{F}'(0,-\sqrt{a^2+b^2})$，$\delta = 2b$

※ 反比例 $y = \dfrac{a}{x}$ のグラフは，双曲線として知られており，とくに**直角双曲線**と呼ばれている．この場合は，漸近線を座標軸にとっており，直交変換すると標準形の式で表されることがわかる（後述）．

7.7.4 放物線 (parabola)

ある1つの定点 F からの距離と1つの定直線 ℓ からの距離が等しい点の集合が**放物線**である．このとき，定点 F を放物線の**焦点**，定直線 ℓ を**準線**，焦点 F を通り準線 ℓ に垂直な直線を**軸**と呼ぶ．

この軸と準線 ℓ の交点を A とおく．線分 AF の垂直二等分線と放物線の軸を座標軸として定めると，放物線は，

$$y^2 = 4ax, \quad x^2 = 4ay \qquad (a \neq 0) \tag{7.23}$$

と表される．これが放物線の方程式の標準形である．

実際，放物線の方程式 (7.23) を求めてみよう．

(i) 放物線の軸が x 軸のとき，焦点を $\mathrm{F}(a,0)$ とすると，A の座標は $(-a,0)$ であり，準線 ℓ は y 軸に平行だからその方程式は $x=-a$ である．放物線上の任意の点を $\mathrm{P}(x,y)$ とし，P から準線に下ろした垂線の足を Q とすると，

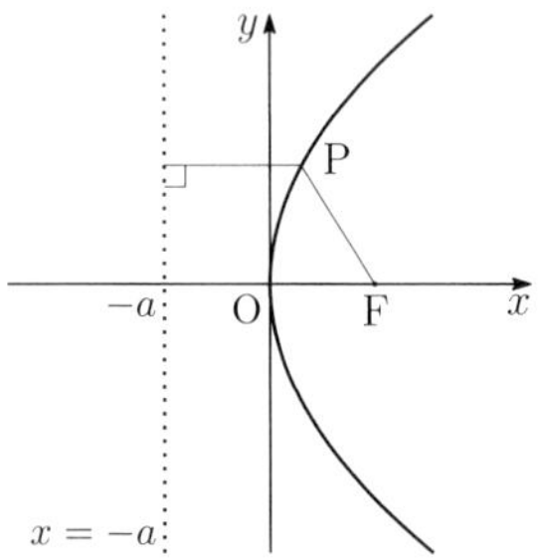

$$
\begin{aligned}
\mathrm{FP} &= \mathrm{PQ}\\
\sqrt{(x-a)^2+y^2} &= |x+a|\\
x^2-2ax+a^2+y^2 &= x^2+2ax+a^2\\
y^2 &= 4ax
\end{aligned}
$$

(ii) 放物線の軸が y 軸のとき，焦点を $\mathrm{F}(0,a)$ とすると，A の座標は $(0,-a)$ であり，準線 ℓ は x 軸に平行だからその方程式は $y=-a$ である．放物線上の任意の点を $\mathrm{P}(x,y)$ とし，P から準線に下ろした垂線の足を Q とすると，

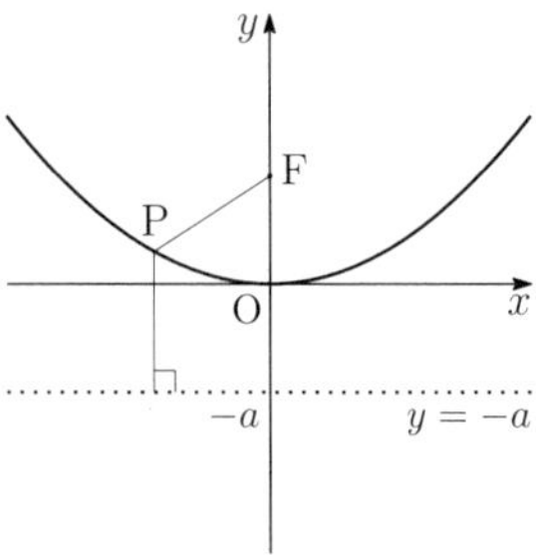

$$
\begin{aligned}
\mathrm{FP} &= \mathrm{PQ}\\
\sqrt{x^2+(y-a)^2} &= |y+a|\\
x^2+y^2-2ay+a^2 &= y^2+2ay+a^2\\
x^2 &= 4ay
\end{aligned}
$$

以上をまとめて，次の定理が得られる．

《**定理 95**》 放物線の方程式の標準形は，

$$y^2=4ax,\quad x^2=4ay \qquad (a\neq 0) \tag{7.24}$$

と表される．

(i) $y^2=4ax$ のとき，焦点は $\mathrm{F}(a,0)$, 準線の方程式は $x=-a$

(ii) $x^2=4ay$ のとき，焦点は $\mathrm{F}(0,a)$, 準線の方程式は $y=-a$

放物線は，軸に平行な直線を放物線で反射させると焦点を通るという性質がある．この性質は，衛星からの電波などを受信するアンテナ（放物面だからパラボラアンテナと呼ばれている）に利用されている．

例題 7.10

次の 2 次曲線は，楕円，双曲線，放物線のうちどれか答えなさい．さらに，その焦点の座標を求め，グラフを描きなさい．

(1) $9x^2+4y^2-36=0$　　(2) $9x^2-4y^2+36=0$　　(3) $y^2-8x=0$

（解）

(1) 式を変形すると，

$$\frac{x^2}{2^2}+\frac{y^2}{3^2}=1 \tag{7.25}$$

であるから，楕円を表す．この式 (7.25) は，205 ページの定理 93 の式 (93) において，$a=2, b=3$ であるので，$a<b$ の場合であり，$\sqrt{b^2-a^2}=\sqrt{3^2-2^2}=\sqrt{5}$ である．したがって，焦点が $\mathrm{F}(0,\sqrt{5})$, $\mathrm{F}'(0,-\sqrt{5})$ であり，グラフは右図の通り．

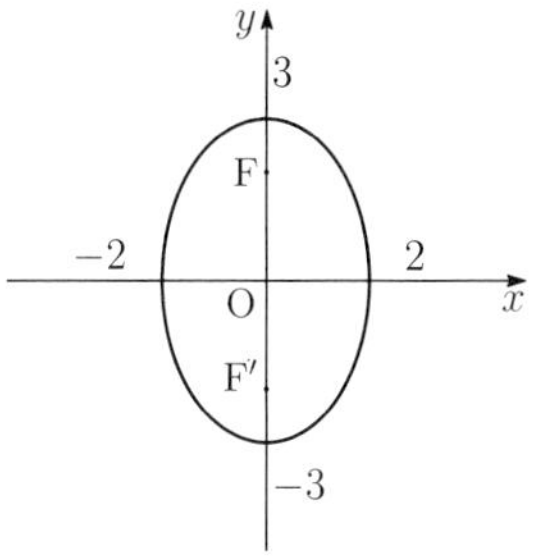

(2) 式を変形すると，

$$\frac{x^2}{2^2}-\frac{y^2}{3^2}=-1 \tag{7.26}$$

であるから，双曲線を表す．この式 (7.26) は，207 ページの定理 94 の式 (7.21) において，$a=2, b=3$ であり，(ii) の場合であることがわかる．したがって，$\sqrt{a^2+b^2}=\sqrt{2^2+3^2}=\sqrt{13}$ であるので，焦点は $\mathrm{F}(0,\sqrt{13})$, $\mathrm{F}'(0,-\sqrt{13})$ である．このとき，式 (7.22) より漸近線は $y=\frac{3}{2}x, y=-\frac{3}{2}x$ であり，グラフは右図の通り．

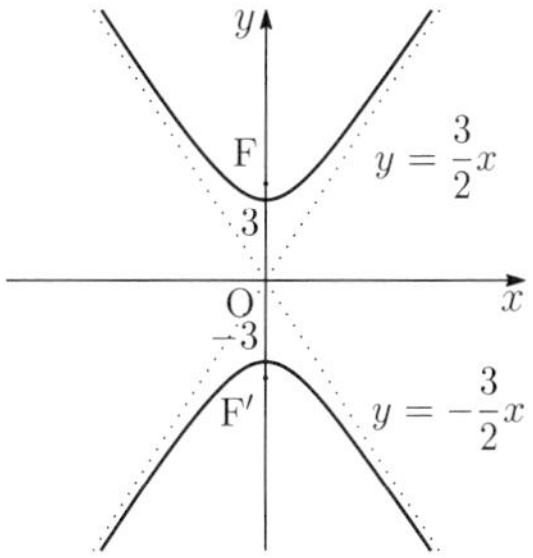

(3) 式を変形すると，

$$y^2=8x \tag{7.27}$$

であるから，放物線を表す．この式 (7.27) は，208 ページの定理 95 の式 (7.24) において，$4a=8$, すなわち，$a=2$ であり，(i) の場合であることがわかる．したがって，焦点が $\mathrm{F}(2,0)$ である．このとき，準線の方程式は $x=-2$ であり，グラフは右図の通り．

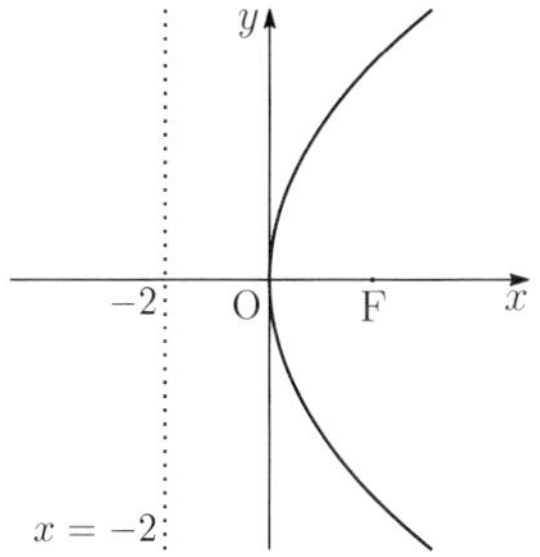

（終）

7.7.5 2次曲線と行列の関係は？

座標平面において，円，楕円，双曲線，放物線は，x, y の2次方程式を用いて表され，それらの標準形について学んできた．ここでは，x, y の2次方程式

$$ax^2 + bxy + cy^2 + \ell x + my + n = 0 \qquad (a^2 + b^2 + c^2 \neq 0) \tag{7.28}$$

が表すグラフ（2次曲線）について考えてみよう．

標準形の例.

- $a = \frac{1}{4}, c = \frac{1}{4}, n = -1, b = \ell = m = 0$ のとき，$\frac{x^2}{2^2} + \frac{y^2}{2^2} = 1$ であるから，半径2の円を表す．
- $a = \frac{1}{4}, c = \frac{1}{9}, n = -1, b = \ell = m = 0$ のとき，$\frac{x^2}{2^2} + \frac{y^2}{3^2} = 1$ であるから，焦点が $\mathrm{F}(0, \sqrt{5})$, $\mathrm{F}'(0, -\sqrt{5})$，長径が6の楕円を表す（例題 7.10 (1) 参照）．
- $a = \frac{1}{4}, c = -\frac{1}{9}, n = 1, b = \ell = m = 0$ のとき，$\frac{x^2}{2^2} - \frac{y^2}{3^2} = -1$ であるから，焦点が $\mathrm{F}(0, \sqrt{13})$, $\mathrm{F}'(0, -\sqrt{13})$，漸近線が $y = \frac{3}{2}x, y = -\frac{3}{2}x$ の双曲線を表す（例題 7.10 (2) 参照）．
- $c = 1, \ell = -8, a = b = c = m = n = 0$ のとき，$y^2 = 8x$ であるから，焦点が $\mathrm{F}(2, 0)$, 準線の方程式が $x = -2$ の放物線を表す（例題 7.10 (3) 参照）．

上記の例のように，2次方程式 (7.28) が各曲線の標準形に変形できれば，グラフの形状が円，楕円，双曲線，放物線のどれかであることがわかる．このとき，x^2, y^2 の係数に注目すると，次のことに気が付くだろう．

標準形の x^2, y^2 の係数を a, c とするとき

- $a = c \neq 0$, すなわち, 等しいとき，円を表す．
- $ac > 0$, すなわち, 同符号のとき，楕円を表す．
- $ac < 0$, すなわち, 異符号のとき，双曲線を表す．
- $ac = 0$, すなわち, どちらか一方が0のとき， 放物線を表す．

円，楕円，双曲線，放物線以外では，次のような例が挙げられる．

円，楕円，双曲線，放物線以外の例.

- $a=\dfrac{1}{4}, c=\dfrac{1}{4}, n=1, b=\ell=m=0$ のとき，$\dfrac{x^2}{2^2}+\dfrac{y^2}{2^2}=-1$ であるから，
  これを満たす実数の組 (x,y) は存在しない（グラフは描けない：虚円と呼ばれる）.
- $a=1, c=1, b=\ell=m=n=0$ のとき，$x^2+y^2=0$ であるから，
  $(x,y)=(0,0)$, つまり，ただ1つの点を表す.
- $a=\dfrac{1}{4}, c=-\dfrac{1}{9}, b=\ell=m=n=0$ のとき，$\dfrac{x^2}{2^2}-\dfrac{y^2}{3^2}=0$ であるから，
  2直線 $y=\dfrac{3}{2}x, y=-\dfrac{3}{2}x$ を表す.
- $a=1, b=c=\ell=m=n=0$ のとき，$x^2=0$ であるから，
  ただ1つの直線 $x=0$ を表す.

では，x,y の2次方程式 $ax^2+bxy+cy^2+\ell x+my+n=0$ が表すグラフについて，200ページの定理92を適用して，もう少し一般的に考察してみよう.

実2次形式 $ax^2+bxy+cy^2$ に対して，$A=\begin{pmatrix} a & \dfrac{b}{2} \\ \dfrac{b}{2} & c \end{pmatrix}$ とし，A の固有値を α, β とすると，定理92より，直交行列 T で表される直交変換 $\begin{pmatrix} x \\ y \end{pmatrix}=T\begin{pmatrix} x' \\ y' \end{pmatrix}$ によって，標準形 $\alpha x'^2+\beta y'^2$ に変換できる.

このとき，

$$(\ell', m')=(\ell, m)T$$

とおくと，

$$\ell x+my=(\ell,m)\begin{pmatrix} x \\ y \end{pmatrix}=(\ell,m)T\begin{pmatrix} x' \\ y' \end{pmatrix}=(\ell',m')\begin{pmatrix} x' \\ y' \end{pmatrix}=\ell'x'+m'y'$$

が成立する．これより x,y の2次方程式 $ax^2+bxy+cy^2+\ell x+my+n=0$ は，直交変換により

$$\alpha x'^2+\beta y'^2+\ell'x'+m'y'+n=0 \tag{7.29}$$

と表せる．このとき，直交行列 T は回転移動を表すように選ぶことができるので，(7.29) の表すグラフの形状は，変換前 (7.28) と同じ形状である.

また，平行移動によってもグラフの形状は変化しないので，次のように場合分けすることができる.

Ⅰ. $\alpha\beta > 0$, すなわち, α, β が同符号のとき

(7.29) の左辺を平方完成して, $n' = \dfrac{\ell'^2}{4\alpha} + \dfrac{m'^2}{4\beta} - n$ とすると,

$$\alpha\left(x' + \frac{\ell'}{2\alpha}\right)^2 + \beta\left(y' + \frac{m'}{2\beta}\right)^2 = n' \tag{7.30}$$

これより

(1) $n' = 0$ のとき, ただ1点 $\left(-\dfrac{\ell'}{2\alpha}, -\dfrac{m'}{2\beta}\right)$ を表す.

(2) $n' \neq 0$ かつ n' と α が同符号のとき, $\alpha = \beta$ なら円, $\alpha \neq \beta$ なら楕円を表す.

(3) $n' \neq 0$ かつ n' と α が異符号のとき, これを満たす実数の組 (x, y) は存在しない（グラフは描けない）.

Ⅱ. $\alpha\beta < 0$, すなわち, α, β が異符号のとき

(7.29) の左辺を平方完成して, $n' = \dfrac{\ell'^2}{4\alpha} + \dfrac{m'^2}{4\beta} - n$ とすると,

$$\alpha\left(x' + \frac{\ell'}{2\alpha}\right)^2 + \beta\left(y' + \frac{m'}{2\beta}\right)^2 = n' \tag{7.31}$$

α, β が異符号だから, (7.31) の左辺は実数の範囲で因数分解できるので,

(1) $n' = 0$ のとき, 2直線を表す.

(2) $n' \neq 0$ のとき, 双曲線を表す.

Ⅲ. $\alpha\beta = 0$, すなわち, α, β のどちらか一方が0のとき,

(1) $\alpha = 0$ のとき

(7.29) より $\beta y'^2 + \ell' x' + m' y' + n = 0$ だから, 平方完成すると,

$$\beta\left(y' + \frac{m'}{2\beta}\right)^2 = -\ell' x' - n + \frac{m'^2}{4\beta}.$$

したがって, 放物線を表す.

(2) $\beta = 0$ のとき

上記 $\alpha = 0$ のときと同様に (7.29) 変形すると

$$\alpha\left(x' + \frac{\ell'}{2\alpha}\right)^2 = -m' y' - n + \frac{\ell'^2}{4\alpha}.$$

したがって, 放物線を表す.

例題 7.11

次の 2 次曲線のグラフを描きなさい．

(1) $2x^2+2xy+2y^2-3=0$　　(2) $2x^2+2xy+2y^2-\sqrt{2}x-5\sqrt{2}y+4=0$

（解）

(1) 201 ページの例題 7.6 と同様に考えると，直交行列

$$T=\begin{pmatrix}\frac{1}{\sqrt{2}} & -\frac{1}{\sqrt{2}}\\ \frac{1}{\sqrt{2}} & \frac{1}{\sqrt{2}}\end{pmatrix}$$

が原点を中心に $\frac{\pi}{4}$ だけ回転させる線形変換を表し，直交変換 $\begin{pmatrix}x\\y\end{pmatrix}=T\begin{pmatrix}x'\\y'\end{pmatrix}$ を用いて，実 2 次形式 $2x^2+2xy+2y^2$ は標準形 $3x'^2+y'^2$ に変換できる．

したがって，(1) の方程式は

$$3x'^2+y'^2=3 \quad \text{これより} \quad \frac{x'^2}{1^2}+\frac{y'^2}{\sqrt{3}^2}=1$$

に変換できる．

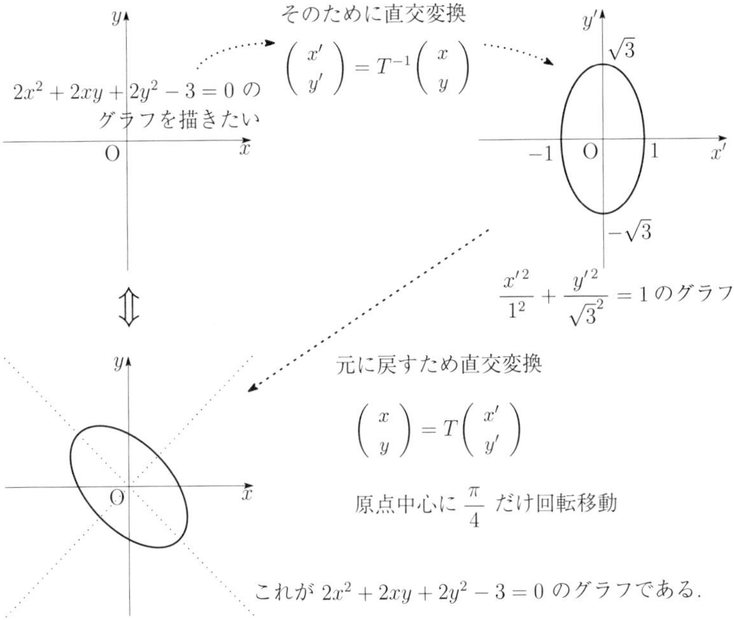

y
$2x^2+2xy+2y^2-3=0$ の
グラフを描きたい
O
x
そのために直交変換
$\begin{pmatrix}x'\\y'\end{pmatrix}=T^{-1}\begin{pmatrix}x\\y\end{pmatrix}$
y'
$\sqrt{3}$
-1
O
1
x'
$-\sqrt{3}$
$\frac{x'^2}{1^2}+\frac{y'^2}{\sqrt{3}^2}=1$ のグラフ
y
O
x
元に戻すため直交変換
$\begin{pmatrix}x\\y\end{pmatrix}=T\begin{pmatrix}x'\\y'\end{pmatrix}$
原点中心に $\frac{\pi}{4}$ だけ回転移動
これが $2x^2+2xy+2y^2-3=0$ のグラフである．

(2) (1) と同様に考えると，２次形式 $2x^2+2xy+2y^2$ は標準形 $3x'^2+y'^2$ に変換できる．このとき，

$$\begin{pmatrix} x \\ y \end{pmatrix} = T\begin{pmatrix} x' \\ y' \end{pmatrix} = \frac{1}{\sqrt{2}}\begin{pmatrix} 1 & -1 \\ 1 & 1 \end{pmatrix}\begin{pmatrix} x' \\ y' \end{pmatrix} \quad \text{より} \quad \begin{cases} x = \dfrac{1}{\sqrt{2}}(x'-y') \\ y = \dfrac{1}{\sqrt{2}}(x'+y') \end{cases} \quad \text{だから,}$$

$$-\sqrt{2}x-5\sqrt{2}y+4 = -\sqrt{2}\times\frac{1}{\sqrt{2}}(x'-y')-5\sqrt{2}\times\frac{1}{\sqrt{2}}(x'+y')+4 = -6x'-4y'+4$$

したがって，(2) の方程式は $3x'^2+y'^2-6x'-4y'+4=0$. これより

$$3(x'-1)^2+(y'-2)^2=3, \quad \frac{(x'-1)^2}{1^2}+\frac{(y'-2)^2}{\sqrt{3}^2}=1.$$

このグラフは，$\dfrac{x'^2}{1^2}+\dfrac{y'^2}{\sqrt{3}^2}=1$ のグラフを x' 軸方向に 1，y' 軸方向に 2 だけ平行移動したものである．

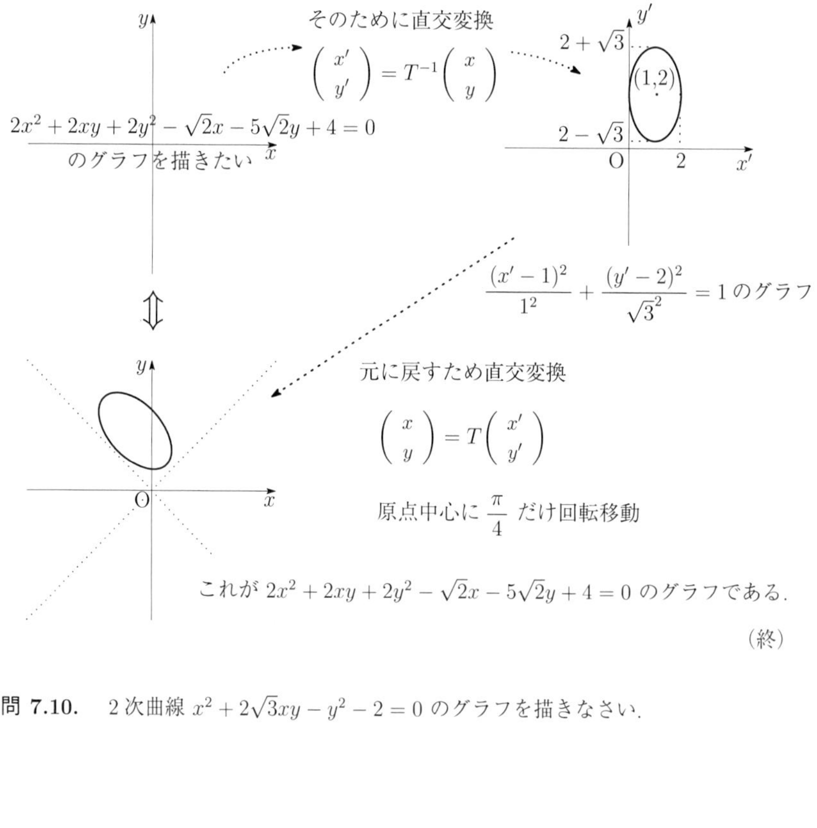
y
x
$2x^2+2xy+2y^2-\sqrt{2}x-5\sqrt{2}y+4=0$
のグラフを描きたい
そのために直交変換
$\begin{pmatrix} x' \\ y' \end{pmatrix} = T^{-1}\begin{pmatrix} x \\ y \end{pmatrix}$
y'
$2+\sqrt{3}$
(1,2)
$2-\sqrt{3}$
O
2
x'
$\dfrac{(x'-1)^2}{1^2}+\dfrac{(y'-2)^2}{\sqrt{3}^2}=1$ のグラフ
元に戻すため直交変換
$\begin{pmatrix} x \\ y \end{pmatrix} = T\begin{pmatrix} x' \\ y' \end{pmatrix}$
原点中心に $\dfrac{\pi}{4}$ だけ回転移動
y
O
x
これが $2x^2+2xy+2y^2-\sqrt{2}x-5\sqrt{2}y+4=0$ のグラフである．

（終）

問 7.10.　２次曲線 $x^2+2\sqrt{3}xy-y^2-2=0$ のグラフを描きなさい．

解　$T = \begin{pmatrix} \frac{\sqrt{3}}{2} & -\frac{1}{2} \\ \frac{1}{2} & \frac{\sqrt{3}}{2} \end{pmatrix}$ として，直交変換 $\begin{pmatrix} x \\ y \end{pmatrix} = T\begin{pmatrix} x' \\ y' \end{pmatrix}$ は原点を中心に $\frac{\pi}{6}$ だけ回転させる線形変換であり，$2x'^2 - 2y'^2 - 2 = 0$ に変換される．これより $x'^2 - y'^2 = 1$ だから双曲線であり，この双曲線を原点中心に $\frac{\pi}{6}$ だけ回転移動したグラフである．　グラフは右図の通り．

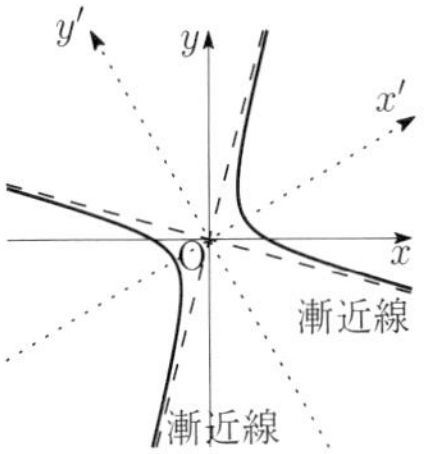

7.8 Markov(マルコフ)連鎖って何だ？

7.8.1 現象をモデル化してみる？

学校などで昼食を食べるとき，次の３つの状態になることを考えてみよう．

S_1 ： 食堂で注文して食べる

S_2 ： ハンバーガー屋さんで買って食べる

S_3 ： お弁当を持ってきて食べる

初日は，S_1 の人が 100 人，S_2 の人が 60 人，S_3 の人が 40 人だったとする．次の日は，S_1 だった人の中で，その 80% の人は同じく食堂で注文して食べる (S_1) で，16% の人はハンバーガー屋さんで買って食べる (S_2) で，4% の人はお弁当を持ってきて食べる (S_3) ということになるとする．

同様に，S_2 だった人の中で，その 25% の人は S_1，75% の人は S_2，0% の人は S_3 になるとし，S_3 だった人の中で，0% の人は S_1，20% の人は S_2，80% の人は S_3 になるとする．各状態から次の状態への推移は確率なので，その和は 100% である．

これを表にして，次のように表す．

↓次の状態 \ 元の状態 →	S_1	S_2	S_3
S_1：食堂	80 %	25 %	0 %
S_2：ハンバーガー屋	16 %	75 %	20 %
S_3：お弁当	4 %	0 %	80 %

状態の推移を表す表

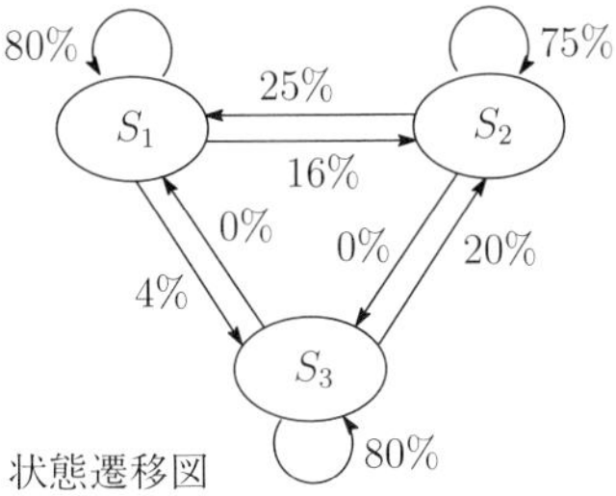

状態遷移図

さて，初日の各状態 S_1, S_2, S_3 の人数をそれぞれ $x_1^{(0)}$，$x_2^{(0)}$，$x_3^{(0)}$ で表し，次の日の人数は，それぞれ $x_1^{(1)}$，$x_2^{(1)}$，$x_3^{(1)}$ で表す．こうして，n 日後の人数をそれぞれ $x_1^{(n)}$，$x_2^{(n)}$，$x_3^{(n)}$ で表すことにする．

このとき，次の日の食堂で食べる S_1 の人数 $x_1^{(1)}$ は，$x_1^{(0)}$ の 80% と $x_2^{(0)}$ の 25% と $x_3^{(0)}$ の 0% の和となるので，

$$x_1^{(1)} = 0.80x_1^{(0)} + 0.25x_2^{(0)} + 0 \times x_3^{(0)}$$

が成立することがわかる．同様に，

$$\begin{aligned} x_2^{(1)} &= 0.16x_1^{(0)} + 0.75x_2^{(0)} + 0.20x_3^{(0)} \\ x_3^{(1)} &= 0.04x_1^{(0)} + 0 \times x_2^{(0)} + 0.80x_3^{(0)} \end{aligned}$$

が成立することがわかる．これらの方程式は，次のように行列を用いて表すことができる．

$$\begin{pmatrix} x_1^{(1)} \\ x_2^{(1)} \\ x_3^{(1)} \end{pmatrix} = \begin{pmatrix} 0.80 & 0.25 & 0 \\ 0.16 & 0.75 & 0.20 \\ 0.04 & 0 & 0.80 \end{pmatrix} \begin{pmatrix} x_1^{(0)} \\ x_2^{(0)} \\ x_3^{(0)} \end{pmatrix}$$

そこで，

$$A = \begin{pmatrix} 0.80 & 0.25 & 0 \\ 0.16 & 0.75 & 0.20 \\ 0.04 & 0 & 0.80 \end{pmatrix}, \qquad \boldsymbol{x}^{(n)} = \begin{pmatrix} x_1^{(n)} \\ x_2^{(n)} \\ x_3^{(n)} \end{pmatrix} \quad (n = 0, 1, 2, \ldots)$$

とおくと，

$$\boldsymbol{x}^{(1)} = A\boldsymbol{x}^{(0)}$$

と表せる．この割合で人数の推移が続くと考えると，

$$\begin{array}{lll} 1\text{ 日後} & \boldsymbol{x}^{(1)} & = A\boldsymbol{x}^{(0)} \\ 2\text{ 日後} & \boldsymbol{x}^{(2)} & = A\boldsymbol{x}^{(1)} \\ 3\text{ 日後} & \boldsymbol{x}^{(3)} & = A\boldsymbol{x}^{(2)} \\ \vdots & \vdots & \vdots \\ n\text{ 日後} & \boldsymbol{x}^{(n)} & = A\boldsymbol{x}^{(n-1)} \end{array}$$

が成立し，これより，

$$\begin{aligned} \boldsymbol{x}^{(2)} &= A\boldsymbol{x}^{(1)} = A(A\boldsymbol{x}^{(0)}) = A^2\boldsymbol{x}^{(0)} \\ \boldsymbol{x}^{(3)} &= A\boldsymbol{x}^{(2)} = A(A^2\boldsymbol{x}^{(0)}) = A^3\boldsymbol{x}^{(0)} \end{aligned}$$

であるので，n 日後の人数 $\boldsymbol{x}^{(n)}$ について，

$$\boldsymbol{x}^{(n)} = A^n\boldsymbol{x}^{(0)}$$

が成立することがわかる．

このように，現象を考察するとき，数学的に記述することは，**(数学的) モデル化**と呼ばれる．特に，上記の例のように，いくつかの状態があり，それに属する個体がある状態から別の状態へ確率的に推移するとき，それぞれの状態の個体の数が変化する現象のモデル化は，**Markov(マルコフ)連鎖**と呼ばれる．また，A のように推移を表す行列は，各成分が推移を表す確率であり，**推移確率行列**と呼ばれる．

一般に，すべての成分が 0 以上で，各行または列の成分の和が 1 (100%) である正方行列は**確率行列**と呼ばれる．Markov(マルコフ)連鎖において，各状態から次の状態への推移は確率なので，推移確率行列は確率行列である．

7.8.2 個体数の変化を調べると？

先ほどの例の 3 つの状態 S_1（食堂で注文して食べる），S_2（ハンバーガー屋さんで買って食べる），S_3（お弁当を持ってきて食べる）において，初日（0 日後）の人数は，S_1 の人が 100 人，S_2 の人が 60 人，S_3 の人が 40 人だったので，次の日（1 日後）の人数 $\boldsymbol{x}^{(1)}$ を計算すると，

$$\boldsymbol{x}^{(1)} = \begin{pmatrix} x_1^{(1)} \\ x_2^{(1)} \\ x_3^{(1)} \end{pmatrix} = A\boldsymbol{x}^{(0)} = \begin{pmatrix} 0.80 & 0.25 & 0 \\ 0.16 & 0.75 & 0.20 \\ 0.04 & 0 & 0.80 \end{pmatrix} \begin{pmatrix} 100 \\ 60 \\ 40 \end{pmatrix} = \begin{pmatrix} 95 \\ 69 \\ 36 \end{pmatrix}$$

このように，$\boldsymbol{x}^{(2)}, \boldsymbol{x}^{(3)}, \boldsymbol{x}^{(4)}, \ldots$ を計算し，変化を考察するため表・グラフ化しよう．

n	0	1	2	3	4	5	$\cdots$	10	$\cdots$	∞
$S_1 : x_1^{(n)}$	100.00	95.00	93.25	93.14	93.77	94.68	$\cdots$	98.32	$\rightarrow$	100
$S_1 : x_2^{(n)}$	60.00	69.00	74.15	77.05	78.65	79.51	$\cdots$	80.21	$\rightarrow$	80
$S_1 : x_3^{(n)}$	40.00	36.00	32.60	29.81	27.57	25.81	$\cdots$	21.46	$\rightarrow$	20

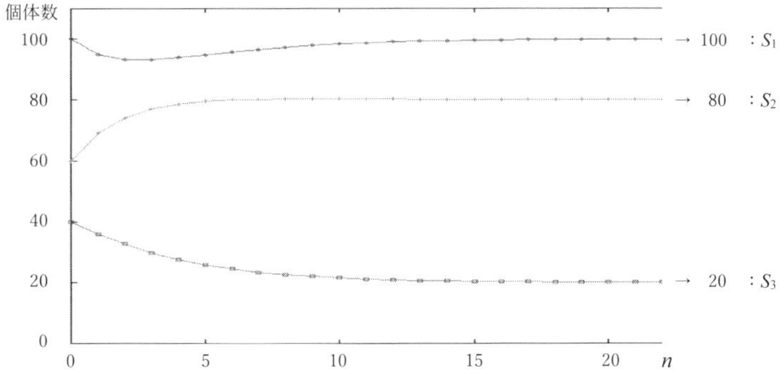

これらより，n が大きくなるにつれ，$\boldsymbol{x}^{(n)}$ の変化がほとんどなくなっていることが窺える．つまり，各状態の個体数は，定数（この例では 100, 80, 20）に近づいて（収束して）いる．

このように，行列 A で表されるMarkov連鎖において，各状態から次の状態への推移が繰り返されたとき，個体数の変化がほとんどなくなる状態は，**定常状態**と呼ばれ，個体数が近づく（収束する）定数の組 $\boldsymbol{x} \neq \boldsymbol{0}$ は**定常状態ベクトル**と呼ばれる．

上の例では，最初の個体数の組 $\boldsymbol{x}^{(0)}$（初期ベクトルと呼ばれる）は，$\boldsymbol{x}^{(0)} = \begin{pmatrix} 100 \\ 60 \\ 40 \end{pmatrix}$ であり，定常状態ベクトルが $\boldsymbol{x} = \begin{pmatrix} 100 \\ 80 \\ 20 \end{pmatrix}$ である．

では，初期ベクトルが違えば，定常状態ベクトルは違ってしまうのだろうか？

$\boldsymbol{x}^{(0)} = \begin{pmatrix} 70 \\ 50 \\ 80 \end{pmatrix}$ として，$\boldsymbol{x}^{(1)}$，$\boldsymbol{x}^{(2)}, \boldsymbol{x}^{(3)}, \ldots$ を計算し，グラフを描いてみよう．

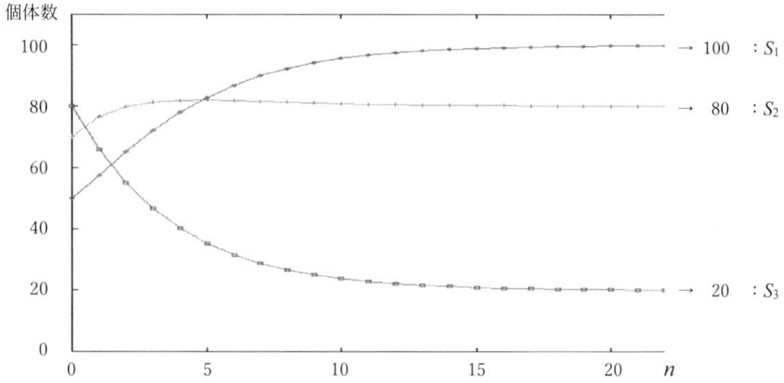

これより，$\boldsymbol{x}^{(0)} = \begin{pmatrix} 70 \\ 50 \\ 80 \end{pmatrix}$ のときも，定常状態ベクトルは $\boldsymbol{x} = \begin{pmatrix} 100 \\ 80 \\ 20 \end{pmatrix}$ であることがわかる．このように，Markov連鎖において，定常状態が存在するとき，推移確率行列が同じであれば，初期ベクトルが違っても，定常状態ベクトルは同じなのである．

7.8.3　定常状態の存在性は？

さて，Markov連鎖において，定常状態が存在することがわかったが，さて，すべてのMarkov連鎖に対して，定常状態は存在するのだろうか？

行列 $A = \begin{pmatrix} 0 & 1 \\ 1 & 0 \end{pmatrix}$ の場合を見てみよう．

すべての成分は0以上である．さらに，各列の成分の和を計算すると，

$$\text{第1列：}\ 0+1=1, \quad \text{第2列：}\ 1+0=1$$

であり，すべて1 (100%) だから，A は確率行列と考えることができる．

このとき，初期ベクトルを $\boldsymbol{x}^{(0)} = \begin{pmatrix} 80 \\ 20 \end{pmatrix}$ として，$\boldsymbol{x}^{(1)}, \boldsymbol{x}^{(2)}, \boldsymbol{x}^{(3)}, \ldots$ を計算してみる．

$$\begin{aligned}
\boldsymbol{x}^{(1)} &= A\boldsymbol{x}^{(0)} = \begin{pmatrix} 0 & 1 \\ 1 & 0 \end{pmatrix}\begin{pmatrix} 80 \\ 20 \end{pmatrix} = \begin{pmatrix} 20 \\ 80 \end{pmatrix} \\
\boldsymbol{x}^{(2)} &= A\boldsymbol{x}^{(1)} = \begin{pmatrix} 0 & 1 \\ 1 & 0 \end{pmatrix}\begin{pmatrix} 20 \\ 80 \end{pmatrix} = \begin{pmatrix} 80 \\ 20 \end{pmatrix} \\
\boldsymbol{x}^{(3)} &= A\boldsymbol{x}^{(2)} = \begin{pmatrix} 0 & 1 \\ 1 & 0 \end{pmatrix}\begin{pmatrix} 80 \\ 20 \end{pmatrix} = \begin{pmatrix} 20 \\ 80 \end{pmatrix} \\
&\ \vdots \qquad\qquad\qquad\qquad\qquad\qquad \vdots
\end{aligned}$$

これより，$\begin{pmatrix} 80 \\ 20 \end{pmatrix}$ と $\begin{pmatrix} 20 \\ 80 \end{pmatrix}$ とが交互に現れるので，定常状態になることがない．

つまり，行列 $A = \begin{pmatrix} 0 & 1 \\ 1 & 0 \end{pmatrix}$ を推移確率行列とするMarkov（マルコフ）連鎖の場合は定常状態が存在しないのである．

この例から，すべてのMarkov（マルコフ）連鎖に対して，定常状態は存在するわけではないことがわかる．定常状態が存在する条件として，次の定理が知られている．

> **《定理 96》** n 次正方行列 A で表されるMarkov（マルコフ）連鎖において，定常状態が存在する条件は，ある自然数 m が存在して，
>
> $$A^m = \left(a_{jk}^{(m)}\right) \quad \text{とするとき，} \quad a_{jk}^{(m)} > 0, \quad j, k = 1, 2, \ldots, n$$
>
> を満たすことである．すなわち，A を何乗かすると，そのすべての成分が正になることである．
>
> ※ この条件を満たす推移確率行列を**レギュラー推移確率行列**と呼ぶ．

先ほどの例の行列 $A = \begin{pmatrix} 0 & 1 \\ 1 & 0 \end{pmatrix}$ の場合は，

$$\begin{aligned}
A^2 &= \begin{pmatrix} 0 & 1 \\ 1 & 0 \end{pmatrix}\begin{pmatrix} 0 & 1 \\ 1 & 0 \end{pmatrix} = \begin{pmatrix} 0 & 1 \\ 1 & 0 \end{pmatrix} \\
A^3 &= A^2 \times A = \begin{pmatrix} 0 & 1 \\ 1 & 0 \end{pmatrix}\begin{pmatrix} 0 & 1 \\ 1 & 0 \end{pmatrix} = \begin{pmatrix} 0 & 1 \\ 1 & 0 \end{pmatrix} \\
&\ \vdots \qquad\qquad\qquad\qquad\qquad\qquad \vdots
\end{aligned}$$

であるので，何乗してもすべての成分が正になることはない．したがって，定理96より，定常状態は存在しないことがわかる．

先ほどの昼食の例の行列 $A = \begin{pmatrix} 0.80 & 0.25 & 0 \\ 0.16 & 0.75 & 0.20 \\ 0.04 & 0 & 0.80 \end{pmatrix}$ の場合は，

$$A^2 = AA = \begin{pmatrix} 0.80 & 0.25 & 0 \\ 0.16 & 0.75 & 0.20 \\ 0.04 & 0 & 0.80 \end{pmatrix}\begin{pmatrix} 0.80 & 0.25 & 0 \\ 0.16 & 0.75 & 0.20 \\ 0.04 & 0 & 0.80 \end{pmatrix} = \begin{pmatrix} 0.68 & 0.3875 & 0.05 \\ 0.256 & 0.6025 & 0.31 \\ 0.064 & 0.01 & 0.64 \end{pmatrix}$$

であるので，2乗したらすべての成分が正になる．したがって，$A = \begin{pmatrix} 0.80 & 0.25 & 0 \\ 0.16 & 0.75 & 0.20 \\ 0.04 & 0 & 0.80 \end{pmatrix}$ はレギュラー推移確率行列であり，定理96より，定常状態が存在することがわかる．

7.8.4 Markov（マルコフ）連鎖の定常分布って？

レギュラー推移確率行列 $A = \left(a_{jk}\right)$ で表されるMarkov（マルコフ）連鎖では，定常状態が存在するので，n を十分に大きくとれば，$\boldsymbol{x}^{(n+1)} \fallingdotseq \boldsymbol{x}^{(n)}$ が成立する．このとき，$\boldsymbol{x}^{(n+1)} = A\boldsymbol{x}^{(n)}$ だから

$$\boldsymbol{x}^{(n)} \fallingdotseq A\boldsymbol{x}^{(n)}, \quad \sum_{j=1}^{n} a_{jk} = 1 \quad (k = 1, 2, \ldots, n) \ \text{（各列和が1）} \tag{7.32}$$

が得られる．これに関連して，次が成立する．

《**定理 97**》 確率行列の固有値には，必ず1が存在する．

証明　n 次正方確率行列 $A = \left(a_{jk}\right)$ に対し，$\lambda = 1$ が固有方程式 $|A - \lambda E| = 0$ の解であることを示せばよい．

確率行列は各行または列の成分の和が1だから，各列和が1の場合を示す．すなわち

$$\sum_{j=1}^{n} a_{jk} = 1 \quad (k = 1, 2, \ldots, n) \tag{7.33}$$

が成立する．このとき，$\boldsymbol{x}_0 = \begin{pmatrix} 1 \\ 1 \\ \vdots \\ 1 \end{pmatrix}$ とすると，A の転置行列 ${}^tA$ との積は，(7.33) より

$${}^tA\boldsymbol{x}_0 = \left(a_{kj}\right)\boldsymbol{x}_0 = \begin{pmatrix} a_{11} & a_{21} & \cdots & a_{n1} \\ a_{12} & a_{22} & \cdots & a_{n2} \\ \vdots & \vdots & \ddots & \vdots \\ a_{1n} & a_{n2} & \cdots & a_{nn} \end{pmatrix}\begin{pmatrix} 1 \\ 1 \\ \vdots \\ 1 \end{pmatrix} = \begin{pmatrix} \sum_{j=1}^{n} a_{j1} \\ \sum_{j=1}^{n} a_{j2} \\ \vdots \\ \sum_{j=1}^{n} a_{jn} \end{pmatrix} = \begin{pmatrix} 1 \\ 1 \\ \vdots \\ 1 \end{pmatrix} = \boldsymbol{x}_0$$

これより，$\lambda = 1$ は A の転置行列 ${}^tA$ の固有値である．したがって，$\lambda = 1$ が固有方程式

$$|{}^tA - \lambda E| = 0 \tag{7.34}$$

の解である．

ここで70ページの定理28と109ページの定理41 (1) より

$$|A-\lambda E| = |{}^t(A-\lambda E)| = |{}^tA - {}^t(\lambda E)| = |{}^tA - \lambda {}^tE| = |{}^tA - \lambda E|$$

ゆえに，(7.34) より $\lambda = 1$ が固有方程式 $|A-\lambda E| = 0$ の解であることがわかる．　□

一般に，Markov連鎖では，その推移確率行列 A に対し，

$$\boldsymbol{x} = A\boldsymbol{x} \tag{7.35}$$

を満たす $\boldsymbol{x} \neq \boldsymbol{0}$ を**定常分布**と呼ぶ．定理97より，推移確率行列 A の固有値に1が存在し，(7.35) より，定常分布は推移確率行列 A の固有値1に属する固有ベクトルであることがわかる．したがって，Markov連鎖において，定常状態が存在しなくても定常分布は存在する．

例えば，推移確率行列が $A = \begin{pmatrix} 0 & 1 \\ 1 & 0 \end{pmatrix}$ のMarkov連鎖の場合は，定理96より定常状態が存在しないが，固有方程式 $|A-\lambda E| = 0$ より，

$$\begin{vmatrix} -\lambda & 1 \\ 1 & -\lambda \end{vmatrix} = 0, \quad \lambda^2 - 1 = 0, \quad (\lambda-1)(\lambda+1) = 0$$

よって，A の固有値は $\lambda = 1, -1$ である．

$\lambda = 1$ に属する A の固有ベクトル $\boldsymbol{x}$ を

$$\boldsymbol{x} = \begin{pmatrix} x \\ y \end{pmatrix} \cdots ①$$

とおくと，$(A-\lambda E)\boldsymbol{x} = \boldsymbol{0}$ より，

$$\begin{pmatrix} -1 & 1 \\ 1 & -1 \end{pmatrix}\begin{pmatrix} x \\ y \end{pmatrix} = \begin{pmatrix} 0 \\ 0 \end{pmatrix}$$

これより，$y = x$ が得られるので，① に代入して，

$$\boldsymbol{x} = \begin{pmatrix} x \\ y \end{pmatrix} = \begin{pmatrix} x \\ x \end{pmatrix} = x\begin{pmatrix} 1 \\ 1 \end{pmatrix}$$

よって，固有空間 $V_A(1) = \left\{ c_1\begin{pmatrix} 1 \\ 1 \end{pmatrix} ; \ c_1 \in \mathbb{R} \right\}$ が得られるので，$\boldsymbol{x} = \begin{pmatrix} c_1 \\ c_1 \end{pmatrix}$ とすれば，

$$A\boldsymbol{x} = \begin{pmatrix} 0 & 1 \\ 1 & 0 \end{pmatrix}\begin{pmatrix} c_1 \\ c_1 \end{pmatrix} = \begin{pmatrix} c_1 \\ c_1 \end{pmatrix} = \boldsymbol{x}$$

だから，このMarkov連鎖の定常分布は存在し，$\begin{pmatrix} c_1 \\ c_1 \end{pmatrix}$ $(0 \neq c_1 \in \mathbb{R})$ である．

定理97より，定常分布は推移確率行列 A の固有値1に属する固有ベクトルであるので，定常状態が存在するときは，次の定理が成立することがわかる．

《**定理 98**》 行列 A で表されるMarkov連鎖の定常状態が存在するとき，その定常状態ベクトルは A の固有値 1 に属する固有ベクトルである．

証明　定常状態ベクトルを $\boldsymbol{x}$ とすると，そのMarkov連鎖で変化しない．すなわち，$A\boldsymbol{x}=\boldsymbol{x}$ が成立する．これは，$\boldsymbol{x}$ が A の固有値 1 に属する固有ベクトルであることを示している． □

先ほどの昼食の例のMarkov連鎖では，推移確率行列が $A=\begin{pmatrix}0.80 & 0.25 & 0\\ 0.16 & 0.75 & 0.20\\ 0.04 & 0 & 0.80\end{pmatrix}$ であり，定常状態ベクトルが $\boldsymbol{x}=\begin{pmatrix}100\\ 80\\ 20\end{pmatrix}$ である．このとき，

$$A\boldsymbol{x}=\begin{pmatrix}0.80 & 0.25 & 0.00\\ 0.16 & 0.75 & 0.20\\ 0.04 & 0.00 & 0.80\end{pmatrix}\begin{pmatrix}100\\ 80\\ 20\end{pmatrix}=\begin{pmatrix}100\\ 80\\ 20\end{pmatrix}=\boldsymbol{x}$$

が成立し，定常状態ベクトルは，A の固有値 1 に属する固有ベクトルであることがわかる．

以上のことから，Markov連鎖において，初期ベクトルを定常分布に設定すれば，個体数は常に一定，すなわち定常分布に一致するのである．

例題 7.12

ある 2 種類の飲料 P, Q の愛好家が 700 万人おり，全員がどちらかの飲料を毎日 1 本購入するものとする．飲料 P を購入した人の 6 割だけが次の日に同じ P を購入し，飲料 Q を購入した人の 7 割だけが次の日に同じ Q を購入する．このMarkov連鎖の推移確率行列を A とする．

(1) 状態遷移図を描きなさい．

(2) t 日目の P,Q の購入者数をそれぞれ $x^{(t)}, y^{(t)}$ とするとき，t 日目から $t+1$ 日目への推移を行列を用いて表しなさい．

(3) 推移確率行列 A は，レギュラー推移確率行列かどうか調べなさい．

(4) A の固有値 λ を求めなさい．

(5) A のそれぞれの固有値 λ に属する固有空間 $V_A(\lambda)$ を求めなさい．

(6) 飲料 P, Q の購入者数が初日にはそれぞれ 500 万人と 200 万人であった．このMarkov連鎖が定常状態になったとき，飲料 P, Q の購入者数をそれぞれ求めなさい．

（解）

(1) 状態遷移図は，右図の通り

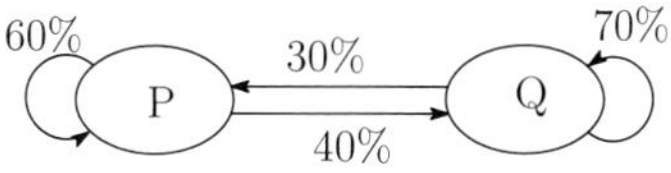

(2) 条件より，行列で表すと

$$\begin{pmatrix} x^{(t+1)} \\ y^{(t+1)} \end{pmatrix} = \begin{pmatrix} 0.6 & 0.3 \\ 0.4 & 0.7 \end{pmatrix} \begin{pmatrix} x^{(t)} \\ y^{(t)} \end{pmatrix}$$

(3) (2) より

$$A = \begin{pmatrix} 0.6 & 0.3 \\ 0.4 & 0.7 \end{pmatrix}$$

だから，A のすべての成分が正である．したがって，A は，レギュラー推移確率行列である．

(4) 固有方程式 $|A - \lambda E| = 0$ より，

$$\begin{vmatrix} 0.6-\lambda & 0.3 \\ 0.4 & 0.7-\lambda \end{vmatrix} = 0, \quad \lambda^2 - 1.3\lambda + 0.3 = 0, \quad (\lambda - 1)(\lambda - 0.3) = 0$$

よって，A の固有値は $\lambda = 1, 0.3$ である．

(5) λ に属する A の固有ベクトル $\boldsymbol{x}$ を

$$\boldsymbol{x} = \begin{pmatrix} x \\ y \end{pmatrix} \cdots ①$$

とおくと，(7.2) 式 $(A - \lambda E)\boldsymbol{x} = \boldsymbol{0}$ より，

$$\begin{pmatrix} 0.6-\lambda & 0.3 \\ 0.4 & 0.7-\lambda \end{pmatrix} \begin{pmatrix} x \\ y \end{pmatrix} = \begin{pmatrix} 0 \\ 0 \end{pmatrix} \cdots ②$$

が成立する．

(i) $\lambda = 1$ のとき② に代入して，

$$\begin{pmatrix} -0.4 & 0.3 \\ 0.4 & -0.3 \end{pmatrix} \begin{pmatrix} x \\ y \end{pmatrix} = \begin{pmatrix} 0 \\ 0 \end{pmatrix}$$

これより，$y = \dfrac{4}{3}x$ が得られるので，① に代入して，

$$\boldsymbol{x} = \begin{pmatrix} x \\ y \end{pmatrix} = \begin{pmatrix} x \\ \frac{4}{3}x \end{pmatrix} = \frac{x}{3} \begin{pmatrix} 3 \\ 4 \end{pmatrix}$$

よって，$V_A(1) = \left\{ c_1 \begin{pmatrix} 3 \\ 4 \end{pmatrix} ; \ c_1 \in \mathbb{R} \right\}$

(ii) $\lambda = 0.3$ のとき② に代入して,

$$\begin{pmatrix} 0.3 & 0.3 \\ 0.4 & 0.4 \end{pmatrix}\begin{pmatrix} x \\ y \end{pmatrix} = \begin{pmatrix} 0 \\ 0 \end{pmatrix}$$

これより, $y = -x$ が得られるので, ① に代入して,

$$\boldsymbol{x} = \begin{pmatrix} x \\ y \end{pmatrix} = \begin{pmatrix} x \\ -x \end{pmatrix} = x\begin{pmatrix} 1 \\ -1 \end{pmatrix}$$

よって, $V_A(0.3) = \left\{ c_2\begin{pmatrix} 1 \\ -1 \end{pmatrix} ;\ c_2 \in \mathbb{R} \right\}$

(6) レギュラー推移確率行列 A で表されるMarkov(マルコフ)連鎖の定常状態ベクトル $\boldsymbol{x}$ は, 定理98 より, 初期ベクトルに無関係で, A の固有値1に属する固有ベクトルだから, (5) より $\boldsymbol{x} = c_1\begin{pmatrix} 3 \\ 4 \end{pmatrix} = \begin{pmatrix} 3c_1 \\ 4c_1 \end{pmatrix}$ と表される. このとき, 飲料 P, Q の購入者数はそれぞれ $3c_1$ $4c_1$ と表され, 総人数は700万人だから,

$$3c_1 + 4c_1 = 700\text{万人}, \quad c_1 = 100\text{万人}$$

ゆえに, 定常状態における飲料 P, Q の購入者数はそれぞれ300万人, 400万人である.

(終)

問 7.11. 2つの状態 S_1, S_2 があり, 2つの状態の個体数の総数は一定である. 状態 S_1 のものは, 翌日, 60% の割合で状態 S_1 のまま, 40% の割合で状態 S_2 になり, 同様に, S_2 のものは, 翌日, 70% の割合で状態 S_1 になり, 30% の割合で状態 S_2 のままである.

(1) 状態遷移図を描きなさい. (2) 推移確率行列 A を求めなさい.
(3) このMarkov(マルコフ)連鎖の定常分布における S_1, S_2 の個体数の比を求めなさい.

解 (1) 略 (2) $A = \begin{pmatrix} 0.6 & 0.7 \\ 0.4 & 0.3 \end{pmatrix}$ (3) (S_1 の個体数) : (S_2 の個体数) $= 7 : 4$

7.9 Cayley-Hamilton(ケーリー・ハミルトン) の定理ってなんだ?

A を n 次正方行列とするとき, A の固有多項式 $\varphi_A(\lambda)$ について, 調べてみよう. 固有多項式 $\varphi_A(\lambda)$ は, 177ページの (7.4) より, $\varphi_A(\lambda) = |A - \lambda E|$ だから, 変数を x とすると,

$$\varphi_A(x) = |A - xE| = \begin{vmatrix} a_{11} - x & \cdots & a_{1n} \\ \vdots & \ddots & \vdots \\ a_{n1} & \cdots & a_{nn} - x \end{vmatrix} \tag{7.36}$$

となる．これは x に関する n 次の整式であるので，

$$\begin{aligned}\varphi_A(x) &= (a_{11}-x)\times\cdots\times(a_{nn}-x)+(x \text{ の高々 } n-2 \text{ 次の整式 }) && (7.37)\\ &= a_0+a_1x+a_2x^2+\cdots+a_nx^n \qquad (a_1,\ldots,a_n\in\mathbb{R}) && (7.38)\end{aligned}$$

と表せる．一方，固有方程式 $\varphi_A(x)=0$ の解が A の固有値 $\lambda_1,\ldots,\lambda_n$ で，$\varphi_A(x)$ の x^n の係数は $(-1)^n$ であるから

$$\varphi_A(x)=(\lambda_1-x)\times\cdots\times(\lambda_n-x) \tag{7.39}$$

と因数分解できる．したがって，(7.37), (7.38), (7.39) の係数を比較すると，

$$\begin{cases} a_n = (-1)^n \\ (-1)^{n-1}a_{n-1} = a_{11}+\cdots+a_{nn}=\mathrm{tr}(A)=\lambda_1+\cdots+\lambda_n \\ a_0 = \varphi_A(0)=|A|=\lambda_1\times\cdots\times\lambda_n \end{cases} \tag{7.40}$$

が得られる．

さて一般に，整式 $f(x)=a_0+a_1x+a_2x^2+\cdots+a_nx^n$，正方行列 A に対して，

$$f(A)=a_0E+a_1A+a_2A^2+\cdots+a_nA^n$$

と定義する．そうすると，行列の積は，一般に $AB\neq BA$ であるが，次の定理が成立する．

《定理 99》 整式 $f(x)=a_0+a_1x+a_2x^2+\cdots+a_nx^n$, $g(x)=b_0+b_1x+b_2x^2+\cdots+b_mx^m$ について，正方行列 A に対して，

$$f(A)\,g(A)=g(A)\,f(A) \qquad \text{可換性}$$

が成立する．つまり，A の整式に関して，積は可換である．

証明 簡単のため，$f(x)=a_0+a_1x+a_2x^2$ と $g(x)=b_kx^k+b_mx^m$ の場合を示すが，一般の場合も同様に示せる．

$$\begin{aligned}f(A)\,g(A) &= (a_0+a_1A+a_2A^2)(b_kA^k+b_mA^m)\\ &= (a_0b_kA^k+a_1Ab_kA^k+a_2A^2b_kA^k)+(a_0b_mA^m+a_1Ab_mA^m+a_2A^2b_mA^m)\\ &= b_kA^k(a_0+a_1A+a_2A^2)+b_mA^m(a_0+a_1A+a_2A^2)\\ &= (b_kA^k+b_mA^m)(a_0+a_1A+a_2A^2)=g(A)\,f(A)\end{aligned}$$

□

《定理 100》 A を n 次正方行列，P を n 次正則行列，$f(x)$ を整式とすると，$f(P^{-1}AP)=P^{-1}f(A)P$ が成立する．

証明　例題 7.4 (3) の途中式より，$k \in \mathbb{N}$ に対し $(P^{-1}AP)^k = P^{-1}A^kP$ が成立するので，$f(x) = a_0 + a_1x + a_2x^2 + \cdots + a_mx^m$ とすると，

$$\begin{aligned} f(P^{-1}AP) &= a_0E + a_1(P^{-1}AP) + a_2(P^{-1}AP)^2 + \cdots + a_m(P^{-1}AP)^m \\ &= a_0P^{-1}EP + a_1P^{-1}AP + a_2P^{-1}A^2P + \cdots + a_mP^{-1}A^mP \\ &= P^{-1}(a_0E + a_1A + a_2A^2 + \cdots + a_mA^m)P \\ &= P^{-1}f(A)P \end{aligned}$$

□

A の固有多項式 $\varphi_A(x)$ について，次の Cayley-Hamilton（ケーリー・ハミルトン）の定理が成立する．

> **《定理 101》　- Cayley-Hamilton（ケーリー・ハミルトン）の定理 -**
> 正方行列 A の固有多項式 $\varphi_A(x)$ について，$\varphi_A(A) = O$ が成立する．すなわち，固有多項式 $\varphi_A(x)$ の x に A を代入したものは，零行列に等しい．

証明　$B(x) = A - xE$ とおくと，$|B(x)| = |A - xE| = \varphi_A(x)$ である．そこで，行列 $B(x)$ の余因子を用いて作った行列を ${}^t\widetilde{B(x)}$ とすると，128 ページの定理 50 より

$$B(x)\,{}^t\widetilde{B(x)} = |B(x)|E = \varphi_A(x)E \ \cdots \ ①$$

が成立する．A の次数を n とすると，行列 $B(x) = A - xE$ の余因子は高々 $n-1$ 次の整式であるので，${}^t\widetilde{B(x)}$ は行列 B_j $(0 \leqq j \leqq n-1)$ を係数とする高々 $n-1$ 次の整式として表せる．すなわち，

$${}^t\widetilde{B(x)} = B_0 + xB_1 + x^2B_2 + \cdots + x^{n-1}B_{n-1}$$

と表すと，${}^t\widetilde{B(x)}$ が n 次正方行列だから B_j $(1 \leqq j \leqq n-1)$ も n 次正方行列である．$\varphi_A(x) = a_0 + a_1x + a_2x^2 + \cdots + a_nx^n$ とおいて，これらを ① に代入すると，

$$(A - xE)\ (B_0 + xB_1 + x^2B_2 + \cdots + x^{n-1}B_{n-1}) = (a_0 + a_1x + a_2x^2 + \cdots + a_nx^n)E$$

$$AB_0 + x(AB_1 - B_0) + \cdots + x^{n-1}(AB_{n-1} - B_{n-2}) - x^nB_{n-1} = a_0E + a_1xE + \cdots + a_nx^nE$$

が任意の実数 x について成立する．よって，両辺の係数行列を比較して，

$$AB_0 = a_0E,\ AB_1 - B_0 = a_1E,\ \ldots,\ AB_{n-1} - B_{n-2} = a_{n-1}E,\ -B_{n-1} = a_nE$$

が得られる．したがって，

$$\begin{aligned} &\varphi_A(A) = a_0E + Aa_1E + A^2a_2E + \cdots + A^na_nE \\ =\ & AB_0 + A(AB_1 - B_0) + A^2(AB_2 - B_1) + \cdots + A^{n-1}(AB_{n-1} - B_{n-2}) - A^nB_{n-1} \\ =\ & AB_0 + (A^2B_1 - AB_0) + (A^3B_2 - A^2B_1) + \cdots + (A^nB_{n-1} - A^{n-1}B_{n-2}) - A^nB_{n-1} \\ =\ & O \end{aligned}$$

□

例題 7.13

次の問いに答えなさい.

(1)　正方行列 $A = \begin{pmatrix} a & b \\ c & d \end{pmatrix}$ のとき，$A^2 - (a+d)A + (ad-bc)E = O$ を示しなさい.

(2)　正方行列 $A = \begin{pmatrix} 2 & 7 \\ -1 & -2 \end{pmatrix}$ のとき，A^6 を求めなさい.

（解）

(1) A の固有多項式 $\varphi_A(x)$ は

$$\varphi_A(x) = \begin{vmatrix} a-x & b \\ c & d-x \end{vmatrix} = (a-x)(d-x) - bc = x^2 - (a+d)x + ad - bc$$

である．したがって，定理 101 より $\varphi_A(A) = O$ だから，

$$A^2 - (a+d)A + (ad-bc)E = O$$

が成立することがわかる.

(2) (1) を利用すると，$A^2 - \{2+(-2)\}A + \{2\cdot(-2) - 7\cdot(-1)\}E = O$ だから，$A^2 = -3E$ が得られる．よって，

$$A^6 = (A^2)^3 = (-3E)^3 = \begin{pmatrix} -27 & 0 \\ 0 & -27 \end{pmatrix}$$

（終）

問 7.12.　$A = \begin{pmatrix} 3 & -5 \\ 2 & -3 \end{pmatrix}$ のとき，A^6 を求めなさい.

解　$A^6 = \begin{pmatrix} -1 & 0 \\ 0 & -1 \end{pmatrix}$

7.10　行列の最小多項式って？

【定義 102】 正方行列 A に対し，次の条件を満たす整式 $m(x)$ を A の**最小多項式**という

(1) $m(x)$ の最高次の係数は 1 である.

(2) $m(A) = O$

(3) $m(x)$ の次数は，(1), (2) を満たす整式の中で最小である.

※ 正方行列 A に対し，定理 101 より 固有多項式 $\varphi_A(x)$ は $\varphi_A(A) = O$ を満たすので，A の最小多項式は必ず存在することがわかる．

例題 7.14

3 次正方行列 A の最小多項式が $m(x) = x - 5$ であるとき，A を求めなさい．

（解）最小多項式の条件 $m(A) = O$ より $A - 5E_3 = O$ だから

$$A = 5E_3 = \begin{pmatrix} 5 & 0 & 0 \\ 0 & 5 & 0 \\ 0 & 0 & 5 \end{pmatrix}$$

（終）

問 7.13. 次の条件を満たす行列 A を求めなさい．

(1) 2 次正方行列 A の最小多項式が $m(x) = x + 3$

(2) 4 次正方行列 A の最小多項式が $m(x) = x - 5$

解 (1) $A = \begin{pmatrix} -3 & 0 \\ 0 & -3 \end{pmatrix}$ (2) $A = \begin{pmatrix} 5 & 0 & 0 & 0 \\ 0 & 5 & 0 & 0 \\ 0 & 0 & 5 & 0 \\ 0 & 0 & 0 & 5 \end{pmatrix}$

最小多項式について，次の定理が次が成立する．

《定理 103》 正方行列 A に対し，

(1) 整式 $f(x)$ が $f(A) = O$ を満たすならば，$f(x)$ は A の最小多項式で割り切れる．

(2) A の最小多項式はただ 1 つだけ存在する．

証明

(1) A の最小多項式を $m(x)$ とし，$f(x)$ を $m(x)$ で割ったときの商 $g(x)$ を，余りを $r(x)$ とすると

$$f(x) = m(x)g(x) + r(x) \quad \cdots \text{①}$$

が成立する．このとき，余り $r(x)$ の次数は $m(x)$ の次数より小さい．ここで $r(x) \neq 0$ であれば，条件より

$$O = f(A) = m(A)g(A) + r(A) = O + r(A) = r(A)$$

だから $r(x)$ は $r(A) = O$ を満たす整式である．これでは，最小多項式 $m(x)$ より次数が小さい整式 $r(x)$ で $r(A) = O$ を満たすものが存在することになり，最

小多項式の定義に矛盾する．したがって，$r(x) = 0$ がわかるので，① より $f(x)$ は $m(x)$ で割り切れる．

(2) $m_1(x), m_2(x)$ を A の最小多項式とすると，最小多項式の定義より，$m_1(x)$ と $m_2(x)$ の次数は一致する．このとき，$m_1(A) = O$ だから (1) より $m_1(x)$ は $m_2(x)$ で割り切れることになり，どちらも最高次の係数は 1 で等しいので，

$$m_1(x) = m_2(x)$$

がわかる． □

定理 103 (2) により，A の最小多項式は，ただ 1 つだけ存在するので $m_A(x)$ と表すことにする．

《定理 104》 正則行列 P に対し，$B = P^{-1}AP$ とすると，$m_A(x) = m_B(x)$ が成立する．

証明　定理 100 より $m_A(B) = P^{-1}m_A(A)P = O$ だから，定理 103 (1) により $m_A(x)$ は $m_B(x)$ で割り切れる．

同様してに，$m_B(x)$ は $m_A(x)$ で割り切れることがわかり，どちらも最高次の係数は 1 だから，$m_A(x) = m_B(x)$ が成立する． □

《定理 105》 正方行列 A に対し，

(1) 固有多項式 $\varphi_A(x)$ は最小多項式 $m_A(x)$ で割り切れる．

(2) A の異なる固有値を $\lambda_1, \ldots, \lambda_k$ とすると，最小多項式 $m_A(x)$ は整式 $(x - \lambda_1) \times \cdots \times (x - \lambda_k)$ で割り切れる．

(1), (2) より，整式 $\dfrac{\varphi_A(x)}{(x - \lambda_1) \times \cdots \times (x - \lambda_k)}$ の因数 $g(x)$ を用いて，

$$m_A(x) = (x - \lambda_1) \times \cdots \times (x - \lambda_k) \times g(x)$$

と表せる．

※ 方程式 $m_A(x) = 0$ の解の集合は，重複度を除いて，A の固有値の集合に等しい．

証明

(1) 定理 101 より 固有多項式 $\varphi_A(x)$ は $\varphi_A(A) = O$ を満たすので，定理 103 (1) により $\varphi_A(x)$ は $m_A(x)$ で割り切れる．

(2) A の固有値 λ に対し，$m_A(x)$ が整式 $x-\lambda$ で割り切れることを示せばよい．

λ に属する A の固有ベクトルを $\boldsymbol{x} \neq \boldsymbol{0}$ とすると，

$$A\boldsymbol{x} = \lambda\boldsymbol{x}, \quad A^2\boldsymbol{x} = A(\lambda\boldsymbol{x}) = \lambda A\boldsymbol{x} = \lambda^2\boldsymbol{x}, \ldots$$

すなわち，任意の $j \in \mathbb{N}$ に対し，$A^j\boldsymbol{x} = \lambda^j\boldsymbol{x}$ が成立する．

このとき，$m_A(x) = a_0 + a_1x + a_2x^2 + \cdots + a_nx^n$ とすると，

$$\begin{aligned} m_A(A)\boldsymbol{x} &= a_0E\boldsymbol{x} + a_1A\boldsymbol{x} + a_2A^2\boldsymbol{x} + \cdots + a_nA^n\boldsymbol{x} \\ &= a_0\boldsymbol{x} + a_1\lambda\boldsymbol{x} + a_2\lambda^2\boldsymbol{x} + \cdots + a_n\lambda^n\boldsymbol{x} \\ &= m_A(\lambda)\boldsymbol{x} \end{aligned}$$

だから $m_A(A) = O$ より $m_A(\lambda)\boldsymbol{x} = \boldsymbol{0}$ が得られる．よって，$\boldsymbol{x} \neq \boldsymbol{0}$ より $m_A(\lambda) = 0$ だから，$m_A(x)$ が $x-\lambda$ で割り切れることがわかる． □

《定理 106》

(1) 実数 λ に対し，行列 λE の最小多項式は $m_{\lambda E}(x) = x - \lambda$ である．

(2) 異なる実数 λ, μ に対し，行列 $A = \left(\begin{array}{c|c} \lambda E_k & O \\ \hline O & \mu E_m \end{array}\right)$ の最小多項式は $m_A(x) = (x-\lambda)(x-\mu)$ である．

証明

(1) $f(x) = x - \lambda$ とすると，$f(\lambda E) = \lambda E - \lambda E = O$ が成立するので，定理 103 より $f(x) = x - \lambda$ は最小多項式 $m_{\lambda E}(x)$ で割り切れる．このとき，$f(x) = x - \lambda$ の次数は 1 だから，$m_{\lambda E}(x) = f(x) = x - \lambda$ であることがわかる．

(2) $f(x) = (x-\lambda)(x-\mu) = x^2 - (\lambda+\mu)x + \lambda\mu$ とすると，

$$\begin{aligned} f(A) &= \left(\begin{array}{c|c} \lambda E_k & O \\ \hline O & \mu E_m \end{array}\right)^2 - (\lambda+\mu)\left(\begin{array}{c|c} \lambda E_k & O \\ \hline O & \mu E_m \end{array}\right) + \lambda\mu E_{k+m} \\ &= \left(\begin{array}{c|c} \lambda^2 E_k & O \\ \hline O & \mu^2 E_m \end{array}\right) - (\lambda+\mu)\left(\begin{array}{c|c} \lambda E_k & O \\ \hline O & \mu E_m \end{array}\right) + \lambda\mu\left(\begin{array}{c|c} E_k & O \\ \hline O & E_m \end{array}\right) \\ &= O \end{aligned}$$

が成立するので，定理 103 より $f(x)$ は最小多項式 $m_A(x)$ で割り切れる．

一方，A の固有値は λ, μ だから，最小多項式 $m_A(x)$ は 定理 105 より $f(x) = (x-\lambda)(x-\mu)$ で割り切れる．したがって，$m_A(x) = f(x) = (x-\lambda)(x-\mu)$ である．

□

例題 7.15

次の行列 A の固有多項式 $\varphi_A(x)$ と最小多項式 $m_A(x)$ を求めなさい．

(1) $A = \begin{pmatrix} 1 & 0 & 0 \\ 0 & 2 & 0 \\ 0 & 0 & 3 \end{pmatrix}$ (2) $A = \begin{pmatrix} 1 & 0 & 0 \\ 0 & 2 & 0 \\ 0 & 0 & 2 \end{pmatrix}$ (3) $A = \begin{pmatrix} 2 & 0 & 0 \\ 0 & 2 & 0 \\ 0 & 0 & 2 \end{pmatrix}$

(4) $A = \begin{pmatrix} 2 & 0 & 0 \\ 2 & 2 & 2 \\ 0 & 0 & 2 \end{pmatrix}$ (5) $A = \begin{pmatrix} 2 & 2 & 0 \\ 0 & 2 & 2 \\ 0 & 0 & 2 \end{pmatrix}$

（解） 最小多項式 $m_A(x)$ を求めるには，定理 105 の $g(x)$ を求めればよい．

(1) $\varphi_A(x) = (1-x)(2-x)(3-x)$ より，固有値は $\lambda = 1, 2, 3$ である．これより 定理 105 において $g(x) = 1$ だから $m_A(x) = (x-1)(x-2)(x-3)$

(2) $\varphi_A(x) = (1-x)(2-x)^2$ より，固有値は $\lambda = 1, 2$ である．これより定理 105 において $g(x) = 1$ または $g(x) = x-2$ となる．

$g(x) = 1$ とすると $m_A(x) = (x-1)(x-2)$ となる．このとき，

$$m_A(A) = (A-E)(A-2E) = \begin{pmatrix} 0 & 0 & 0 \\ 0 & 1 & 0 \\ 0 & 0 & 1 \end{pmatrix}\begin{pmatrix} -1 & 0 & 0 \\ 0 & 0 & 0 \\ 0 & 0 & 0 \end{pmatrix} = \begin{pmatrix} 0 & 0 & 0 \\ 0 & 0 & 0 \\ 0 & 0 & 0 \end{pmatrix} = O$$

であるので，$m_A(x) = (x-1)(x-2)$ が最小多項式である．

(3) $\varphi_A(x) = (2-x)^3$ より，固有値は $\lambda = 2$ である．これより定理 105 において $g(x) = 1$, $g(x) = x-2$ または $g(x) = (x-2)^2$ となる．

$g(x) = 1$ とすると $m_A(x) = x-2$ となる．このとき，

$$m_A(A) = A - 2E = \begin{pmatrix} 0 & 0 & 0 \\ 0 & 0 & 0 \\ 0 & 0 & 0 \end{pmatrix} = O$$

であるので，$m_A(x) = x-2$ が最小多項式である．

(4) $\varphi_A(x) = (2-x)^3$ より，固有値は $\lambda = 2$ である．これより定理 105 において $g(x) = 1$, $g(x) = x-2$ または $g(x) = (x-2)^2$ となる．

$g(x) = 1$ とすると $m_A(x) = x-2$ となる．このとき，

$$m_A(A) = A - 2E = \begin{pmatrix} 0 & 0 & 0 \\ 2 & 0 & 2 \\ 0 & 0 & 0 \end{pmatrix} \neq O$$

であるので，$m_A(x) = x - 2$ ではない．

$g(x) = x - 2$ とすると $m_A(x) = (x-2)^2$ となる．このとき，

$$m_A(A) = (A - 2E)^2 = \begin{pmatrix} 0 & 0 & 0 \\ 2 & 0 & 2 \\ 0 & 0 & 0 \end{pmatrix}\begin{pmatrix} 0 & 0 & 0 \\ 2 & 0 & 2 \\ 0 & 0 & 0 \end{pmatrix} = \begin{pmatrix} 0 & 0 & 0 \\ 0 & 0 & 0 \\ 0 & 0 & 0 \end{pmatrix} = O$$

であるので，$m_A(x) = (x-2)^2$ が最小多項式である．

(5) $\varphi_A(x) = (2-x)^3$ より，固有値は $\lambda = 2$ である．これより定理 105 において $g(x) = 1, g(x) = x - 2$ または $g(x) = (x-2)^2$ となる．

$g(x) = 1$ とすると $m_A(x) = x - 2$ となる．このとき，

$$m_A(A) = A - 2E = \begin{pmatrix} 0 & 2 & 0 \\ 0 & 0 & 2 \\ 0 & 0 & 0 \end{pmatrix} \neq O$$

であるので，$m_A(x) = x - 2$ ではない．

$g(x) = x - 2$ とすると $m_A(x) = (x-2)^2$ となる．このとき，

$$m_A(A) = (A - 2E)^2 = \begin{pmatrix} 0 & 2 & 0 \\ 0 & 0 & 2 \\ 0 & 0 & 0 \end{pmatrix}\begin{pmatrix} 0 & 2 & 0 \\ 0 & 0 & 2 \\ 0 & 0 & 0 \end{pmatrix} = \begin{pmatrix} 0 & 0 & 4 \\ 0 & 0 & 0 \\ 0 & 0 & 0 \end{pmatrix} \neq O$$

であるので， $m_A(x) = (x-2)^2$ ではない．

したがって，$m_A(x) = (x-2)^3$ が最小多項式である．

（終）

問 7.14. 次の行列 A の固有多項式 $\varphi_A(x)$ と最小多項式 $m_A(x)$ を求めなさい．

(1) $A = \begin{pmatrix} 2 & 0 & 0 \\ 0 & 3 & 0 \\ 0 & 0 & 4 \end{pmatrix}$ (2) $A = \begin{pmatrix} 2 & 0 & 0 \\ 0 & 3 & 0 \\ 0 & 0 & 3 \end{pmatrix}$ (3) $A = \begin{pmatrix} 3 & 0 & 0 \\ 0 & 3 & 0 \\ 0 & 0 & 3 \end{pmatrix}$

(4) $A = \begin{pmatrix} 3 & 0 & 0 \\ 3 & 3 & 3 \\ 0 & 0 & 3 \end{pmatrix}$ (5) $A = \begin{pmatrix} 3 & 3 & 0 \\ 0 & 3 & 3 \\ 0 & 0 & 3 \end{pmatrix}$

解 (1) $\varphi_A(x) = (2-x)(3-x)(4-x)$，$m_A(x) = (x-2)(x-3)(x-4)$
(2) $\varphi_A(x) = (2-x)(3-x)^2$，$m_A(x) = (x-2)(x-3)$ (3) $\varphi_A(x) = (3-x)^3$，$m_A(x) = x-3$
(4) $\varphi_A(x) = (3-x)^3$，$m_A(x) = (x-3)^2$ (5) $\varphi_A(x) = (3-x)^3$，$m_A(x) = (x-3)^3$

《**定理 107**》 n 次正方行列 A が対角化可能であるための必要十分条件は，A の最小多項式 $m_A(x)$ について，方程式 $m_A(x) = 0$ が重解を持たないこととことである．

証明　A の異なる固有値 $\lambda_1, \ldots, \lambda_m$ の重複度を $\mu_j\ (j = 1, \ldots, m)$ とすると，μ_j は A の固有方程式の解としての重複度なので，$\displaystyle\sum_{j=1}^{m} \mu_j = n$ である．

A が対角化可能であると仮定すると，

$$P^{-1}AP = \begin{pmatrix} \lambda_1 E_{\mu_1} & & O \\ & \ddots & \\ O & & \lambda_m E_{\mu_m} \end{pmatrix} = B \tag{7.41}$$

を満たす正則行列 P が存在する．このとき，定理 106 より，B の最小多項式 $m_B(x)$ は，$m_B(x) = (x - \lambda_1) \times \cdots \times (x - \lambda_m)$ である．さらに，定理 104 より，$m_A(x) = m_B(x) = (x-\lambda_1)\times\cdots\times(x-\lambda_m)$ であり，$\lambda_1, \ldots, \lambda_m$ は異なるので，方程式 $m_A(x) = 0$ は重解を持たないことがわかる．

逆に，方程式 $m_A(x) = 0$ は重解を持たないと仮定すると，$m_A(x) = 0$ の解は A の異なる固有値となるので，固有値が複素数の場合も考えて，

$$m_A(x) = (x - \lambda_1) \times \cdots \times (x - \lambda_m)$$

と表すことができる．そこで，$(m-1)$ 次の多項式 $g_j(x)$ を

$$g_j(x) = \frac{m_A(x)}{x - \lambda_j}, \quad 1 \leqq j \leqq m$$

と定義する．このとき，

$$c_1 g_1(x) + \cdots + c_m g_m(x) = 1 \quad \cdots ①$$

を満たす定数 $c_1, \ldots, c_m$ が存在する（例えば，$c_j = \dfrac{1}{g_j(\lambda_j)}$ とすれば，① を満たす）．これより，

$$c_1 g_1(A) + \cdots + c_m g_m(A) = E$$

だから，任意の $\boldsymbol{p} \in \mathbb{C}^n$ に対し，

$$c_1 g_1(A)\boldsymbol{p} + \cdots + c_m g_m(A)\boldsymbol{p} = \boldsymbol{p}$$

が成立する．そこで，$\boldsymbol{ap}_j = g_j(A)\boldsymbol{p}\ (1 \leqq j \leqq m)$ とすると，任意の $\boldsymbol{p} \in \mathbb{C}^n$ は

$$\boldsymbol{p} = c_1 \boldsymbol{ap}_1 + \cdots + c_m \boldsymbol{ap}_m \quad \cdots ②$$

と表せる．ここで，定理 99 より，

$$(A - \lambda_j E)\boldsymbol{ap}_j = (A - \lambda_j E) g_j(A)\boldsymbol{p} = m_A(A)\boldsymbol{p} = \boldsymbol{0}$$

だから，$\boldsymbol{ap}_j = g_j(A)\boldsymbol{p}$ は固有空間 $V_A(\lambda_j)$ のベクトルである．よって，$\boldsymbol{a}_{j1}, \ldots, \boldsymbol{a}_{j\nu_j}$ を固有空間 $V_A(\lambda_j)$ の基底とすると，

$$\boldsymbol{ap}_j = t_{j1}\boldsymbol{a}_{j1} + \cdots + t_{j\nu_j}\boldsymbol{a}_{j\mu_j}, \quad t_{j1}, \ldots, t_{j\nu_j} \text{ は定数}$$

と表せるので，② の $\boldsymbol{p}$ の任意性より，すべての固有空間の基底を合わせたベクトルの組

$$\boldsymbol{a}_{11}, \ldots, \boldsymbol{a}_{1\nu_1}, \boldsymbol{a}_{21}, \ldots, \boldsymbol{a}_{2\nu_2}, \ldots\ldots \boldsymbol{a}_{m1}, \ldots, \boldsymbol{a}_{m\nu_m}$$

は，$\mathbb{C}^n$ を生成する．さらに，このベクトルの組は，定理 86 より，線形独立であるので，$\mathbb{C}^n$ の基底である．これより，$\mathbb{C}^n$ の次元は n だから，n 個の線形独立な A の固有ベクトルが存在する．したがって，定理 87 より，A は対角化可能である． □

第8章　Jordan(ジョルダン)標準形

8.1　Jordan(ジョルダン)行列ってなんだ？

184ページからの7.2節で正方行列の対角化について述べたが, 定理87や定理89で示したように, すべての正方行列は対角化可能ではない. しかしながら, すべての正方行列 A は, 正則行列 P により $B = P^{-1}AP$ が三角行列（※対角行列も三角行列と考える）であるようにできるのである. ここでは, **Jordan(ジョルダン)行列**と呼ばれる三角行列を紹介しよう.

まず, Jordan(ジョルダン)行列を形成するJordan(ジョルダン)細胞と呼ばれる行列を定義する.

【定義108】 k 次正方行列で, 対角成分がすべて同じ α で, 次のような上三角行列 $J_k(\alpha)$ を **Jordan(ジョルダン)細胞**と呼ぶ.

$$J_k(\alpha) = \begin{pmatrix} \alpha & 1 & 0 & \cdots & 0 \\ 0 & \alpha & 1 & \ddots & \vdots \\ \vdots & \ddots & \ddots & \ddots & 0 \\ 0 & \cdots & 0 & \alpha & 1 \\ 0 & \cdots & 0 & 0 & \alpha \end{pmatrix} = \begin{pmatrix} \alpha & 1 & & O \\ & \ddots & \ddots & \\ & & \ddots & 1 \\ O & & & \alpha \end{pmatrix} \tag{8.1}$$

ただし, $J_1(\alpha) = (\alpha) = \alpha$ と定義する.

例題 8.1

次のJordan(ジョルダン)細胞を行列で表しなさい.

(1) $J_1(5)$　　(2) $J_3(-2)$　　(3) $J_2(7)$

（解）

(1) $J_1(5) = (5) = 5$　　(2) $J_3(-2) = \begin{pmatrix} -2 & 1 & 0 \\ 0 & -2 & 1 \\ 0 & 0 & -2 \end{pmatrix}$　　(3) $J_2(7) = \begin{pmatrix} 7 & 1 \\ 0 & 7 \end{pmatrix}$

（終）

次に, Jordan(ジョルダン)行列と呼ばれる行列を定義する.

【定義 109】 n 次正方行列をブロック分割したとき，Jordan 細胞を用いて，次のように表される上三角行列 J を **Jordan 行列**と呼ぶ．

$$J = \begin{pmatrix} J_{k_1}(\alpha_1) & & & O \\ & J_{k_2}(\alpha_2) & & \\ & & \ddots & \\ O & & & J_{k_p}(\alpha_p) \end{pmatrix} \tag{8.2}$$

ただし，$k_1 + k_2 + \cdots + k_p = n$.

例題 8.2

次の Jordan 行列の成分を表記しなさい．

(1) $\begin{pmatrix} J_1(3) & & O \\ & J_1(3) & \\ O & & J_1(5) \end{pmatrix}$ (2) $\begin{pmatrix} J_1(-2) & & & O \\ & J_1(7) & & \\ & & J_2(-1) & \\ O & & & J_3(2) \end{pmatrix}$

（解）(1) $\begin{pmatrix} J_1(3) & & O \\ & J_1(3) & \\ O & & J_1(5) \end{pmatrix} = \begin{pmatrix} 3 & 0 & 0 \\ 0 & 3 & 0 \\ 0 & 0 & 5 \end{pmatrix}$

(2) $\begin{pmatrix} J_1(-2) & & & O \\ & J_1(7) & & \\ & & J_2(-1) & \\ O & & & J_3(2) \end{pmatrix} = \left(\begin{array}{c|c|cc|ccc} -2 & 0 & 0 & 0 & 0 & 0 & 0 \\ \hline 0 & 7 & 0 & 0 & 0 & 0 & 0 \\ \hline 0 & 0 & -1 & 1 & 0 & 0 & 0 \\ 0 & 0 & 0 & -1 & 0 & 0 & 0 \\ \hline 0 & 0 & 0 & 0 & 2 & 1 & 0 \\ 0 & 0 & 0 & 0 & 0 & 2 & 1 \\ 0 & 0 & 0 & 0 & 0 & 0 & 2 \end{array}\right)$

※ 分かり易くするために点線を描いている．（終）

※ 例題 8.2 (1) より，対角行列も Jordan 行列であることがわかる．

8.2 Jordan標準形って？

正方行列 A の対角化については，187 ページの定理 89 より，A の固有方程式の解としての固有値の重複度とその固有空間の次元がすべて一致すると，正則行列 P を用いて，$P^{-1}AP$ が対角行列となるようにできる．対角行列は，Jordan 行列である．

では, 対角化できない行列については, どうだろう？

実は, 先に述べたように, すべての正方行列 A は, 正則行列 P を用いて, $P^{-1}AP$ が Jordan（ジョルダン） 行列であるようにすることができる. この Jordan（ジョルダン） 行列 $P^{-1}AP$ を A の **Jordan（ジョルダン）標準形**と呼ぶ.

7.3 節では, 正方行列 A が対角化可能であれば, 正則行列 P を用いて, $P^{-1}AP$ が対角行列となる仕組みについて述べたので, ここでは, どのような経緯で Jordan（ジョルダン） 標準形が得られるのか, その仕組みを述べよう. わかりやすくするため, 2 次および 3 次正方行列の場合を述べるが, 一般の n 次正方行列でも同様である.

《定理 110》 2 次正方行列 A の固有値 λ の重複度が 2 のとき, その固有空間の次元が重複度と一致しない場合, すなわち $\dim V_A(\lambda) = 1$ の場合,

$$V_A(\lambda) = \left\{ c\boldsymbol{a} \in \mathbb{R}^2 \ ; \ c \in \mathbb{R} \ \right\} = \langle \boldsymbol{a} \rangle_{\mathbb{R}}$$

とする. このとき, $\tilde{\boldsymbol{a}} \in V_A(\lambda)$, $\tilde{\boldsymbol{a}} \neq \boldsymbol{0}$ に対し, 連立 1 次方程式

$$(A - \lambda E)\boldsymbol{x}' = \tilde{\boldsymbol{a}}$$

の解を $\boldsymbol{x}' = \boldsymbol{a}'$ とし, $P = \left(\tilde{\boldsymbol{a}} \ \boldsymbol{a}' \right)$ とすると, P は正則で, Jordan（ジョルダン） 標準形は

$$P^{-1}AP = J_2(\lambda) \qquad \text{（例題 8.3 (1) 参照）}$$

証明 まず, $\tilde{\boldsymbol{a}} \in V_A(\lambda)$ に対し, 連立 1 次方程式

$$(A - \lambda E)\boldsymbol{x}' = \tilde{\boldsymbol{a}}$$

の解 $\boldsymbol{x}' = \boldsymbol{a}'$ が存在することを示す.

$B = A - \lambda E$ とおき, $f(\boldsymbol{x}) = B\boldsymbol{x}$ とすると, f は $\mathbb{R}^2$ から $\mathbb{R}^2$ への線形写像であり,

$$V_A(\lambda) = \{\boldsymbol{x} \in \mathbb{R}^2; (A - \lambda E)\boldsymbol{x} = \boldsymbol{0}\} = \{\boldsymbol{x} \in \mathbb{R}^2; B\boldsymbol{x} = \boldsymbol{0}\} = \mathrm{Ker}(f) \subset \mathbb{R}^2 \qquad (8.3)$$

である. このとき, A の固有値は λ（重複度 2）だけであるので, B の固有値は 0（重複度 2）だけである.

ここで, 定理 77 と条件より

$$\dim \mathrm{Im}(f) = \dim(\mathbb{R}^2) - \dim(\mathrm{Ker}(f)) = 2 - \dim V_A(\lambda) = 2 - 1 = 1$$

であるから, $\mathrm{Im}\ (f) = \langle \boldsymbol{b} \rangle_{\mathbb{R}}$, $\boldsymbol{0} \neq \boldsymbol{b} \in \mathbb{R}^2$ と表せ, $B\boldsymbol{b} = f(\boldsymbol{b}) \in \mathrm{Im}\ (f) = \langle \boldsymbol{b} \rangle_{\mathbb{R}}$ だから

$$B\boldsymbol{b} = \mu \boldsymbol{b}$$

を満たす $\mu \in \mathbb{R}$ が存在する. これより, μ は B の固有値であり, B の固有値は 0（重複度 2）だけであるので, $\mu = 0$ が得られる. よって, 任意の $k\boldsymbol{b} \in \langle \boldsymbol{b} \rangle_{\mathbb{R}}$ $(k \in \mathbb{R})$ に対し,

$$f(k\boldsymbol{b}) = kB\boldsymbol{b} = \boldsymbol{0}$$

となり, (8.3) と合わせて, $k\boldsymbol{b} \in \mathrm{Ker}(f) = V_A(\lambda) = \langle \boldsymbol{a} \rangle_{\mathbb{R}} = \langle \tilde{\boldsymbol{a}} \rangle_{\mathbb{R}}$ がわかる.

したがって, $\langle \boldsymbol{b} \rangle_{\mathbb{R}} = \langle \tilde{\boldsymbol{a}} \rangle_{\mathbb{R}}$ であり, $\tilde{\boldsymbol{a}} \in \langle \tilde{\boldsymbol{a}} \rangle_{\mathbb{R}} = \langle \boldsymbol{b} \rangle_{\mathbb{R}} = \mathrm{Im}(f)$ だから, $\boldsymbol{a}' \in \mathbb{R}^2$ が存在して $f(\boldsymbol{a}') = \tilde{\boldsymbol{a}}$ を満たす. すなわち,

$$(A - \lambda E)\boldsymbol{a}' = B\boldsymbol{a}' = f(\boldsymbol{a}') = \tilde{\boldsymbol{a}}$$

を満たす $\boldsymbol{a}' \in \mathbb{R}^2$ が存在する.

【※ A の固有多項式 $\varphi_A(x)$ は $\varphi_A(x) = (\lambda - x)^2 = (x - \lambda)^2$ であるので, 定理 101（Cayley（ケーリー）-Hamilton（ハミルトン） の定理）を用いれば, $B^2 = (A - \lambda E)^2 = \varphi_A(A) = O$ である. よって, $\boldsymbol{b} \in \mathrm{Im}(f)$ に対し, $\boldsymbol{b} = f(\boldsymbol{b}') = B\boldsymbol{b}'$ を満たす $\boldsymbol{b}' \in \mathbb{R}^2$ が存在するので $B\boldsymbol{b} = B(B\boldsymbol{b}') = B^2\boldsymbol{b}' = \boldsymbol{0}$ が得られる.】

次に, $\tilde{\boldsymbol{a}}, \boldsymbol{a}'$ が線形独立であることを示す.

$$c_1\tilde{\boldsymbol{a}} + c_2\boldsymbol{a}' = \boldsymbol{0} \quad \cdots ①$$

とする. 仮定より $(A - \lambda E)\tilde{\boldsymbol{a}} = \boldsymbol{0}$, $(A - \lambda E)\boldsymbol{a}' = \tilde{\boldsymbol{a}}$ が成立するので, ① の両辺に $(A - \lambda E)$ を左から掛けて

$$c_1(A - \lambda E)\tilde{\boldsymbol{a}} + c_2(A - \lambda E)\boldsymbol{a}' = \boldsymbol{0}$$
$$\boldsymbol{0} + c_2\tilde{\boldsymbol{a}} = \boldsymbol{0}, \quad c_2\tilde{\boldsymbol{a}} = \boldsymbol{0}$$

$\tilde{\boldsymbol{a}}$ は $V_A(\lambda)$ の基底だから $c_2 = 0$ が得られる. これを ① に代入して

$$c_1\boldsymbol{a} = \boldsymbol{0}.$$

したがって, $c_1 = 0$ も得られ, $\tilde{\boldsymbol{a}}, \boldsymbol{a}'$ が線形独立であることがわかる.

よって, 定理 58 より, $P = \begin{pmatrix} \tilde{\boldsymbol{a}} & \boldsymbol{a}' \end{pmatrix}$ は正則である.

このとき,

$$AP = \begin{pmatrix} A\tilde{\boldsymbol{a}} & A\boldsymbol{a}' \end{pmatrix} = \begin{pmatrix} \lambda\tilde{\boldsymbol{a}} & \tilde{\boldsymbol{a}} + \lambda\boldsymbol{a}' \end{pmatrix} = \begin{pmatrix} \tilde{\boldsymbol{a}} & \boldsymbol{a}' \end{pmatrix}\begin{pmatrix} \lambda & 1 \\ 0 & \lambda \end{pmatrix} = PJ_2(\lambda)$$

□

《**定理 111**》 3 次正方行列 A の固有値 λ の重複度とその固有空間の次元が一致しない場合, すなわち

(1) λ の重複度が 2 で, $\dim V_A(\lambda) = 1$, $V_A(\lambda) = \{c\boldsymbol{a} \in \mathbb{R}^3 \,;\, c \in \mathbb{R}\}$
このとき, $\boldsymbol{a}_1 \in V_A(\lambda)$, $\boldsymbol{a}_1 \neq \boldsymbol{0}$ に対し, 連立 1 次方程式 $(A - \lambda E)\boldsymbol{x}' = \boldsymbol{a}_1$ の解を $\boldsymbol{x}' = \boldsymbol{a}_1'$ とし, もう 1 つの A の固有値 $\mu (\neq \lambda)$（重複度 1）の固有空間 $V_A(\mu)$ の基底を $\boldsymbol{a}_2$ とし, $P = \begin{pmatrix} \boldsymbol{a}_1 & \boldsymbol{a}_1' & \boldsymbol{a}_2 \end{pmatrix}$ とすると, P は正則で, A の Jordan（ジョルダン） 標

準形は

$$P^{-1}AP = \begin{pmatrix} J_2(\lambda) & O \\ O & J_1(\mu) \end{pmatrix} \quad （例題 8.3 (2) 参照）$$

(2) λ の重複度が 3 で, $\dim V_A(\lambda) = 1$, $V_A(\lambda) = \{c\boldsymbol{a}_1 \in \mathbb{R}^3\ ;\ c \in \mathbb{R}\ \}$
このとき, $\boldsymbol{a} \in V_A(\lambda)$, $\boldsymbol{a} \neq \boldsymbol{0}$ に対し, 連立 1 次方程式 $(A - \lambda E)\boldsymbol{x}' = \boldsymbol{a}$ の解を $\boldsymbol{x}' = \boldsymbol{a}'$ とし, さらに, 連立 1 次方程式 $(A - \lambda E)\boldsymbol{x}'' = \boldsymbol{a}'$ の解を $\boldsymbol{x}'' = \boldsymbol{a}''$ とし, $P = \begin{pmatrix} \boldsymbol{a} & \boldsymbol{a}' & \boldsymbol{a}'' \end{pmatrix}$ とすると, P は正則で, A の Jordan（ジョルダン） 標準形は

$$P^{-1}AP = J_3(\lambda) \qquad （例題 8.4 (1) 参照）$$

(3) λ の重複度が 3 で, $\dim V_A(\lambda) = 2$, $V_A(\lambda) = \{c_1\boldsymbol{a}_1 + c_2\boldsymbol{a}_2 \in \mathbb{R}^3\ ;\ c_1, c_2 \in \mathbb{R}\ \}$
このとき, $(A - \lambda E)\boldsymbol{x}' = \boldsymbol{a}_1$ の解を $\boldsymbol{x}' = \boldsymbol{a}_1'$ とする.

もし $(A - \lambda E)\boldsymbol{x}' = \boldsymbol{a}_1$ の解が存在しない場合は, $\boldsymbol{b}_1 = k_1\boldsymbol{a}_1 + k_2\boldsymbol{a}_2 \in V_A(\lambda)$ を, 連立 1 次方程式 $(A - \lambda E)\boldsymbol{x}' = \boldsymbol{b}_1 \neq \boldsymbol{0}$ の解 $\boldsymbol{x}' = \boldsymbol{a}_1'$ が存在するように $k_1, k_2 \in \mathbb{R}$ をとると, $k_2 \neq 0$ となるので, $V_A(\lambda) = \langle \boldsymbol{b}_1, \boldsymbol{a}_1 \rangle_{\mathbb{R}}$ が得られる. そこで, $\boldsymbol{a}_1 = \boldsymbol{b}_1, \boldsymbol{a}_2 = \boldsymbol{a}_1$ と取り直して, $(A - \lambda E)\boldsymbol{x}' = \boldsymbol{a}_1$ の解を $\boldsymbol{x}' = \boldsymbol{a}_1'$ とする.

$P = \begin{pmatrix} \boldsymbol{a}_1 & \boldsymbol{a}_1' & \boldsymbol{a}_2 \end{pmatrix}$ とすると, P は正則で, A の Jordan（ジョルダン） 標準形は

$$P^{-1}AP = \begin{pmatrix} J_2(\lambda) & O \\ O & J_1(\lambda) \end{pmatrix} \quad （例題 8.4 (2) 参照）$$

証明

(1) まず, 連立 1 次方程式 $(A - \lambda E)\boldsymbol{x}' = \boldsymbol{a}_1$ の解 $\boldsymbol{x}' = \boldsymbol{a}_1'$ の存在を示す.

$B = A - \mu E$ とおき, $f(\boldsymbol{x}) = B\boldsymbol{x}$ とすると, f は $\mathbb{R}^3$ から $\mathbb{R}^3$ への線形写像であり, 定理 77 と条件より

$$\dim \mathrm{Im}(f) = \dim(\mathbb{R}^3) - \dim(\mathrm{Ker}(f)) = 3 - \dim V_A(\mu) = 3 - 1 = 2$$

である. このとき, すべての $\boldsymbol{x} \in \mathbb{R}^3$ に対し, $(A - \lambda E)(f(\boldsymbol{x})) = \boldsymbol{0}$ が成立すると仮定すると, $\mathrm{Im}(f) \subset V_A(\lambda)$ となり, $\dim V_A(\lambda) = 1$ であることに矛盾する.

よって, $(A - \lambda E)(A - \mu E)\boldsymbol{b} = (A - \lambda E)(f(\boldsymbol{b})) \neq \boldsymbol{0}$ を満たす $\boldsymbol{b} \in \mathbb{R}^3$ が存在する.

また, A の固有多項式 $\varphi_A(x)$ は $\varphi_A(x) = (\lambda - x)^2(\mu - x) = -(x - \lambda)^2(x - \mu)$ であるので, 定理 101（Cayley（ケーリー）-Hamilton（ハミルトン） の定理）を用いれば, $(A - \lambda E)^2(A - \mu E) = -\varphi_A(A) = O$ である.

よって, $\tilde{\boldsymbol{a}}'_1 = (A-\mu E)\boldsymbol{b} \neq \boldsymbol{0}, \tilde{\boldsymbol{a}}_1 = (A-\lambda E)\tilde{\boldsymbol{a}}'_1 \neq \boldsymbol{0}$ とおくと,

$$(A-\lambda E)\tilde{\boldsymbol{a}}_1 = (A-\lambda E)^2(A-\mu E)\boldsymbol{b} = \boldsymbol{0}$$

が得られ, $\tilde{\boldsymbol{a}}_1 \in V_A(\lambda)$ がわかり, $V_A(\lambda) = \langle \tilde{\boldsymbol{a}}_1 \rangle_{\mathbb{R}}$ となる.

これより, 任意の $V_A(\lambda)$ の基底 $\boldsymbol{a}_1$ に対しては, $\boldsymbol{a}_1 = k\tilde{\boldsymbol{a}}_1$ を満たす $k(\neq 0) \in \mathbb{R}$ が存在するので, $(A-\lambda E)\boldsymbol{x}' = \boldsymbol{a}_1$ の解 $\boldsymbol{x}' = k\tilde{\boldsymbol{a}}'_1$ が存在することがわかる.

$\boldsymbol{a}_1, \boldsymbol{a}'_1, \boldsymbol{a}_2$ が線形独立であることを示す.

$$c_1\boldsymbol{a}_1 + c'_1\boldsymbol{a}'_1 + c_2\boldsymbol{a}_2 = \boldsymbol{0} \quad \cdots ①$$

とする. 仮定より $(A-\lambda E)\boldsymbol{a}_1 = \boldsymbol{0}$, $(A-\lambda E)\boldsymbol{a}'_1 = \boldsymbol{a}_1$, $(A-\lambda E)\boldsymbol{a}_2 = (\mu-\lambda)\boldsymbol{a}_2$ が成立するので, ① の両辺に $(A-\lambda E)$ を左から掛けて

$$c_1(A-\lambda E)\boldsymbol{a}_1 + c'_1(A-\lambda E)\boldsymbol{a}'_1 + c_2(A-\lambda E)\boldsymbol{a}_2 = \boldsymbol{0}$$
$$\boldsymbol{0} + c'_1\boldsymbol{a}_1 + c_2(\mu-\lambda)\boldsymbol{a}_2 = \boldsymbol{0}, \quad c'_1\boldsymbol{a}_1 + c_2(\mu-\lambda)\boldsymbol{a}_2 = \boldsymbol{0}$$

$\boldsymbol{a}_1$ は $V_A(\lambda)$, $\boldsymbol{a}_2$ は $V_A(\mu)$ の基底で $\lambda \neq \mu$ だから定理 86 より $\boldsymbol{a}_1, \boldsymbol{a}_2$ は線形独立であり, $c'_1 = c_2 = 0$ が得られる. これを ① に代入して

$$c_1\boldsymbol{a}_1 = \boldsymbol{0}$$

これより $c_1 = 0$ も得られ, $\boldsymbol{a}_1, \boldsymbol{a}'_1, \boldsymbol{a}_2$ が線形独立であることがわかる.

よって, 定理 58 より, $P = \begin{pmatrix} \boldsymbol{a}_1 & \boldsymbol{a}'_1 & \boldsymbol{a}_2 \end{pmatrix}$ は正則である.

このとき,

$$\begin{aligned} AP &= \begin{pmatrix} A\boldsymbol{a}_1 & A\boldsymbol{a}'_1 & A\boldsymbol{a}_2 \end{pmatrix} = \begin{pmatrix} \lambda\boldsymbol{a}_1 & \boldsymbol{a}_1 + \lambda\boldsymbol{a}'_1 & \mu\boldsymbol{a}_2 \end{pmatrix} = \begin{pmatrix} \boldsymbol{a}_1 & \boldsymbol{a}'_1 & \boldsymbol{a}_2 \end{pmatrix} \begin{pmatrix} \lambda & 1 & 0 \\ 0 & \lambda & 0 \\ 0 & 0 & \mu \end{pmatrix} \\ &= P \begin{pmatrix} J_2(\lambda) & O \\ O & J_1(\mu) \end{pmatrix} \end{aligned}$$

(2) 連立 1 次方程式 $(A-\lambda E)\boldsymbol{x}' = \boldsymbol{a}$ の解 $\boldsymbol{x}' = \boldsymbol{a}'$, 連立 1 次方程式 $(A-\lambda E)\boldsymbol{x}'' = \boldsymbol{a}'$ の解 $\boldsymbol{x}'' = \boldsymbol{a}''$ の存在を示す.

$B = A - \lambda E$ とおき, $f(\boldsymbol{x}) = B\boldsymbol{x}$ とすると, f は $\mathbb{R}^3$ から $\mathbb{R}^3$ への線形写像であり, 定理 77 と条件より

$$\dim \mathrm{Im}(f) = \dim(\mathbb{R}^3) - \dim(\mathrm{Ker}(f)) = 3 - \dim V_A(\lambda) = 3 - 1 = 2$$

である. このとき, すべての $\boldsymbol{x} \in \mathbb{R}^3$ に対し, $(A-\lambda E)(f(\boldsymbol{x})) = \boldsymbol{0}$ が成立すると仮定すると, $\mathrm{Im}(f) \subset V_A(\lambda)$ となり, $\dim V_A(\lambda) = 1$ であることに矛盾する.

よって, $(A-\lambda E)^2\tilde{\boldsymbol{a}}''=(A-\lambda E)(f(\tilde{\boldsymbol{a}}''))\neq\boldsymbol{0}$ を満たす $\tilde{\boldsymbol{a}}''\in\mathbb{R}^3$ が存在する.

また, A の固有多項式 $\varphi_A(x)$ は $\varphi_A(x)=(\lambda-x)^3=-(x-\lambda)^3$ であるので, 定理 101（Cayley-Hamilton（ケーリー・ハミルトン）の定理）を用いれば, $(A-\lambda E)^3=-\varphi_A(A)=O$ である.

よって, $\tilde{\boldsymbol{a}}'=(A-\lambda E)\tilde{\boldsymbol{a}}''\neq\boldsymbol{0}, \tilde{\boldsymbol{a}}=(A-\lambda E)\tilde{\boldsymbol{a}}\neq\boldsymbol{0}$ とおくと, $(A-\lambda E)\tilde{\boldsymbol{a}}=(A-\lambda E)^3\tilde{\boldsymbol{a}}''=\boldsymbol{0}$ が得られ, $\tilde{\boldsymbol{a}}\in V_A(\lambda)$ がわかり, $V_A(\lambda)=\langle\tilde{\boldsymbol{a}}\rangle_{\mathbb{R}}$ となる.

これより, 任意の $V_A(\lambda)$ の基底 $\boldsymbol{a}$ に対しては, $\boldsymbol{a}=k\tilde{\boldsymbol{a}}$ を満たす $k(\neq0)\in\mathbb{R}$ が存在するので, $(A-\lambda E)\boldsymbol{x}'=\boldsymbol{a}$ の解 $\boldsymbol{x}'=\boldsymbol{a}'=k\tilde{\boldsymbol{a}}'$ が存在し, $(A-\lambda E)\boldsymbol{x}''=\boldsymbol{a}'$ の解 $\boldsymbol{x}''=\boldsymbol{a}''=k\tilde{\boldsymbol{a}}''$ が存在することがわかる.

$\boldsymbol{a},\boldsymbol{a}',\boldsymbol{a}''$ が線形独立であることを示す.

$$c_1\boldsymbol{a}+c_1'\boldsymbol{a}'+c_1''\boldsymbol{a}''=\boldsymbol{0}\ \cdots①$$

とする. 仮定より $(A-\lambda E)\boldsymbol{a}=\boldsymbol{0}$, $(A-\lambda E)\boldsymbol{a}'=\boldsymbol{a}$, $(A-\lambda E)\boldsymbol{a}''=\boldsymbol{a}'$ が成立するので, ① の両辺に $(A-\lambda E)$ を左から掛けて

$$c_1(A-\lambda E)\boldsymbol{a}+c_1'(A-\lambda E)\boldsymbol{a}'+c_1''(A-\lambda E)\boldsymbol{a}''=\boldsymbol{0}$$
$$\boldsymbol{0}+c_1'\boldsymbol{a}+c_1''\boldsymbol{a}'=\boldsymbol{0},\qquad c_1'\boldsymbol{a}+c_1''\boldsymbol{a}'=\boldsymbol{0}\ \cdots②$$

さらに両辺に $(A-\lambda E)$ を左から掛けて

$$c_1'(A-\lambda E)\boldsymbol{a}+c_1''(A-\lambda E)\boldsymbol{a}'=\boldsymbol{0}$$
$$\boldsymbol{0}+c_1''\boldsymbol{a}=\boldsymbol{0},\qquad c_1''\boldsymbol{a}=\boldsymbol{0}$$

$\boldsymbol{a}$ は $V_A(\lambda)$ の基底だから $c_1''=0$ が得られる. これを ② に代入して

$$c_1'\boldsymbol{a}=\boldsymbol{0}\ \text{よって}\ c_1'=0$$

これらを ① に代入して

$$c_1\boldsymbol{a}=\boldsymbol{0}\ \text{よって}\ c_1=0$$

したがって, $\boldsymbol{a},\boldsymbol{a}',\boldsymbol{a}''$ が線形独立であることがわかる.

よって, 定理 58 より, $P=\begin{pmatrix}\boldsymbol{a}&\boldsymbol{a}'&\boldsymbol{a}''\end{pmatrix}$ は正則である.

このとき,

$$\begin{aligned}AP&=\begin{pmatrix}A\boldsymbol{a}&A\boldsymbol{a}'&A\boldsymbol{a}''\end{pmatrix}=\begin{pmatrix}\lambda\boldsymbol{a}&\boldsymbol{a}+\lambda\boldsymbol{a}'&\boldsymbol{a}'+\lambda\boldsymbol{a}''\end{pmatrix}=\begin{pmatrix}\boldsymbol{a}&\boldsymbol{a}'&\boldsymbol{a}''\end{pmatrix}\begin{pmatrix}\lambda&1&0\\0&\lambda&1\\0&0&\lambda\end{pmatrix}\\&=PJ_3(\lambda)\end{aligned}$$

(3) 定理の中で述べている主張：

「もし $(A-\lambda E)\boldsymbol{x}'=\boldsymbol{a}_1$ の解が存在しない場合は, $\boldsymbol{b}_1=k_1\boldsymbol{a}_1+k_2\boldsymbol{a}_2\in V_A(\lambda)$ を, 連立1次方程式 $(A-\lambda E)\boldsymbol{x}'=\boldsymbol{b}_1\neq\boldsymbol{0}$ の解 $\boldsymbol{x}'=\boldsymbol{a}'_1$ が存在するように $k_1,k_2\in\mathbb{R}$ をとると, $k_2\neq 0$ となり, $V_A(\lambda)=\langle\boldsymbol{b}_1,\boldsymbol{a}_1\rangle_{\mathbb{R}}$ が得られる.」

ことを示す.

まず, 連立1次方程式 $(A-\lambda E)\boldsymbol{x}'=\boldsymbol{b}_1\neq\boldsymbol{0}$ の解 $\boldsymbol{x}'=\boldsymbol{a}'_1$ が存在するような $\boldsymbol{b}_1\in V_A(\lambda)$ が存在することを示す.

$B=A-\lambda E$ とおき, $f(\boldsymbol{x})=B\boldsymbol{x}$ とすると, f は $\mathbb{R}^3$ から $\mathbb{R}^3$ への線形写像であり,

$$V_A(\lambda)=\{\boldsymbol{x}\in\mathbb{R}^3;(A-\lambda E)\boldsymbol{x}=\boldsymbol{0}\}=\{\boldsymbol{x}\in\mathbb{R}^3;f(\boldsymbol{x})=\boldsymbol{0}\}=\mathrm{Ker}(f)\subset\mathbb{R}^3$$

である.

このとき, A の固有値は λ（重複度3）だけであるので, B の固有値は0（重複度3）だけである.

ここで, 定理77と条件より

$$\dim\mathrm{Im}(f)=\dim(\mathbb{R}^3)-\dim(\mathrm{Ker}(f))=3-\dim V_A(\lambda)=3-2=1$$

であるから, $\mathrm{Im}\,(f)=\langle\boldsymbol{b}_1\rangle_{\mathbb{R}}$, $\boldsymbol{0}\neq\boldsymbol{b}_1\in\mathbb{R}^3$ と表せ, $\boldsymbol{b}_1\in\mathrm{Im}(f)$ だから

$$(A-\lambda E)\boldsymbol{a}'_1=B\boldsymbol{a}'_1=f(\boldsymbol{a}'_1)=\boldsymbol{b}_1$$

を満たす $\boldsymbol{a}'_1\in\mathbb{R}^3$ が存在する.

一方, $B\boldsymbol{b}_1=f(\boldsymbol{b}_1)\in\mathrm{Im}\,(f)=\langle\boldsymbol{b}_1\rangle_{\mathbb{R}}$ だから $B\boldsymbol{b}_1=\mu\boldsymbol{b}_1$ を満たす $\mu\in\mathbb{R}$ が存在する. これより, μ は B の固有値であり, B の固有値は0（重複度3）だけであるので, $\mu=0$ が得られる. よって,

$$f(\boldsymbol{b}_1)=B\boldsymbol{b}_1=\boldsymbol{0}$$

となり, $\boldsymbol{b}_1\in\mathrm{Ker}(f)=V_A(\lambda)$ がわかる.

【※別証　条件より $\mathbb{R}^3\neq V_A(\lambda)$ だから $\boldsymbol{b}\in\mathbb{R}^3\backslash V_A(\lambda)\neq\emptyset$ を取れば, $(A-\lambda E)\boldsymbol{b}\neq\boldsymbol{0}$ である. このとき, $\boldsymbol{b}'=(A-\lambda E)\boldsymbol{b}\neq\boldsymbol{0}$ とし, 次の場合に分けて示す.

(i) $(A-\lambda E)\boldsymbol{b}'=\boldsymbol{0}$ の場合
これより, $\boldsymbol{b}'\in V_A(\lambda)$ となるので, $\boldsymbol{a}'_1=\boldsymbol{b},\boldsymbol{b}_1=\boldsymbol{b}'$ とすれば, $(A-\lambda E)\boldsymbol{a}'_1=(A-\lambda E)\boldsymbol{b}=\boldsymbol{b}'=\boldsymbol{b}_1\neq\boldsymbol{0}$

(ii) $(A-\lambda E)\boldsymbol{b}'\neq\boldsymbol{0}$ の場合

A の固有多項式 $\varphi_A(x)$ は $\varphi_A(x) = (\lambda - x)^3 = -(x-\lambda)^3$ であるので，定理 101（Cayley-Hamilton（ケーリー・ハミルトン）の定理）を用いれば，$(A - \lambda E)^3 = -\varphi_A(A) = O$ である．

よって，$\boldsymbol{a}_1' = \boldsymbol{b}', \boldsymbol{b}_1 = (A-\lambda E)\boldsymbol{b}' \neq \boldsymbol{0}$ とおくと，$(A-\lambda E)\boldsymbol{a}_1' = \boldsymbol{b}_1$ であり，$(A-\lambda E)\boldsymbol{b}_1 = (A-\lambda E)^3\boldsymbol{b} = \boldsymbol{0}$ より $\boldsymbol{b}_1 \in V_A(\lambda)$ がわかる．】

これより，$\boldsymbol{b}_1 = k_1\boldsymbol{a}_1 + k_2\boldsymbol{a}_2 \in V_A(\lambda)$ を満たす $k_1, k_2 \in \mathbb{R}$ が存在することがわかる．$\boldsymbol{b}_1 = k_1\boldsymbol{a}_1 + k_2\boldsymbol{a}_2 \in V_A(\lambda)$ であり，$k_2 = 0$ であれば $\boldsymbol{b}_1 = k_1\boldsymbol{a}_1$（$k_1 \neq 0$）だから，$(A-\lambda E)\dfrac{1}{k_1}\boldsymbol{a}_1' = \dfrac{1}{k_1}\boldsymbol{b}_1 = \boldsymbol{a}_1$ となり，連立 1 次方程式 $(A-\lambda E)\boldsymbol{x}' = \boldsymbol{a}_1$ の解は存在しないという仮定に矛盾する．よって，$k_2 \neq 0$ がわかる．

次に，$\boldsymbol{a}_1, \boldsymbol{b}_1$ が線形独立であることを示せば，$\boldsymbol{a}_1, \boldsymbol{b}_1$ が $V_A(\lambda)$ の基底であることが示される．

$t_1\boldsymbol{a}_1 + t_2\boldsymbol{b}_1 = \boldsymbol{0}$ とすると，

$$t_1\boldsymbol{a}_1 + t_2(k_1\boldsymbol{a}_1 + k_2\boldsymbol{a}_2) = \boldsymbol{0}$$
$$(t_1 + t_2k_1)\boldsymbol{a}_1 + t_2k_2\boldsymbol{a}_2 = \boldsymbol{0}$$

$\boldsymbol{a}_1, \boldsymbol{a}_2$ は線形独立だから $t_1 + t_2k_1 = 0,\ t_2k_2 = 0$ が得られ，$k_2 \neq 0$ だから

$$t_1 = t_2 = 0$$

であり，$\boldsymbol{a}_1, \boldsymbol{b}_1$ は線形独立である．したがって，$\boldsymbol{a}_1, \boldsymbol{b}_1$ は $V_A(\lambda)$ の基底であることがわかる．つまり，$V_A(\lambda) = \{c_1\boldsymbol{b}_1 + c_2\boldsymbol{a}_1 \in \mathbb{R}^3\ ;\ c_1, c_2 \in \mathbb{R}\}$ であるので，あらためて $\boldsymbol{a}_1 = \boldsymbol{b}_1, \boldsymbol{a}_2 = \boldsymbol{a}_1$ と取り直すことができる．

さて，$\boldsymbol{a}_1, \boldsymbol{a}_1', \boldsymbol{a}_2$ が線形独立であることを示す．

$$c_1\boldsymbol{a}_1 + c_1'\boldsymbol{a}_1' + c_2\boldsymbol{a}_2 = \boldsymbol{0} \quad \cdots ①$$

とする．仮定より $(A-\lambda E)\boldsymbol{a}_1 = \boldsymbol{0}$, $(A-\lambda E)\boldsymbol{a}_2 = \boldsymbol{0}$, $(A-\lambda E)\boldsymbol{a}_1' = \boldsymbol{a}_1$ が成立するので，① の両辺に $(A-\lambda E)$ を左から掛けて

$$c_1(A-\lambda E)\boldsymbol{a}_1 + c_1'(A-\lambda E)\boldsymbol{a}_1' + c_2(A-\lambda E)\boldsymbol{a}_2 = \boldsymbol{0}$$
$$\boldsymbol{0} + c_1'\boldsymbol{a}_1 + \boldsymbol{0} = \boldsymbol{0}, \qquad c_1'\boldsymbol{a}_1 = \boldsymbol{0}$$

$\boldsymbol{a}_1$ は零ベクトルでないので $c_1' = 0$ が得られる．これを ① に代入して

$$c_1\boldsymbol{a}_1 + c_2\boldsymbol{a}_2 = \boldsymbol{0}, \qquad \boldsymbol{a}_1, \boldsymbol{a}_2 \text{ は基底だから } c_1 = c_2 = 0$$

したがって，$\boldsymbol{a}_1, \boldsymbol{a}_1', \boldsymbol{a}_2$ が線形独立であることがわかる．

よって，定理 58 より，$P = \begin{pmatrix} \boldsymbol{a}_1 & \boldsymbol{a}_1' & \boldsymbol{a}_2 \end{pmatrix}$ は正則である．

このとき,

$$AP = \begin{pmatrix} A\boldsymbol{a}_1 & A\boldsymbol{a}_1' & A\boldsymbol{a}_2 \end{pmatrix} = \begin{pmatrix} \lambda\boldsymbol{a}_1 & \boldsymbol{a}_1 + \lambda\boldsymbol{a}_1' & \lambda\boldsymbol{a}_2 \end{pmatrix} = \begin{pmatrix} \boldsymbol{a}_1 & \boldsymbol{a}_1' & \boldsymbol{a}_2 \end{pmatrix}\begin{pmatrix} \lambda & 1 & 0 \\ 0 & \lambda & 0 \\ 0 & 0 & \lambda \end{pmatrix}$$

$$= \begin{pmatrix} J_2(\lambda) & O \\ O & J_1(\lambda) \end{pmatrix}$$

□

では実際に, 次の例題で固有値の重複度が2の場合（定理110, 定理111 (1) の場合）, その固有空間の次元が重複度と一致しない正方行列の Jordan（ジョルダン）標準形を求めてみよう.

例題 8.3

次の行列の Jordan（ジョルダン）標準形を求めなさい.

(1) $\begin{pmatrix} 1 & 2 \\ -2 & 5 \end{pmatrix}$　　(2) $\begin{pmatrix} 2 & 0 & -1 \\ -1 & 1 & 1 \\ 1 & 1 & 1 \end{pmatrix}$

（解） 例題の行列を A とする.

(1) まず固有値 λ と固有空間 $V_A(\lambda)$ を求める. 固有方程式 は,

$$\begin{vmatrix} 1-\lambda & 2 \\ -2 & 5-\lambda \end{vmatrix} = 0 \quad これより\ (\lambda-3)^2 = 0$$

よって, A の固有値は $\lambda = 3$（重複度 2）である.

$\lambda = 3$ に属する A の固有ベクトル $\boldsymbol{x}$ を

$$\boldsymbol{x} = \begin{pmatrix} x \\ y \end{pmatrix} \cdots ①$$

とおくと, (7.2) 式の $(A - \lambda E)\boldsymbol{x} = \boldsymbol{0}$ より,

$$\begin{pmatrix} 1-\lambda & 2 \\ -2 & 5-\lambda \end{pmatrix}\begin{pmatrix} x \\ y \end{pmatrix} = \begin{pmatrix} 0 \\ 0 \end{pmatrix} \cdots ②$$

が成立するので, $\lambda = 3$ を② に代入して,

$$\begin{pmatrix} -2 & 2 \\ -2 & 2 \end{pmatrix}\begin{pmatrix} x \\ y \end{pmatrix} = \begin{pmatrix} 0 \\ 0 \end{pmatrix}$$

これより, $x = y$ が得られるので, ① に代入して,

$$\boldsymbol{x} = \begin{pmatrix} x \\ y \end{pmatrix} = \begin{pmatrix} y \\ y \end{pmatrix} = y\begin{pmatrix} 1 \\ 1 \end{pmatrix}$$

よって，$\dim V_A(3) = \dim\left\{ c_1\begin{pmatrix} 1 \\ 1 \end{pmatrix} ;\ c_1 \in \mathbb{R} \right\} = 1$ だから，固有値 $\lambda = 3$ の重複度 2 とその固有空間 $V_A(3)$ の次元が一致しない．

そこで，$V_A(3)$ のベクトル $\boldsymbol{a}_1 = 2\begin{pmatrix} 1 \\ 1 \end{pmatrix} = \begin{pmatrix} 2 \\ 2 \end{pmatrix}$ をとり，連立 1 次方程式

$$(A - \lambda E)\boldsymbol{x}' = \boldsymbol{a}_1$$

すなわち

$$\begin{pmatrix} -2 & 2 \\ -2 & 2 \end{pmatrix}\begin{pmatrix} x' \\ y' \end{pmatrix} = \begin{pmatrix} 2 \\ 2 \end{pmatrix}$$

を考えると，$x' = y' - 1$ が得られるので，

$$\boldsymbol{x}' = \begin{pmatrix} x' \\ y' \end{pmatrix} = \begin{pmatrix} y' - 1 \\ y' \end{pmatrix} = y'\begin{pmatrix} 1 \\ 1 \end{pmatrix} + \begin{pmatrix} -1 \\ 0 \end{pmatrix}$$

よって，

$$\boldsymbol{x}' = \begin{pmatrix} x' \\ y' \end{pmatrix} = c_1'\begin{pmatrix} 1 \\ 1 \end{pmatrix} + \begin{pmatrix} -1 \\ 0 \end{pmatrix}, \quad c_1' \in \mathbb{R}$$

が得られる．これより

$$\boldsymbol{a}_1 = \begin{pmatrix} 2 \\ 2 \end{pmatrix}, \quad \boldsymbol{a}_1' = \begin{pmatrix} -1 \\ 0 \end{pmatrix} \text{ とし，} P = \begin{pmatrix} \boldsymbol{a}_1 & \boldsymbol{a}_1' \end{pmatrix} = \begin{pmatrix} 2 & -1 \\ 2 & 0 \end{pmatrix}$$

とすれば，P は正則であり，$P^{-1} = \dfrac{1}{2}\begin{pmatrix} 0 & 1 \\ -2 & 2 \end{pmatrix}$ である．このとき，

$$AP = P\begin{pmatrix} 3 & 1 \\ 0 & 3 \end{pmatrix}$$

であるから，A の Jordan（ジョルダン）標準形は，

$$P^{-1}AP = \begin{pmatrix} 3 & 1 \\ 0 & 3 \end{pmatrix} = J_2(3)$$

※【別解：途中から定理 110 を直接適用する】

$\dim V_A(3) = \dim\left\{ c_1\begin{pmatrix} 1 \\ 1 \end{pmatrix} ;\ c_1 \in \mathbb{R} \right\} = 1$ であり，固有値 $\lambda = 3$ の重複度は 2 だから，定理 110 (1) より A の Jordan（ジョルダン）標準形は，$J_2(3) = \begin{pmatrix} 3 & 1 \\ 0 & 3 \end{pmatrix}$ である．

(2) 例題7.3 (2) と同じ行列なので, A の固有値は $\lambda = 1$ (重複度2), 2 であり,

$$V_A(1) = \left\{ c_1 \begin{pmatrix} 1 \\ -1 \\ 1 \end{pmatrix} ; \ c_1 \in \mathbb{R} \right\}, \quad V_A(2) = \left\{ c_2 \begin{pmatrix} 1 \\ -1 \\ 0 \end{pmatrix} ; \ c_2 \in \mathbb{R} \right\} \cdots ①$$

である.

固有値 $\lambda = 1$ の重複度2とその固有空間 $V_A(1)$ の次元が一致しない.

そこで, $\boldsymbol{a}_1 = \begin{pmatrix} 1 \\ -1 \\ 1 \end{pmatrix}$ として, 連立1次方程式

$$(A - \lambda E)\boldsymbol{x}' = \boldsymbol{a}_1$$

すなわち

$$\begin{pmatrix} 1 & 0 & -1 \\ -1 & 0 & 1 \\ 1 & 1 & 0 \end{pmatrix} \begin{pmatrix} x' \\ y' \\ z' \end{pmatrix} = \begin{pmatrix} 1 \\ -1 \\ 1 \end{pmatrix}$$

を考えると, $y' = -x' + 1, z' = x' - 1$ が得られるので,

$$\boldsymbol{x}' = \begin{pmatrix} x' \\ y' \\ z' \end{pmatrix} = \begin{pmatrix} x' \\ -x' + 1 \\ x' - 1 \end{pmatrix} = x' \begin{pmatrix} 1 \\ -1 \\ 1 \end{pmatrix} + \begin{pmatrix} 0 \\ 1 \\ -1 \end{pmatrix}$$

よって,

$$\boldsymbol{x}' = \begin{pmatrix} x' \\ y' \\ z' \end{pmatrix} = c_1' \begin{pmatrix} 1 \\ -1 \\ 1 \end{pmatrix} + \begin{pmatrix} 0 \\ 1 \\ -1 \end{pmatrix}, \quad c_1' \in \mathbb{R}$$

が得られる. これより

$$\boldsymbol{a}_1 = \begin{pmatrix} 1 \\ -1 \\ 1 \end{pmatrix}, \quad \boldsymbol{a}_1' = \begin{pmatrix} 0 \\ 1 \\ -1 \end{pmatrix} \text{ とし, さらに ① より } \quad \boldsymbol{a}_2 = \begin{pmatrix} 1 \\ -1 \\ 0 \end{pmatrix}$$

として, $P = \begin{pmatrix} \boldsymbol{a}_1 & \boldsymbol{a}_1' & \boldsymbol{a}_2 \end{pmatrix} = \begin{pmatrix} 1 & 0 & 1 \\ -1 & 1 & -1 \\ 1 & -1 & 0 \end{pmatrix}$ とすれば, $|P| = -1$ であり P は正則である. このとき, P^{-1} を掃き出し法で求めると,

$$\left(\begin{array}{ccc|ccc} 1 & 0 & 1 & 1 & 0 & 0 \\ -1 & 1 & -1 & 0 & 1 & 0 \\ 1 & -1 & 0 & 0 & 0 & 1 \end{array}\right) \to \begin{array}{r} \\ ② + ① \\ ③ + ① \times (-1) \end{array} \left(\begin{array}{ccc|ccc} 1 & 0 & 1 & 1 & 0 & 0 \\ 0 & 1 & 0 & 1 & 1 & 0 \\ 0 & -1 & -1 & -1 & 0 & 1 \end{array}\right)$$

$$\underset{③ + ②}{\to} \left(\begin{array}{ccc|ccc} 1 & 0 & 1 & 1 & 0 & 0 \\ 0 & 1 & 0 & 1 & 1 & 0 \\ 0 & 0 & -1 & 0 & 1 & 1 \end{array}\right) \underset{③ \times (-1)}{\to} \left(\begin{array}{ccc|ccc} 1 & 0 & 1 & 1 & 0 & 0 \\ 0 & 1 & 0 & 1 & 1 & 0 \\ 0 & 0 & 1 & 0 & -1 & -1 \end{array}\right)$$

$$\overset{① + ③ \times (-1)}{\to} \left(\begin{array}{ccc|ccc} 1 & 0 & 0 & 1 & 1 & 1 \\ 0 & 1 & 0 & 1 & 1 & 0 \\ 0 & 0 & 1 & 0 & -1 & -1 \end{array}\right)$$

これより, $P^{-1} = \begin{pmatrix} 1 & 1 & 1 \\ 1 & 1 & 0 \\ 0 & -1 & -1 \end{pmatrix}$ である. このとき,

$$AP = P\begin{pmatrix} 1 & 1 & 0 \\ 0 & 1 & 0 \\ 0 & 0 & 2 \end{pmatrix}$$

であるから, A の Jordan (ジョルダン) 標準形は,

$$P^{-1}AP = \begin{pmatrix} 1 & 1 & 0 \\ 0 & 1 & 0 \\ 0 & 0 & 2 \end{pmatrix} = \begin{pmatrix} J_2(1) & O \\ O & J_1(2) \end{pmatrix}$$

※【別解：途中から定理 111 を直接適用する】

A の固有値は $\lambda = 1$ (重複度 2), 2 であり, ① より,

$$\dim V_A(1) = 1, \quad \dim V_A(2) = 1$$

であるから, 定理 111 (1) より A の Jordan (ジョルダン) 標準形は,

$$\begin{pmatrix} J_2(1) & O \\ O & J_1(2) \end{pmatrix} = \begin{pmatrix} 1 & 1 & 0 \\ 0 & 1 & 0 \\ 0 & 0 & 2 \end{pmatrix}$$

である. （終）

問 8.1. 次の行列の Jordan (ジョルダン) 標準形を求めなさい.

(1) $\begin{pmatrix} 1 & 1 \\ -1 & 3 \end{pmatrix}$　　(2) $\begin{pmatrix} 4 & -1 & -1 \\ 2 & 1 & -1 \\ 1 & -1 & 2 \end{pmatrix}$

解　(1) $\begin{pmatrix} 2 & 1 \\ 0 & 2 \end{pmatrix}$　(2) $\begin{pmatrix} -2 & 1 & 0 \\ 0 & -2 & 0 \\ 0 & 0 & 3 \end{pmatrix}$

3 次正方行列 A の固有値 λ の重複度が 3 のときその固有空間の次元が重複度と一致しない場合, 次の 2 通りが考えられる.

(1) λ の重複度が 3 で, $\dim V_A(\lambda) = 1$（定理 111 (2) の場合）

(2) λ の重複度が 3 で, $\dim V_A(\lambda) = 2$（定理 111 (3) の場合）

次の例題では, 上記のそれぞれの場合について, 具体的に Jordan 標準形を求めてみよう.

例題 8.4

次の行列の Jordan 標準形を求めなさい.

(1) $\begin{pmatrix} 2 & 0 & 1 \\ 0 & 2 & 1 \\ 1 & -1 & 2 \end{pmatrix}$　　(2) $\begin{pmatrix} 3 & -2 & 1 \\ 1 & 0 & 1 \\ 1 & -2 & 3 \end{pmatrix}$

（解） 例題の行列を A とする.

(1) まず固有値 λ と固有空間 $V_A(\lambda)$ を求める. 固有方程式 は,

$$\begin{vmatrix} 2-\lambda & 0 & 1 \\ 0 & 2-\lambda & 1 \\ 1 & -1 & 2-\lambda \end{vmatrix} = 0 \quad \text{これより } (2-\lambda)^3 = 0$$

よって, A の固有値は $\lambda = 2$ （重複度3） である.

$\lambda = 2$ に属する A の固有ベクトル $\boldsymbol{x}$ を

$$\boldsymbol{x} = \begin{pmatrix} x \\ y \\ z \end{pmatrix} \cdots ①$$

とおくと, $(A - \lambda E)\boldsymbol{x} = \boldsymbol{0}$ より,

$$\begin{pmatrix} 0 & 0 & 1 \\ 0 & 0 & 1 \\ 1 & -1 & 0 \end{pmatrix}\begin{pmatrix} x \\ y \\ z \end{pmatrix} = \begin{pmatrix} 0 \\ 0 \\ 0 \end{pmatrix}$$

これより, $x = y, z = 0$ が得られるので, ① に代入して,

$$\boldsymbol{x} = \begin{pmatrix} x \\ y \\ z \end{pmatrix} = \begin{pmatrix} y \\ y \\ 0 \end{pmatrix} = y\begin{pmatrix} 1 \\ 1 \\ 0 \end{pmatrix}$$

よって, $V_A(2) = \left\{ c_1 \begin{pmatrix} 1 \\ 1 \\ 0 \end{pmatrix} ; c_1 \in \mathbb{R} \right\}$ だから, 固有空間 $V_A(2)$ の次元は $\dim V_A(2) = 1$ である.

そこで, $\boldsymbol{a}_1 = \begin{pmatrix} 1 \\ 1 \\ 0 \end{pmatrix}$ として, 連立1次方程式

$$(A - \lambda E)\boldsymbol{x}' = \boldsymbol{a}_1$$

すなわち

$$\begin{pmatrix} 0 & 0 & 1 \\ 0 & 0 & 1 \\ 1 & -1 & 0 \end{pmatrix}\begin{pmatrix} x' \\ y' \\ z' \end{pmatrix} = \begin{pmatrix} 1 \\ 1 \\ 0 \end{pmatrix}$$

を考えると，$x' = y', z' = 1$ が得られるので，

$$\boldsymbol{x}' = \begin{pmatrix} x' \\ y' \\ z' \end{pmatrix} = \begin{pmatrix} y' \\ y' \\ 1 \end{pmatrix} = y'\begin{pmatrix} 1 \\ 1 \\ 0 \end{pmatrix} + \begin{pmatrix} 0 \\ 0 \\ 1 \end{pmatrix}$$

よって，

$$\boldsymbol{x}' = \begin{pmatrix} x' \\ y' \\ z' \end{pmatrix} = c_1'\begin{pmatrix} 1 \\ 1 \\ 0 \end{pmatrix} + \begin{pmatrix} 0 \\ 0 \\ 1 \end{pmatrix}, \quad c_1' \in \mathbb{R}$$

が得られる．これより

$$\boldsymbol{a}_1 = \begin{pmatrix} 1 \\ 1 \\ 0 \end{pmatrix}, \quad \boldsymbol{a}_1' = \begin{pmatrix} 0 \\ 0 \\ 1 \end{pmatrix}$$

とし，さらに連立 1 次方程式

$$(A - \lambda E)\boldsymbol{x}'' = \boldsymbol{a}_1'$$

すなわち

$$\begin{pmatrix} 0 & 0 & 1 \\ 0 & 0 & 1 \\ 1 & -1 & 0 \end{pmatrix}\begin{pmatrix} x'' \\ y'' \\ z'' \end{pmatrix} = \begin{pmatrix} 0 \\ 0 \\ 1 \end{pmatrix}$$

を考えると，$x'' = y'' + 1, z'' = 0$ が得られるので，

$$\boldsymbol{x}'' = \begin{pmatrix} x'' \\ y'' \\ z'' \end{pmatrix} = \begin{pmatrix} y'' + 1 \\ y'' \\ 0 \end{pmatrix} = y''\begin{pmatrix} 1 \\ 1 \\ 0 \end{pmatrix} + \begin{pmatrix} 1 \\ 0 \\ 0 \end{pmatrix}$$

よって，

$$\boldsymbol{x}'' = \begin{pmatrix} x'' \\ y'' \\ z'' \end{pmatrix} = c_1''\begin{pmatrix} 1 \\ 1 \\ 0 \end{pmatrix} + \begin{pmatrix} 1 \\ 0 \\ 0 \end{pmatrix}, \quad c_1'' \in \mathbb{R}$$

が得られる．これより

$$\boldsymbol{a}_1'' = \begin{pmatrix} 1 \\ 0 \\ 0 \end{pmatrix}$$

とし, さらに $P = \begin{pmatrix} \boldsymbol{a}_1 & \boldsymbol{a}_1' & \boldsymbol{a}_1'' \end{pmatrix} = \begin{pmatrix} 1 & 0 & 1 \\ 1 & 0 & 0 \\ 0 & 1 & 0 \end{pmatrix}$ とすれば, $|P| = 1$ であり P は正則である. このとき, P^{-1} を掃き出し法で求めると,

$$\left(\begin{array}{ccc|ccc} 1 & 0 & 1 & 1 & 0 & 0 \\ 1 & 0 & 0 & 0 & 1 & 0 \\ 0 & 1 & 0 & 0 & 0 & 1 \end{array}\right) \to \begin{array}{c} ② \\ ③ \\ ① \end{array} \left(\begin{array}{ccc|ccc} 1 & 0 & 0 & 0 & 1 & 0 \\ 0 & 1 & 0 & 0 & 0 & 1 \\ 1 & 0 & 1 & 1 & 0 & 0 \end{array}\right)$$

$$\to \begin{array}{c} \\ \\ ③ + ① \times (-1) \end{array} \left(\begin{array}{ccc|ccc} 1 & 0 & 0 & 0 & 1 & 0 \\ 0 & 1 & 0 & 0 & 0 & 1 \\ 0 & 0 & 1 & 1 & -1 & 0 \end{array}\right)$$

これより, $P^{-1} = \begin{pmatrix} 0 & 1 & 0 \\ 0 & 0 & 1 \\ 1 & -1 & 0 \end{pmatrix}$ である. このとき,

$$AP = P \begin{pmatrix} 2 & 1 & 0 \\ 0 & 2 & 1 \\ 0 & 0 & 2 \end{pmatrix}$$

であるから, A の Jordan(ジョルダン) 標準形は,

$$P^{-1}AP = \begin{pmatrix} 2 & 1 & 0 \\ 0 & 2 & 1 \\ 0 & 0 & 2 \end{pmatrix} = J_3(2)$$

※【別解：途中から定理 111 を直接適用する】

A の固有値 $\lambda = 2$ の重複度 3 であり, 固有空間 $V_A(2)$ の次元は $\dim V_A(2) = 1$ であるから, 定理 111 (2) より A の Jordan(ジョルダン) 標準形は, $J_3(2) = \begin{pmatrix} 2 & 1 & 0 \\ 0 & 2 & 1 \\ 0 & 0 & 2 \end{pmatrix}$ である.

(2) まず固有値 λ と固有空間 $V_A(\lambda)$ を求める. 固有方程式は, $\begin{vmatrix} 3-\lambda & -2 & 1 \\ 1 & -\lambda & 1 \\ 1 & -2 & 3-\lambda \end{vmatrix} = 0$

第 1 列に第 2 列と第 3 列をたす $\begin{vmatrix} 2-\lambda & -2 & 1 \\ 2-\lambda & -\lambda & 1 \\ 2-\lambda & -2 & 3-\lambda \end{vmatrix} = 0$

$$(2-\lambda)\begin{vmatrix} 1 & -2 & 1 \\ 1 & -\lambda & 1 \\ 1 & -2 & 3-\lambda \end{vmatrix} = 0, \quad (2-\lambda)\begin{vmatrix} 1 & -2 & 1 \\ 0 & 2-\lambda & 0 \\ 0 & 0 & 2-\lambda \end{vmatrix} = 0$$

これより $(2-\lambda)^3 = 0$ だから, A の固有値は $\lambda = 2$（重複度 3）である.

$\lambda = 2$ に属する A の固有ベクトル $\boldsymbol{x}$ を

$$\boldsymbol{x} = \begin{pmatrix} x \\ y \\ z \end{pmatrix} \cdots ①$$

とおくと，$(A - \lambda E)\boldsymbol{x} = \boldsymbol{0}$ より，

$$\begin{pmatrix} 1 & -2 & 1 \\ 1 & -2 & 1 \\ 1 & -2 & 1 \end{pmatrix}\begin{pmatrix} x \\ y \\ z \end{pmatrix} = \begin{pmatrix} 0 \\ 0 \\ 0 \end{pmatrix}$$

これより，$x = 2y - z$ が得られるので，① に代入して，

$$\boldsymbol{x} = \begin{pmatrix} x \\ y \\ z \end{pmatrix} = \begin{pmatrix} 2y - z \\ y \\ z \end{pmatrix} = y\begin{pmatrix} 2 \\ 1 \\ 0 \end{pmatrix} + z\begin{pmatrix} -1 \\ 0 \\ 1 \end{pmatrix}$$

よって，$V_A(2) = \left\{ c_1\begin{pmatrix} 2 \\ 1 \\ 0 \end{pmatrix} + c_2\begin{pmatrix} -1 \\ 0 \\ 1 \end{pmatrix} ;\ c_1, c_2 \in \mathbb{R} \right\}$ だから，固有値 $\lambda = 2$ の重複度 3 であり，その固有空間 $V_A(2)$ の次元は $\dim V_A(2) = 2$ である．

とりあえず，$\boldsymbol{a}_1 = \begin{pmatrix} 2 \\ 1 \\ 0 \end{pmatrix}$ とすると，連立 1 次方程式

$$(A - \lambda E)\boldsymbol{x}' = \boldsymbol{a}_1, \quad \text{すなわち} \quad \begin{pmatrix} 1 & -2 & 1 \\ 1 & -2 & 1 \\ 1 & -2 & 1 \end{pmatrix}\begin{pmatrix} x' \\ y' \\ z' \end{pmatrix} = \begin{pmatrix} 2 \\ 1 \\ 0 \end{pmatrix}$$

は解が存在しない．

そこで，（後述の定理 110 (3) 参照）$\boldsymbol{b} = k_1\begin{pmatrix} 2 \\ 1 \\ 0 \end{pmatrix} + k_2\begin{pmatrix} -1 \\ 0 \\ 1 \end{pmatrix}$, $k_1, k_2 \in \mathbb{R}$ として，連立 1 次方程式

$$(A - \lambda E)\boldsymbol{x}' = \boldsymbol{b}$$

の解が存在するような k_1, k_2 を選ぶ．この場合，$k_1 = 1, k_2 = 1$ とすれば $\boldsymbol{b} = \begin{pmatrix} 1 \\ 1 \\ 1 \end{pmatrix}$ となり，連立 1 次方程式 $(A - \lambda E)\boldsymbol{x}' = \boldsymbol{b}$，すなわち

$$\begin{pmatrix} 1 & -2 & 1 \\ 1 & -2 & 1 \\ 1 & -2 & 1 \end{pmatrix}\begin{pmatrix} x' \\ y' \\ z' \end{pmatrix} = \begin{pmatrix} 1 \\ 1 \\ 1 \end{pmatrix}$$

の解が存在する．これより，$x' = 2y' - z' + 1$ が得られるので，

$$\boldsymbol{x}' = \begin{pmatrix} x' \\ y' \\ z' \end{pmatrix} = \begin{pmatrix} 2y' - z' + 1 \\ y' \\ z' \end{pmatrix} = y'\begin{pmatrix} 2 \\ 1 \\ 0 \end{pmatrix} + z'\begin{pmatrix} -1 \\ 0 \\ 1 \end{pmatrix} + \begin{pmatrix} 1 \\ 0 \\ 0 \end{pmatrix}$$

よって,

$$\boldsymbol{x}' = \begin{pmatrix} x' \\ y' \\ z' \end{pmatrix} = c_1' \begin{pmatrix} 2 \\ 1 \\ 0 \end{pmatrix} + c_2' \begin{pmatrix} -1 \\ 0 \\ 1 \end{pmatrix} + \begin{pmatrix} 1 \\ 0 \\ 0 \end{pmatrix}, \quad c_1', c_2' \in \mathbb{R}$$

が得られる. そこで

$$\boldsymbol{a}_1 = \boldsymbol{b} = \begin{pmatrix} 1 \\ 1 \\ 1 \end{pmatrix}, \quad \boldsymbol{a}_1' = \begin{pmatrix} 1 \\ 0 \\ 0 \end{pmatrix}, \quad \boldsymbol{a}_2 = \begin{pmatrix} 2 \\ 1 \\ 0 \end{pmatrix}$$

とし, さらに

$$P = \begin{pmatrix} \boldsymbol{a}_1 & \boldsymbol{a}_1' & \boldsymbol{a}_2 \end{pmatrix} = \begin{pmatrix} 1 & 1 & 2 \\ 1 & 0 & 1 \\ 1 & 0 & 0 \end{pmatrix}$$

とすれば, $|P| = 1$ であり P は正則である. このとき, P^{-1} を掃き出し法で求めると,

$$\left(\begin{array}{ccc|ccc} 1 & 1 & 2 & 1 & 0 & 0 \\ 1 & 0 & 1 & 0 & 1 & 0 \\ 1 & 0 & 0 & 0 & 0 & 1 \end{array}\right) \to \begin{matrix} ③ \\ ① \\ ② \end{matrix} \left(\begin{array}{ccc|ccc} 1 & 0 & 0 & 0 & 0 & 1 \\ 1 & 1 & 2 & 1 & 0 & 0 \\ 1 & 0 & 1 & 0 & 1 & 0 \end{array}\right)$$

$$\to \begin{matrix} \\ ② + ① \times (-1) \\ ③ + ① \times (-1) \end{matrix} \left(\begin{array}{ccc|ccc} 1 & 0 & 0 & 0 & 0 & 1 \\ 0 & 1 & 2 & 1 & 0 & -1 \\ 0 & 0 & 1 & 0 & 1 & -1 \end{array}\right) \to \begin{matrix} \\ ② + ③ \times (-2) \\ \\ \end{matrix} \left(\begin{array}{ccc|ccc} 1 & 0 & 0 & 0 & 0 & 1 \\ 0 & 1 & 0 & 1 & -2 & 1 \\ 0 & 0 & 1 & 0 & 1 & -1 \end{array}\right)$$

これより, $P^{-1} = \begin{pmatrix} 0 & 0 & 1 \\ 1 & -2 & 1 \\ 0 & 1 & -1 \end{pmatrix}$ である. このとき,

$$AP = P \begin{pmatrix} 2 & 1 & 0 \\ 0 & 2 & 0 \\ 0 & 0 & 2 \end{pmatrix}$$

であるから, A の Jordan（ジョルダン）標準形は,

$$P^{-1}AP = \begin{pmatrix} 2 & 1 & 0 \\ 0 & 2 & 0 \\ 0 & 0 & 2 \end{pmatrix} = \begin{pmatrix} J_2(2) & O \\ O & J_1(2) \end{pmatrix}$$

※【別解：途中から定理 111 を直接適用する】

A の固有値 $\lambda = 2$ の重複度 3 であり, その固有空間 $V_A(2)$ の次元は $\dim V_A(2) = 2$ であるから, 定理 111 (3) より A の Jordan（ジョルダン）標準形は,

$$\begin{pmatrix} J_2(2) & O \\ O & J_1(2) \end{pmatrix} = \begin{pmatrix} 2 & 1 & 0 \\ 0 & 2 & 0 \\ 0 & 0 & 2 \end{pmatrix}$$

である. （終）

第9章　付録：複素数

9.1　複素平面とは？

どんな実数でも2乗すると0以上になるので，2乗すると負の数となるような数は実数の世界には存在しない．そこで，2乗すると -1 となるような数を**虚数単位 (imaginary unit)** と呼び，i で表す．すなわち，

$$\mathrm{i}^2 = -1$$

を満たす．もちろん，i は実数ではない．x, y を実数とするとき，$\boldsymbol{x + \mathrm{i}y}$ で表される数を**複素数 (complex number)** という．このとき，x を複素数 $z = x + \mathrm{i}y$ の **実部 (Real part)**，y を**虚部 (Imaginary part)** と呼び，それぞれ $\mathbf{Re}\ (\boldsymbol{z})$, $\mathbf{Im}\ (\boldsymbol{z})$ で表す．虚部が 0 である複素数は，**実数**であり，虚部が 0 でない複素数は，**虚数**と呼ばれる．つまり，実数の集合と虚数の集合の和集合が複素数の集合である．

2つの複素数 $z_1 = x_1 + \mathrm{i}y_1$, $z_2 = x_2 + \mathrm{i}y_2$ が等しいとは、その実部と虚部のどちらも等しいことである．すなわち，

$$z_1 = z_2 \iff x_1 = x_2,\ y_1 = y_2 \tag{9.1}$$

さて，複素数は実部と虚部が決まるとただ1つ決まるので，

$$z = x + \mathrm{i}y$$

に対し，座標平面上の点 $\mathrm{P}(x, y)$ に対応させると平面上の点と複素数は1対1に対応する．このように複素数と対応づけられた平面を**複素平面**または **Gauss**（ガウス）**平面**と呼び，横の座標軸を**実軸**，縦の座標軸を**虚軸**と呼ぶ．また，絶対値 $|z|$ を

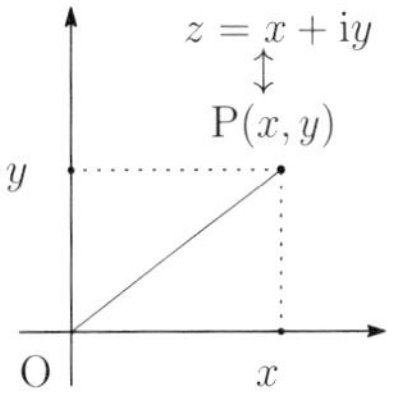

$$\text{複素数の絶対値}\quad |z| = \sqrt{x^2 + y^2} \tag{9.2}$$

と定義すると，これは複素平面では原点と z の距離 OP である．

複素数 $z = x + \mathrm{i}y$ に対し，その**共役複素数** $\bar{z}$ を

$$\text{共役複素数}\quad \bar{z} = x - \mathrm{i}y$$

と定義すると，z と $\bar{z}$ は複素平面の実軸に関して対称であり，

$$|z|^2 = z\bar{z}$$

が成立する．また，

$$\mathrm{Re}\,(z) = \frac{1}{2}(z+\bar{z}), \quad \mathrm{Im}\,(z) = \frac{1}{2\mathrm{i}}(z-\bar{z})$$

が成立することもわかる．したがって，次の定理が成立する．

定理 9.1 複素数 z が実数であるための必要十分条件は $z = \bar{z}$ が成立することである．

複素数の四則演算は，文字式の規則と同様に計算される．

例題 9.1

$z_1 = 2+3\mathrm{i},\ z_2 = -1-\mathrm{i}$ とするとき，次の値を求めなさい．

(1) $\mathrm{Re}(z_1)$　(2) $\mathrm{Im}(z_2)$　(3) $\bar{z}_2$　(4) $|z_1|$　(5) $|z_2|$　(6) z_1z_2

(7) $\mathrm{Re}\,(z_1z_2)$　(8) $|z_1z_2|$　(9) $\dfrac{z_1}{z_2}$　(10) $\mathrm{Im}\left(\dfrac{z_1}{z_2}\right)$　(11) $\left|\dfrac{z_1}{z_2}\right|$

（解）(1) $\mathrm{Re}(z_1) = 2$　(2) $\mathrm{Im}(z_2) = -1$　(3) $\bar{z}_2 = -1+\mathrm{i}$

(4) $|z_1| = \sqrt{2^2+3^2} = \sqrt{13}$　(5) $|z_2| = \sqrt{(-)^2+(-1)^2} = \sqrt{2}$

(6) $z_1\,z_2 = (2+3\mathrm{i})(-1-\mathrm{i}) = -2-2\mathrm{i}-3\mathrm{i}-3\mathrm{i}^2 = 1-5\mathrm{i}$　(7) $\mathrm{Re}\,(z_1z_2) = 1$

(8) $|z_1z_2| = \sqrt{1^2+(-5)^2} = \sqrt{26}$

(9) $\dfrac{z_1}{z_2} = \dfrac{2+3\mathrm{i}}{-1-\mathrm{i}} = \dfrac{(2+3\mathrm{i})(-1+\mathrm{i})}{(-1-\mathrm{i})(-1+\mathrm{i})} = \dfrac{-2+2\mathrm{i}-3\mathrm{i}+3\mathrm{i}^2}{(-1)^2-\mathrm{i}^2} = \dfrac{-5-\mathrm{i}}{2} = -\dfrac{5}{2}-\dfrac{1}{2}\mathrm{i}$

(10) $\mathrm{Im}\left(\dfrac{z_1}{z_2}\right) = -\dfrac{1}{2}$　(11) $\left|\dfrac{z_1}{z_2}\right| = \sqrt{\left(-\dfrac{5}{2}\right)^2+\left(-\dfrac{1}{2}\right)^2} = \dfrac{\sqrt{26}}{2} = \dfrac{\sqrt{13}}{\sqrt{2}}$　（終）

《定理 112》 複素数 z_1, z_2 の積 z_1z_2，商 $\dfrac{z_1}{z_2}$ の絶対値に関して，次が成立する．

$$|z_1z_2| = |z_1||z_2|, \qquad \left|\frac{z_1}{z_2}\right| = \frac{|z_1|}{|z_2|} \tag{9.3}$$

問 9.1.　次の式を計算し，虚部を求めなさい．

(1) $(1+5\mathrm{i})+(2-3\mathrm{i})$　(2) $(5+6\mathrm{i})-(3-5\mathrm{i})$　(3) $(-\mathrm{i})^5$

(4) $(3+2\mathrm{i})(3-4\mathrm{i})$　(5) $3\mathrm{i}^3$　(6) $\dfrac{2+3\mathrm{i}}{4-5\mathrm{i}}$

解　(1) $3+2\mathrm{i}$, 虚部は 2　(2) $2+11\mathrm{i}$, 虚部は 11　(3) $-\mathrm{i}$, 虚部は -1
(4) $17-6\mathrm{i}$, 虚部は -6　(5) $-3\mathrm{i}$, 虚部は -3　(6) $-\dfrac{7}{41}+\dfrac{22}{41}\mathrm{i}$, 虚部は $\dfrac{22}{41}$

複素数を成分とするベクトルや行列も考えることができる．行列の演算について，複素数のスカラー倍，和，差，積は，実数が成分の場合と同様に定義する．

複素数 a_{jk} を成分とする行列 $A=\left(a_{jk}\right)$ に対し，その共役複素数 $\overline{a_{jk}}$ を成分とする行列を $\bar{A}=\left(\overline{a_{jk}}\right)$ と表す．すると，定理 9.1 により，行列 A のすべての成分が実数であれば，

$$\bar{A}=A$$

が成立する．190 ページの定理 90 (1) を示そう．

> 《**定理 113**》 実対称行列 A について，A の固有値はすべて実数である．

証明　A を n 次実対称行列とすると，$\bar{A}=A,\ {}^tA=A$ が成立する．

A の任意の固有値を λ とし，λ に属する固有ベクトルを $\boldsymbol{x}=\begin{pmatrix}x_1\\ \vdots\\ x_n\end{pmatrix}\neq\mathbf{0}$ とすると，$A\boldsymbol{x}=\lambda\boldsymbol{x}$ が成立する．このとき，(9.2) と行列の性質より

$$\begin{aligned}\bar{\lambda}(|x_1|^2+\cdots+|x_n|^2)&=\bar{\lambda}(x_1\overline{x_1}+\cdots+x_n\overline{x_n})\\&=\bar{\lambda}({}^t\boldsymbol{x}\bar{\boldsymbol{x}})={}^t\boldsymbol{x}(\bar{\lambda}\bar{\boldsymbol{x}})={}^t\boldsymbol{x}(\overline{\lambda\boldsymbol{x}})={}^t\boldsymbol{x}(\overline{A\boldsymbol{x}})={}^t\boldsymbol{x}(\bar{A}\bar{\boldsymbol{x}})\\&={}^t\boldsymbol{x}A\bar{\boldsymbol{x}}={}^t({}^tA\boldsymbol{x})\bar{\boldsymbol{x}}={}^t(A\boldsymbol{x})\bar{\boldsymbol{x}}={}^t(\lambda\boldsymbol{x})\bar{\boldsymbol{x}}=\lambda({}^t\boldsymbol{x}\bar{\boldsymbol{x}})\\&=\lambda(|x_1|^2+\cdots+|x_n|^2)\end{aligned}$$

が成立する．
$|x_1|^2+\cdots+|x_n|^2\neq 0$ だから，$\bar{\lambda}=\lambda$ が成立し，λ が実数であることがわかる．　□

※ 成分が複素数であるベクトルの大きさと内積について

成分が実数の場合，2 つのベクトル $\boldsymbol{a},\boldsymbol{b}$ に対して 134 ページの内積 (5.23) より

$$\boldsymbol{a}\cdot\boldsymbol{b}=a_1b_1+a_2b_2+\cdots+a_nb_n=\sum_{k=1}^{n}a_kb_k \tag{9.4}$$

であり，134 ページの大きさ (5.22) より

$$\boldsymbol{a}\cdot\boldsymbol{a}=a_1^2+a_2^2+\cdots+a_n^2=\sum_{k=1}^{n}a_k^2=|\boldsymbol{a}|^2 \tag{9.5}$$

が成立する．これをそのまま成分が複素数のベクトル $\boldsymbol{x}$ に適用することもできるが，実際に計算すると，

$$\boldsymbol{x}\cdot\boldsymbol{x}=x_1^2+x_2^2+\cdots+x_n^2=\sum_{k=1}^{n}x_k^2 \tag{9.6}$$

となり，x_k^2 が複素数になってしまう．そのため，x_1 を複素数として，1次の数ベクトル $\boldsymbol{x} = \begin{pmatrix} x_1 \end{pmatrix}$ を考えると，

$$\boldsymbol{x} \cdot \boldsymbol{x} = x_1^2 \neq x_1 \overline{x_1} = |x_1|^2$$

となり，複素平面で複素数の大きさを表す絶対値と整合性がない．

そこで，定理113の証明で垣間見せたが，成分が複素数のベクトル $\boldsymbol{x}, \boldsymbol{y}$ に対して，$\boldsymbol{x} = \begin{pmatrix} x_1 \\ \vdots \\ x_n \end{pmatrix}$ と $\boldsymbol{y} = \begin{pmatrix} y_1 \\ \vdots \\ y_n \end{pmatrix}$ の内積は共役複素数を用いて次のように定義されるのが標準的である．

$$\langle \boldsymbol{x}, \boldsymbol{y} \rangle = x_1 \overline{y_1} + \cdots + x_n \overline{y_n} = \sum_{k=1}^{n} x_k \overline{y_k} \tag{9.7}$$

この内積は，**Hermite**（エルミート）**内積**と呼ばれている．Hermite（エルミート）内積を用いて，成分が複素数のベクトル $\boldsymbol{x}$ の大きさを次のように定義する．

$$\|\boldsymbol{x}\| = \sqrt{\langle \boldsymbol{x}, \boldsymbol{x} \rangle} = \sqrt{\sum_{k=1}^{n} |x_k|^2} \tag{9.8}$$

この大きさは，**$\boldsymbol{x}$ のノルム**と呼ばれる．

9.2 極形式って何？

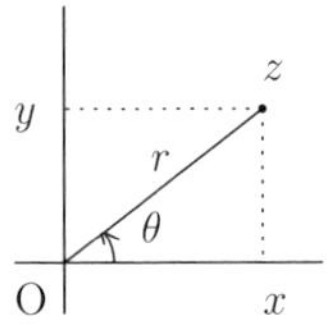

0でない複素数 $z = x + \mathrm{i}y$ を複素平面上に対応させ，

$r = |z| = \sqrt{x^2 + y^2}$ ： z と原点Oの距離，
$\theta =$ 線分 Oz と 実軸の正の向きとのなす角

とおくと，(x, y) と (r, θ) の間には

$$\begin{cases} x = r\cos\theta \\ y = r\sin\theta \end{cases} \tag{9.9}$$

の関係がある．このとき，θ を**偏角**といい，$\arg z$ で表す．0の絶対値は0とし偏角は定義しないことにする．偏角は一般角と同じであるから，次のようにも考えられる．

$$\arg z = \theta + 2n\pi \quad (n \text{ は整数}) \tag{9.10}$$

この (r, θ) を用いると，複素数 $z = x + \mathrm{i}y$ は，

$$z = x + \mathrm{i}y = r\cos\theta + \mathrm{i}r\sin\theta = r(\cos\theta + \mathrm{i}\sin\theta)$$

と表される．これを複素数 z の**極形式**という．

$$\text{極形式} \quad z = r(\cos\theta + \mathrm{i}\sin\theta) \tag{9.11}$$

例題 9.2

次の複素数を極形式で表しなさい．

(1) $z_1 = 1 + \mathrm{i}$　　(2) $z_2 = -\sqrt{2} + \sqrt{2}\mathrm{i}$

（解）(1) $|z_1| = \sqrt{1^2 + 1^2} = \sqrt{2}$,　$\arg z_1 = \dfrac{\pi}{4}$ であるので，極形式は

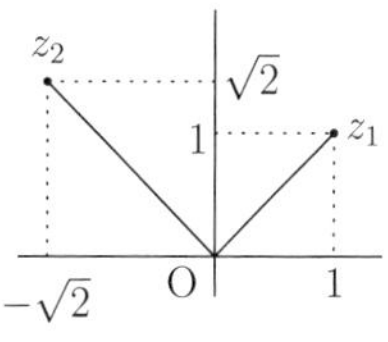

$$z_1 = \sqrt{2}\left(\cos\frac{\pi}{4} + \mathrm{i}\sin\frac{\pi}{4}\right),$$

(2) $|z_2| = \sqrt{(-\sqrt{2})^2 + \left(\sqrt{2}\right)^2} = 2$,　$\arg z_2 = \dfrac{3}{4}\pi$ であるので，極形式は

$$z_2 = 2\left(\cos\frac{3}{4}\pi + \mathrm{i}\sin\frac{3}{4}\pi\right) \qquad \text{（終）}$$

この 例題 において z_1 と z_2 の積について，$z_1 z_2 = -2\sqrt{2}$ であるからその偏角は $\arg(z_1 z_2) = \pi$ である．これと z_1, z_2 の偏角を比較すると

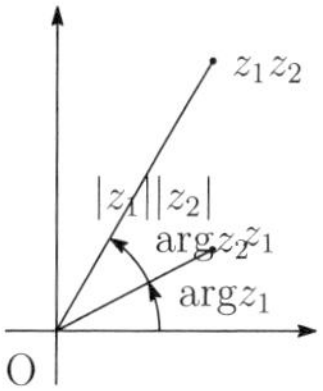

$$\arg(z_1 z_2) = \arg z_1 + \arg z_2$$

が成立することがわかる．

一般に，任意の z_1, z_2 に対して次の定理が成立する．

《定理 114》 2 つの複素数 z_1, z_2 の積 z_1z_2, 商 $\dfrac{z_1}{z_2}$ に関して，

$$\arg\, z_1z_2 = \arg\, z_1 + \arg\, z_2, \qquad \arg\,\frac{z_1}{z_2} = \arg\, z_1 - \arg\, z_2 \tag{9.12}$$

が成立する．

証明　積の場合を示すが，商の場合も同様に示すことができる．

$|z_1| = r_1$, $|z_2| = r_2$, $\arg z_1 = \theta_1$, $\arg z_2 = \theta_2$ とする．このとき

$$z_1 = r_1(\cos\theta_1 + \mathrm{i}\sin\theta_1), \quad z_2 = r_2(\cos\theta_2 + \mathrm{i}\sin\theta_2)$$

であるから

$$\begin{aligned} z_1z_2 &= r_1r_2(\cos\theta_1 + \mathrm{i}\sin\theta_1)(\cos\theta_2 + \mathrm{i}\sin\theta_2) \\ &= r_1r_2(\cos\theta_1\cos\theta_2 - \sin\theta_1\sin\theta_2 + \mathrm{i}\sin\theta_1\cos\theta_2 + \mathrm{i}\cos\theta_1\sin\theta_2) \\ \text{（三角関数の加法定理より）} &= r_1r_2(\cos(\theta_1 + \theta_2) + \mathrm{i}\sin(\theta_1 + \theta_2)) \end{aligned}$$

したがって

$$\arg z_1 z_2 = \theta_1 + \theta_2 = \arg z_1 + \arg z_2$$
$$|z_1 z_2| = r_1 r_2 = |z_1||z_2|$$

がわかる. □

9.3 [発展] 複素指数関数

指数関数 e^x を拡張して複素数 $x + \mathrm{i}y$ に対して複素指数関数 $e^{x+\mathrm{i}y}$ を次のように定義する.

$$e^{x+\mathrm{i}y} = e^x(\cos y + \mathrm{i}\sin y) \tag{9.13}$$

θ を実数とすると

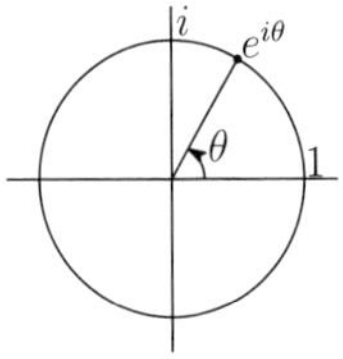

$$e^{\mathrm{i}\theta} = \cos\theta + \mathrm{i}\sin\theta \tag{9.14}$$

が成立する. これが **Euler**(オイラー) の公式である.

$$|e^{\mathrm{i}\theta}| = 1, \quad \arg e^{\mathrm{i}\theta} = \theta \tag{9.15}$$

であるから, $e^{\mathrm{i}\theta}$ は複素平面上では原点を中心とし半径1である円周上を点1から θ ラジアン回転したところにある. また, 絶対値 r, 偏角 θ である複素数 z の極形式 (9.11) は

$$z = r\,e^{\mathrm{i}\theta} \tag{9.16}$$

と表すことができる

(9.12) と (9.15) を比較すると

指数法則

$$e^{\mathrm{i}(\alpha+\beta)} = e^{\mathrm{i}\alpha}e^{\mathrm{i}\beta} \qquad \alpha,\ \beta \text{ は実数} \tag{9.17}$$
$$e^{\mathrm{i}n\theta} = \left(e^{\mathrm{i}\theta}\right)^n \qquad \theta \text{ は実数},\ n \text{ は整数} \tag{9.18}$$

が成立することがわかる. (9.18) を **de Moivre**(ド モアブル)**の公式**という.

(9.17) を (9.14) を使って表すと

$$\cos(\alpha+\beta) + \mathrm{i}\sin(\alpha+\beta) = (\cos\alpha + \mathrm{i}\sin\alpha)(\cos\beta + \mathrm{i}\sin\beta)$$

であり，さらにこの右辺を展開すると

$$\cos(\alpha+\beta)+\mathrm{i}\sin(\alpha+\beta)=(\cos\alpha\cos\beta-\sin\alpha\sin\beta)+\mathrm{i}(\sin\alpha\cos\beta+\cos\alpha\sin\beta)$$

となる．両辺の実部，虚部を比較すると

$$\cos(\alpha+\beta)=\cos\alpha\cos\beta-\sin\alpha\sin\beta,$$
$$\sin(\alpha+\beta)=\sin\alpha\cos\beta+\cos\alpha\sin\beta$$

が成立する．これは 三角関数の加法定理である．つまり，**Euler**（オイラー） **の公式により三角関数の加法定理は指数法則に含まれる**ことがわかる．

例 9.1 (9.18) の両辺の実部，虚部を比較することにより 3 倍角の公式を求めることができる．実際，$\cos 3\theta, \sin 3\theta$ を $\cos\theta, \sin\theta$ の多項式によって表せばよい．

(9.18) で $n=3$ としたものを (9.14) を使って表すと

$$\cos 3\theta+\mathrm{i}\sin 3\theta=(\cos\theta+\mathrm{i}\sin\theta)^3$$

であり，さらにこの右辺を展開すると

$$\cos 3\theta+\mathrm{i}\sin 3\theta=\cos^3\theta-3\cos\theta\sin^2\theta+(3\cos^2\theta\sin\theta-\sin^3\theta)\mathrm{i}$$

となる．両辺の実部，虚部を比較し，さらに $\cos^2\theta+\sin^2\theta=1$ を用いると, 次の 3 倍角の公式が得られる．

$$\cos 3\theta=\cos^3\theta-3\cos\theta\sin^2\theta=4\cos^3\theta-3\cos\theta$$
$$\sin 3\theta=3\cos^2\theta\sin\theta-\sin^3\theta=3\sin\theta-4\sin^3\theta$$

ギリシャ文字

大文字	小文字	読み方
A	α	alpha：アルファ
B	β	beta：ベータ
Γ	γ	gamma：ガンマ
Δ	δ	delta：デルタ
E	ε	epsilon：イプシロン
Z	ζ	zeta：ゼータ, ツェータ
H	η	eta：エータ
Θ	θ	theta：シータ
I	ι	iota：イオタ
K	κ	kappa：カッパ
Λ	λ	lambda：ラムダ
M	μ	mu：ミュー
N	ν	nu：ニュー
Ξ	ξ	xi：クシー, グザイ
O	o	omicron：オミクロン
Π	π	pi：パイ
P	ρ	rho：ロー
Σ	σ	sigma：シグマ
T	τ	tau：タウ
Υ	υ	upsilon：ユプシロン
Φ	ϕ, φ	phi：ファイ
X	χ	chi：カイ
Ψ	ψ	psi：プサイ
Ω	ω	omega：オメガ

索引

さ行

ら行

わ行

著　者

西原　賢　元福岡工業大学 教授
濱田　英隆　九州産業大学理工学部 教授
本田　竜広　専修大学商学部 教授
山盛　厚伺　福岡工業大学情報工学部 准教授

基礎からの線形代数学入門

2017 年 3 月 30 日　第 1 版　第 1 刷　発行
2018 年 4 月 10 日　第 2 版　第 1 刷　発行
2020 年 3 月 30 日　第 2 版　第 3 刷　発行
2021 年 3 月 20 日　第 3 版　第 1 刷　発行
2022 年 3 月 20 日　第 4 版　第 1 刷　発行
2023 年 3 月 20 日　第 5 版　第 1 刷　発行
2024 年 3 月 10 日　第 6 版　第 1 刷　印刷
2024 年 3 月 20 日　第 6 版　第 1 刷　発行

著　者　西原　賢　濱田　英隆
　　　　本田　竜広　山盛　厚伺
発行者　発田　和子
発行所　株式会社 学術図書出版社
〒113−0033　東京都文京区本郷 5 丁目 4 の 6
TEL 03−3811−0889　振替 00110−4−28454
印刷　三和印刷（株）

定価は表紙に表示してあります.

ISBN978−4−7806−1195−3　C3041